FUNDAMENTOS de ESTRUTURAS

Philip Garrison BSc, MBA, CEng, MICE, MIStructE, MCIHT, é engenheiro civil e estrutural credenciado e professor sênior de Design Estrutural do Departamento de Engenharia Civil da Leeds Beckett University.

G242f Garrison, Philip.
Fundamentos de estruturas / Philip Garrison; tradução: Ronald Saraiva de Menezes; revisão técnica: Luttgardes de Oliveira Neto. – 3. ed. – Porto Alegre : Bookman, 2018.
xiv, 414 p. ; 25 cm.

ISBN 978-85-8260-480-9

1. Engenharia civil. I. Título.

CDU 624.01

Catalogação na publicação: Karin Lorien Menoncin – CRB 10/2147

Philip
GARRISON

FUNDAMENTOS de ESTRUTURAS

3ª Edição

Tradução
Ronald Saraiva de Menezes

Revisão técnica
Luttgardes de Oliveira Neto
Doutor em Engenharia de Estruturas pela EESC/USP
Professor do Departamento de Engenharia Civil e Ambiental, Unesp

2018

Obra originalmente publicada sob o título *Basic Structures, 3rd Edition*
ISBN 9781118950876 / 1118950879

Gerente editorial: *Arysinha Jacques Affonso*

Colaboraram nesta edição:

Capa: *Márcio Monticelli*

Imagem da capa: *©shutterstock.com/evenfh, One World Trade Center, New York*

Editora: *Denise Weber Nowaczyk*

Editoração: *Clic Editoração Eletrônica Ltda.*

Reservados todos os direitos de publicação, em língua portuguesa, à
BOOKMAN EDITORA LTDA., uma empresa do GRUPO A EDUCAÇÃO S.A.
Av. Jerônimo de Ornelas, 670 – Santana
90040-340 Porto Alegre RS
Fone: (51) 3027-7000 Fax: (51) 3027-7070

Unidade São Paulo
Rua Doutor Cesário Mota Jr., 63 – Vila Buarque
01221-020 São Paulo SP
Fone: (11) 3221-9033

SAC 0800 703-3444 – www.grupoa.com.br

IMPRESSO NO BRASIL
PRINTED IN BRAZIL

A meu pai e minha falecida mãe, Fred & Jean Garrison

Agradecimentos

Escrever um livro é, em grande parte, um esforço individual e bastante solitário. Cada fotografia neste livro foi feita por mim, cada diagrama foi desenhado por mim e cada palavra no texto foi escrita por mim. Porém, muitas foram as pessoas que me ajudaram no caminho, incluindo colegas e familiares passados e presentes. Meus agradecimentos vão especialmente a:

- Katie Bartozzi, Amanda Brown, Andrew Brown, Simon Garrison, Pete Gordon, Paul Hirst e o falecido Phil Yates.
- Julia Burden e Paul Sayer, da Blackwell Publishing.
- Minha esposa Jenny – minha maior fã e minha crítica mais carinhosa.
- Nick Crinson, cujo conhecimento enciclopédico sobre o metrô de Londres inspirou a analogia apresentada no Capítulo 7, e sua esposa Maxine, que atraiu minha atenção para uma discussão sobre tipos de pontes em uma famosa obra de ficção!
- Colegas Matt Peat e Dave Roberts, que leram com diligência a primeira edição deste livro e apontaram diversos erros que eu e os revisores deixamos passar despercebidos.
- Brian Walker, que com paciência e ótimo humor ensinou matemática a mim e a meus colegas adolescentes na Aberdeen Grammar School nos idos dos anos 70. (Se você algum dia ler isso, Brian, entre em contato comigo. O Capítulo 27 é responsabilidade sua.)
- E Jim Adams, pois sem sua inspiração sequer haveria um livro.

E, papagueando aquele clichê banalizado por todos os autores a esta altura, meus agradecimentos vão para todos os outros que deixei de mencionar, mas sem os quais etc., etc. – eles sabem quem são!

Por último na lista, mas não em importância, agradeço a você, leitor. Sei muito bem que livros-texto são caros e que o orçamento dos estudantes é esticado até o limite, por isso lhe agradeço pela fé depositada em mim, e estou seguro de que não sairá decepcionado.

E obrigado àqueles que compraram as edições anteriores do livro. Nos 11 anos desde sua publicação original, recebi incontáveis *emails* de leitores de todas as partes do mundo. Sempre é gratificante saber que pude ajudar um completo desconhecido que provavelmente nunca chegarei a conhecer. Continuem enviando!

Sumário

Introdução

Quando eu tinha 16 anos, trabalhava aos sábados como repositor de gôndolas em um supermercado local. Um dia, durante uma pausa para o lanche, um colega de trabalho me perguntou o que eu fazia no resto da semana. Expliquei que tinha terminado o ensino médio e que estava estudando para obter o certificado mais avançado (o chamado *A levels*). Contei sobre as disciplinas e as notas necessárias. Ele então me perguntou sobre minhas aspirações profissionais (não nesses termos). Respondi que queria ser engenheiro. Ele ficou perplexo e disse: "O quê?! Com todas essas qualificações?".

Engenheiros sofrem de uma falta de reconhecimento público quanto ao que sua profissão envolve – muita gente acha que passamos os dias nos subúrbios, consertando máquinas de lavar e televisões. Os arquitetos são mais sortudos neste quesito – o público têm um entendimento melhor de sua profissão: "Eles constroem prédios, não é isso?".

Deixando de lado a percepção pública, carreiras na engenharia civil e na arquitetura podem ser extremamente gratificantes. Há poucas outras carreiras em que os indivíduos podem ser verdadeiramente criativos, muitas vezes em grande escala. A profissão de engenheiro civil oferece uma variedade de ambientes de trabalho e um vasto leque de especializações. Engenheiros civis têm oportunidades de trabalhar por todo o mundo, em projetos de pequeno e de grande porte, e podem entrar em contato com uma ampla variedade de pessoas, desde o trabalhador mais subalterno numa obra até autoridades oficiais e chefes de estado.

No século XXI, há uma enorme demanda por engenheiros civis, e muitos jovens (e não tão jovens assim!) estão percebendo que esta é uma profissão em que vale a pena ingressar.

Tradicionalmente, alunos que optavam por cursos universitários de engenharia civil costumavam ter certificados de *A levels* em disciplinas como matemática, física e química. No entanto, por diversas razões, muitos dos atuais estudantes em potencial possuem *A levels* (ou similar) em disciplinas não numéricas e não científicas. Ademais, uma quantidade considerável de pessoas "maduras" está ingressando na profissão já tendo uma carreira em algo completamente diferente. Na condição de tutor de admissões universitárias, converso com pessoas assim todos os dias. É possível, dependendo da especialidade por fim escolhida, desfrutar de uma carreira bem-sucedida em engenharia civil sem um profundo conhecimento matemático. Contudo, é extremamente difícil obter um diploma em engenharia civil sem alguma proficiência matemática.

E quanto aos arquitetos – essas são as pessoas criativas! Cada prédio que eles projetam tem uma estrutura, sem a qual o prédio não ficaria em pé. Arquitetos, assim como engenheiros civis, precisam compreender os mecanismos que levam a estruturas bem-sucedidas.

Este livro é sobre Estruturas. Estruturas é um tema estudado em cursos de formação em engenharia civil, assim como faz parte de cursos de arquitetura e áreas relacionadas (por exemplo, fiscalização de obras e gestão de construção).

O objetivo deste livro

Leciono estruturas para alunos de graduação em engenharia civil e arquitetura desde 1992. Durante esse período, percebi que muitos estudantes têm dificuldades em entender e aplicar conceitos básicos de estruturas.

Os objetivos deste livro são:

- explicar os conceitos estruturais com clareza, usando analogias e exemplos para ilustrar cada ponto importante;
- expressar os aspectos matemáticos de uma maneira objetiva, para que possam ser entendidos por estudantes com dificuldade em matemática, e de maneira contextualizada com os conceitos físicos envolvidos;
- manter o interesse do leitor mediante a incorporação de exemplos e casos do mundo real ao longo do texto, destacando a relevância do material que o estudante está aprendendo.

Este livro não presume qualquer conhecimento prévio de estruturas por parte do leitor. Mas presume, sim, que o leitor tenha conhecimento e capacidade matemática compatível com todo o material de ensino médio.

Público-alvo

Este livro é voltado para:

- Estudantes do curso de engenharia civil (ou similar), que estudarão as disciplinas de estruturas, mecânica estrutural, mecânica ou análise mecânica
- Estudantes do curso de arquitetura

Os seguintes leitores também encontrarão utilidade neste livro:

- estudantes em cursos relacionados a engenharia civil e arquitetura - como *quantity surveying*, fiscalização de obras (*building surveying*), gestão de construção ou tecnologia arquitetural - que precisam cursar uma disciplina de estruturas como parte de seus estudos;
- estudantes de curso técnico ou similar afim;
- pessoas que trabalham no setor de construção em qualquer função.

Os seguintes leitores considerarão este livro uma ferramenta útil de revisão:

- um estudante do segundo ano (ou subsequente) em um curso universitário de engenharia civil ou arquitetura;
- um profissional que atua no setor de engenharia civil ou construção e arquitetos atuantes.

Uma palavra sobre computadores

Existem programas de computador disponíveis para todas as especialidades, e a engenharia estrutural não é exceção. Certamente, alguns dos problemas neste livro podem ser resolvidos mais depressa usando tais programas. No entanto, não chego a mencionar programas de computador específicos neste livro, e quando por acaso menciono computadores, é em termos gerais. Há dois motivos para isso:

1. O propósito deste livro é familiarizar o leitor aos princípios básicos de estruturas. Ainda que um computador seja uma ferramenta útil para resolver problemas específicos, não é substituto para uma formação rigorosa nos fundamentos do tema.
2. Programas de computador são aprimorados e atualizados a toda hora. O pacote mais popular e mais atualizado para engenharia estrutural enquanto escrevo estas palavras pode acabar datado (na melhor das hipóteses) ou obsoleto (na pior) quando você estiver lendo isto. Se você está interessado nos programas mais recentes, procure revistas especializadas em

tecnologia ou artigos e anúncios nas publicações de engenharia civil, de engenharia estrutural e de arquitetura, ou, se você é estudante, consulte seus professores.

Às vezes organizo os temas envolvendo problemas estruturais solicitando que meus alunos primeiro os resolvam à mão e que depois confiram seus resultados analisando o mesmo problema com um programa de computador apropriado. Quando as respostas obtidas pelas duas abordagens diferem entre si, sempre é instrutivo descobrir se o erro está nos cálculos feitos à mão pelo aluno (o que se confirma na maioria dos casos) ou na análise por computador (o que ocorre com menos frequência, mas de fato acontece quando o estudante alimenta dados incorretos ou incompletos – o velho "entra lixo, sai lixo"!).

Material complementar

Você encontrará as imagens do livro a cores e a solução (em inglês) de alguns dos problemas propostos no site da Bookman Editora. Para acessar este material, basta ir até o site loja.grupoa.com.br, buscar pelo livro e clicar em Conteúdo Online.

Uma visão geral deste livro

Se você é aluno de uma disciplina chamada estruturas, mecânica estrutural ou similar, os títulos dos capítulos acabarão se encaixando – mais ou menos – com os tópicos de aula apresentados por seu professor. Sugiro que você leia cada capítulo deste livro logo após ter assistido ao módulo correspondente em aula, a fim de reforçar seu conhecimento e suas habilidades no tópico envolvido. Aconselho todos os leitores a manterem à mão um lápis e uma caneta para fazerem anotações à medida que forem avançando no texto – sobretudo nos exemplos numéricos. Segundo minha própria experiência, isso aumenta muito a compreensão.

- Os Capítulos de 1–5 introduzem os conceitos, os termos e a linguagem fundamentais de estruturas.
- Os Capítulos de 6–10 partem dos conceitos fundamentais e mostram como eles podem ser usados, matematicamente, para solucionar problemas estruturais simples.
- O Capítulo 11 lida com o importantíssimo conceito da estabilidade e discute como assegurar que as estruturas sejam estáveis – e como reconhecer quando não são!
- Os Capítulos de 12–15 tratam a análise de reticulados com nós articulados, um tópico em que alguns estudantes encontram dificuldade.
- O Capítulo 16 aborda diagramas de força de cisalhamento e momento fletor – um tópico de extrema importância.
- Os Capítulos de 17–20 tratam da tensão em suas várias facetas.
- Materiais estruturais são abordados com mais profundidade em outros livros, mas o Capítulo 21 traz uma introdução a este tópico.
- O Capítulo 22 tem mais a dizer sobre materiais, com uma palavra a respeito de padrões de projeto.
- Os Capítulos 23 e 24 lidam, respectivamente, com o projeto conceitual de estruturas e com o cálculo de cargas.
- O Capítulo 25 representa uma introdução descritiva ao projeto estrutural, que deve ser lida antes de se embarcar em um módulo sobre projeto estrutural.
- O Capítulo 26 examina tipos mais incomuns de estruturas.
- O Capítulo 27 aborda a deflexão e apresenta um método pelo qual as deflexões podem ser calculadas.

- Os Capítulos de 28-34 introduzem diversos tópicos mais intrincados que os estudantes encontrarão no segundo ou terceiro ano de um curso de engenharia civil.

Como usar este livro

Não é necessário ler este livro do início ao fim. Contudo, o livro foi estruturado de modo a acompanhar a mesma ordem que costuma ser adotada pelos professores que lecionam estruturas nos cursos superiores de engenharia civil. Se você é um estudante de um curso como esse, sugiro que leia o livro em estágios paralelos aos das suas aulas.

- Todos os leitores devem ler os Capítulos 1-5, já que estabelecem os fundamentos do tema.
- Estudantes de engenharia civil devem ler todos os capítulos deste livro, com a possível exceção dos Capítulos 14 e 15, se esses tópicos não forem lecionados em seus cursos.
- Alunos de arquitetura devem se concentrar nos Capítulos 1-9, 21-24 e 26, mas também ler outros capítulos específicos recomendados por seu professor.
- Se você está estudando engenharia civil e deseja saber como obter mais da profissão ainda como aluno, consulte o Apêndice 6 para encontrar inspiração.

Para que complicar se é possível simplificar

James Dyson, o inventor do aspirador de ciclone duplo que leva seu nome, analisa um de seus projetos - o cilindro de plástico transparente no qual o lixo é coletado - em sua autobiografia:

> Um jornalista que veio me entrevistar certa vez me perguntou: "A área onde a sujeira é coletada é transparente, exibindo todos os detritos para o lado de fora, invertendo o design clássico ao avesso. Trata-se de um aceno pós-modernista ao estilo arquitetônico capitaneado por Richard Rodgers no Centro Pompidou, onde as tubulações de ar condicionado e as escadas rolantes, as próprias entranhas, são transformadas em componentes autorreferenciais de design?"
>
> "Não", respondi. "É para que a gente possa ver quando está cheio."
>
> (De *Against the Odds*, de James Dyson e Giles Coren (Texere 2001))

É meu objetivo manter este livro o mais simples, direto e livre de jargão quanto possível.

1

O que é engenharia de estruturas?

Introdução

Neste capítulo, discutiremos o que, de fato, é uma estrutura. O profissional que lida com estruturas é o Engenheiro de Estruturas. Analisaremos o papel do Engenheiro de Estruturas no contexto de outros profissionais no ramo da construção. Também examinaremos as exigências estruturais de uma edificação e revisaremos as várias partes de uma estrutura e o modo como se inter-relacionam. Por fim, você receberá algumas orientações de como usar este livro dependendo do curso que você está fazendo ou da natureza de seu interesse em estruturas.

> ***Estruturas no contexto da vida cotidiana***
>
> Há um novo movimento evidente nas grandes cidades britânicas. Estruturas industriais da era vitoriana estão sendo transformadas em apartamentos de luxo. *Shopping centers* antigos e ultrapassados dos anos 60 estão sendo derrubados e estão surgindo substitutos atraentes e contemporâneos. Conjuntos habitacionais construídos há mais de 40 anos estão sendo demolidos e substituídos por habitações sociais mais adequadas. Deslocamentos sociais estão ocorrendo: jovens profissionais estão começando a morar nos centros das cidades e novos serviços, como cafeterias, bares e restaurantes, estão surgindo para atendê-los. Todos esses novos aproveitamentos exigem novos edifícios ou a reforma de edifícios antigos. Todo edifício precisa ter uma estrutura. Em alguns desses novos edifícios, a estrutura será externa (ou estará exposta) – em outras palavras, o esqueleto estrutural do edifício estará visível para os passantes. Em muitos outros, a estrutura estará oculta. Mas, quer possa ser vista ou não, a estrutura é uma parte essencial de qualquer edifício. Sem ela, não haveria edifício.

O que é uma estrutura?

A estrutura de uma edificação (ou de outro objeto) é responsável por manter intacta a forma da edificação sob a influência das forças, das cargas e de outros fatores ambientais aos quais ela está sujeita. É importante que a estrutura como um todo (ou qualquer parte dela) não desmorone, rompa ou se deforme até um grau inaceitável quando sujeita a tais forças ou cargas.

O estudo de estruturas envolve a análise das forças e tensões que ocorrem em uma estrutura e o projeto de componentes adequados para suportar tais forças e tensões.

Como analogia, considere o corpo humano, que compreende um esqueleto de 206 ossos. Se qualquer dos ossos do seu corpo se quebrasse, ou se qualquer das juntas entre esses ossos se deslocasse ou travasse, seu corpo lesionado "falharia" estruturalmente (e causaria bastante dor).

Exemplos de componentes estruturais (ou "elementos", como são chamados pelos engenheiros estruturais) incluem os seguintes:

- vigas de aço, pilares, tesouras de telhado e pórticos espaciais
- vigas de concreto armado, pilares (ou colunas), lajes, paredes de contenção e fundações

Figura 1.1 *Skyline* do sul de Manhattan, Nova York.
Essa é uma das maiores concentrações de arranha-céus do mundo: limitações de espaço na ilha de Manhattan fizeram com que a construção de edifícios se expandisse para o alto, em vez de para os lados, e a presença de rochas sólidas viabilizaram as fundações para essas altíssimas estruturas.

- vigotas de madeira, pilares, vigas de madeira laminada colada e tesouras de telhado
- paredes e pilares de alvenaria

Para um exemplo de uma coleção densamente agrupada de estruturas, veja a Figura 1.1.

O que é um engenheiro?

Conforme mencionado na introdução, o público em geral não conhece exatamente o trabalho de um engenheiro. "Engenheiro" não é a palavra correta para a pessoa que vai consertar sua máquina de lavar ou a máquina de xerox do escritório. Na verdade, a palavra engenheiro vem do francês *ingénieur*, que se refere a alguém que usa sua engenhosidade para solucionar problemas. Um engenheiro, portanto, é um solucionador de problemas.

Quando compramos um produto – como um abridor de garrafa, uma bicicleta ou um pão – estamos na verdade comprando a solução de um problema. Você compraria um carro, por exemplo, não porque deseja ter uma tonelada de metal estacionada na frente da sua casa, mas por causa do serviço que ele é capaz de lhe prestar: um carro soluciona um problema de transporte. Há muitos outros exemplos:

- Uma lata de ervilhas resolve um problema de fome.
- Um andaime resolve um problema de alcance.
- Um lustra-móveis resolve um problema de limpeza.
- Uma casa ou um apartamento resolve um problema de acomodação.
- Uma universidade resolve um problema de educação.

Um engenheiro de estruturas resolve o problema de garantir que uma edificação – ou outra estrutura – seja adequada (em termos de resistência, estabilidade, custo, etc.) para o uso a que será destinada. Aprofundaremos este assunto mais adiante neste capítulo. Um engenheiro de estruturas não costuma trabalhar sozinho; ele é parte de uma equipe de profissionais, como veremos.

O engenheiro de estruturas no contexto de profissões

Se eu lhe perguntasse sobre os profissionais envolvidos no projeto de edificações, na sua lista provavelmente constaria os seguintes:

- arquiteto
- engenheiro de estruturas
- supervisor de orçamentos *(quantity surveyor)*

Obviamente, esta não é uma lista exaustiva. Há muitos outros profissionais envolvidos no projeto de edificações (como os fiscais de obras e os gerentes de projeto) e muitos outros ofícios e profissões envolvidos na construção de edificações em si, mas, para simplificar, vamos ater nossa discussão aos três listados.

O arquiteto é responsável pelo projeto de uma edificação no que diz respeito sobretudo à sua aparência e a qualidades ambientais, como níveis de iluminação e isolamento acústico. Seu ponto de partida é o desejo/a necessidade do cliente. (O cliente geralmente é a pessoa ou a organização que está pagando pela realização da obra.)

O engenheiro de estruturas é responsável por assegurar que a edificação seja capaz de suportar com segurança todas as forças às quais pode estar sujeita e que não irá se deformar nem fissurar indevidamente com o uso.

No Reino Unido e em muitas outras localidades, o *quantity surveyor* (supervisor de orçamentos) é responsável por estimar medições e preços da obra a ser realizada – e por fazer um acompanhamento dos custos conforme os trabalhos avançam.

Assim, em resumo:

1. O arquiteto assegura que a edificação tenha boa aparência.
2. O engenheiro (de estruturas) assegura que ela se sustente.
3. O supervisor de orçamentos assegura que sua construção seja econômica.

Essas são definições bastante simplistas, é claro, mas bastarão para nossos propósitos.

Acontece que eu não sou arquiteto e não sou supervisor de orçamentos. (Meu pai é supervisor de orçamentos, mas não é ele quem está escrevendo este livro.) Contudo, sou um engenheiro de estruturas e este livro é sobre engenharia de estruturas. Então, no restante deste capítulo, iremos explorar o papel do engenheiro de estruturas de forma mais detalhada.

Compreensão estrutural

A função básica de uma estrutura é transmitir forças do ponto onde a carga é aplicada até o ponto de apoio e, consequentemente, até as fundações no solo. (Examinaremos o significado da palavra "carga" em maior profundidade no Capítulo 5, mas, por enquanto, considere carga como qualquer força que esteja agindo externamente em uma estrutura.)

Toda estrutura precisa satisfazer aos seguintes critérios:

1. Estética – precisa ter um bom visual.
2. Economia – não deve custar mais do que o cliente possa pagar; se possível, menos que isso.
3. Facilidade de manutenção.
4. Durabilidade – isso significa que os materiais utilizados devem ser resistentes a corrosão, esboroamento (pedaços caindo fora), ataque químico, apodrecimento e ataque de insetos.
5. Resistência a incêndios – embora poucos materiais sejam capazes de resistir por completo aos efeitos do fogo, é importante que uma edificação resista a incêndios por tempo suficiente para que seus ocupantes sejam evacuados em segurança.

A fim de garantir que uma estrutura se comporte dessa maneira, precisamos desenvolver uma compreensão e uma conscientização de como a estrutura funciona.

Segurança e funcionalidade

São duas as principais exigências de qualquer estrutura: deve ser **segura** e deve ser **funcional**. "Segura" significa que a estrutura não deve colapsar – seja em parte ou no todo. "Funcional" significa que a estrutura não deve se deformar indevidamente sob os efeitos de deflexões, fissurações ou vibrações. Vamos discutir esses pontos detalhadamente.

Segurança

Uma estrutura precisa sustentar as cargas esperadas sem colapsar – seja como um todo ou apenas em parte. A segurança neste aspecto depende de dois fatores:

1. O **carregamento** que a estrutura deve sustentar foi corretamente estimado.
2. A resistência dos **materiais** que são utilizados na estrutura não se deteriorou.

A partir disso, fica evidente que precisamos saber como determinar a carga sobre qualquer parte de uma estrutura. Aprenderemos a fazer isso mais adiante no livro. Ademais, sabemos que os materiais se deterioram com o passar do tempo se não receberem a manutenção apropriada: o aço pode sofrer corrosão, o concreto pode esboroar ou sofrer carbonatação e a madeira pode apodrecer. O engenheiro de estruturas deve levar tudo isso em consideração ao projetar qualquer edificação.

Funcionalidade

Uma estrutura deve ser projetada de modo a não sofrer deflexões e fissuras indevidas com o uso. É difícil ou mesmo impossível eliminar por completo essas coisas – o importante é que a deflexão e as fissuras sejam mantidas dentro de certos limites. É preciso assegurar também que a vibração não exerça um efeito adverso sobre a estrutura – isso é especialmente importante em partes de edifícios que contenham fábricas ou maquinário.

Se, ao caminhar sobre o piso de um edifício, você sentir que o piso deforma ou "cede" sob seu peso, isso pode deixá-lo preocupado com a integridade da estrutura. Deflexão excessiva não significa necessariamente que o piso está prestes a desmoronar, mas, como pode deixar as pessoas inseguras, a deflexão precisa ser "controlada" – em outras palavras, deve ser mantida dentro de certos limites. Para dar outro exemplo, se o lintel sobre o vão de uma porta deflete demais, isso pode causar um abaulamento do marco logo abaixo, impedindo a abertura e o fechamento da porta.

As fissuras são feias e podem ou não ser indicativas de um problema estrutural. Mas elas podem, por si só, causar problemas. Caso ocorra, por exemplo, uma fissura na face externa de uma parede de concreto armado, a chuva pode penetrar e causar a corrosão da armadura dentro do concreto, o que, por sua vez, levará ao esboroamento do concreto.

A composição da estrutura de um edifício

A estrutura de um edifício contém vários elementos, e a responsabilidade sobre a adequação de cada um deles cabe ao engenheiro de estruturas. Nesta seção, examinaremos brevemente suas respectivas formas e funções. Esses elementos serão analisados de forma mais aprofundada no Capítulo 3.

Figura 1.2 Estrutura do telhado do centro comercial Quartier 206, em Berlim. Uma estrutura de telhado bastante "musculosa"!

O telhado de um edifício protege as pessoas e os equipamentos das intempéries. Um exemplo de uma estrutura de telhado é exibido na Figura 1.2.

> Se você planeja comprar uma casa no Reino Unido que tenha telhado plano, pense bem. Alguns sistemas utilizados para impermeabilização de telhados planos se deterioram com o tempo, levando a vazamentos e a reformas potencialmente caras. O mesmo alerta vale para construções anexas que empregam telhados planos, como varandas e extensões.

As paredes podem ter inúmeras funções. A mais óbvia delas é a de **sustentação de carga** – em outras palavras, a sustentação de qualquer parede, piso ou telhado sobre ela. Mas nem todas as paredes sustentam cargas. Dentre as outras funções de uma parede estão:

- divisão de recintos dentro de um edifício – definindo assim seu formato e extensão
- impermeabilização
- isolamento térmico – manter o calor dentro (ou fora)
- isolamento acústico – manter o barulho fora (ou dentro)
- resistência a fogo
- segurança e privacidade
- resistência lateral (horizontal) a cargas exercidas por solo, vento ou água retidos

Preste atenção na parede mais perto de você enquanto lê estas palavras. É provável que ela esteja sustentando uma carga? Quais outras funções essa parede cumpre?

Um ***piso*** proporciona apoio para os ocupantes, móveis e equipamentos em uma edificação. Os pisos em andares superiores de uma edificação são sempre ***suspensos***, o que significa que se estendem sobre paredes ou vigas de sustentação. Lajes térreas podem se assentar diretamente sobre o solo.

Escadarias possibilitam deslocamento vertical entre diferentes andares de uma edificação. A Figura 1.3 mostra uma escadaria de concreto em um edifício de vários andares. Fugindo ao comum, a escadaria fica totalmente visível do lado de fora do edifício. Como essa escadaria é sustentada estruturalmente?

Figura 1.3 Uma escadaria bastante visível. Como ela é sustentada? Mais adiante no livro, você aprenderá sobre balanços.

Fundações representam a interface entre a estrutura da edificação e o solo debaixo dela. Uma fundação transmite todas as cargas de uma edificação para o solo, o qual limita o grau de assentamento (sobretudo assentamento desigual) de uma edificação. Por isso, solos com falhas em sua composição são evitados ou desconsiderados.

> Numa pequena ilha arenosa no Caribe, um hotel de poucos andares estava sendo construído como parte de um *resort* maior. O empreiteiro do hotel (um indivíduo um tanto excêntrico) achou que poderia economizar dinheiro construindo sem fundações. Ele bem que poderia ter levado a cabo a ideia, não fosse por um engenheiro supervisor que percebeu que as paredes levantadas não pareciam estar assentadas sobre nada mais rígido do que areia.
>
> Uma discussão acalorada se seguiu entre a equipe responsável pelo projeto e o empreiteiro, o qual não apenas admitiu de pronto que nenhuma fundação fora preparada como também afirmou que, em sua opinião, aquilo realmente não era necessário. Em um país desenvolvido, o empreiteiro teria sido demitido no ato e provavelmente seria processado, mas as coisas eram um pouco mais livres e leves neste canto do Caribe.
>
> Porém, a natureza impôs sua própria retaliação. Naquela noite, uma tempestade tropical se abateu, o mar inundou a ilha... e a estrutura parcialmente construída foi todinha levada pelas águas.

Em edificações, geralmente é necessário sustentar pisos ou paredes sem qualquer interrupção ou divisão do espaço abaixo. Nesse caso, é usado um elemento horizontal chamado de ***viga***. Uma viga transmite as cargas que suporta para pilares ou paredes em suas extremidades.

Figura 1.4 Um edifício convencional envolvido por uma estrutura externa envidraçada. As duas estruturas parecem ser completamente independentes uma da outra.

Um ***pilar*** é um elemento vertical de sustentação de carga que geralmente suporta vigas e/ou outros pilares. Leigos costumam chamá-las de colunas ou postes. Elementos individuais de uma estrutura, como vigas e pilares, muitas vezes são chamados de elementos.

A Figura 1.4 mostra uma combinação incomum de duas estruturas separadas.

Algumas palavras para os estudantes em cursos de arquitetura

Se você está estudando arquitetura, talvez esteja se perguntando por que precisa estudar estruturas. O objetivo deste livro não é transformá-lo num engenheiro estrutural totalmente qualificado, mas, como arquiteto, é importante que você entenda os princípios do comportamento estrutural. Além do mais, com algum treinamento básico, não há motivo pelo qual os arquitetos não possam projetar elementos estruturais simples (como vigotas de madeira para sustentar pisos) por conta própria. Em projetos de maior porte, arquitetos trabalham em equipes multidisciplinares que costumam incluir engenheiros estruturais. Portanto, é importante compreender a função do engenheiro estrutural assim como a linguagem os termos empregados por esses profissionais.

Como o estudo de estruturas afeta a formação de um arquiteto?

Caso você esteja em um curso de graduação em arquitetura, terá aulas sobre estruturas ao longo do curso. Também terá de fazer trabalhos acadêmicos envolvendo o projeto arquitetônico de edificações para satisfazer certos requisitos. É essencial perceber que todas as partes da edificação precisam ser sustentadas. Sempre faça a si mesmo a pergunta: "Como minha edificação vai parar em pé?". Lembre-se: se sua maquete de um edifício tiver dificuldade de parar em pé, é muito improvável que a versão real consiga parar!

2

Aprenda os termos empregados por engenheiros de estruturas

Introdução

Engenheiros estruturais utilizam as seguintes palavras (dentre outras, é claro) em discussões técnicas:

- força
- reação
- tensão
- momento

Nenhuma dessas palavras é nova; todas pertencem ao vocabulário comum utilizado nas conversas cotidianas. Na engenharia estrutural, porém, elas têm significado próprio. Neste capítulo, vamos examinar brevemente seus significados específicos antes de explorá-las em mais detalhe.

Força

Uma força é uma ***influência*** sobre um objeto (parte de um edifício, por exemplo) capaz de causar movimento. O peso de pessoas e móveis dentro de um edifício, por exemplo, causa uma força vertical para baixo sobre o piso; já o vento soprando contra um edifício causa uma força horizontal (ou quase) sobre sua face externa.

Força é discutida em mais profundidade no Capítulo 4, juntamente com termos relacionados, como massa e peso. As forças às vezes são chamadas de **cargas** – os diferentes tipos de carga são revisados no Capítulo 5.

Reação

Se você parar em pé sobre um piso (ou um telhado! – veja a Figura 2.1), o peso do seu corpo produzirá uma força descendente sobre o piso. O piso reage a ela empurrando para cima com uma força de igual magnitude à força para baixo gerada por seu peso corporal. A força ascendente é chamada de ***reação***, já que sua própria presença é uma resposta à força descendente do seu corpo. De modo similar, uma parede ou um pilar que sustenta uma viga produzirá uma reação para cima como resposta às forças descendentes que a viga transmite para a parede (ou pilar) e uma fundação produzirá uma reação ascendente à força descendente no pilar ou na parede que a fundação está sustentando.

O mesmo vale para forças e reações horizontais. Se você empurrar horizontalmente uma parede, seu corpo estará aplicando uma força horizontal sobre ela – e a essa força a parede irá opor uma reação horizontal.

Figura 2.1 Oslo Opera House.
Os pisos nem sempre precisam ser planos! Na nova casa de ópera de Oslo, o público é encorajado a caminhar por todo o seu telhado inclinado.

O conceito de uma reação é examinado em mais detalhes no Capítulo 6 e o cálculo de reações será tratado no Capítulo 9.

Tensão

A tensão é uma pressão interna. Um veículo pesado estacionado numa estrada está aplicando pressão sobre a superfície da estrada – quanto mais pesado o veículo e quanto menor a área de contato entre os pneus do veículo e a estrada, maior a pressão. Como consequência dessa pressão, as partes da estrada abaixo da superfície experimentarão uma pressão que, por estar dentro de um objeto (neste caso, a estrada) é denominada uma ***tensão***. Como o efeito do peso do veículo tende a se espalhar, ou se dispersar, ao ser transmitido para baixo no interior da estrutura viária, a tensão (pressão interna em um ponto) diminuirá quanto mais descermos pelo interior da construção da estrada.

Assim, tensão é ***pressão interna*** em um determinado ponto dentro, por exemplo, de uma viga, de uma laje ou de um pilar. É provável que a intensidade da tensão acabe variando de um ponto a outro no interior do objeto.

A tensão é um conceito muito importante em engenharia estrutural. Nos Capítulos 17-20, você aprenderá mais sobre cálculo de tensões.

Momento

Um momento é um efeito giratório. Quando você utiliza uma chave-inglesa para apertar um parafuso, quando avança mecanicamente os ponteiros de um relógio ou quando gira o volante de um carro, você está aplicando um momento. O conceito e o cálculo de momentos são analisados no Capítulo 8.

A importância de falar a língua corretamente

Um grande banco norte-americano planejava reformas no edifício de sua filial londrina, o que exigia uma remoção substancial de suas paredes internas. Embora um escritório bem conhecido de engenheiros estruturais tivesse sido contratado para fazer o projeto, a obra em si ficou a cargo de uma firma de remodelagem/reforma de lojas que claramente não tinha experiência alguma naquele tipo de obra.

O cliente repassou os desenhos do engenheiro estrutural ao empreiteiro responsável por tal firma. Na reunião no local, o empreiteiro perguntou ao engenheiro estrutural se seria possível usar seções de aço em forma de "H" nos pontos onde pilares "UC" estavam indicados nos desenhos. O engenheiro estrutural ficou um tanto perplexo com isso e explicou que "UC" é a sigla usada para pilar universal (*universal column*), que são de fato seções "H". O empreiteiro admitiu, meio encabulado, que pensara que "UC" era sigla de seção de canal em forma de U"!

O engenheiro estrutural ficou tão abalado com esse diálogo e suas potenciais consequências que recomendou fortemente que o cliente se visse livre da firma de remodelagem/reforma e contratasse empreiteiros que soubessem o que estavam fazendo.

3

Como as estruturas (e partes de estruturas) se comportam?

Introdução

Neste capítulo, discutiremos como partes de uma estrutura se comportam quando sujeitas a forças. Vamos examinar os significados dos termos ***compressão***, ***tração***, ***flexão*** e ***cisalhamento***, com a ilustração de alguns exemplos. Mais adiante no capítulo, veremos os vários elementos que compõem uma estrutura e os diferentes tipos de estrutura.

Compressão

A Figura 3.1a mostra uma elevação – ou seja, uma visão lateral – de um pilar de concreto numa edificação. O pilar está sustentando vigas, lajes e outros pilares acima, e a carga, ou a força, de todos estes está incidindo para baixo sobre o topo do pilar. Essa carga é representada pela seta apontando para baixo. Intuitivamente, sabemos que o pilar está sendo esmagado por essa carga aplicada – ele está sofrendo *compressão*.

Como vimos brevemente no Capítulo 2 e discutiremos em mais profundidade no Capítulo 6, uma força descendente deve ser oposta a uma força igual ascendente para que a edificação fique estacionária – como deve ficar. Essa reação é representada pela seta que aponta para cima na base do pilar na Figura 3.1a. Acontece que tais regras de equilíbrio (força total para cima = força total para baixo) devem se aplicar não apenas ao pilar como um todo; elas devem se aplicar *a todo e qualquer ponto* dentro de uma estrutura estacionária.

Vejamos o que acontece na extremidade superior do pilar – especificamente no ponto C da Figura 3.1b. A força descendente mostrada na Figura 3.1a no ponto C deve ser oposta a uma força ascendente – também no ponto C. Assim, haverá uma força ascendente no interior do pilar neste ponto, conforme representada pela seta ascendente tracejada na Figura 3.1b. Vejamos agora o que acontece na extremidade inferior do pilar – o ponto D na Figura 3.1b. A força ascendente mostrada na Figura 3.1a no ponto D deve ser oposta a uma força descendente no mesmo ponto. Isso é representado pela seta descendente tracejada na Figura 3.1b.

Olhe para as setas tracejadas na Figura 3.1b. Essas setas representam as forças internas no pilar. Você perceberá que elas estão apontando em direções opostas uma à outra. Isso sempre ocorre quando um elemento estrutural está sob compressão: as setas que representam compressão *apontam em direções opostas* uma à outra.

Tração

A Figura 3.2 exibe um bloco pesado de metal suspenso desde o teto de um recinto por um pedaço de fio. O bloco metálico, sob os efeitos da gravidade, está puxando o fio para baixo, conforme representado pela seta descendente. Desse modo, o fio está sendo esticado e encontra-se, portanto, sob tração.

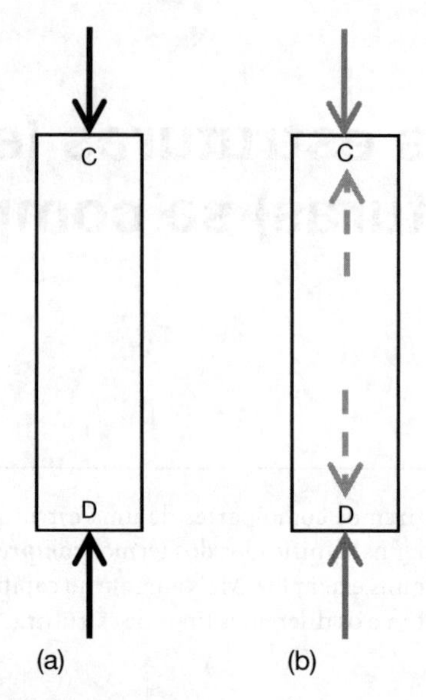

Figura 3.1 Um pilar sob compressão.

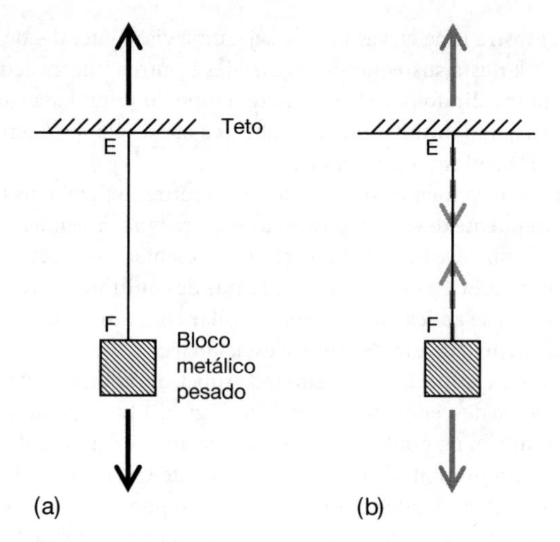

Figura 3.2 Um pedaço de fio sob tração.

Para que haja equilíbrio, essa força para baixo deve ser oposta a uma força igual para cima no ponto onde o fio está fixado ao teto. Essa força opositora está representada por uma seta para cima na Figura 3.2a. Vale ressaltar que se o teto não fosse forte o suficiente para aguentar o peso do bloco metálico, ou se o fio não estivesse bem amarrado, o peso acabaria em queda livre até o chão, e a essa altura já não haveria qualquer força ascendente. Assim como no pilar examinado anteriormente, as regras do equilíbrio (força total para cima = força total para baixo) devem se aplicar a todo e qualquer ponto dentro desse sistema se ele for estacionário.

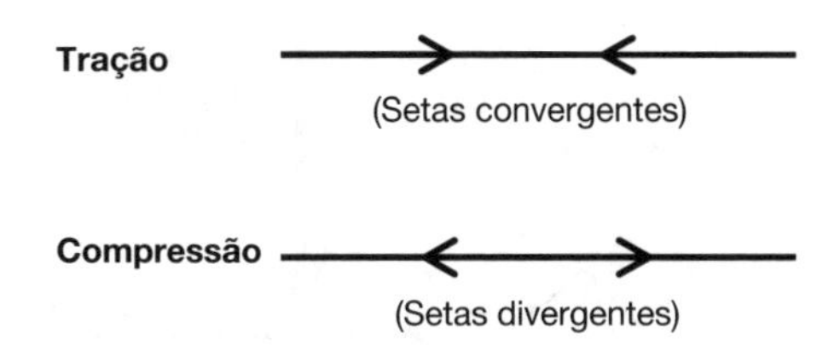

Figura 3.3 Notação de setas para forças internas de tração e compressão.

Vamos ver o que acontece na parte de cima do fio. A força ascendente mostrada na Figura 3.2a no ponto E deve ser oposta a uma força descendente – também neste ponto. Assim, haverá uma força para baixo no fio nesse ponto, conforme representada pela seta tracejada descendente na Figura 3.2b. Vejamos agora o que acontece na extremidade inferior do fio – no ponto onde o bloco metálico está fixado (ponto F). A força descendente mostrada na Figura 3.2b no ponto F deve ser oposta a uma força ascendente nesse mesmo ponto. Essa força ascendente no fio nesse ponto é representada pela seta tracejada ascendente na Figura 3.2b.

Olhe para as setas tracejadas na Figura 3.2b. Essas setas representam as forças internas no fio. Você perceberá que elas estão apontando uma para a outra. Isso sempre ocorre quando um elemento estrutural está sob tração: as setas que representam tração *apontam uma para a outra.*

As notações-padrão envolvendo setas para as forças internas de elementos sob tração e compressão são mostradas na Figura 3.3. Você deve se familiarizar com elas, pois iremos encontrá-las novamente nos próximos capítulos.

Obs.: tração e compressão são exemplos de forças axiais – elas atuam ao longo do eixo (ou linha central) do elemento estrutural considerado.

Flexão

Imagine uma viga simplesmente apoiada (ou seja, uma viga que simplesmente jaz sobre apoios em suas duas extremidades) sujeita a uma carga no ponto central. A viga tende a flexionar, conforme mostrada na Figura 3.4. Até que ponto a viga será flexionada depende de quatro fatores:

1. O ***material*** do qual a viga é feita. É de se esperar que uma viga feita de borracha flexione mais do que uma viga de concreto da mesma dimensão sob uma determinada carga.
2. As ***características de seção transversal*** da viga. O tronco de madeira de uma árvore de grande diâmetro é mais difícil de flexionar do que um ramo fino da mesma extensão.
3. O ***vão*** da viga. Qualquer pessoa que já tenha tentado colocar livros em prateleiras em casa sabe que elas vergam até um grau inaceitável se não forem sustentadas em intervalos regulares. O mesmo vale para a arara de pendurar cabides dentro de um guarda-roupa. A arara verga perceptivelmente sob o peso de todas aquelas roupas se não for sustentada centralmente, e não apenas nas extremidades, reduzindo assim o seu vão.
4. A ***carga*** à qual a viga é sujeita. Quanto maior a carga, maior a flexão. Suas prateleiras de livros vergam mais quando suportam pesadas coleções do que quando estão sob o peso de livros leves e esparsos.

Se você continuar aumentando a carga, a viga acabará quebrando. Claramente, quanto mais forte o material, mais difícil é quebrá-lo. Uma régua de madeira é bem fácil de quebrar ao ser flexionada; já uma régua de aço de dimensões similares enverga com facilidade, mas é bem improvável que você consiga quebrá-la com as próprias mãos.

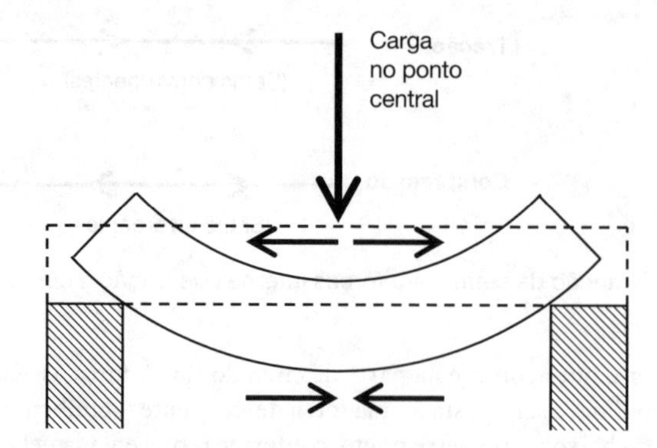

Figura 3.4 Flexão de uma viga.

Essa é evidentemente uma maneira pela qual uma viga pode fracassar em seu propósito – por meio de flexão excessiva. Vigas devem ser projetadas para que não falhem desse modo.

A propósito, uma maneira de determinar o grau de flexão ocorrido é calcular a ***deflexão***, que é a distância vertical até a qual um determinado ponto na viga se moveu a partir de sua posição original. Examinaremos a deflexão mais adiante.

Cisalhamento

Imagine duas placas de aço que se sobrepõem levemente uma à outra, com um parafuso as conectando através da parte sobreposta, conforme mostrado na Figura 3.5a. Imagine agora que uma força é aplicada sobre a chapa de cima, tentando puxá-la para a esquerda. Uma força igual é aplicada na placa de baixo, tentando puxá-la para a direita. Suponhamos agora que a força para a esquerda seja levemente aumentada, assim como a força para a direita. (Lembre-se que as duas forças devem ser iguais para que o sistema como um todo permaneça estacionário.) Se o parafuso não for tão forte quanto as placas, cedo ou tarde chegará um ponto em que ele se quebrará. Depois de quebrado, a parte de cima do parafuso seguirá para a esquerda junto com a placa superior e sua parte de baixo seguirá para a direita junto com a placa inferior.

Examinemos em detalhe o que acontece com as superfícies da falha (ou seja, a face inferior da parte de cima do parafuso e a face superior da parte de baixo do parafuso) imediatamente após a falha. Como você pode ver na parte ampliada da Figura 3.5a, as duas superfícies da falha estão deslizando uma pela outra. Isso é uma característica de uma falha por cisalhamento.

Voltaremos nossa atenção agora a uma vigota de madeira sustentando o primeiro pavimento de um edifício, conforme mostrada na Figura 3.5b. Imaginemos que as vigotas de madeira são sustentadas por paredes de alvenaria e que as próprias vigotas sustentam assoalhos, como seria o caso em uma habitação doméstica. Suponha que as vigotas sejam mais frágeis do que deveriam – em outras palavras, não são fortes o bastante para as cargas que tendem a sustentar.

Examinemos agora o que aconteceria se um objeto pesado – como uma grande peça de maquinário – fosse colocado no piso perto de seus apoios, conforme mostrado na Figura 3.5b. Caso o objeto pesado se encontre próximo às paredes de sustentação, as vigotas talvez não sofram uma flexão indevida. No entanto, se o objeto for pesado o suficiente e as vigotas frágeis o suficiente, a vigota poderá simplesmente quebrar. Esse tipo de falha é análogo ao da falha no parafuso analisada anteriormente. Usando como referência a Figura 3.5b, a parte à direita da vigota se movimentará para baixo (conforme cai ao chão), enquanto a parte à esquerda da vigota continuará imóvel – em outras palavras, move-se para cima em relação à parte descendente à direita da viga.

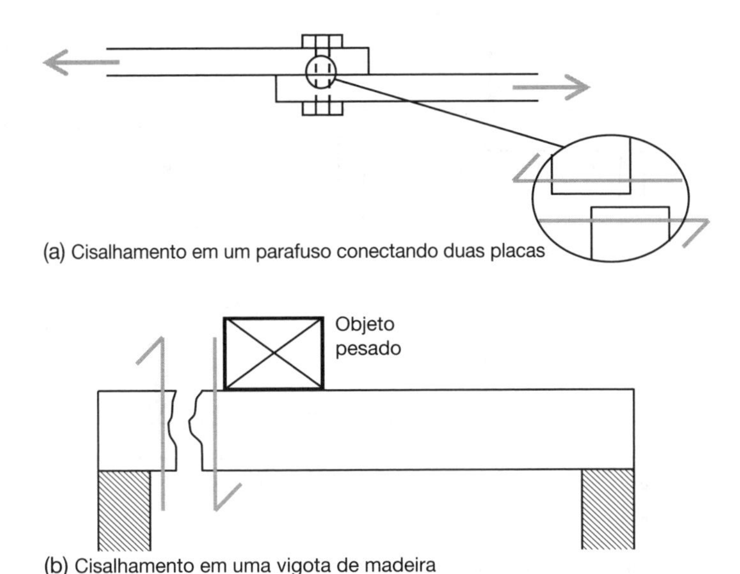

Figura 3.5 O conceito de cisalhamento.

Assim, obtemos mais uma vez uma falha em que duas superfícies com falha deslizam uma pela outra: uma falha de cisalhamento. Sendo assim, uma falha de cisalhamento pode ser encarada como uma ação de corte ou fatiamento.

Assim, esta é uma segunda maneira de uma viga falhar – por cisalhamento. Vigas devem ser projetadas de modo a não falhar desse modo. (A propósito, a notação usando setas com a cabeça pela metade mostrada na Figura 3.5 é um símbolo-padrão usado para denotar cisalhamento.)

As consequências das falhas por flexão e cisalhamento – e como projetar elementos de modo a evitá-las – serão analisadas em mais profundidade no Capítulo 16.

Elementos estruturais e seus comportamentos

Os vários tipos de elementos estruturais que podem ser encontrados na estrutura de um edifício – ou qualquer outra – foram introduzidos no Capítulo 1. Agora que aprendemos a respeito dos conceitos de compressão, tração, flexão e a cisalhamento, veremos como essas diferentes partes de uma estrutura se comportam sob carga.

Vigas

As vigas podem ser ***simplesmente apoiadas***, ***contínuas*** ou ***em balanço***, conforme ilustrado na Figura 3.6. Elas estão sujeitas a flexão e a cisalhamento sob carga, e as deformações são mostradas por linhas tracejadas.

Uma viga simplesmente apoiada jaz sobre apoios, geralmente localizados em cada extremidade da viga. Uma viga contínua tem dois ou mais vãos em uma unidade ininterrupta; ela pode simplesmente jazer sobre seus apoios, mas o mais comum é que fique engastada (ou fixada) por pilares acima e abaixo. Uma viga em balanço é sustentada apenas em uma extremidade, por isso, para evitar colapso, a viga deve ser contígua, ou rigidamente fixada, a esse apoio.

Vigas podem ser feitas de madeira, aço ou concreto armado ou protendido.

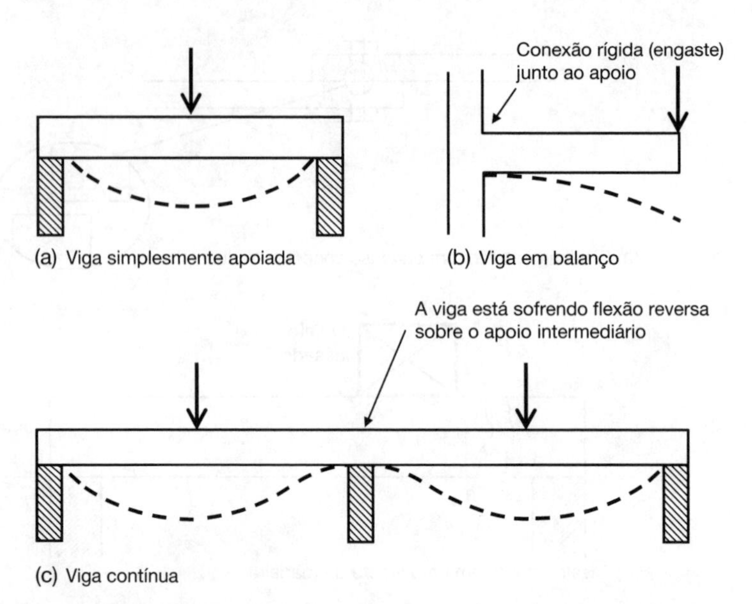

Figura 3.6 Tipos de vigas.

Lajes

Assim como as vigas, as lajes se estendem horizontalmente entre apoios e podem ser simplesmente apoiadas, contínuas ou em balanço. Mas, ao contrário de vigas, que geralmente são estreitas comparadas à sua altura, as lajes costumam ser amplas e relativamente rasas, sendo projetadas para formar o piso – veja a Figura 3.7.

As lajes podem ser armadas em uma direção, o que significa que são sustentadas pelas paredes em seus lados opostos, ou em cruz, o que significa que são sustentadas por paredes em todos os quatro lados. Essa descrição parte do princípio de que uma laje tem um plano retangular, o que quase sempre ocorre. As lajes costumam ser feitas de concreto armado, e em edifícios elas têm tipicamente de 150 a 300 mm de altura. Vãos maiores que o normal podem ser alcançados usando-se lajes nervuradas ou em formato de grelha, conforme mostradas na Figura 3.7c e d. Assim como as vigas, as lajes também sofrem flexão.

Pilares

Os pilares (ou colunas ou postes) são verticais e suportam carga axial estando, assim, sujeitos à compressão. Quando um pilar é delgado ou quando sustenta um arranjo assimétrico de vigas, ele também pode sofrer flexão, conforme mostrado pela linha tracejada na Figura 3.8a. Pilares de concreto ou de alvenaria podem apresentar seção transversal quadrada, retangular, circular ou cruciforme, conforme ilustrados na Figura 3.8b. Pilares de aço podem ter formato de H ou uma seção oca, conforme ilustrados mais adiante neste capítulo.

Paredes

Assim como os pilares, as paredes são verticais e sujeitas acima de tudo à compressão, mas também podem sofrer flexão. As paredes geralmente são feitas de alvenaria ou de concreto armado. Além das paredes convencionais de face plana, você também pode encontrar paredes "em quilha" (*fin walls*) ou paredes-diafragma, como mostradas na Figura 3.9. ***Paredes de contenção*** (muros de contenção) retêm uma massa de solo ou de água e, por isso, são projetadas para suportar flexão causada por forças horizontais, conforme indicada pela linha tracejada na Figura 3.9c.

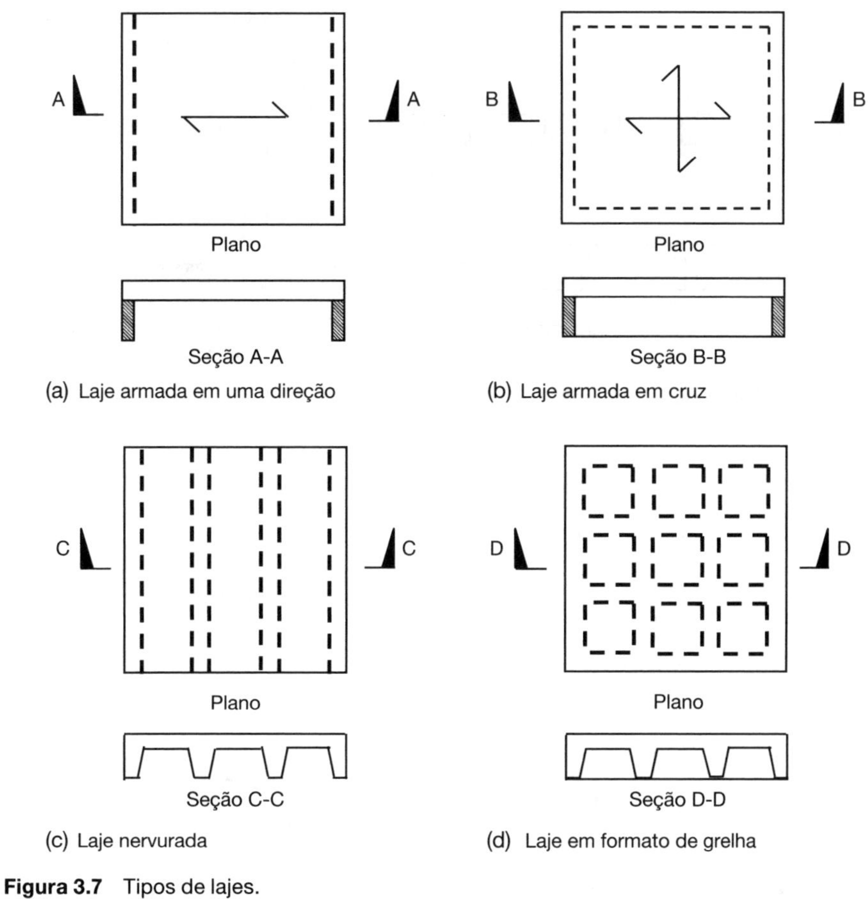

Figura 3.7 Tipos de lajes.

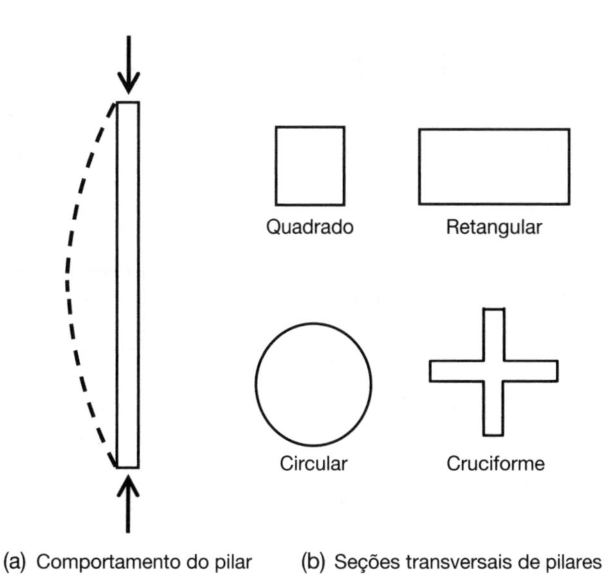

Figura 3.8 Tipos de pilares.

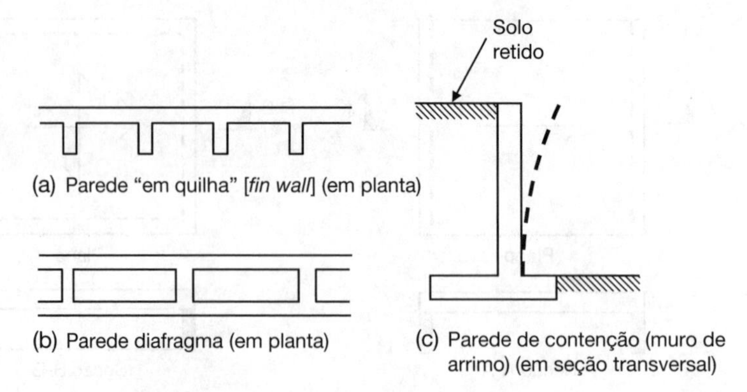

Figura 3.9 Tipos de parede.

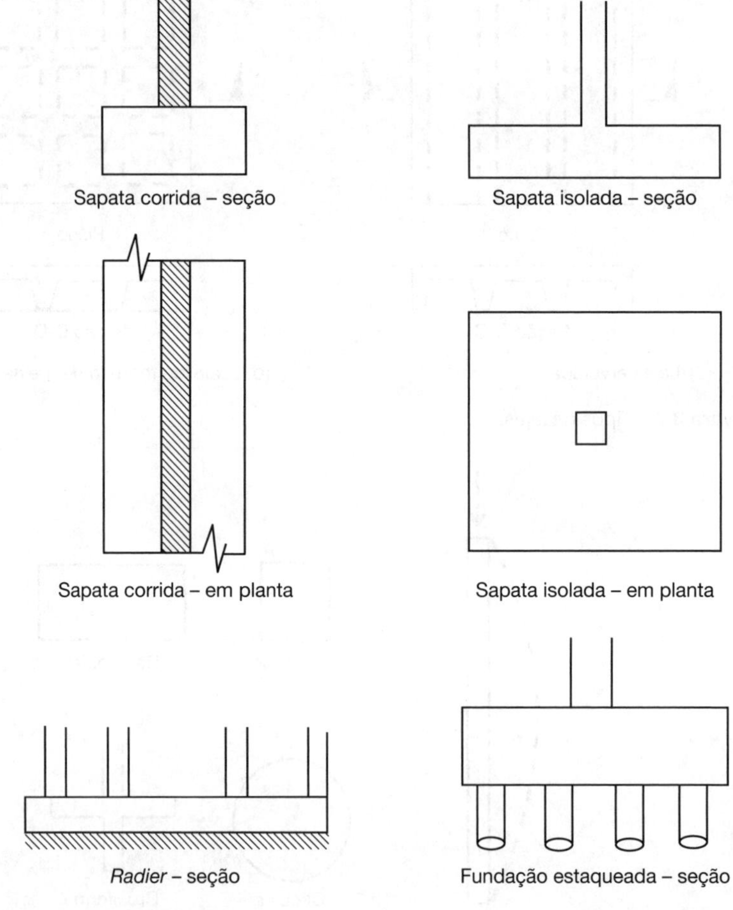

Figura 3.10 Tipos de fundação.

Fundações

Conforme mencionado no Capítulo 1, tudo que é projetado por um arquiteto ou engenheiro civil precisa permanecer de pé sobre o chão – ou pelo menos ter algum contato com o chão. Isso requer o uso de fundações, cuja função é transferir com segurança as cargas provenientes da edificação para o solo. Existem diversos tipos de fundação. Uma fundação em ***sapata corrida*** oferece um apoio contínuo para paredes externas que sustentam carga. Uma fundação em ***sapata isolada*** oferece um apoio de difusão de carga para um pilar. Uma fundação em ***radier*** ocupa toda a área plana sob uma edificação e é usada em situações em que a alternativa seria o emprego de uma grande quantidade de fundações em sapata isolada ou corrida num espaço relativamente exíguo. Nos casos em que o solo apresenta pouca resistência e/ou a edificação é muito pesada, são usadas **fundações sobre estacas**. Elas contam com estacas no solo que transmitem com segurança a carga da edificação para um subestrato mais resistente. Um grupo de estacas é recoberto por um grande bloco de concreto chamado de bloco de estacas. Todos esses tipos de fundação estão ilustrados na Figura 3.10, e um bloco de estacas em construção é mostrado na Figura 3.11.

Fundações de todos os tipos geralmente são feitas de concreto, mas aço e madeira também podem ser usados como estacas.

Arcos

A principal virtude de um arco, do ponto de vista da engenharia estrutural, é que ele se encontra sob compressão por toda sua extensão. Isso quer dizer que materiais que são frágeis sob tração – alvenaria, por exemplo – podem ser usados para vencer distâncias consideráveis. Arcos

Figura 3.11 *Radier* em construção.
As armaduras estão sendo instaladas nos nichos dos blocos, mas o concreto ainda não foi depositado; as capas plásticas em amarelo indicam as bordas dos blocos – um enorme bloco atrás do guindaste com outros menores à direita.

transmitem grandes pressões horizontais a seus apoios, a menos que tirantes horizontais sejam usados na base do arco. É para lidar com essas pressões horizontais que arcobotantes foram utilizados em catedrais medievais – veja a Figura 3.12. Você pode ler mais sobre arcos no Capítulo 26.

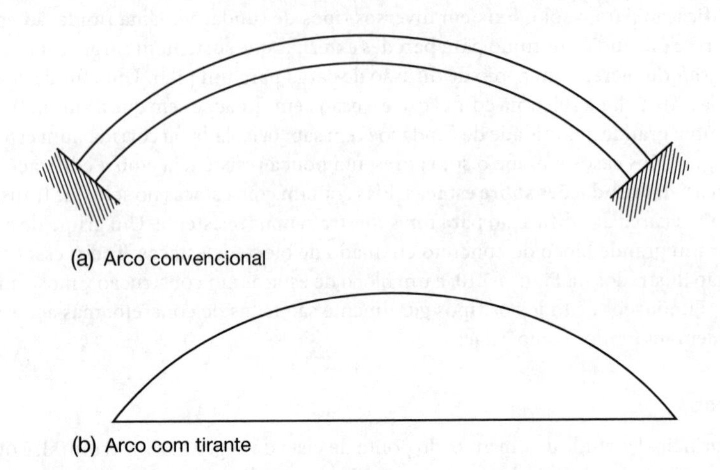

Figura 3.12 Tipos de arco.

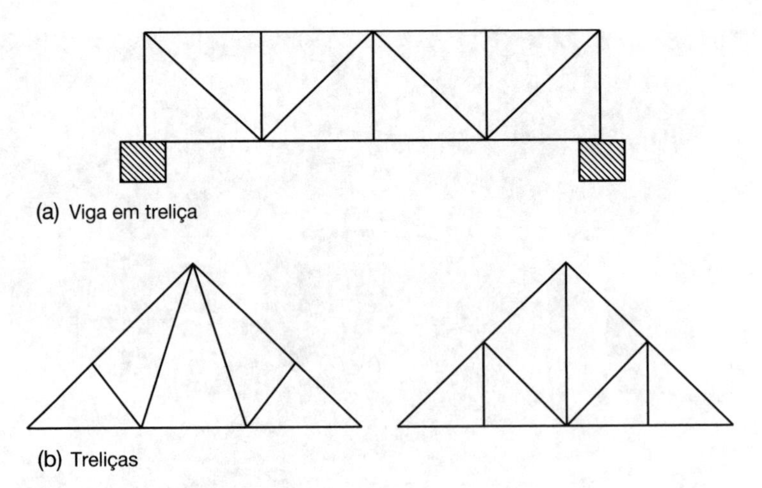

Figura 3.13 Tipos de treliça.

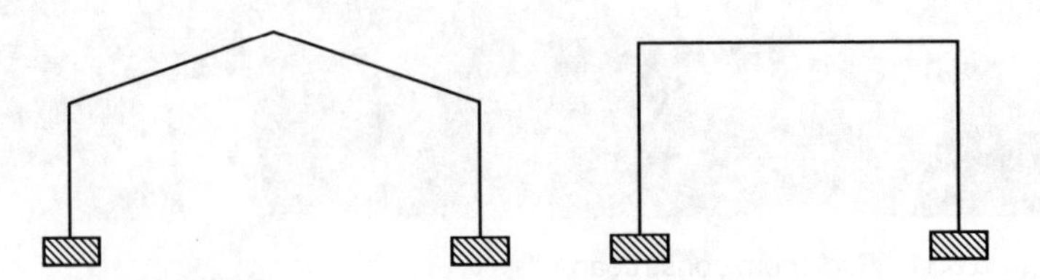

Figura 3.14 Tipos de pórtico.

Treliças

Uma treliça é uma estrutura bi ou tridimensional projetada sob a noção de que cada "elemento" ou componente da estrutura está ou em pura tração ou em pura compressão e não sofre flexão. Treliças costumam ser empregadas na construção de telhados em tesoura: madeira tende a ser usada para construção doméstica e perfis metálicos para telhados com vãos mais amplos exigidos em edificações industriais ou comerciais. Vigas em treliça, que são usadas no lugar de vigas sólidas e altas para grandes vãos, funcionam sob o mesmo princípio - veja a Figura 3.13.

Pórtico

Um pórtico é uma estrutura rígida que abrange dois pilares que sustentam vigas. As vigas podem ser horizontais ou, como é mais comum, inclinadas a fim de sustentar um telhado. Pórticos geralmente são feitos de aço, mas também podem ser feitos de concreto pré-moldado. Eles costumam ser usados em estruturas de grande porte e de um único pavimento, como galpões e megalojas de varejo - veja a Figura 3.14.

Estruturas estaiadas e suspensas

Estruturas estaiadas geralmente são pontes, mas às vezes são usadas na construção de estruturas com vãos excepcionalmente longos. Em vez de ser sustentado de baixo por pilares ou paredes, o vão é sustentado pela parte superior em certos pontos por cabos que passam por cima de mastros e de estabilizadores horizontais para serem firmemente ancorados no solo. Um princípio similar se aplica a pontes suspensas. Os cabos ficam sob tração e precisam ser projetados para sustentar forças tracionais consideráveis - veja a Figura 3.15. Exemplos de pontes de suspensão são mostrados nas Figuras 3.16 e 3.17.

Tipos de seção transversal

Existe uma vasta gama de formatos de seção transversal disponíveis. Seções-padrão estão ilustradas na Figura 3.18.

- Vigas e lajes de madeira e concreto geralmente são retangulares em sua seção transversal.
- Pilares de concreto costumam ter seção transversal circular, quadrada, retangular ou cruciforme (ver texto anterior).
- Vigas de aço costumam ter formato de "I" ou uma seção celular.
- Pilares de aço geralmente têm formato em "H" ou uma seção celular.
- Vigas de concreto protendido às vezes têm seção em "T", "U" ou "U" invertido.
- Treliças de aço às vezes têm seções em canaleta ("C") ou em ângulo ("L" ou cantoneira).
- Terças de aço em forma de Z (não ilustradas) muitas vezes são usadas para sustentar telhados de aço e revestimentos.

Avaliação de estruturas existentes

Indiscrição na sauna a vapor

Numa manhã de sábado, depois de um treino desgastante na academia local, fui relaxar na sauna a vapor. Meus companheiros eram dois homens na casa dos 20 anos de idade e um homem mais velho, possivelmente com seus 40 e poucos. Todos estavam sentados ali de sunga, alegremente suando em bicas.

Os dois homens mais jovens claramente eram amigos. Assim que entrei na sauna, eles estavam em meio a uma conversa sobre uma festa que iria acontecer, que se deu mais ou menos assim:

HOMEM 1 O Craig vai?
HOMEM 2 É, acho que sim.
HOMEM 1 Ah, legal – ele é muito engraçado.
HOMEM 2 É mesmo – uma figura. (Pausa) Sábado passado o Craig estava saindo do clube de rúgbi na hora do almoço depois de uns drinques e bateu o carro. Daí ele empurrou o veículo para longe da estrada até um campo, jogou um monte de palha em volta dele, depois telefonou para a polícia dizendo que o carro tinha sido roubado.
HOMEM 1 (Após uma leve pausa) E deu certo?
HOMEM 2 Ãhn – é, acho que sim.

O homem mais velho, que até então havia permanecido em silêncio, começou a falar devagar e deliberadamente: "Um detalhe que as pessoas não se dão conta é que, dentro de uma sauna, policiais não usam uniforme".

Um silêncio desconfortável se seguiu enquanto o peso de seu comentário se estabelecia. O policial acabou atenuando as coisas ao contar uma história similar ocorrida com ele, indo embora da sauna logo depois. Um dos jovens virou-se para mim e para seu amigo e disse: "Bom, isso poderia ter dado uma encrenca, não?".

"Sim", respondi, "sou investigador criminal".

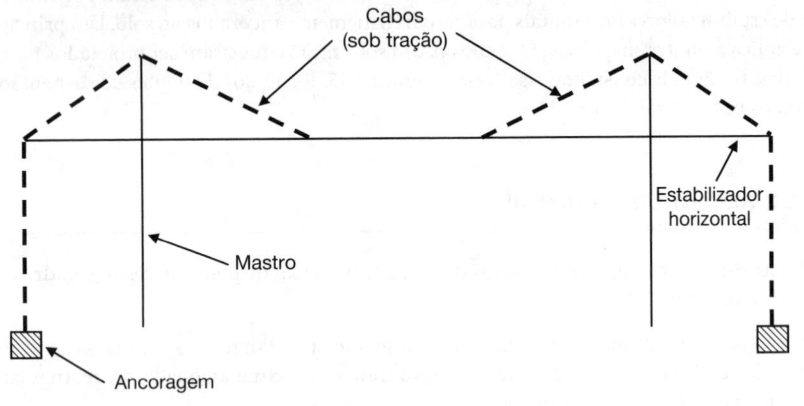

(a) Estrutura estaiada (em seção transversal)

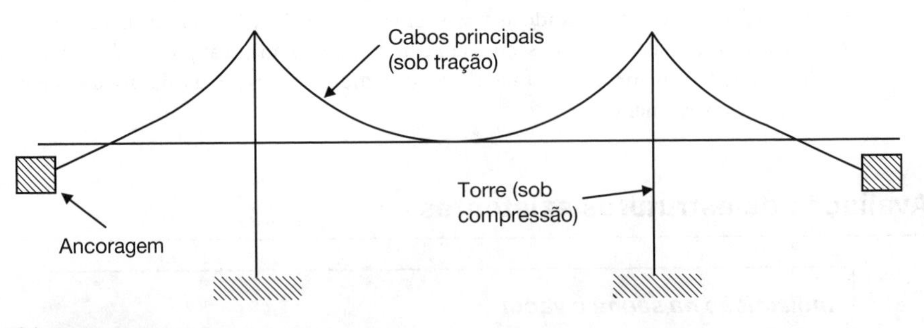

(b) Ponte suspensa

Figura 3.15 Estruturas estaiada e suspensa.

Figura 3.16 Ponte do Brooklyn, Cidade de Nova York.
Concebida por Joe Roebling e concluída por seu filho, Washington, em 1883, a Ponte do Brooklyn foi a primeira ponte suspensa do mundo a usar aço como seus cabos principais e era a mais longa ponte suspensa do mundo na época de sua construção; as fundações foram escavadas de dentro de caixões subaquáticos que usavam ar comprimido, causando doenças devastadoras entre os trabalhadores, incluindo o próprio Washington Roebling.

Figura 3.17 Ponte de pedestres Millenium e Tate Modern, Londres.
Duas estruturas contrastantes: uma moderna ponte de pedestres em baixa suspensão leva a uma antiga central elétrica, em edifício de tijolos à vista, agora convertida em uma moderna galeria de arte.

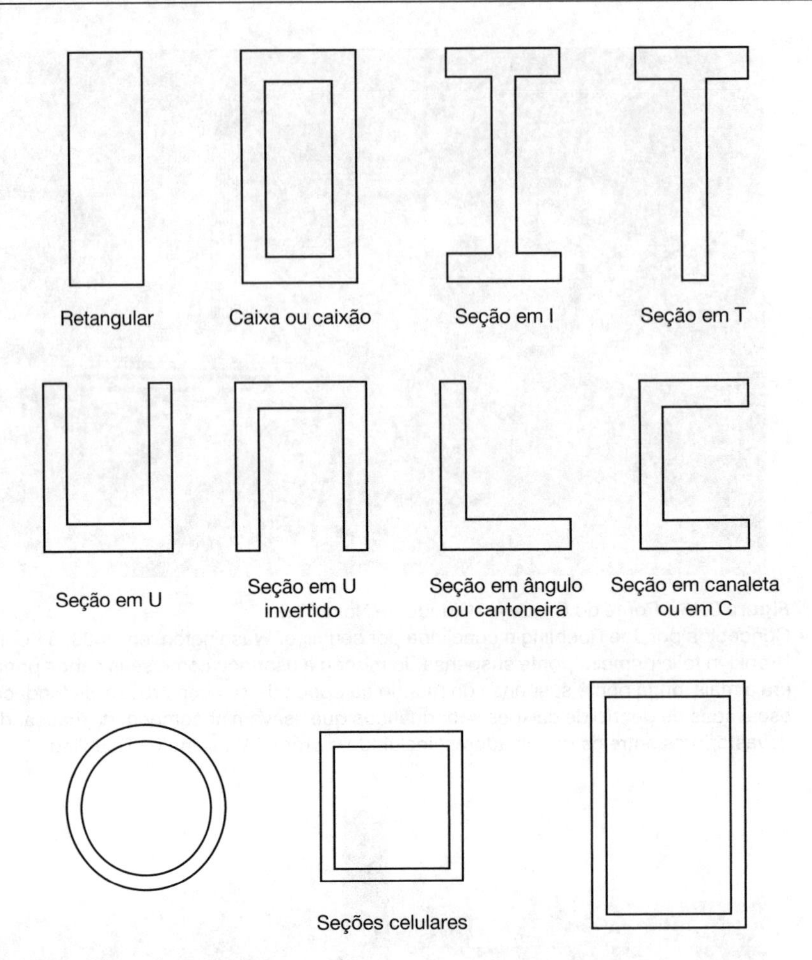

Figura 3.18 Tipos de seção transversal.

A história tem uma mensagem séria. As pessoas nem sempre são o que aparentam: um policial praticamente nu se parece igualzinho a todo mundo. De modo similar, estruturas nem sempre são o que podem aparentar, embora, neste caso, o problema geralmente envolva roupagem demais, e não de menos. Em alguns edifícios, os projetistas optam por valorizar certa estrutura; em outros, a estrutura é totalmente ocultada. Você pode ouvir arquitetos (e outros) descreverem uma determinada edificação como "estruturalmente extrovertida", querendo dizer que a estrutura fica claramente visível e talvez dominante em termos visuais.

Na sua futura carreira profissional, você pode ser chamado para inspecionar uma edificação existente, geralmente após outro profissional – talvez um fiscal de obras – ter identificado uma falha suspeita de ser de natureza estrutural. Nem sempre é fácil aferir como uma edificação já existente funciona em termos estruturais. Certamente, você pode colher pistas a partir da idade e do estilo da edificação, e plantas originais da estrutura construída podem ser bastante úteis, embora nem sempre sejam confiáveis e, para piorar, raramente estejam disponíveis.

Portanto, se você precisar conduzir uma avaliação estrutural de uma edificação já existente, meu conselho é avançar com cuidado.

O que você deve recordar deste capítulo

Os conceitos de compressão, tração, flexão e cisalhamento são fundamentais para qualquer estudo de mecânica estrutural. O leitor deve entender com clareza o significado e as implicações de cada um deles. Diferentes elementos de uma estrutura se deformam de maneiras diferentes sob carga. O leitor deve compreender e ser capaz de visualizar esses padrões de comportamento estrutural, que são fundamentais para projetos estruturais.

4

Força, massa e peso

Introdução

Neste capítulo, examinamos força, massa e peso – suas definições, suas relações mútuas, suas unidades de medida e suas aplicações práticas.

Força

Usamos o termo "força" na vida cotidiana. Alguém pode, por exemplo, forçar você a fazer alguma coisa. Isso significa que tal pessoa, por meio de suas palavras, ações ou outro comportamento, compele você a tomar um certo curso de ação. Em um contexto técnico, a palavra força é similar: uma força é uma influência, ou ação, sobre um corpo ou objeto que causa – ou tenta causar – movimento. Por exemplo:

- O homem mostrado na Figura 4.1 está empurrando uma parede. Ao fazê-lo, está aplicando uma força horizontal nessa parede – em outras palavras, ele está tentando empurrar tal parede para longe de si.
- A Figura 4.2 mostra um homem parado de pé sobre uma superfície rígida. O peso do seu corpo está aplicando uma força vertical (para baixo) sobre o solo – em outras palavras, ele está tentando movimentar o chão para baixo.

A força é medida em unidades de newtons (N) ou quilonewtons (kN) – mas mais adiante trataremos disso.

Massa

Massa é a quantidade de ***matéria*** em um corpo ou objeto. Ela é medida em unidades de gramas (g) ou quilogramas (kg). Massa não deve ser confundida com peso.

Peso

Se você estudou física ou ciências, já deve ter se deparado com a seguinte equação:

Força = Massa × Aceleração

Para os engenheiros, uma forma muito mais útil dessa equação é

Peso = Massa × Aceleração da gravidade

Quando um objeto é jogado de uma certa altura, ele se acelera – isto é, aumenta consistentemente de velocidade – ao cair rumo ao chão. Essa aceleração é chamada de aceleração da gravidade, e seu valor próximo à superfície deste planeta é de 9,81 m/s^2. Isso significa que, passado 1 s, um corpo em queda livre estará caindo a 9,81 m/s e, passados 2 s, terá alcançado (9,81 + 9,81) = 19,62 m/s,

Figura 4.1 Homem apoiado contra uma parede.

etc. A massa do objeto é irrelevante nesse contexto – um maço de penas cai com a mesma taxa que um grande pedaço de chumbo, já que apresentam a mesma taxa de aceleração.

Examinando a equação anterior, vemos que a relação entre massa e peso é governada pela aceleração da gravidade. Isso sugere que um objeto de uma certa massa pesará menos em um planeta onde a atração gravitacional é menor. Se você assistir às imagens televisionadas dos pousos do programa Apollo na Lua ao final dos anos 60, perceberá que os astronautas parecem saltitar e quicar pela Lua de uma forma que seria vista como meio tola na Terra. Isso ocorre porque, embora a massa de um determinado astronauta (ou seja, a quantidade de matéria em seu corpo) seja obviamente a mesma na Lua como na Terra, a atração gravitacional (e, portanto, a aceleração da gravidade) é bem menor na Lua e, consequentemente, o peso do astronauta é bem menor na Lua do que na Terra.

A relação entre peso e massa

Voltando à Terra, se um objeto com 1 kg de massa estiver sujeito à aceleração da gravidade de 9,81 m/s^2 (que é ~ 10 m/s^2), então a equação anterior nos diz que o peso do objeto é $(1 \times 10) = 10$ N.

Figura 4.2 Homem em pé sobre um piso.

Observe que o peso é uma força e é medido nas mesmas unidades que as forças: newtons (N) ou quilonewtons (kN). Assim:

um *peso* de 10 N é equivalente, na superfície da Terra, a uma *massa* de 1 kg

Provavelmente você sabe que o prefixo quilo- significa "1.000 vezes mais", então:

1.000 N = 1 kN

Sendo assim, se um peso de 10 N é equivalente a uma massa de 1 kg, então um peso de 1.000 N (ou 1 kN) é equivalente a uma massa de 100 kg.

Mais uma relação: um peso de 10 kN equivale a uma tonelada (também conhecida como uma tonelada métrica), ou seja, 1.000 kg.

O que essas unidades significam em termos cotidianos?

1. No seu supermercado local, o açúcar é vendido em pacotes de 1 kg. Se você segurar um pacote de 1 kg de açúcar, obterá uma ideia do quanto representa uma massa de 1 kg (e, portanto, uma força de 10 N).
2. 1 kN equivale a 100 kg, o que, por sua vez, é aproximadamente 220 libras ou um pouco menos de 7 arrobas – 7 arrobas é o peso de um homem razoavelmente grande. Se você imaginar um homem grande conhecido seu, a massa do corpo dele está impondo uma força de 1 kN para baixo.

3. Um carro pequeno moderno pesa cerca de uma tonelada, portanto pesa aproximadamente 10 kN.

Para resumir:

- 10 N é o peso de 1 kg (um pacote de açúcar)
- 1.000 N ou 1kN é o peso de uma pessoa de 100 kg (7 arrobas)
- 10 kN é o peso de 1.000 kg = 1 tonelada (um carro pequeno)

Densidade e peso específico

A ***densidade*** de um material pode ser calculada da seguinte forma:

$$\text{Densidade}\left(\text{kg/m}^3\right) = \frac{\text{Massa}\,(\text{kg})}{\text{Volume}\,(\text{m}^3)}$$

Peso específico é um conceito similar à densidade. O peso específico é o peso de um material por volume unitário e é medido em kN/m^3. Os pesos específicos de materiais comuns usados em construção são apresentados no Apêndice 1.

Unidades em geral

Você sempre deve estar ciente das unidades que está usando em qualquer cálculo estrutural. O uso incorreto e a má compreensão de unidades podem levar a respostas incrivelmente imprecisas.

Os professores que corrigem e avaliam seus testes e provas conhecem bem os perigos de confundir as unidades. Certifique-se de expressar as unidades em seus trabalhos acadêmicos. Por exemplo: a força sobre um pilar não é de 340, e sim de 340 kN. Omitir unidades é puro desleixo e a pessoa responsável por corrigir seu trabalho acadêmico pode duvidar dos seus conhecimentos, o que lhe renderá uma nota compatível com essa impressão.

Relações com outros sistemas de medida

O sistema métrico é o mais adotado atualmente nas obras científicas e técnicas; ainda assim, o ideal é que você saiba fazer conversões envolvendo o sistema Imperial de medidas – libras, pés, polegadas, etc. Isso é importante na sua futura carreira profissional porque:

- você talvez precise revisar cálculos ou desenhos feitos em certos países antes de sua adoção do sistema métrico, na década de 1960 (como Inglaterra, por exemplo);
- você pode estar trabalhando em (ou para) um país que não adota o sistema métrico;
- você pode estar lidando com uma profissão que se sente mais à vontade usando unidades não métricas – profissionais do mercado imobiliário no Reino Unido, por exemplo, ainda costumam medir áreas de recintos em pés quadrados em vez de metros quadrados.

Por exemplo:

- 1 libra = 0,454 kg
- 1 polegada = 25,4 mm

Para uma lista mais abrangente de conversões entre diferentes sistemas de medida, consulte o Apêndice 2.

O que você deve recordar deste capítulo

- Massa é a quantidade de matéria de um objeto e é medida em gramas (g) ou quilogramas (kg).
- Peso é uma ***força*** e é medido em newtons (N) ou quilonewtons (kN).
- Densidade é o índice de massa em relação ao volume e é medido em kg/m^3.
- Em qualquer cálculo estrutural, as unidades usadas sempre devem ser expressas.

Exercícios

As respostas estão no final do capítulo.

1. Calcule o peso, em kN, de cada uma das pessoas a seguir:
   a) Uma jovem mulher com uma massa de 70 kg.
   b) Uma mulher de meia-idade com uma massa de 95 kg.
   Qual seria o peso de cada uma dessas pessoas na Lua, considerando a aceleração da gravidade na Lua como sendo um sexto daquela da Terra?

2. Calcule a massa de um tijolo com comprimento de 215 mm, largura de 102,5 mm e altura de 65 mm se sua densidade é de 1.800 kg/m^3. Qual seria o peso desse tijolo?

3. Calcule o peso de uma viga de concreto armado de 9 m de comprimento, largura de 200 mm e altura de 350 mm se o peso específico do concreto armado é de 24 kN/m^3.

4. Como veremos nos próximos capítulos, o termo ***carga viva*** é utilizado para descrever uma carga não permanente em uma edificação – ou seja, aquelas cargas geradas por pessoas ou móveis. Se uma sala de aula de uma universidade tem 12 m de comprimento e 10 m de largura e é projetada para acomodar até 60 alunos, calcule a carga móvel na sala quando está cheia. (Observe que você precisará fazer um levantamento do peso individual de um aluno, de uma mesa e de uma cadeira.) Compare sua resposta com o valor da Norma Britânica de carga móvel (3,0 kN/m^2) para salas de aula.

5. Uma rede internacional de hotéis planeja transformar seu hotel em um local especialmente glamoroso e exótico instalando uma piscina no terraço já existente de seu arranha-céu. A piscina terá 25 m de comprimento e 10 m de largura e sua profundidade irá variar uniformemente de 1 a 2 m. Calcule o volume de água na piscina. Se o peso específico da água é de 10 kN/m^3, calcule a massa de água na piscina, em toneladas. Se um pequeno carro moderno tem uma massa de 1 tonelada, calcule o número de carros que equivaleriam, em peso, à água contida na piscina proposta. Se você fosse o engenheiro estrutural do projeto, qual seria seu conselho inicial para o arquiteto e para o cliente?

6. Você está envolvido em um projeto de desenvolvimento habitacional. Você mede o local em um plano e descobre que ele é retangular, com 300 m de comprimento e 250 m de largura. "Qual é a área em acres?", o incorporador lhe pergunta. Qual é a sua resposta? (Dica: consulte o Apêndice 2.)

7. Você está radiante por ter ganhado o prêmio total de £1 milhão em dinheiro na sua recente participação em um programa de perguntas e respostas na TV. No entanto, sua euforia se esvai um pouco quando o produtor do programa lhe informa que o prêmio será pago inteiramente em moedas de 1 libra esterlina. Calcule a massa, o peso e o volume de 1 milhão de moedas de 1 libra esterlina.

   Tendo em vista o repentino interesse de diversos tabloides por sua história, explique como você transportaria o dinheiro desde o estúdio de TV até a sua casa, a 300 km de distância.

   Percebendo sua inquietude, o produtor se oferece para pagar seu prêmio em moedas de £2. Calcule a massa apropriada, o peso e o volume para este caso. Você aceitaria ou recusaria essa oferta?

Ao finalmente chegar em casa com seu reboque, você decide armazenar o dinheiro em um quarto vago. Admitindo uma construção com vigotas de madeira convencionais, você acredita que isso acarretaria um problema estrutural? Por quê?

Respostas

1. a) 0,7 kN; b) 0,95 kN.
   Na Lua: a) 0,117 kN; b) 0,158 kN.
2. 2,52 kg; 0,025 kN.
3. 15,1 kN.
4. A sua resposta provavelmente ficará na faixa de 0,5–1,0 kN/m^2, dependendo de seus pressupostos.
5. 375 m^3; 357 toneladas.
6. 18,5 acres.

5

Cargas – vivas ou mortas

Introdução: o que é uma carga?

Conforme discutido no Capítulo 2, uma ***carga*** é uma parte de uma estrutura. O termo "carga" é costumeiramente utilizado na vida cotidiana. Falamos na "carga" que uma máquina de lavar roupas suporta. Um jogador de futebol imprime uma carga sobre outro quando o empurra acintosamente. A indústria aeronáutica utiliza o termo "fatores de carga" ao se referir a quantos passageiros embarcam em voos. Você faz uma "recarga" no seu celular pré-pago quando seu pacote está terminando e o governo aumenta a "carga" de impostos quando bem entende. Em resumo, você já está familiarizado com a palavra carga, e o seu uso em engenharia estrutural é, espero, fácil de entender.

Em estruturas, lidamos com três tipos diferentes de carga: cargas mortas (ou permanentes), cargas vivas (ou impostas) e cargas de vento ou eólicas (ou laterais).

Carga morta (permanente)

Como seu nome sugere, uma carga morta é algo que está sempre presente. Exemplos de carga morta incluem as cargas – ou forças – impostas pelos pesos de vários elementos de construção, como pisos, paredes, telhados, revestimento e divisórias permanentes. Esses itens – e seus respectivos pesos – estão obviamente sempre presentes.

Carga viva (imposta)

Cargas vivas nem sempre estão presentes. São produzidas pela ***ocupação*** das edificações. Dentre os exemplos de cargas vivas estão pessoas e mobílias. Outros exemplos incluem cargas de neve sobre os telhados. Por sua própria natureza, as cargas vivas, ao contrário das cargas mortas, são variáveis. Uma sala de cinema com assentos para 300 espectadores, por exemplo, ficaria repleta de pessoas num sábado à tarde se um grande lançamento estivesse passando, mas ficaria com menos que um quarto de lotação numa tarde de meio de semana. E, obviamente, ficaria vazia se o cinema estivesse fechado. Assim, a carga viva nessa sala de cinema é representada por algo entre 0 e 300 pessoas. Uma sala de aula numa faculdade ou universidade é um exemplo similar: ela pode estar cheia de alunos ou vazia – ou qualquer fração intermediária. Além disso, pode ser necessária a remoção de todas as mesas e cadeiras da sala de aula para fins de, por exemplo, um evento.

Devido a essa variabilidade, cargas vivas não são tratadas da mesma forma que as cargas mortas em projetos estruturais.

Uma carga viva não necessariamente precisa estar se movendo, ser animada ou vibrar para entrar nesta categoria. Um cadáver num necrotério, por exemplo, é uma carga viva, pois está ali apenas temporariamente. Um carro dentro de um estacionamento de vários andares será considerado como uma carga viva, quer esteja em deslocamento ou não; o pressuposto, novamente, é de que o carro está ali por um certo período de tempo, depois do qual desocupará o estacionamento.

Em resumo, cargas mortas permanecem no local o tempo inteiro; cargas vivas, não.

Carga de vento ou eólica (lateral)

A carga de vento ou eólica é um exemplo de carga lateral. Ao contrário de cargas mortas e vivas, que geralmente atuam na direção vertical, cargas eólicas atuam horizontalmente ou em ângulos agudos em relação à horizontal. As cargas eólicas variam ao longo de países e ao longo do mundo, e seus efeitos variam de acordo com o tipo de ambiente físico (centro urbano, subúrbio, campos abertos, etc.) e com a altura do edifício. Cargas eólicas podem atuar em qualquer direção planar, e sua intensidade pode variar continuamente.

Engenheiros estruturais precisam aferir os efeitos de todas essas cargas sobre qualquer edificação que venham a projetar, incluindo as duas estruturas bastante diferentes mostradas nas Figuras 5.1 e 5.2.

Cargas laterais (ou horizontais) que não as cargas eólicas incluem aquelas impostas pela pressão do solo (sobre muros de contenção, por exemplo) e pela pressão da água (sobre as paredes laterais de tanques de água). Outras cargas ainda podem incluir aquelas impostas por terremotos ou desabamentos.

Por que distinguir esses tipos de carga uns dos outros?

Como as diversas cargas recém descritas são diferentes em sua natureza, temos de lidar com elas de modos diferentes quando realizamos um projeto estrutural. A carga morta total em um determinado edifício, por exemplo, permanece constante, a menos que alterações sejam efetuadas em sua construção; já a carga viva pode variar hora a hora – ou mesmo minuto a minuto. Revisaremos isso quando examinarmos os fundamentos do projeto estrutural no Capítulo 22.

Figura 5.1 London Eye.
Construída para comemorar a virada do milênio, a London Eye – projetada por Marks Barfield Architects – é uma roda-gigante de aço e vidro semelhante a uma roda de bicicleta gigante, e muitos problemas estruturais e logísticos foram superados em seu projeto e construção.

Figura 5.2 Edifício do Parlamento Escocês, Edimburgo.
Para essa estrutura incomum – e excêntrica, diriam alguns – não houve qualquer problema estrutural em particular no seu projeto e construção, mas, mesmo assim, o Edifício do Parlamento Escocês levou três anos para ser concluído, a um custo de £414 milhões, quase 10 vezes mais do que o estimado originalmente.

Natureza da carga

Além de considerarmos os diferentes tipos de carga, também precisamos levar em consideração a natureza das cargas. Isso inclui três tipos possíveis:

1. carga pontual
2. carga uniformemente distribuída
3. carga uniformemente variável

Analisemos cada uma delas individualmente (veja a Figura 5.3).

Carga pontual

Esta é a carga que atua em um único ponto. Por vezes, ela é chamada de ***carga concentrada***. Um exemplo seria um pilar sustentado por uma viga. Como a área de contato entre o pilar e a viga costuma ser diminuta, assume-se que a carga fica concentrada em um único ponto. Cargas pontuais são expressas em unidades de kN e são representadas por uma grande seta na direção de atuação da carga ou força, conforme mostradas na Figura 5.3a.

Carga uniformemente distribuída

Uma carga uniformemente distribuída (muitas vezes abreviada como CUD) é uma carga que se difunde por igual ao longo de um comprimento ou de uma área. As cargas sustentadas por uma viga típica – o peso da própria viga, o peso da laje do pavimento que ela sustenta e o peso vivo sustentado pela laje –, por exemplo, são uniformes por todo o comprimento da viga. CUDs ao longo da viga (ou qualquer outro elemento que seja linear por natureza) são expressas em unidades de kN/m. De modo similar, as cargas sustentadas por uma laje serão uniformes ao

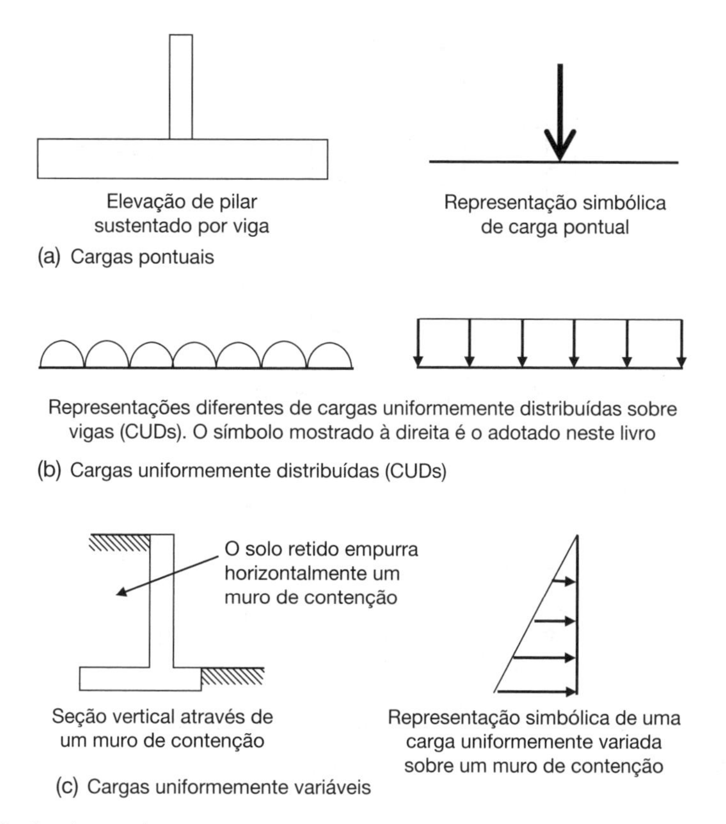

Figura 5.3 A natureza das cargas.

longo da laje e, como uma laje possui área em vez de comprimento linear, CUDs sobre uma laje são expressas em unidades de kN/m^2. Existem pelo menos dois símbolos diferentes usados para CUD, conforme mostrados na Figura 5.3b.

Carga uniformemente variável

Uma carga uniformemente variável é uma carga que é distribuída ao longo do comprimento de um elemento linear, como uma viga, mas, em vez de a carga ser difundida por igual (como no caso de uma CUD), ela varia de maneira linear. Um exemplo comum disso é um muro de contenção. Um muro de contenção é projetado para reter o solo no lugar, o qual exerce uma força horizontal sobre o lado interno do muro de contenção. A força horizontal sobre o muro de contenção aumenta quanto mais avançamos para baixo do muro. Assim, a força será igual a zero bem no alto do muro de contenção, mas aumentará linearmente até um valor máximo na base do muro – veja a Figura 5.3c.

Caminhos de carga

É importante ser capaz de identificar os ***caminhos*** que as cargas percorrem ao longo de uma edificação. Como exemplo, examinaremos uma típica estrutura metálica em pórtico, composta de pilares verticais dispostos em grelha, conforme mostrado na Figura 5.4a. A cada pavimento do

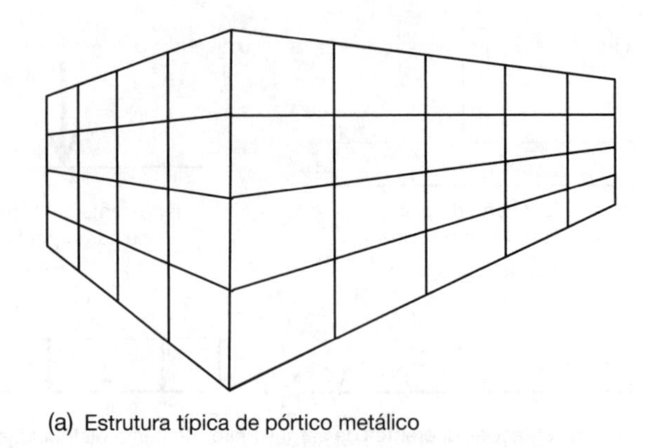

(a) Estrutura típica de pórtico metálico

A B C G F E D

(b) Parte da planta baixa estrutural

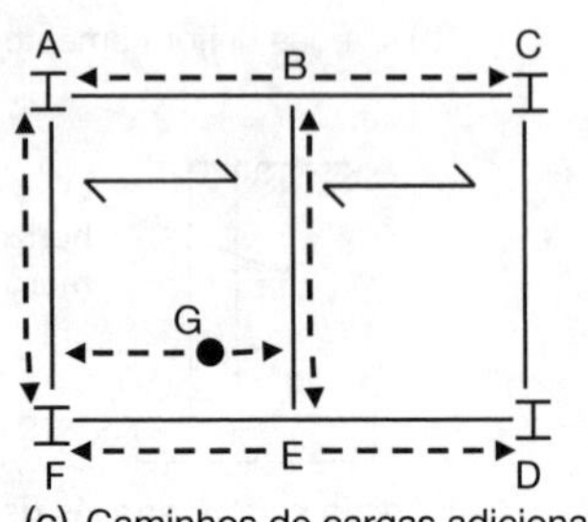

(c) Caminhos de cargas adicionados

Figura 5.4 Caminhos de cargas numa estrutura.

edifício, os pilares suportam as vigas, que se estendem entre os pilares. Cada viga pode sustentar vigas secundárias, que se estendem entre as vigas principais (primárias). As vigas sustentam as lajes dos pavimentos, geralmente feitas de concreto armado ou com uma laje mista de aço/concreto. As lajes sustentam seu próprio peso mais a carga viva sobre si. A Figura 5.4b exibe uma parte típica da planta baixa estrutural. A, C, D e F são pilares. As linhas AC, AF, DF e CD representam vigas principais, e a linha BE representa uma viga secundária. Uma laje de concreto se estende entre as vigas AF e BE. Outra laje de concreto se estende entre as vigas BE e CD.

Suponha que um equipamento bem pesado esteja localizado no ponto G. Claramente, ele é sustentado pela laje de concreto abaixo dele. A laje de concreto, por sua vez, é sustentada pelas vigas AF e BE, concluindo-se daí que o equipamento também é sustentado por essas vigas. Como o ponto G está mais perto de BE do que de AF, pode-se deduzir que a viga BE recebe uma parcela maior da carga do equipamento do que a viga AF.

A viga BE, por sua vez, é sustentada pelas vigas principais AC e DF. Como o ponto G está mais próximo a DF do que a AC, a viga DF sustenta uma parcela maior da carga do equipamento do que a viga AC. (Veremos como se calculam essas "parcelas" quando examinarmos as ***reações*** mais adiante no livro.)

Os pilares D e F sustentam as duas extremidades da viga DF. Como a viga BE jaz exatamente na metade do comprimento de DF, ela gera uma carga pontual no ponto medial de DF, carga essa que será compartilhada igualmente entre os dois pilares de sustentação D e F. Além disso, o pilar F sustenta uma porção da carga do equipamento transmitida via a viga AF. Similarmente, os pilares A e C também recebem uma parcela da carga do equipamento, via a viga AC. Ademais, o pilar A sustenta uma porção da carga do equipamento transmitida via viga AF.

As setas tracejadas na Figura 5.4c indicam os caminhos percorridos ao longo da estrutura pela carga do equipamento no ponto G. Os pilares transmitem as cargas do equipamento

– juntamente com todas as outras cargas da estrutura, é claro – até as fundações, que precisam ser resistentes o bastante para transmitirem com segurança as cargas para o solo abaixo.

A fim de simplificar a explicação, levamos em consideração apenas os caminhos de carga gerados por uma carga específica. Obviamente, existem diversas cargas em um edifício e todas elas têm que ser levadas em consideração na análise estrutural e no projeto. Examinaremos alguns exemplos disso no Capítulo 24.

Uma coisa é um projetista impor um limite de peso para uma ponte; outra coisa bem diferente é assegurar que o limite de peso seja obedecido.

Um complexo recreativo à beira-mar estava sendo construído numa pequena ilha tropical adjacente a um glamoroso *resort* de férias. Uma ponte de concreto foi projetada para ligar a ilha ao continente. Como a ponte sustentaria apenas a passagem de "bondinhos" (similar aos bondes que são comuns nos parques temáticos) que transportariam os visitantes desde o estacionamento no continente até a atração, a ponte foi projetada para um veículo pesando 4 toneladas.

Durante a construção do complexo recreativo em si, foi observado que vagões estavam cruzando a ponte com 25 toneladas de concreto. Não havia placa alguma indicando um limite de peso nem qualquer barreira física para impedir quem quer que fosse de cruzá-la. Por sorte, a ponte acabou sendo construída superdimensionada em muito quanto ao projeto original e não desabou – nem mostrou qualquer sinal de desgaste – sob tamanhas cargas.

6

Equilíbrio – uma abordagem balanceada

Introdução

O eminente cientista Isaac Newton (1642-1727) provavelmente é mais conhecido por suas três leis do movimento. Se você estudou física, já se deparou com elas antes. Uma delas dá origem à fórmula *força = massa × aceleração* mencionada no Capítulo 4.

Neste capítulo, estamos interessados na Terceira Lei do Movimento de Newton, que em sua essência declara:

"*Para cada ação existe uma reação igual e oposta.*"

Isso significa que se um objeto encontra-se estacionário – como um edifício, ou qualquer parte sua, geralmente se encontra – então qualquer força exercida sobre ele deve ser oposta por outra força, igual em magnitude, mas oposta em sentido. Em outras palavras, uma condição de ***equilíbrio*** será estabelecida. Veja a Figura 6.1 para um exemplo.

Equilíbrio vertical

O equilíbrio vertical dita que:

Força total para cima = força total para baixo

Se, por exemplo, um homem pesando cerca de 7 arrobas parar de pé sobre o piso de um recinto, a força para baixo sobre o piso devido ao peso do seu corpo será de 1 kN. Supondo-se que o piso encontra-se estacionário, ele deve estar empurrando para cima com uma força de 1 kN.

Vejamos o que aconteceria se o piso não reagisse com a mesma força para cima que a força para baixo encontrada. Se o piso pudesse, por alguma razão, exercer uma força de apenas, digamos, 0,5 kN em resposta à força para baixo de 1 kN gerada pelo homem, o piso não seria capaz de suportar o peso do homem. O piso se quebraria e o homem cairia através dele. Por outro lado, caso o piso reagisse ao peso do homem exercendo uma força para cima de, digamos, 2 kN, o homem sairia voando pelo ar como uma bala de canhão humana.

Nos dois casos, podemos ver que, se as forças para cima e para baixo não se compensarem mutuamente, ocorrerá movimento (seja ascendente ou descendente). Se nenhuma ocorrer (em outras palavras, o homem nem cai através do piso nem sai voando pelos ares), podemos concluir que, como tudo se encontra estacionário, as forças se igualam e o equilíbrio vertical é observado.

Figura 6.1 Ponte com arco de aço, Ilkley, West Yorkshire.
Em arcos, a natureza das forças leva a forças horizontais sendo geradas para fora nas extremidades dos arcos. Para que ocorra equilíbrio, essas forças para fora devem ser opostas por forças para dentro (ou seja, em sentido contrário). Essas forças para dentro podem ocorrer na forma da reação de um bloco sólido junto à ponte. Alternativamente, como é o caso desta ponte, o tabuleiro atua como um elemento de tração horizontal que liga as duas extremidades do arco uma à outra, assumindo assim as forças que impelem para fora.

Equilíbrio horizontal

Isso nos diz que:

Força total para a esquerda = Força total para a direita

Exemplo 6.1: "cabo de guerra"

Um cabo de guerra é uma competição física envolvendo duas equipes e um pedaço bem comprido de corda. As duas equipes normalmente possuem números iguais de participantes. Cada equipe se distribui ao longo de uma extremidade da corda, conforme ilustrado na Figura 6.2. A equipe à esquerda da corda está empregando toda sua força para puxar a corda (junto com a equipe opositora) para a esquerda. De modo similar, a equipe à direita da corda está empregando toda sua força para puxar a corda para a direita. Caso haja um rio separando as duas equipes, a equipe mais forte será a vencedora quando a equipe opositora cair dentro do rio.

Uma bandeirola demarcadora é fixada ao ponto medial da corda. Vamos supor que você seja o árbitro, observando de longe o progresso da competição. Você ficará de olho na posição da bandeirola. Se ela começar a se movimentar para a esquerda, você interpretaria isso como um sinal de que a equipe à esquerda está ganhando. Em outras palavras, a força para a esquerda é maior do que a força para a direita, e o movimento ocorre porque as duas forças não se cancelam. De modo similar, se a bandeirola começar a ir para a direita, isso indicaria que a equipe à direita está ganhando – já que a força para a direita é maior do que a força para a esquerda. Novamente, as duas forças estão desequilibradas, causando movimento.

Contudo, se a bandeirola não se movimentar para lado algum e permanecer exatamente na mesma posição por mais que as duas equipes se esforcem e puxem, você deduziria que as duas equipes estão parelhas e que nenhuma está ganhando. Neste caso, a bandeirola não se

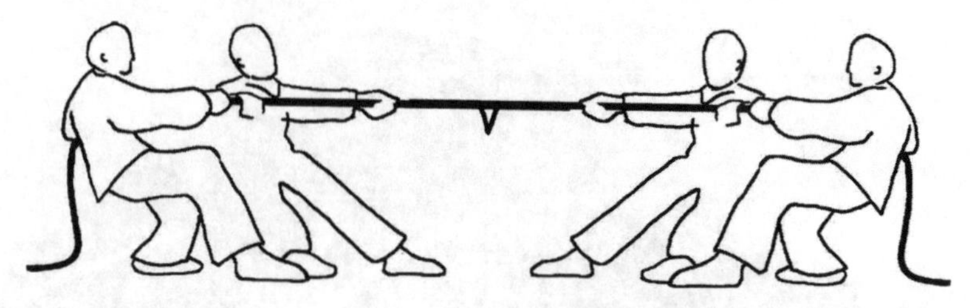

Figura 6.2 Cabo de guerra.

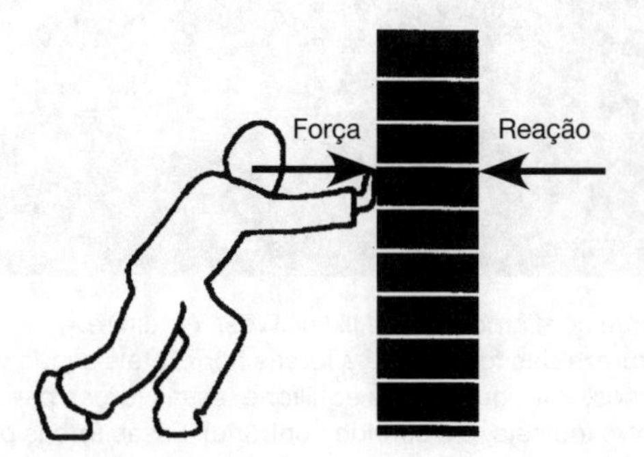

Figura 6.3 Empurrando contra uma parede.

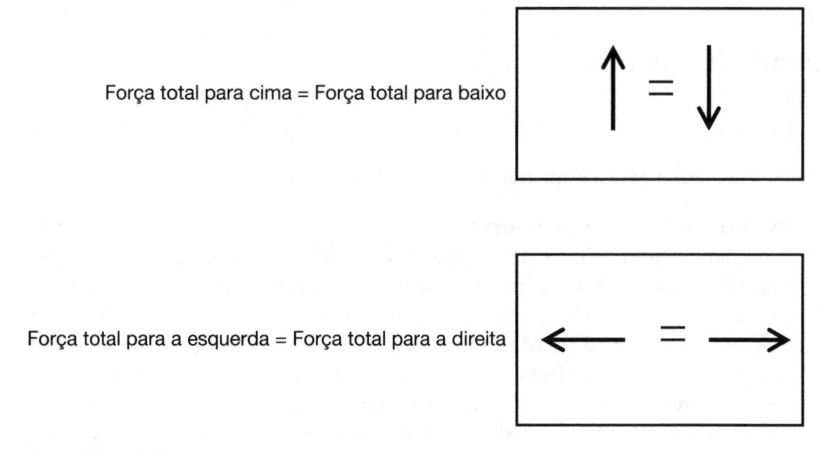

Figura 6.4 Equilíbrio.

movimenta porque a força para a esquerda é exatamente a mesma que a força para a direita. Em outras palavras, se a bandeirola – ou qualquer outro objeto – demarcando a corda durante um cabo de guerra permanecer estacionária, então a força para a esquerda e a força para direita são as mesmas. Assim, temos equilíbrio horizontal.

Exemplo 6.2: o recostado
Quando você se recosta em uma parede, conforme mostrado na Figura 6.3, seu corpo aplica uma força sobre a parede – para a direita, no caso da Figura 6.3. A parede irá reagir produzindo uma força (ou reação) para a esquerda, igual em magnitude à força aplicada.

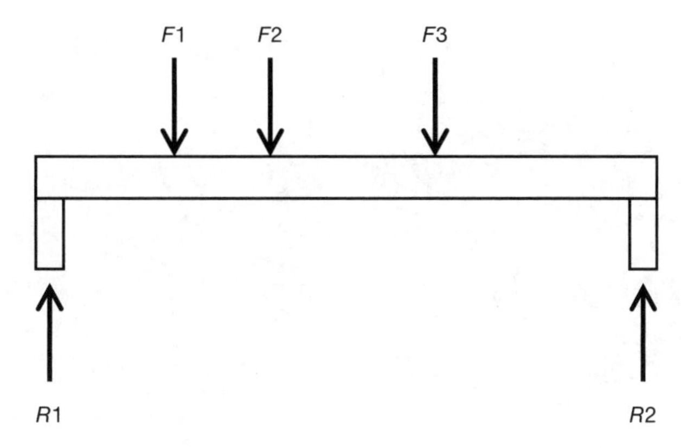

Figura 6.5 Aplicação de equilíbrio vertical.

Se, por algum motivo, a parede não for capaz de produzir uma reação horizontal igual e oposta, significa que a parede não é forte o bastante ou que não está fixada ao chão de modo apropriado. Seja como for, a parede acabará cedendo e ocorrerá movimento.

O que aprendemos sobre equilíbrio horizontal e vertical está resumido na Figura 6.4.

A aplicação de equilíbrio

Como as edificações costumam permanecer estacionárias, isso nos informa que as forças atuantes sobre uma edificação – ou sobre qualquer parte dela – devem estar em equilíbrio.

Observe a viga mostrada na Figura 6.5. A viga é sustentada por pilares em cada uma de suas extremidades e suporta as cargas verticais $F1$, $F2$ e $F3$ em vários pontos ao longo de seu comprimento. Onde existem forças para baixo, é preciso haver forças opositoras para cima, ou *reações*. Vamos chamar a reação na extremidade esquerda da viga de $R1$. A reação na extremidade direita da viga chamaremos de $R2$. Usando nosso conhecimento sobre equilíbrio vertical, podemos afirmar que:

Força total para cima = Força total para baixo

Portanto:

$$R1 + R2 = F1 + F2 + F3$$

Agora, se $F1 = 5$ kN, $F2 = 10$ kN e $F3 = 15$ kN, então

$$R1 + R2 = 5 + 10 + 15 \text{ kN}$$

Então:

$$R1 + R2 = 30 \text{ kN}$$

Seria útil calcular $R1$ e $R2$, já que representam as forças nos pilares de sustentação. Mas a equação anterior não nos informa a magnitude de $R1$ nem de $R2$; ela meramente nos informa que a soma das duas é 30 kN. Para que possamos descobrir o valor tanto de $R1$ quanto de $R2$, precisamos saber mais. Continuaremos neste tema no Capítulo 9. Enquanto isso, veja a Figura 6.6 para uma aplicação prática de equilíbrio.

Figura 6.6 Edifícios altos feitos de pedra, Honfleur, França.
Esses históricos edifícios de pedra possuem vários andares e devem, portanto, aplicar forças bastante grandes sobre o solo abaixo deles, que, por sua vez, deve ser resistente o suficiente para produzir uma força para cima igual a essa força para baixo – caso não fosse capaz disso, os edifícios já teriam afundado no solo há muito tempo.

O falecido cirurgião veterinário de Yorkshire James Herriot descreve, em seu livro *Vet in Harness* (Michael Joseph, 1974), um encontro com um touro em um espaço confinado. O touro, que havia recém recebido uma injeção aplicada pelo Sr. Herriot, decidiu recostar-se no veterinário, que se viu em um sanduíche entre uma divisória de madeira e o corpo do animal. Como aprendemos no Capítulo 3, essa ação teria colocado o corpo do Sr. Herriot em compressão, mantido no mesmo lugar por reações opostas provenientes do touro e da divisória de madeira. Como ele mesmo conta: "Minha vida estava sendo esmagada para fora de mim. Com os olhos esbugalhados, gemendo, mal conseguindo respirar, eu fazia toda a força que podia, mas não conseguia me mover um centímetro sequer... Eu estava certo de que meus órgãos internos estavam lentamente virando geleia e, enquanto me debati em completo pânico, o enorme animal jogou ainda mais o seu peso sobre mim.

Nem gosto de pensar no que teria acontecido se a madeira às minhas costas não estivessem velhas e apodrecidas, mas assim que comecei a sentir meus sentidos se esvaindo ouvi o rachar e estalar das tábuas e acabei caindo dentro do estábulo vizinho".

Assim, de repente – e felizmente para o Sr. Herriot – a força gerada pelo touro superou a resistência da divisória de madeira e ela se quebrou. Ela não conseguiu mais produzir uma reação para manter o Sr. Herriot em compressão e, desse modo, provavelmente salvou sua vida.

O que você deve recordar deste capítulo

Se qualquer objeto (um edifício ou uma parte sua, por exemplo) encontra-se estacionário, então está em equilíbrio. Isso significa que as forças exercidas sobre ele se anulam mutuamente da seguinte forma:

- Força total para cima = Força total para baixo
- Força total para a esquerda = Força total para a direita

7

Mais sobre forças: resultantes e componentes

Introdução

Nos capítulos anteriores, você aprendeu o que é uma força. Neste capítulo, veremos como as forças – individualmente ou em grupos – podem ser estudadas. Você aprenderá a combinar forças em resultantes e a "decompor" forças em componentes.

Comecemos examinando uma analogia.

A analogia do metrô

Imagine que você tenha chegado a Londres e esteja planejando um passeio pela cidade utilizando o sistema de metrô. Você está na estação Green Park e deseja ir até Oxford Circus. Você consulta o diagrama de linhas e estações afixado na entrada da estação. (Uma representação da parte relevante dele é exibida na Figura 7.1.) Você percebe que a maneira mais rápida de chegar até Oxford Circus partindo de Green Park é se deslocar diretamente até lá pela Linha Victoria. Oxford Circus é apenas uma estação distante de Green Park.

No entanto, ao entrar na estação, você passa por um cartaz em que está escrito: "Linha Victoria fechada devido a dificuldades técnicas". Claramente, essa notícia implica que você deve alterar seus planos. Supondo que você não queira ir a pé nem de ônibus ou de táxi, restam-lhe duas opções para chegar a Oxford Circus o mais rápido possível:

1. Pegar a Linha Jubilee na direção norte até a próxima estação, Bond Street, fazer baldeação para a Linha Central no sentido leste e viajar até a próxima estação, Oxford Circus.
2. Pegar a Linha Piccadilly na direção leste até a próxima estação, Piccadilly Circus, fazer baldeação para a Linha Bakerloo no sentido norte e viajar até a próxima estação, Oxford Circus.

Claramente, uma dessas duas opções será mais rápida que a outra, dependendo da frequência de trens e da facilidade de transferência entre plataformas na estação de baldeação. Embora seja difícil prever qual opção lhe levaria mais depressa até Oxford Circus, podemos afirmar com confiança que ambas rotas acabarão lhe conduzindo – cedo ou tarde – até lá.

Se representarmos uma jornada por uma seta na direção da jornada – com o comprimento da seta representando o comprimento da jornada – nossas duas opções de rota podem ser ilustradas pelos dois diagramas mostrados na Figura 7.2. Em ambos, a rota direta desejada (pela Linha Victoria temporariamente indisponível) foi indicada por uma seta tracejada. Como seria de se esperar, cada rota indireta é mais longa (em distância) do que a rota direta entre as estações Green Park e Oxford Circus, mas o resultado final é o mesmo: você chegará à estação Oxford Circus.

Qualquer que seja a opção escolhida, o seu ponto de partida será na estação Green Park e o seu destino final será a estação Oxford Circus.

Retornaremos a essa analogia mais adiante no capítulo.

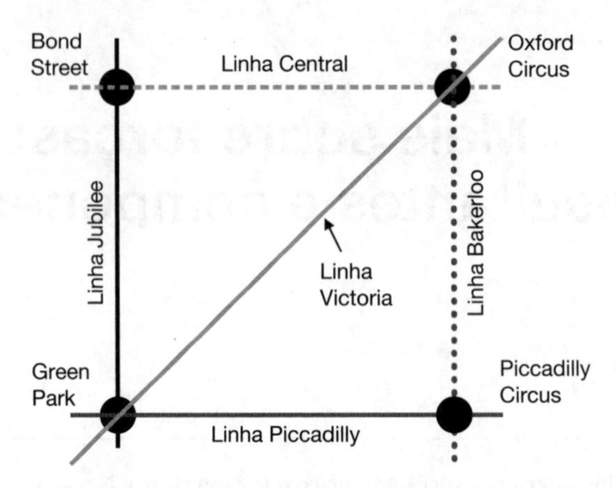

Figura 7.1 Fragmento da rede de metrô londrina.

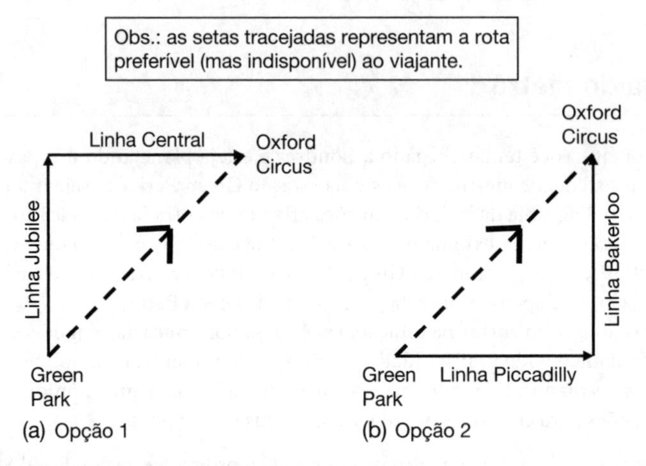

Figura 7.2 Opções de rota de Green Park até Oxford Circus.

Resolução de forças

Estabelecemos o conceito de força no Capítulo 4. Como explicado então, uma força é uma influência ou ação exercida sobre um corpo que causa – ou tenta causar – movimento. Forças podem atuar em qualquer direção, mas a direção em que uma determinada força atua é importante. Você recordará de seus estudos em matemática que algo que possui tanto magnitude quanto direção é chamado de uma quantidade ***vetorial***. Como uma força possui magnitude e direção, ela é um exemplo de uma quantidade vetorial.

Para que uma força seja definida por completo, precisamos declarar:

- sua magnitude (50 kN, por exemplo)
- sua direção, ou linha de ação (vertical, por exemplo)
- seu ponto de aplicação (a 2 m da extremidade esquerda de uma viga, por exemplo)

O que acontece quando diversas forças atuam sobre o mesmo ponto?

Claramente, é possível que diversas forças atuem sobre o mesmo ponto. Essas forças podem apresentar diferentes magnitudes e atuar em diferentes direções. Seria conveniente se pudéssemos simplificá-las de tal modo que fossem representadas por apenas uma força, atuando em uma certa direção. Essa força única é chamada de força ***resultante***.

A analogia de "Donald e Tristan"

Imagine uma mesinha com rodinhas parada no meio de uma grande sala com piso de madeira muito polido. Essa mesa tem rodinhas ou rodízios que facilitam a sua movimentação em qualquer direção. Donald entra na sala e começa a empurrar a mesa na direção leste. A mesa avança para o leste, conforme mostrado na Figura 7.3a. Nesse momento, Tristan, um amigo de Donald, entra na sala e empurra a mesa na direção norte, enquanto Donald continua tentando empurrá-la na direção leste.

Como seria de se esperar, sob a influência dos dois amigos empurrando a mesa em direções diferentes, o objeto avança numa direção aproximadamente a nordeste. A Figura 7.3b indica essa atividade como se fosse vista de cima (uma visão planar), com a seta tracejada representando o movimento da mesa. Mas em qual direção, exatamente, ela se movimentaria?

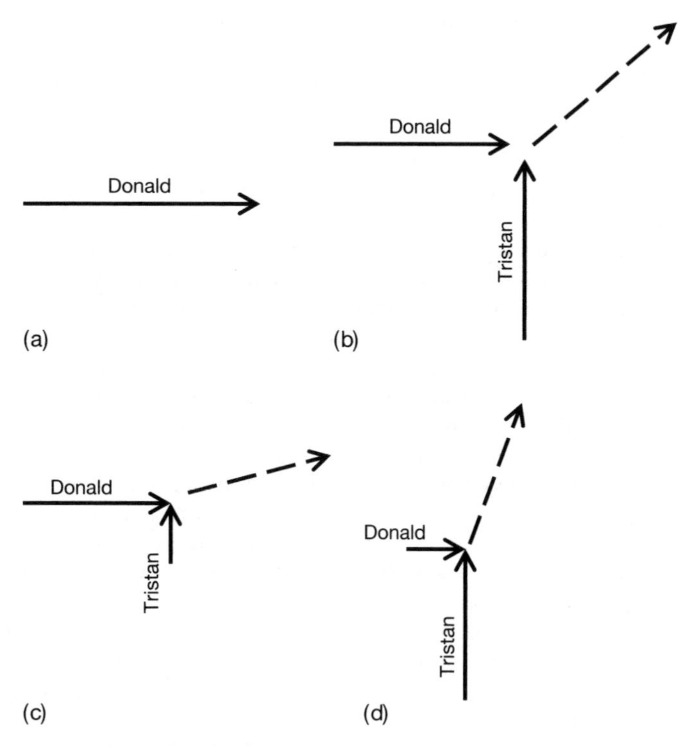

Figura 7.3 Resultantes de forças.

Bem, isso depende do esforço relativo que Donald e Tristan despendem no exercício. Se Donald investir bastante energia em seu empurrão para o leste, enquanto Tristan faz uma tentativa esmorecida em seu empurrão rumo ao norte, a mesa avançará na direção mostrada pela seta tracejada na Figura 7.3c. (O comprimento das setas representa a magnitude das forças.) Em compensação, se Tristan se entregar com afinco ao seu empurrão rumo ao norte e Donald fizer corpo mole em sua investida na direção leste, ela avançará na direção mostrada pela seta tracejada na Figura 7.3d. (Novamente, o comprimento das setas representa a magnitude das forças.) Em ambos os casos, há duas forças envolvidas: uma exercida por Donald e outra exercida por Tristan. Como vimos anteriormente, essas duas forças apresentam magnitudes diferentes e atuam em direções diferentes.

Da Figura 7.3b até 7.3d, a seta tracejada representa a força ***resultante***. Em cada um dos casos, a magnitude e a direção dessa força resultante representam o efeito combinado dos empurrões de Donald e Tristan. Se conhecêssemos a magnitude da força (ou seja, quantos kN) que cada um dos homens estava aplicando no exercício, poderíamos calcular a ***magnitude*** – e a ***direção*** exata – da força resultante.

Podemos, é claro, ter mais do que duas forças. Tarquínio, um amigo mútuo de Donald e Tristan, pode entrar na sala e começar a empurrar a mesa numa direção diferente, enquanto Donald e Tristan se esforçam como antes. A mesa avançaria numa direção diferente. Novamente, a direção de movimento da mesa representa a direção da força resultante.

Resultantes de forças

A força resultante (vamos chamá-la de R) é a única força que exerceria o mesmo efeito sobre um objeto que um sistema de duas ou mais forças. Resultantes podem ser calculadas por trigonometria simples ou por métodos gráficos. O Exemplo 7.1 mostra como a trigonometria pode ser usada.

Exemplo 7.1

Um objeto é sujeito a três forças de magnitudes diferentes, atuando em direções diferentes, conforme mostrado na Figura 7.4a. Usando uma abordagem gráfica, determine a magnitude e a direção da força resultante.

Podemos considerar as forças em qualquer ordem. Começaremos examinando a força vertical de 4 kN. Usando papel milimetrado e escolhendo uma escala conveniente (1 cm = 1 kN, neste caso), começaremos por um ponto A. A força vertical pode ser representada por uma linha que aponta para cima saindo do ponto A, com 4 cm de comprimento (para representar 4 kN). O ponto ao qual chegamos será chamado de ponto B (veja a Figura 7.4b). Em seguida, passemos a considerar a força horizontal de 4kN, que atua para a direita. Partindo do ponto B, desenhe uma linha horizontal de 4 cm de comprimento (voltada para a direita), representando a força horizontal de 4 kN. O ponto ao qual chegamos será o ponto C.

Por fim, vamos considerar a força de 3 kN, que atua numa diagonal para a esquerda e para cima a um ângulo de 45°. Partindo do ponto C, essa força será representada por uma linha de 3 cm de comprimento (representando 3 kN) na direção apropriada. O ponto ao qual chegamos será chamado de ponto D (veja a Figura 7.4c). Em seguida, desenhe uma linha reta conectando os pontos A e D. Essa linha representa a força resultante. Medindo o diagrama resultante (Fig. 7.4d), descobrimos que a linha tem 6,41 cm de comprimento, a um ângulo de 72,9° em relação à horizontal.

Portanto, a força resultante é de 6,41 kN, atuando a um ângulo de 72,9° em relação à horizontal (para cima e para a direita). Esta é a força única que teria o mesmo efeito que as três forças originais atuando juntas.

Como alternativa, este problema poderia ter sido abordado matematicamente, usando o teorema de Pitágoras e trigonometria básica, que estão no Apêndice 3. A solução matemática deste problema está demonstrada na Figura 7.5.

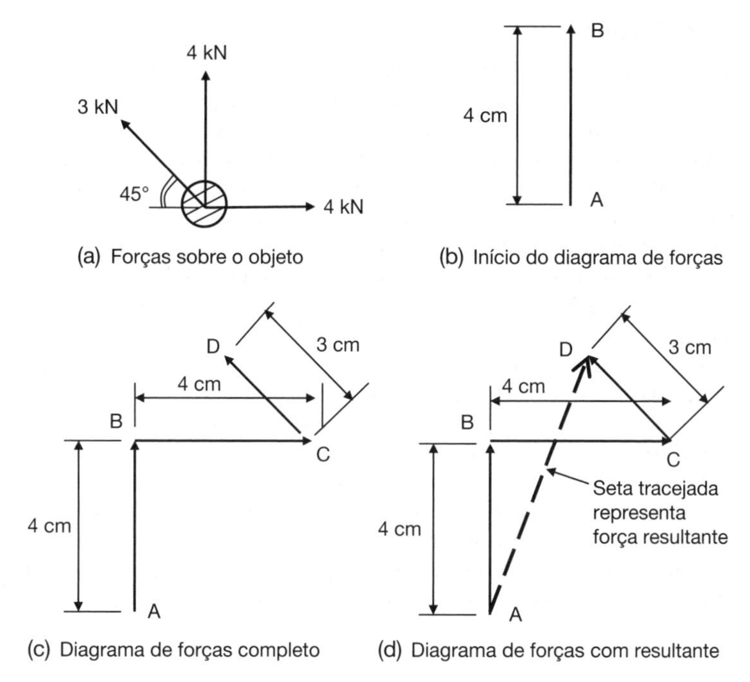

(a) Forças sobre o objeto
(b) Início do diagrama de forças
(c) Diagrama de forças completo
(d) Diagrama de forças com resultante

Figura 7.4 Objeto sujeito a três forças.

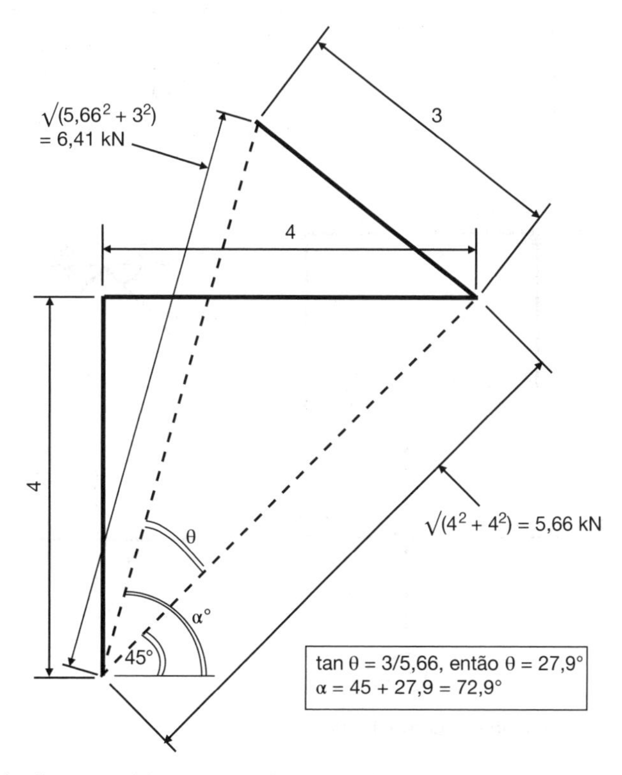

Figura 7.5 Solução matemática ao exemplo das resultantes.

Mais exemplos

Cada um dos exemplos mostrados na Figura 7.6 compreende duas forças a ângulos retos uma em relação à outra. Em cada caso, a tarefa é encontrar a magnitude e a direção da força resultante. Isso pode ser calculado matematicamente ou pelo método gráfico.

A fim de determinar resultantes via cálculos matemáticos, você precisará relembrar da matemática básica associada a triângulos retângulos, ou seja, com o teorema de Pitágoras e com as definições das funções trigonométricas conhecidas como seno, cosseno e tangente. O Apêndice 3 traz uma breve revisão desse assunto. Para determinar resultantes via método gráfico, você precisa representar em papel milimetrado as forças como linhas cujos comprimentos são proporcionais às magnitudes das forças. As linhas precisam ficar voltadas para as mesmas direções que as forças correspondentes.

Como quer que você decida determinar a resultante, não importando a ordem em que você considera as forças, sempre chegará à mesma resposta – essa foi a ideia deixada na "analogia do metrô", quando vimos que há mais de uma rota de Green Park até Oxford Circus. No entanto, você ***precisa*** considerar as forças pelo método do "nariz-cauda" adotado no exemplo anterior (e mostrado na Figura 7.4c); caso contrário, sua resposta para a direção acabará errada. Segundo a minha experiência, de longe o equívoco mais comum dos estudantes ao lidarem com esse tipo de problema é não desenharem as forças "nariz-cauda". Por isso, certifique-se de que o "nariz" (ou seja, a parte pontuda da seta) de cada força fique adjacente à "cauda" (o lado não pontudo da seta) da próxima força, já que "nariz-nariz" ou "cauda-cauda" irá gerar a resposta errada.

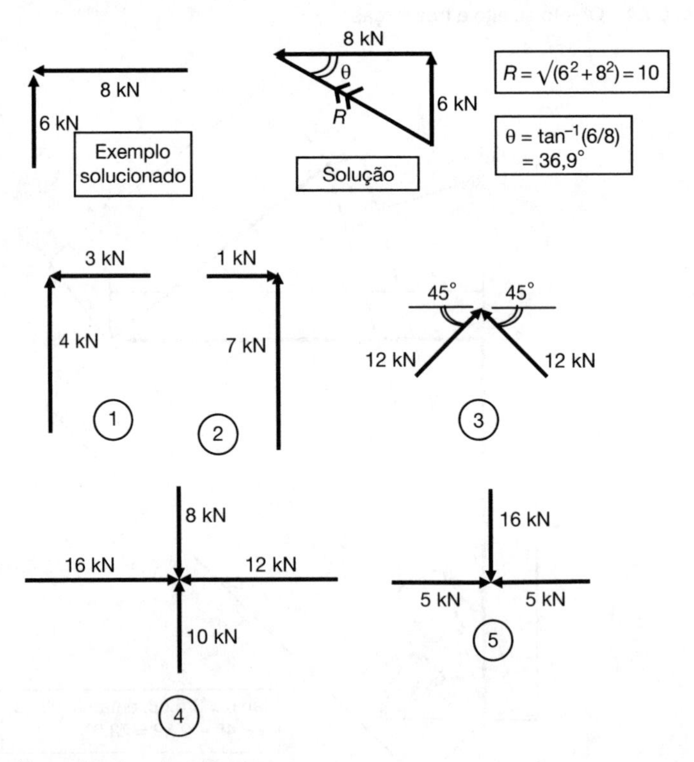

Figura 7.6 Exemplos de componentes.

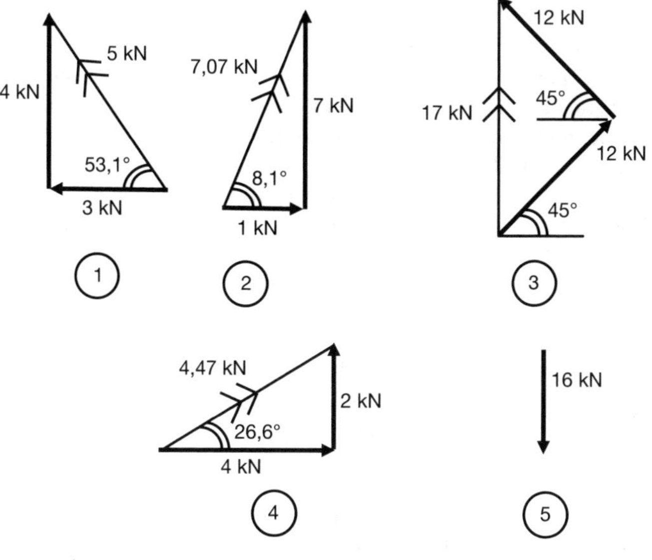

1. $R = \sqrt{(3^2+4^2)} = 5$ kN; $\theta = 53{,}1°$

2. $R = \sqrt{(1^2+7^2)} = 7{,}07$ kN; $\theta = 8{,}1°$

3. $R = \sqrt{(12^2+12^2)} = 17$ kN; $\theta = 90°$ (ou seja, apontando verticalmente para cima)

4. $R = \sqrt{(2^2+4^2)} = 4{,}47$ kN; $\theta = 26{,}6°$

5. R = 16 kN (por inspeção), apontando verticalmente para baixo.

Figura 7.7 Componentes: soluções dos exemplos.

Estude o exemplo solucionado no alto da Figura 7.6. Observe como ele foi resolvido: antes de mais nada, todas as forças foram expressas de maneira nariz-cauda; em seguida, a magnitude da força resultante foi calculada usando-se o teorema de Pitágoras, e sua direção usando-se trigonometria.

Agora volte sua atenção para os outros cinco exemplos apresentados na Figura 7.6. A Figura 7.7 mostra as soluções para os exemplos exibidos na Figura 7.6.

Se você obteve a direção errada para os dois primeiros exemplos, então você não deve estar expressando as forças da maneira nariz-cauda obrigatória; em cada um dos casos, o problema tem de ser reconstruído conforme mostrado na Figura 7.7. Se você acertou os dois primeiros exemplos, mas chegou a um beco sem saída no exemplo número 3, então o seu conhecimento matemático sobre triângulos retângulos é adequado, mas você perdeu de vista o que as resultantes de fato são. Lembre-se: para obter a resultante de duas ou mais forças, expresse as forças (em qualquer ordem) seguindo a regra "nariz-cauda" e depois desenhe uma linha ligando a cauda da primeira força com o nariz da força final. No caso do Exemplo 3, essa força resultante acaba apontando verticalmente para cima.

Você deve ter percebido que os problemas 4 e 5 podem ser simplificados. No problema número 4, por exemplo, a força de 16 kN para a direita é parcialmente cancelada pela força de 12 kN para a esquerda, gerando uma força total de 4 kN para a direita (ou seja, 16 menos 12). De modo similar, a força para cima será de 2 kN (ou seja, 10 menos 8).

Você encontrará mais exemplos ao final deste capítulo.

Componentes de forças

Já vimos como expressar diversas forças diferentes que atuam juntas sobre o mesmo ponto como uma única força – a resultante. Agora iremos inverter o processo, começando por uma única força e decompondo-a em duas forças que, consideradas em conjunto, exercem o mesmo efeito que a força única original.

Essas duas forças são chamadas de ***componentes.*** Da mesma forma que um aparelho de televisão contém muitos componentes eletrônicos, e todos devem estar presentes para que a televisão funcione bem, nossas duas componentes de força também precisam estar presentes para representarem corretamente a força original. Componentes são o substituto de uma força original por duas forças a ângulos retos uma em relação à outra (geralmente uma horizontal e uma vertical).

Pode ser demonstrado que, para qualquer força F a um ângulo θ em relação à horizontal, a componente horizontal sempre será F.cos θ, e a componente vertical sempre será F. sen θ (veja a Figura 7.8). Como truque mnemônico, basta lembrar que o seno "sobe" e representa a força vertical.

Para cada exemplo da Figura 7.9, calcule a magnitude e a direção das duas componentes (uma horizontal, a outra vertical) da força apresentada.

Em cada um dos casos, certifique-se de identificar corretamente se a força horizontal aponta para a esquerda ou para a direita, e se a força vertical aponta para cima ou para baixo – tais

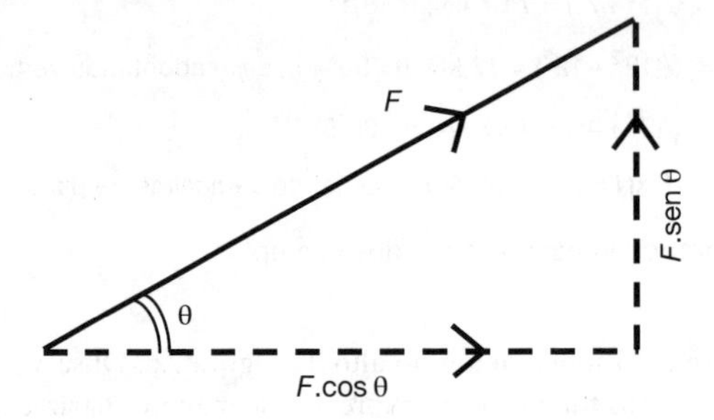

Figura 7.8 Componentes de força – caso geral.

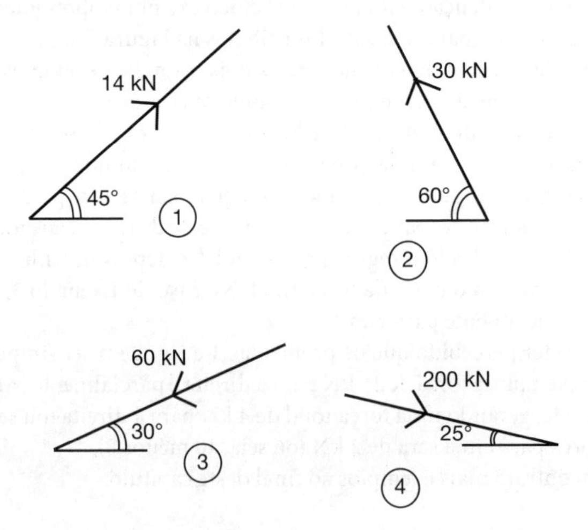

Figura 7.9 Componentes de força – exemplos.

Figura 7.10 Passarela estaiada, Aeroporto de Dublin.
Essa passarela coberta está suspensa por cabos sustentados por mastros; os projetistas tiveram de calcular as componentes horizontal e vertical das forças nesses cabos inclinados.

detalhes são importantes! Compare suas respostas com as seguintes soluções (onde H = componente horizontal e V = componente vertical):

1. $H = 14.\cos 45 = 9{,}9$ kN $\rightarrow$, $V = 14.\text{sen } 45° = 9{,}9$ kN $\uparrow$
2. $H = 30.\cos 60 = 15$ kN $\leftarrow$, $V = 30.\text{sen } 60° = 26$ kN $\uparrow$
3. $H = 60.\cos 30 = 52$ kN $\leftarrow$, $V = 60.\text{sen } 30° = 30$ kN $\downarrow$
4. $H = 20.\cos 25 = 181$ kN $\rightarrow$, $V = 200.\text{sen } 25° = 84{,}5$ kN $\downarrow$

Mais adiante neste livro, veremos como é útil ser capaz de substituir uma força que atua em ângulo por duas forças componentes, uma horizontal e a outra vertical.

Para uma aplicação no mundo real, veja a Figura 7.10.

O que você deve recordar deste capítulo

- A resultante de diversas forças que atuam sobre um mesmo ponto é uma única força que exerce o mesmo efeito que as forças originais atuando em conjunto.
- Qualquer força pode ser substituída por duas componentes que, atuando em conjunto, exercem o mesmo efeito que a força única original. As duas componentes ficam a ângulos retos uma em relação à outra e geralmente são assumidas como horizontal e vertical, respectivamente.

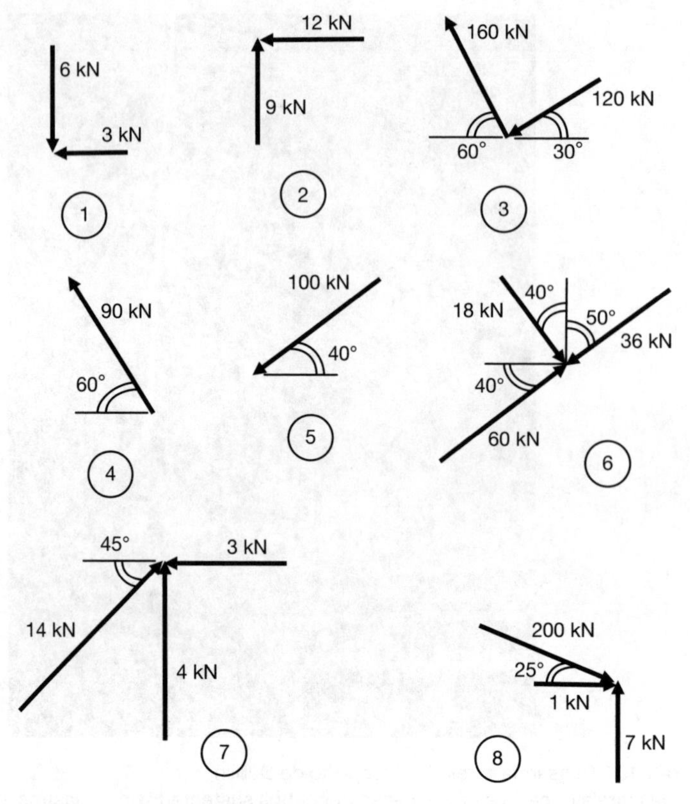

Figura 7.11 Exercícios resultantes e componentes.

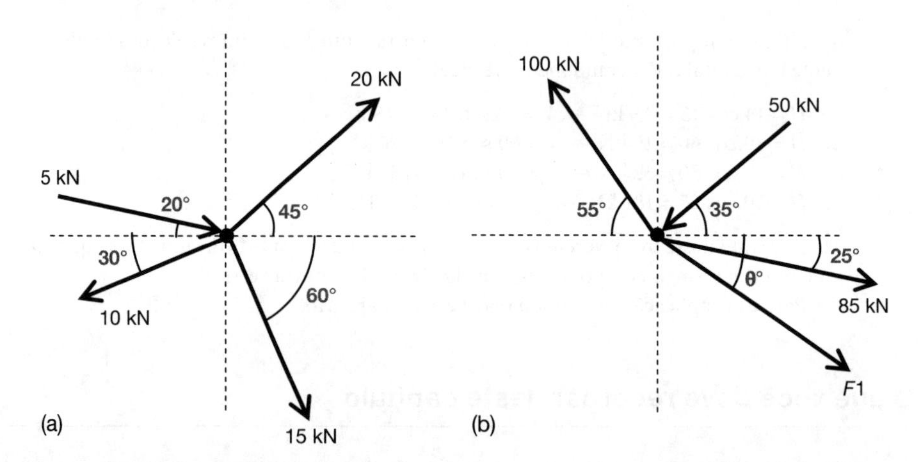

Figura 7.12 Mais exercícios.

Exercícios

Encontre a resultante para cada um dos exemplos envolvendo múltiplas forças na Figura 7.11 e distribua em componentes cada um dos exemplos envolvendo uma única força.

Mais exercícios

1. Calcule a magnitude e a direção da resultante do sistema de forças mostrado na Figura 7.12a.
2. Se as quatro forças mostradas na Figura 7.12b estão em equilíbrio (e, portanto, a força resultante é zero), calcule a força $F1$ e o ângulo θ.

8

Momentos

Projetado pelo arquiteto britânico Sir Norman Foster, o moderno domo de vidro mostrado na Figura 8.1 é o glorioso coroamento no histórico prédio do parlamento alemão.

Introdução

Quando você utiliza uma chave-inglesa para apertar ou afrouxar um parafuso, você está aplicando um *momento*.* Um momento é um efeito rotatório e está relacionado ao conceito de alavanca. Quando você usa uma chave de fenda para forçar a abertura de uma lata de tinta ou um abridor de garrafa para tirar a tampinha de uma cerveja ou um pé de cabra para erguer uma tampa de bueiro, você está aplicando força de alavanca e, portanto, está aplicando momento.

O que é momento?

Momento é um efeito giratório. Um momento sempre atua em torno de um determinado ponto e se dá em sentido horário ou anti-horário. Um momento em torno de um ponto A gerado por uma força F é definido como a força F multiplicada pela distância perpendicular entre a linha de ação da força e o ponto.

A unidade do momento é kN.m ou N.mm. Obs.: Um momento é uma força multiplicada por uma distância; portanto, sua unidade é unidade de força (kN ou N) multiplicada por unidade de distância (m ou mm) – daí kN.m ou N.mm. A unidade de momento ***jamais*** é kN ou kN/m.

Em ambos os casos ilustrados na Figura 8.2, se M é o momento em torno do ponto A, então $M = F.x$.

Exemplos práticos de momentos

Gangorra

Uma gangorra é um equipamento encontrado em muitos parques infantis. Compreende uma longa prancha de madeira com um assento em cada extremidade. A prancha de madeira é sustentada em seu ponto de apoio. Como o apoio é articulado, ele fica livre para rotacionar. Uma criança senta em cada assento nas extremidades da gangorra e usa sua articulação para se movimentar para cima e para baixo. Uma série de gangorras modernas é mostrada na Figura 8.3.

Imagine duas crianças pequenas sentadas em lados opostos de uma gangorra, conforme mostradas na Figura 8.4. Se as duas crianças tiverem o mesmo peso e estiverem sentadas à mesma distância até o apoio articulado, não haverá movimento algum, já que o momento em sentido

*N. de T.: Também chamado de *torque* e *momento de alavanca*. Não confundir com as grandezas físicas *momento linear* e *momento de inércia*.

Figura 8.1 Domo do Reichstag, Berlim.

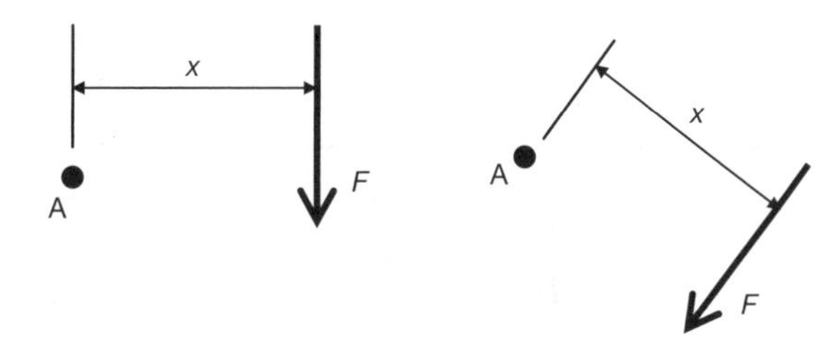

Figura 8.2 Momentos ilustrados.

Figura 8.3 Gangorras.

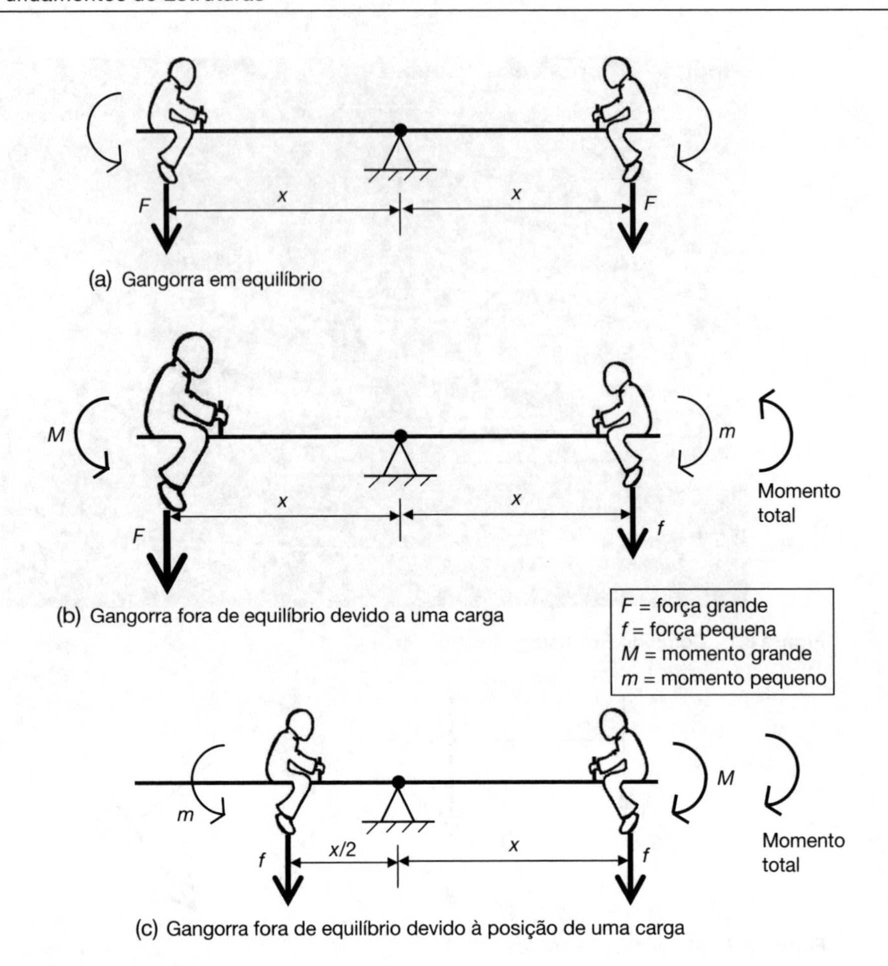

Figura 8.4 Forças em uma gangorra.

horário em torno do apoio gerado pela criança na extremidade direita ($F \times x$) é igual ao momento em sentido anti-horário em torno do apoio gerado pela criança na extremidade esquerda ($F \times x$). Sendo assim, os dois momentos se cancelam mutuamente.

Se a criança na extremidade esquerda for substituída por um adulto ou por uma criança muito maior, conforme mostrado na Figura 8.4b, a criança na extremidade direita se movimentaria para cima rapidamente. Isso ocorre porque o momento (em sentido anti-horário) gerado pela pessoa mais pesada na extremidade esquerda (força grande × distância) é maior do que o momento (em sentido horário) gerado pela criança pequena na extremidade direita (força pequena × distância). O momento total, assim, é no sentido anti-horário, fazendo a criança pequena se movimentar para cima.

Retornemos à situação original, com duas crianças pequenas em lados opostos dessa gangorra. Porém, suponhamos agora que a criança do lado esquerdo se aproxime mais do ponto central, conforme mostrado na Figura 8.4c. Como resultado, a criança na extremidade direita se movimenta para baixo. Isso ocorre porque o momento em sentido anti-horário gerado pela criança no lado esquerdo (força × pequena distância) é menor do que o momento em sentido horário gerado pela criança no lado direito (força × grande distância). O movimento total é, portanto, em sentido horário, fazendo a criança no lado direito se movimentar para baixo.

Chaves-inglesas, porcas e parafusos

Por sua própria experiência, o leitor deve saber que é muito mais fácil desatarraxar uma porca ou um parafuso bem apertado usando uma chave-inglesa comprida do que uma chave-inglesa curta. Isso ocorre porque, embora a força aplicada possa ser a mesma, a distância do "braço de alavanca" é mais longa, causando assim um maior efeito rotatório ou momento a ser aplicado. Problemas práticos usando "alavanca" também ilustram esse princípio, como os exemplos já mencionados de forçar a abertura de latas de tinta, garrafas de cerveja ou tampas de bueiro.

Problemas numéricos envolvendo momentos

A partir do texto anterior, pode-se perceber que é importante distinguir entre momentos no sentido horário e no sentido anti-horário. Afinal de contas, girar uma chave-inglesa em sentido horário (apertando uma porca) tem um efeito muito diferente de girar uma chave-inglesa em sentido anti-horário (afrouxando uma porca). Neste livro:

- momentos em sentido horário são considerados positivos (+)
- momentos em sentido anti-horário são considerados negativos (–)

Obviamente, é bem possível que um determinado ponto de referência experimente diversos momentos simultaneamente, alguns dos quais podem ser em sentido horário (+) e outros em sentido anti-horário (–). Em tais casos, momentos devem ser somados algebricamente para se obter o momento total (líquido).

Alguns exemplos resolvidos de cálculo de momento

Em cada um dos exemplos a seguir, envolvendo vigas simples, iremos calcular o momento líquido em torno do ponto A (lembre-se: sentido horário é +, sentido anti-horário é –).

Exemplo 8.1: (veja a Figura 8.5a)

Por inspeção, a força de 4 kN está tentando girar a viga em sentido horário em torno de A, então o momento será positivo (+). A distância de 2 m é medida horizontalmente a partir da linha de ação (vertical) da força de 4 kN; em outras palavras, a distância apresentada é medida na perpendicular (isto é, a um ângulo reto ou de 90°) em relação à linha de ação da força, conforme exigido.

Lembre-se: um momento é uma força multiplicada por uma distância. Se usarmos o símbolo *M* para representar momento, então neste caso:

$$M = +(4\text{ kN} \times 2\text{ m}) = +8\text{ kN.m}$$

Exemplo 8.2: (veja a Figura 8.5b)

Dessa vez há duas forças, proporcionando dois momentos. Um equívoco comum com este exemplo é pressupor que, como as duas forças atuam em direções opostas (isto é, uma para cima e a outra para baixo), os momentos também devem se opor um ao outro. Na verdade, uma análise mais cuidadosa revelará que os dois momentos em torno de A gerados pelas duas forças atuam em sentido horário (+). Sendo assim, o momento em torno de A para cada força é calculado, e os dois são somados, da seguinte forma:

$$\begin{aligned} M &= +(5\text{ kN} \times 3\text{ m}) + (4\text{ kN} \times 2\text{ m}) \\ &= +15\text{ kN.m} + 8\text{ kN.m} \\ &= +23\text{ kN.m} \end{aligned}$$

(Se você tentou resolver este exemplo e obteve como resposta +7 kN.m, é porque caiu na armadilha recém mencionada!)

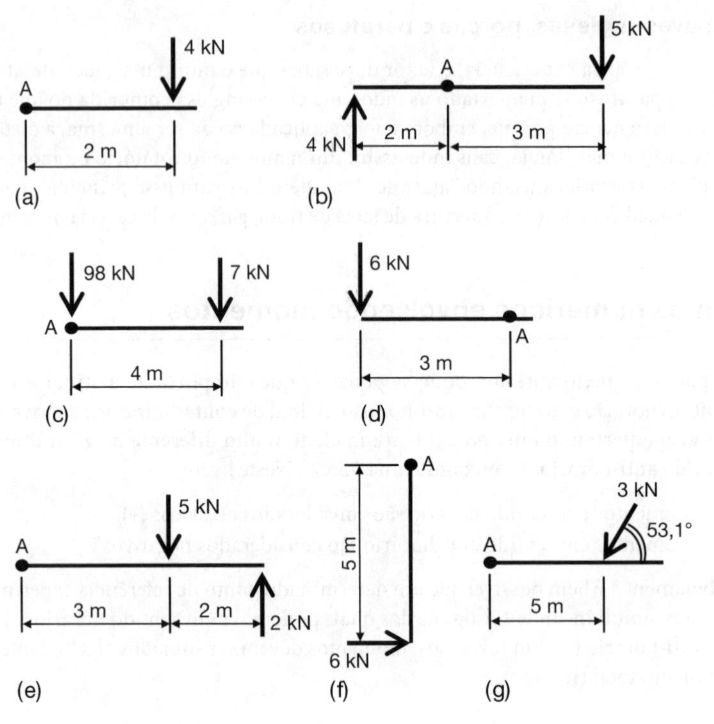

Figura 8.5 Exemplos resolvidos envolvendo momento.

Exemplo 8.3: (veja a Figura 8.5c)

Mais uma vez, há duas forças, proporcionando dois momentos. A força de 7 kN claramente gera um momento em sentido horário em torno de A. Já a linha de ação da força de 98 kN passa exatamente sobre o ponto de referência A; em outras palavras, sua linha de ação apresenta distância zero até A. Como um momento é sempre uma força multiplicada por uma distância, se a distância for zero então conclui-se que o momento também deve ser zero (já que multiplicar qualquer número por zero resulta em um produto igual a zero). Assim, neste exemplo:

$$M = +(7 \text{ kN} \times 4 \text{ m}) + (98 \text{ kN} \times 0 \text{ m})$$
$$= +28 \text{ kN.m} + 0 \text{ kN.m}$$
$$= +28 \text{ kN.m}$$

A lição a ser aprendida a partir deste exemplo: se a linha de ação de uma força passar por um certo ponto, então o momento dessa força em torno desse ponto é igual a zero.

Exemplo 8.4

Na Figura 8.5d, a força de 6 kN está girando em sentido anti-horário em torno de A, então o momento resultante será negativo (–).

$$M = -(6 \text{ kN} \times 3 \text{ m}) = -18 \text{ kN.m}$$

Exemplo 8.5

Na Figura 8.5e, a força de 5 kN está girando em sentido horário em torno de A; portanto, ela irá gerar um momento positivo (+). Em contraste, a força de 2 kN está girando em sentido anti-horário em torno de A; portanto, ela irá gerar um momento em sentido anti-horário (–).

$$M = +(5 \text{ kN} \times 3 \text{ m}) - (2 \text{ kN} \times 5 \text{ m})$$
$$= +15 \text{ kN.m} - 10 \text{ kN.m}$$
$$= +5 \text{ kN.m}$$

Exemplo 8.6

Na Figura 8.5f, nem todas as forças são verticais. Mas as mesmas regras se aplicam aqui.

$$M = -(6 \text{ kN} \times 5 \text{ m}) = -30 \text{ kN.m}$$

Exemplo 8.7

O exemplo um pouco mais difícil da Figura 8.5g acabará confundindo os leitores que ainda não compreenderam que um momento é uma força multiplicada por uma distância *perpendicular* (ou "braço de alavanca"). Há duas maneiras de resolver este problema – veja a Figura 8.6.

Primeiro, você pode usar trigonometria para encontrar a distância perpendicular. A Figura 8.6a servirá para lhe recordar das definições de senos, cossenos e tangentes em termos dos comprimentos dos lados de um triângulo retângulo. Aplicando isso ao problema atual, descobrimos a partir da Figura 8.6b que a distância perpendicular, x, neste caso é de 4 m. Então, $M = +(3 \text{ kN} \times 4 \text{ m}) = +12 \text{ kN.m}$.

Segundo, podemos resolver o problema encontrando as componentes vertical e horizontal da força de 3 kN. No Capítulo 7, aprendemos que qualquer força pode ser expressa como a resultante de duas componentes, uma horizontal e uma vertical. Para qualquer força F atuando a um ângulo θ em relação ao eixo horizontal, pode ser demonstrado que:

- a componente horizontal é sempre $F \times \cos \theta$
- a componente vertical é sempre $F \times \text{sen } \theta$ (como o seno atua para cima: "sobe")

Neste problema, a força de 3 kN atua a um ângulo de 53,1° em relação à horizontal. Assim, sua componente vertical = 3 × sen 53,1° = 2,4 kN. ↓

E sua componente horizontal = 3 × cos 53,1° = 1,8 kN. ←

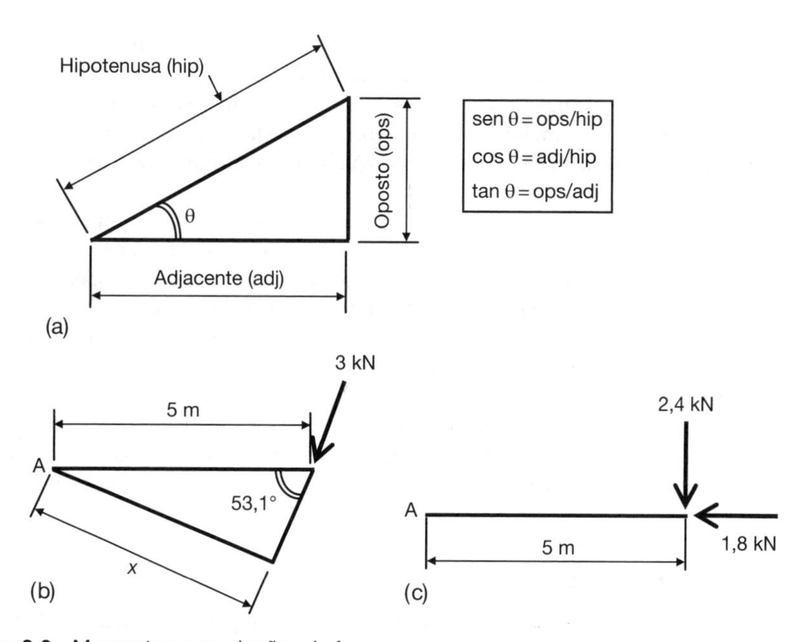

Figura 8.6 Momentos e resoluções de forças.

Agora o problema pode ser expresso conforme mostrado na Figura 8.6c.

Observe que, como a linha de ação da força de 1,8 kN (estendida) passa sobre o ponto A, o momento dessa força em torno do ponto A será zero.

$$M = +(2{,}4 \text{ kN} \times 5 \text{ m}) + (1{,}8 \text{ kN} \times 0 \text{ m})$$
$$= +12 \text{ kN.m}$$

(Obviamente, esta é a mesma resposta que a obtida pelo método anterior!) Há mais alguns exemplos ao final deste capítulo para você tentar resolver.

Observações sobre o cálculo de momentos

A partir da discussão e dos exemplos dados, podem-se extrair as seguintes observações e advertências:

- Sempre confira se um determinado momento atua em sentido horário (+) ou anti-horário (–).
- Se a linha de ação de uma força F passa *sobre* (ou *por*) um ponto A, então o momento de força F em torno do ponto A é zero.
- Pode ser necessário distribuir forças em componentes a fim de calcular momentos (conforme mostrado).

Equilíbrio de momentos

Imagine que você esteja fazendo algum trabalho mecânico em um carro e esteja com uma chave-inglesa encaixada num parafuso específico no compartimento do motor do carro. Você está tentando atarraxar o parafuso, por isso está forçando em sentido horário. Em outras palavras, você está aplicando um momento em sentido horário. Agora imagine que um amigo (no sentido mais vago possível da palavra!) esteja com outra chave-inglesa encaixada no mesmo parafuso, torcendo-o em sentido anti-horário. Isso exerce o efeito de desatarraxar o parafuso.

Se o momento em sentido anti-horário que o seu amigo está aplicando for da mesma magnitude que o momento em sentido horário que você está aplicando (independentemente do fato de que as duas chaves-inglesas possam ter comprimentos diferentes), você pode imaginar que os dois efeitos se cancelariam mutuamente – em outras palavras, o parafuso não se movimentaria. Isso se aplica a qualquer objeto sujeito a momentos de torção iguais em direções opostas: o objeto não se moveria.

Portanto, se o momento total em sentido horário em torno de um ponto é igual ao momento total em sentido anti-horário em torno deste mesmo ponto, nenhum movimento pode ocorrer. Se, em contrapartida, não houver movimento algum (como costuma ocorrer com uma edificação ou com parte de uma edificação), então os momentos em sentido horário e anti-horário devem estar mutuamente equilibrados. Este é o princípio do equilíbrio de momentos, que pode ser usado em conjunção com as regras de equilíbrio de forças (examinado anteriormente) a fim de resolver problemas estruturais.

Para resumir: se um objeto (como uma edificação ou qualquer ponto em uma edificação) estiver estacionário, o momento líquido no ponto será zero. Em outras palavras, momentos em sentido horário em torno do ponto serão cancelados por momentos iguais e opostos em sentido anti-horário.

Equilíbrio revisitado

Conforme analisado no Capítulo 6, se um objeto, ou um ponto em uma estrutura, estiver estacionário, sabemos que as forças devem estar em equilíbrio da seguinte forma (o símbolo Σ, a letra grega sigma, significa "a soma de"):

$\Sigma V = 0$, isto é, força total para cima = força total para baixo (↑ = ↓)
$\Sigma H = 0$, isto é, força total para a esquerda = força total para a direita (← = →)

A partir de nosso conhecimento recém adquirido a respeito de momentos, podemos adicionar uma terceira regra de equilíbrio:

$\Sigma M = 0$, isto é, momento total em sentido horário = momento total em sentido anti-horário

Podemos usar essas três regras de equilíbrio para resolver problemas estruturais, especificamente o cálculo de reações em extremidades, conforme discutido no Capítulo 9.

Pares

Como você sabe, a palavra *par* significa dois. No contexto dos momentos, um par é um sistema de duas forças de magnitude igual, a uma certa distância uma da outra, atuando em direções opostas.

Um exemplo de um par é mostrado na Figura 8.7. Neste caso, duas forças de 30 kN atuam em direções opostas, e suas linhas de ação encontram-se separadas por 0,8 m. Vamos calcular o momento em torno dos pontos A-E:

Momento em torno do ponto A = (30 kN × 0 m) + (30 kN × 0,8 m) = 24 kN.m
Momento em torno do ponto B = (30 kN × 0,25 m) + (30 kN × 0,55 m) = 24 kN.m
Momento em torno do ponto C = (30 kN × 0,5 m) + (30 kN × 0,3 m) = 24 kN.m
Momento em torno do ponto D = (30 kN × 0,7 m) + (30 kN × 0,1 m) = 24 kN.m
Momento em torno do ponto E = (30 kN × 0,8 m) + (30 kN × 0 m) = 24 kN.m
Momento em torno do ponto F = (30 kN × 1,1 m) - (30 kN × 0,3 m) = 24 kN.m

Como você pode ver, qualquer que seja o ponto escolhido, o momento sempre terá o mesmo valor para qualquer par específico.

Vejamos o caso geral: se um par de forças apresenta um valor de F kN cada, e as forças encontram-se a x metros de distância uma da outra, o momento desse par de forças em torno de qualquer ponto sempre será F multiplicado por x. No exemplo anterior, o momento em torno de qualquer ponto é 30 kN × 0,8 m = 24 kN.m.

Muros de contenção: uma ilustração de equilíbrio

Um muro de contenção (muro de arrimo) é uma parede com uma função estrutural específica: reter o avanço da terra. Se o nível do solo em um dos lados do muro é diferente do nível no outro,

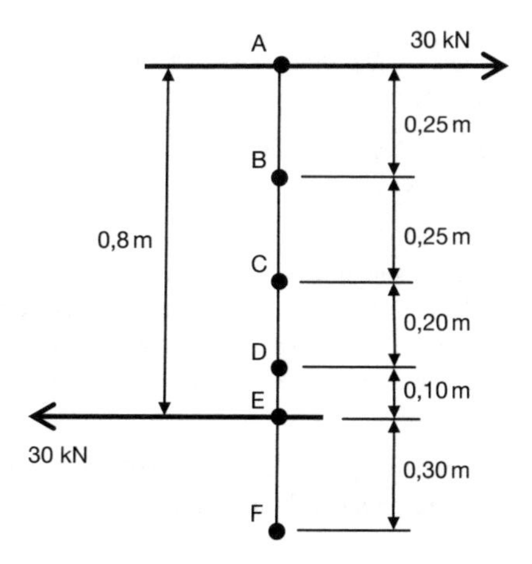

Figura 8.7 Exemplo de um par.

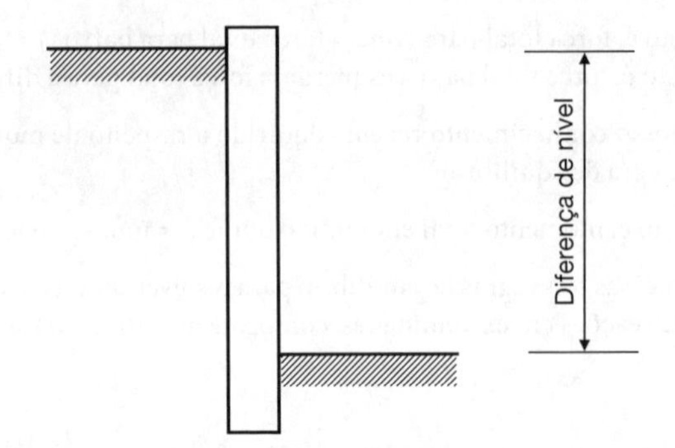

Figura 8.8 Muros de contenção – o conceito.

então o muro está atuando como um muro de contenção. Quanto maior a diferença de nível, maior a pressão da terra atuando horizontalmente sobre o muro e, portanto, mais forte o muro precisará ser para resistir a essa pressão. Veja a Figura 8.8.

Você pode ter muros de contenção no seu quintal, especialmente se o quintal como um todo se encontrar em um declive. Nessa situação, a altura da terra contida provavelmente é pequena, talvez menos de meio metro; sendo assim, um muro de contenção de tijolo ou pedra costuma ser mais do que suficiente para dar conta do serviço.

Muros de contenção mais significativos podem ser encontrados definindo recortes para ferrovias ou rodovias, sobretudo em cidades cujos terrenos custam caro e não há espaço para uma barreira com leve inclinação para acomodar a diferença de níveis. Nessa situação, a diferença no nível do solo entre os dois lados do muro pode alcançar vários metros, e tais muros de contenção costumam ser de concreto, embora possam ser revestidos por tijolos ou pedras para melhorar sua aparência.

Uma seção transversal através de um típico muro de contenção feito de concreto é mostrada na Figura 8.9a. Ele abrange uma laje horizontal em sua base, que precisa estar rigidamente conectada a uma parede vertical, ou "corpo". O corpo atua como uma escora vertical e precisa ser projetado de acordo. Existem três questões de estabilidade envolvendo muros de contenção:

1. *Sustentação*: o peso do muro (e qualquer coisa em cima dele) não deve ser grande demais a ponto de fazê-lo afundar verticalmente no solo.
2. *Deslizamento*: a força exercida pela terra retida não deve ser grande demais a ponto fazer o muro, como um todo, deslizar para frente.
3. *Tombamento*: o momento gerado pela força sobre o muro não deve ser grande demais a ponto de fazer o muro tombar.

Vamos considerar cada um desses três efeitos.

Sustentação

Como vimos, para haver equilíbrio, a força total para baixo deve equivaler à força total para cima. Em outras palavras, o solo deve ser resistente o suficiente para proporcionar uma força total para cima (ou ***reação***, como veremos no Capítulo 9) que se oponha à força para baixo gerada pelo peso do muro de contenção – veja a Figura 8.9b. Caso o solo não seja resistente para proporcionar essa força para cima, não ocorrerá equilíbrio e o muro se afundará no solo.

Deslizamento

A força da terra empurrando horizontalmente contra o muro de contenção (para a direita na Figura 8.9c) deve sofrer resistência de uma força equivalente para a esquerda, para que seja

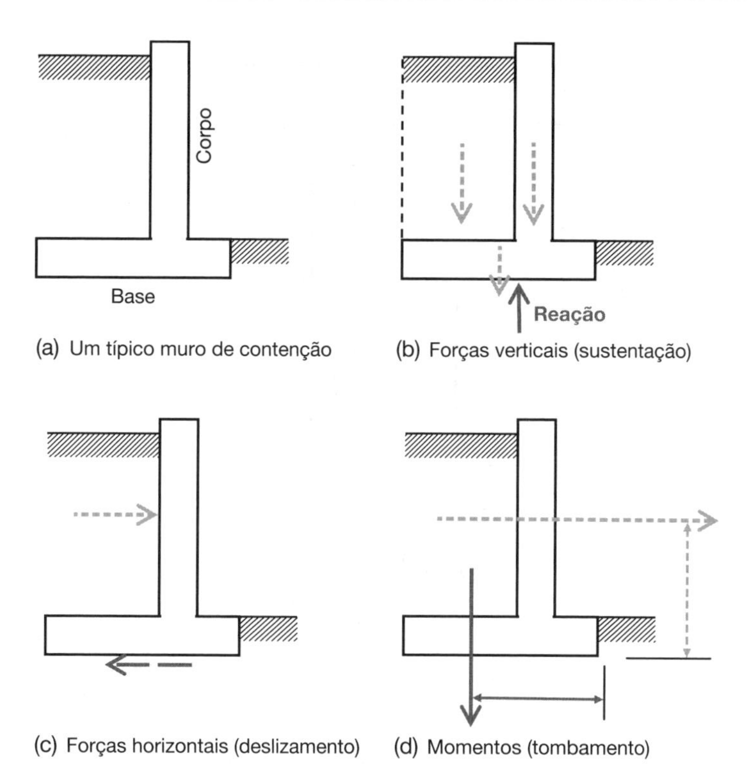

Figura 8.9 Forças sobre um muro de contenção.

satisfeita a segunda lei do equilíbrio (forças horizontais precisam se cancelar). Essa força para a esquerda deve se dar por fricção entre a base do muro e o solo abaixo dela. Se não houver fricção suficiente, não ocorrerá equilíbrio, e o muro se moverá para a direita.

Tombamento

A força da terra empurrando contra a parede levará potencialmente a uma rotação do muro em sentido horário em torno de sua base (veja a Figura 8.9d). Como aprendemos no início deste capítulo, tal rotação seria causada por um momento em sentido horário. Para que a parede não acabe rotacionando fisicamente, o equilíbrio será assegurado se um momento suficiente em sentido anti-horário for aplicado pelo peso do muro atuando para baixo.

Repare no muro de contenção mostrado na Figura 8.10. A força empurrando na direção do tombamento do muro, o peso do muro e a força resistente de fricção foram calculados e são mostrados na Figura 8.10. A força vertical de 40 kN é gerada pelo peso do concreto que forma o corpo e a força vertical de 30 kN é gerada pelo peso do concreto que forma a base. A força vertical de 130 kN é gerada pelo "bloco" retangular de terra acima da base e a força horizontal de 75 kN para a direita é o efeito geral da pressão horizontal da terra sobre o muro. Podemos conferir o equilíbrio da seguinte forma:

Equilíbrio vertical:

Força total para baixo gerada pelo peso do muro e da terra sobre ele = 130 + 30 + 40 = 200 kN

Força total para cima (reação) = 200 kN

Portanto, força total para baixo ↓ = força total para cima ↑, então ocorre equilíbrio vertical.

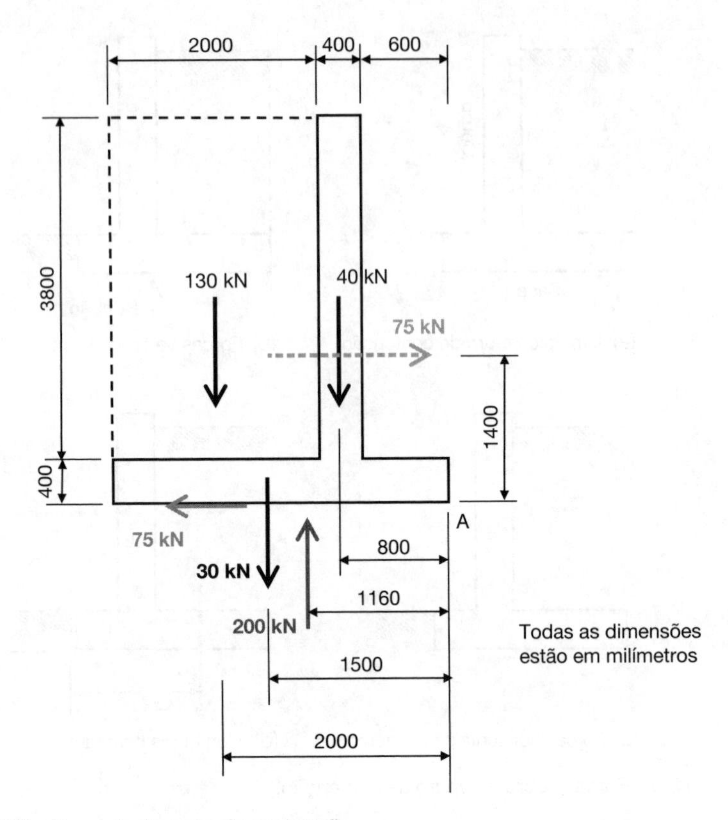

Figura 8.10 Exemplo de muro de contenção.

Equilíbrio horizontal:
Força total para a direita gerada pela pressão horizontal da terra = 75 kN
Força total para a esquerda gerada pela fricção entre o lado de baixo da base e o solo sob ela = 75 kN
Portanto, força total para a direita → = força total para a esquerda ←, então ocorre equilíbrio horizontal.

Equilíbrio de momentos:
Momentos em sentido horário em torno do ponto A = (75 kN × 1,4 m) + (200 kN × 1,16 m) = 337 kN.m
Momentos em sentido anti-horário em torno do ponto A = (130 kN × 2,0 m) + (30 kN × 1,5 m) + (40 kN × 0,8 m) = 337 kN.m
Portanto, momento em sentido horário = momento em sentido anti-horário, então ocorre equilíbrio de momentos.

Como as três equações de equilíbrio são satisfeitas, o muro de contenção encontra-se em equilíbrio e permanecerá estacionário sob as forças e os momentos aos quais ele está sujeito.

Tampão da banheira, uma ilustração de momentos

As fotos na Figura 8.11 mostram um tampão de ralo do tipo giratório nas posições fechado e aberto, respectivamente. Esse tipo de tampão de banheira fica conectado ao ralo por um eixo horizontal através do diâmetro do tampão. O tampão pode ser aberto ou fechado usando-se o dedo para girá-lo em torno do eixo fixo. Uma vedação de borracha impede vazamentos.

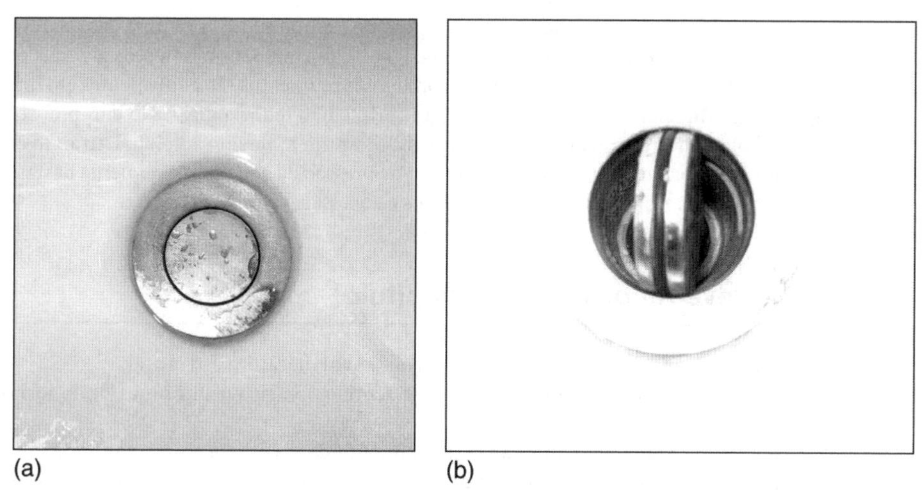

Figura 8.11 (a) Um tampão giratório de banheira fechado (b) Um tampão giratório de banheira aberto.

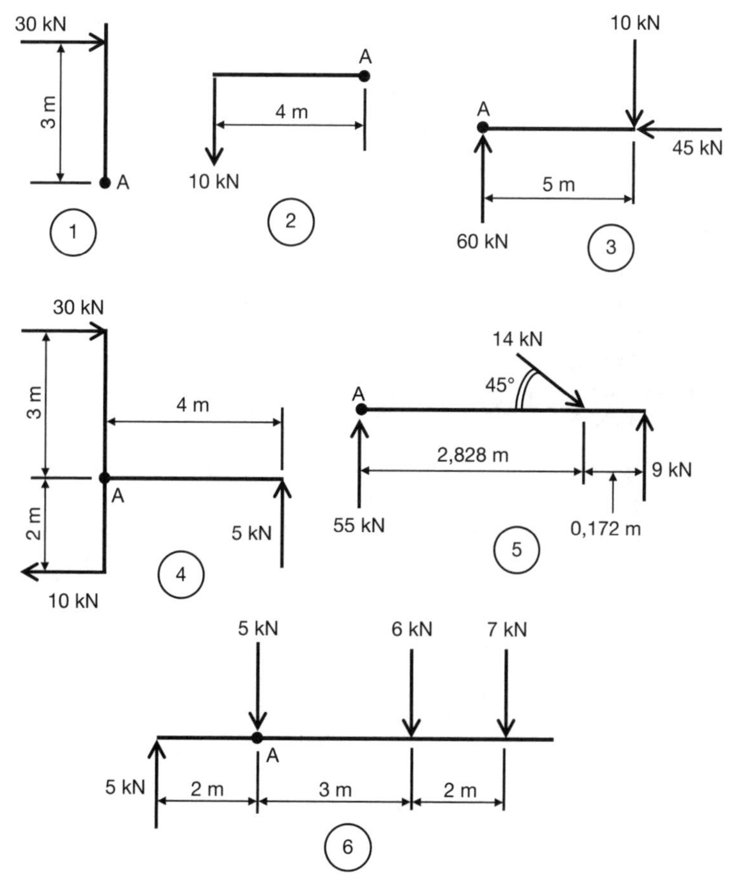

Figura 8.12 Exemplos de momento.

Quando a banheira está cheia d'água, o peso do líquido sobre cada uma das partes semicirculares do tampão separadas pelo eixo fixo é igual e, portanto, os momentos gerados pelo peso da água em torno do eixo fixo são iguais. Como esses momentos são equivalentes em magnitude e opostos em direção, o tampão fica em equilíbrio e não tende a girar. No entanto, se um dos lados do botão for pressionado por um dedo, irá gerar um momento adicional, tirando o tampão do equilíbrio e abrindo-o. Observe que, apesar da pressão da água (possivelmente bastante grande) sobre o tampão, apenas uma pequena força é necessária para abri-lo.

O que você deve recordar deste capítulo

- Momento é um dos conceitos mais importantes em mecânica estrutural.
- Um momento é um efeito giratório, seja em sentido horário ou anti-horário, em torno de um determinado ponto.
- Se a linha de ação de uma força passar sobre um ponto em torno do qual momentos estão sendo medidos, então o momento de tal força em torno do ponto é zero. (É muito importante lembrar deste conceito, já que ele aparece diversas vezes na solução de problemas mais adiante neste livro.)
- Pode ser necessário distribuir forças em componentes a fim de calcular momentos.

Exercícios

Em cada um dos exemplos apresentados na Figura 8.12, calcule o momento líquido, em unidades de kN.m., em torno do ponto A.

Respostas

1. $M = +90$ kN.m
2. $M = -40$ kN.m
3. $M = +50$ kN.m
4. $M = +90$ kN.m
5. $M = +1$ kN.m
6. $M = +63$ kN.m

9

Reações

Obs.: Os símbolos de apoio usados nos diagramas deste capítulo serão explicados no Capítulo 10.

Introdução

No Capítulo 6, examinamos o conceito de equilíbrio. Determinamos que se um corpo ou objeto de qualquer espécie encontra-se estacionário, então as forças sobre ele se cancelam da seguinte forma:

Força total para cima = Força total para baixo
Força total para a esquerda = Força total para a direita

Isso está resumido na Figura 6.4.

O conceito de momento, ou efeito giratório, foi introduzido no Capítulo 2 e analisado em mais profundidade no Capítulo 8. Neste capítulo, aprenderemos a usar essas informações para calcular ***reações*** – ou seja, as forças para cima que ocorrem em apoios de vigas como reação às forças sobre a viga.

Equilíbrio de momentos

Ao final do Capítulo 8 você aprendeu que se um objeto ou corpo encontra-se estacionário, ele não gira, e o momento total em sentido horário em torno de qualquer ponto no objeto é igual ao momento total em sentido anti-horário em torno do mesmo ponto. Essa é a terceira regra do equilíbrio e podemos acrescentá-la às primeiras duas apresentadas no Capítulo 6. As três regras do equilíbrio estão expressas na Figura 9.1.

Na Figura 9.2, cada viga de aço impõe uma força para baixo sobre o pilar de apoio e, como resposta, o pilar apresenta uma reação para cima junto à viga que ele suporta.

Cálculo de reações

As três regras do equilíbrio podem ser usadas para calcular reações. Conforme discutido no Capítulo 2 e novamente no Capítulo 6, uma reação é uma força (geralmente para cima) que ocorre em um apoio de uma viga ou de um elemento estrutural similar. Uma reação contrabalança as forças (geralmente para baixo) na estrutura, mantendo o equilíbrio. É importante ser capaz de calcular essas reações. Se o apoio for um pilar, por exemplo, a reação representa a força no pilar, que precisaríamos conhecer a fim de projetá-lo adequadamente.

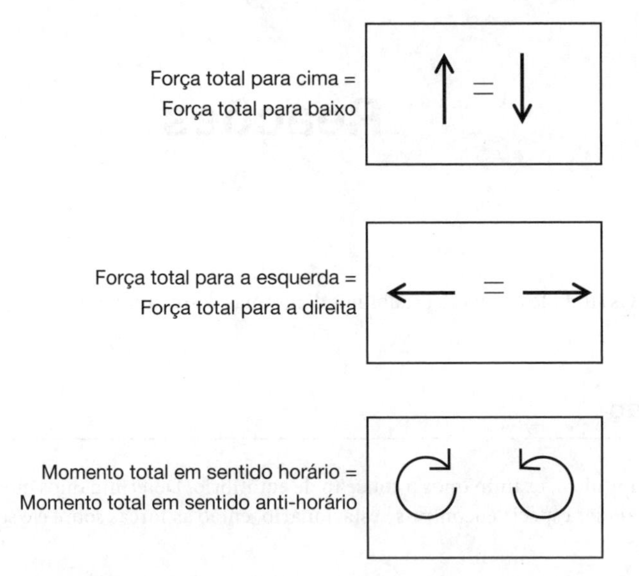

Figura 9.1 As regras do equilíbrio.

Figura 9.2 Edifício de estrutura metálica em construção. Repare nas vigas de seção celular (isto é, com seção vazada) de aço, nos pilares de aço e no piso de aço perfilado do tipo *steel deck*.

Vejamos o exemplo mostrado na Figura 9.3. A linha horizontal mais grossa representa uma viga de 6 m de vão que está apoiada simplesmente em suas duas extremidades, A e B. A única carga aplicada sobre a viga é uma carga pontual de 18 kN, que atua verticalmente para baixo na posição a 4 m do ponto A. Vamos calcular as reações R_A e R_B (ou seja, as reações de apoio nos pontos A e B, respectivamente).

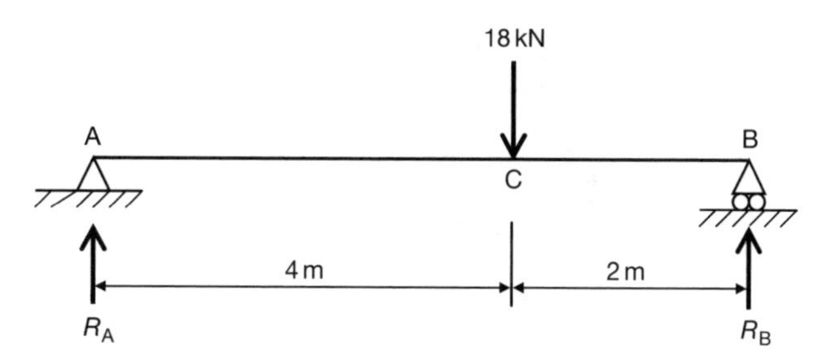

Figura 9.3 Cálculo de reações para cargas pontuais.

A partir do equilíbrio vertical, abordado no Capítulo 6, sabemos que:

Força total para cima = Força total para baixo

Aplicando isso ao exemplo mostrado na Figura 9.3, podemos ver que:

$R_A + R_B = 18$ kN

Isso, é claro, não nos diz o valor de R_A nem nos diz o valor de R_B. Meramente nos informa que a soma de R_A e R_B é 18 kN. Para calcular R_A e R_B, claramente precisamos fazer algo diferente.

Apliquemos nosso conhecimento recém adquirido sobre equilíbrio de momentos. Já aprendemos que, quando uma estrutura encontra-se estacionária, então em qualquer ponto específico da estrutura:

Momento total em sentido horário = Momento total em sentido anti-horário

Isso se aplica a qualquer ponto da estrutura. Por isso, calculando os momentos em torno do ponto A:

$(18 \text{ kN} \times 4 \text{ m}) = (R_B \times 6 \text{ m})$

Portanto, $R_B = 12$ kN. Repare que não há momento gerado pela força R_A. Isso ocorre porque a força R_A tem sua linha de ação exatamente sobre o ponto (A) em torno do qual estamos calculando os momentos.

De forma similar, calculando os momentos em torno do ponto B:

Momento total em sentido horário = Momento total em sentido anti-horário

$(R_A \times 6 \text{ m}) = (18 \text{ kN} \times 2 \text{ m})$

Portanto, $R_a = 6$ kN.

Para conferir, vamos somar R_A e R_B:

$R_A + R_B = 6 + 12 = 18$ kN

que é o que esperaríamos a partir da primeira equação.

Uma palavra de cautela

É fácil cometer um equívoco e obter as duas reações de forma invertida. Como método de conferência, imagine um homem parado sobre uma tábua de andaime sustentada por pilares de andaime em cada extremidade, conforme mostrado na Figura 9.4. O homem está posicionado mais perto do apoio do lado esquerdo. Quais dos dois apoios está trabalhando mais para sustentar o peso do homem?

O bom senso nos diz que o apoio do lado esquerdo deve estar tendo mais trabalho para suportar o peso do homem, simplesmente porque o homem está parado mais perto deste apoio. Em outras palavras, esperaríamos que a reação do apoio da esquerda fosse a maior dentre os dois.

Figura 9.4 Homem sobre uma tábua de andaime.

Examinando mais uma vez o exemplo da Figura 9.3, como a carga de 18 kN é aplicada mais para o lado direito da viga, esperaríamos que a reação na extremidade direita (R_B) fosse maior do que a reação na extremidade esquerda (R_A). E de fato é.

Sempre é uma boa ideia fazer essa "conferência de bom senso" para garantir que você tenha obtido as reações nos lados certos do problema. Para resumir: se a carga aplicada sobre uma viga é claramente maior em um extremo da viga, você esperaria que a reação também fosse maior nessa extremidade.

Cálculo de reações quando cargas uniformemente distribuídas estão presentes

Até aqui neste capítulo, analisamos apenas problemas envolvendo cargas pontuais e evitamos estrategicamente aqueles envolvendo cargas uniformemente distribuídas (CUDs). E há um bom motivo para isso: a análise de problemas com cargas pontuais é muito mais fácil, e vem sendo minha política ao escrever este livro – e também na vida em geral – começar pelas coisas mais fáceis para só então avançar para as mais difíceis.

Na prática, as cargas encontradas em edificações "reais" e em outras estruturas são em sua maioria cargas uniformemente distribuídas – ou podem ser representadas como tal –, e por isso precisamos saber como calcular reações em extremidades. O principal problema que encontramos é como calcular os momentos. Para cargas pontuais, é tudo muito objetivo – o momento apropriado é calculado multiplicando-se a carga (em kN) pela distância dela até o ponto em torno do qual estamos calculando os momentos. Porém, com uma carga uniformemente distribuída, como estabelecemos a distância apropriada?

A Figura 9.5 representa uma porção de carga uniformemente distribuída de comprimento x. A intensidade da carga uniformemente distribuída é w kN/m. A linha pontilhada na Figura 9.5 representa a linha central da carga uniformemente distribuída. Vamos supor que quiséssemos calcular o momento dessa porção de CUD em torno do ponto A, que está situado a uma distância a até a linha central da CUD. Nessa situação, o momento da CUD em torno do ponto A é a carga total multiplicada pela distância desde a linha central da CUD até o ponto em torno do qual estamos calculando os momentos. A CUD total é $w \times x$, a distância pertinente é a, então:

Momento da CUD em torno de A = $w \times a \times x$

Aplique esse princípio sempre que estiver trabalhando com cargas uniformemente distribuídas.

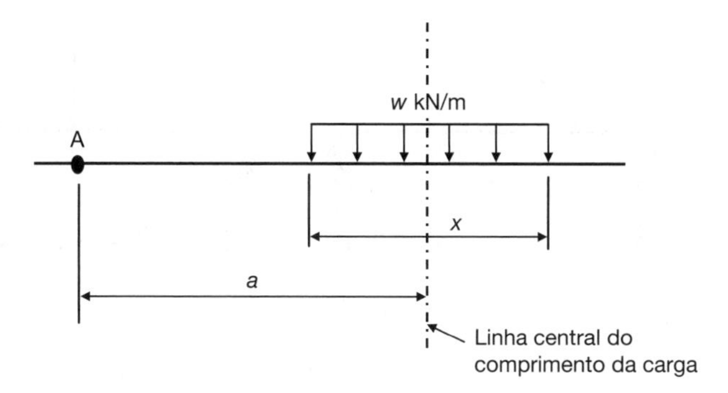

Figura 9.5 Cálculo de momento fletor para o caso geral de carga uniformemente distribuída (CUD).

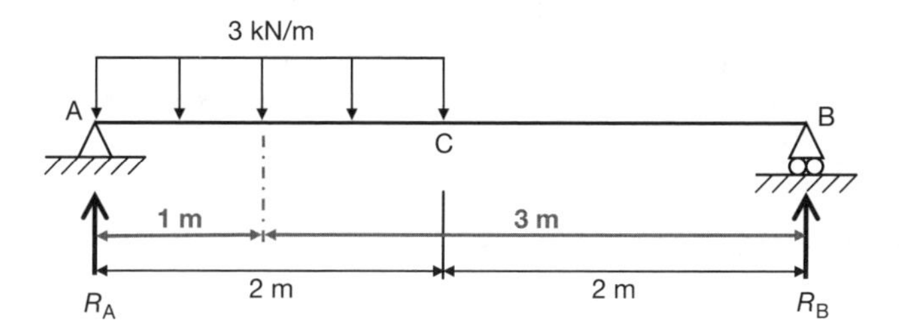

Figura 9.6 Cálculos de reações para cargas uniformemente distribuídas.

Exemplo envolvendo cargas uniformemente distribuídas

Calcule as reações nas extremidades para a viga mostrada na Figura 9.6. Use o mesmo procedimento que antes.

Equilíbrio vertical:

$$R_A + R_B = (3 \text{ kN/m} \times 2 \text{ m}) = 6 \text{ kN}$$

Calculando os momentos em torno de A:

$$(3 \text{ kN/m} \times 2 \text{ m}) \times 1 \text{ m} = R_B \times 4 \text{ m}$$

Portanto:

$$R_B = 1{,}5 \text{ kN}$$

Calculando os momentos em torno de B:

$$(3 \text{ kN/m} \times 2 \text{ m}) \times 3 \text{ m} = R_A \times 4 \text{ m}$$

Portanto:

$$R_A = 4{,}5 \text{ kN}$$

Para conferir:

$$R_A + R_B = 4{,}5 + 1{,}5 = 6 \text{ kN}$$

(conforme esperado a partir da primeira equação).

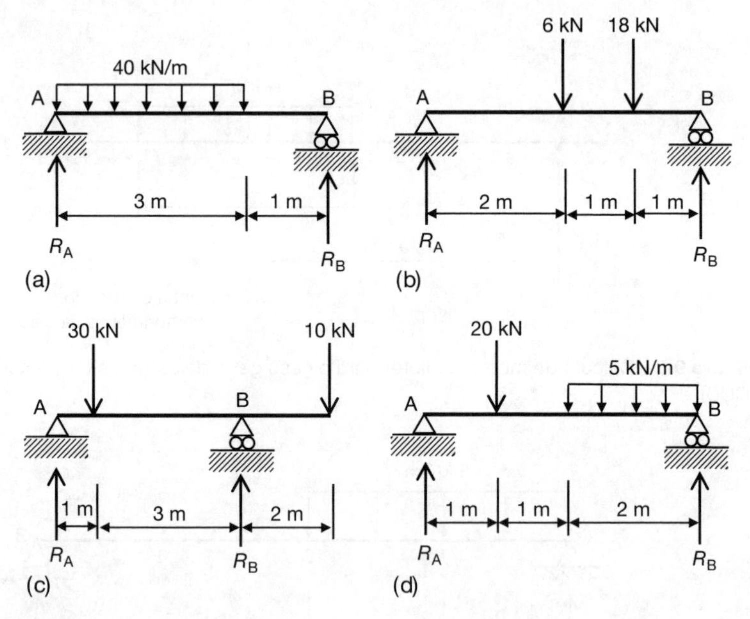

Figura 9.7 Mais exemplos de reações.

O que você deve recordar deste capítulo

A terceira regra do equilíbrio diz que se um objeto, ou qualquer parte dele, estiver estacionário, o momento total em sentido horário em torno de qualquer ponto no objeto é o mesmo que o momento total em sentido anti-horário em torno desse mesmo ponto. Essa regra pode ser usada junto com as duas primeiras regras do equilíbrio a fim de calcular reações em apoios.

Exercícios

Tente resolver os exemplos apresentados na Figura 9.7. Para cada um, calcule as reações nas posições de apoio.

Respostas

a. $R_A = 75$ kN, $R_B = 45$ kN
b. $R_A = 7{,}5$ kN, $R_B = 16{,}5$ kN
c. $R_A = 17{,}5$ kN, $R_B = 22{,}5$ kN
d. $R_A = 17{,}5$ kN, $R_B = 12{,}5$ kN

10

Diferentes tipos de apoio – e o que é uma rótula?

O que é uma rótula?

Eu ficaria lisonjeado em saber que você está lendo este livro na praia, em uma linda paisagem rural ou em algum outro local ao ar livre. Mas o mais provável é que você esteja dentro de um prédio – talvez em casa, no escritório ou na universidade – e, neste caso, é bem possível que haja uma porta no seu campo de visão. Caso se trate de uma porta convencional (não uma porta de correr, por exemplo), ela deve estar presa com dobradiças. Para que servem essas dobradiças? Bem, elas possibilitam abrir a porta girando-a em torno do eixo vertical junto ao qual as dobradiças estão situadas.

A Figura 10.1a e b mostra a visão planar de uma porta em suas posições fechada e parcialmente aberta, respectivamente, além de parte da parede adjacente. Você poderia se aproximar dessa porta e abri-la ou fechá-la, em parte ou totalmente, ao seu bel prazer. As dobradiças lhe possibilitam fazer isso ao facilitarem a rotação. Caso a porta estivesse fixada rigidamente à parede, você não seria capaz de abri-la de jeito algum. Outro detalhe: embora você possa abrir e fechar a porta à vontade, nada que você faça com a porta afetará a parte da parede do outro lado das dobradiças. Ela permanecerá imóvel. Dito de outra forma, as dobradiças não transmitem movimentos rotacionais para a parede. Esse é um conceito especialmente importante e representa a base da análise de reticulados com nós articulados, que examinaremos nos Capítulos 12-15.

A palavra ***rótula***, conforme usada em engenharia estrutural, é análoga à dobradiça numa parede. Uma rótula é indicada simbolicamente por um pequeno círculo vazio no meio. Imagine duas barras de aço conectadas por um nó rotulado (articulado), conforme mostrado na Figura 10.2. De início, as duas barras estão alinhadas, conforme mostradas na Figura 10.2a; em seguida, a barra à esquerda é girada cerca de 30 graus em sentido anti-horário, conforme mostrada na Figura 10.2b. A barra à direita não é afetada por esse movimento rotacional por parte da barra à esquerda.

Uma rótula, portanto, possui duas características importantes:

1. Uma rótula permite movimento ***rotacional*** em torno de si mesma.
2. Uma rótula é incapaz de ***transmitir*** efeitos rotacionais, ou momentos.

Diferentes tipos de apoio

Até aqui, temos falado sobre apoios (de vigas, etc.) e os indicado por meio de setas apontando para cima, sem refletir sobre o tipo ou a natureza do apoio. Como veremos agora, existem três tipos diferentes de apoio: deslizante, articulado (rotulado) e engastado.

Apoios deslizantes

Imagine uma pessoa calçando patins e parada em meio a um piso muito polido. Caso você se aproximasse dela e lhe desse um forte empurrão por trás (o que não é recomendado sem

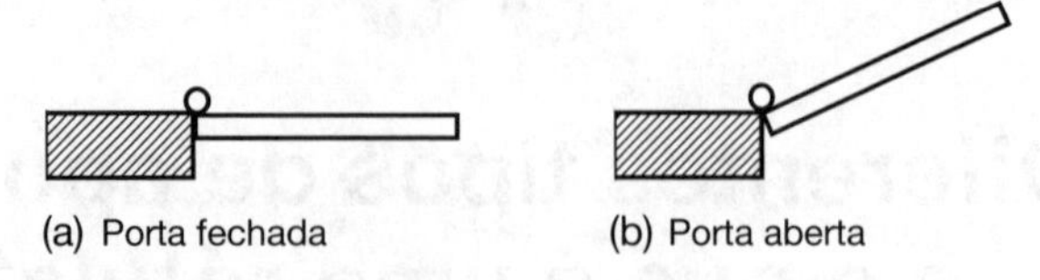

Figura 10.1 Uma porta vista de cima.

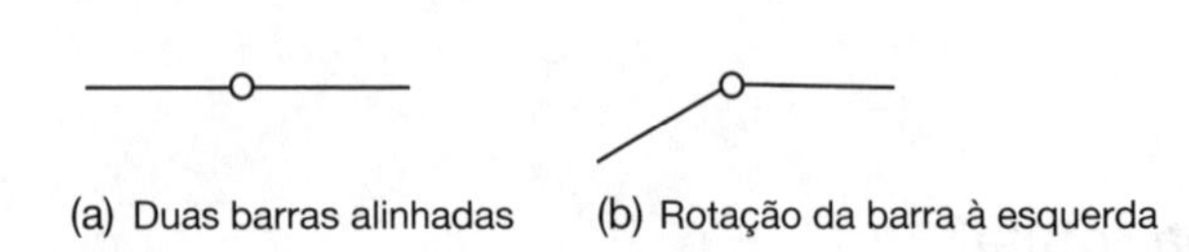

Figura 10.2 Barras de aço conectadas por uma rótula.

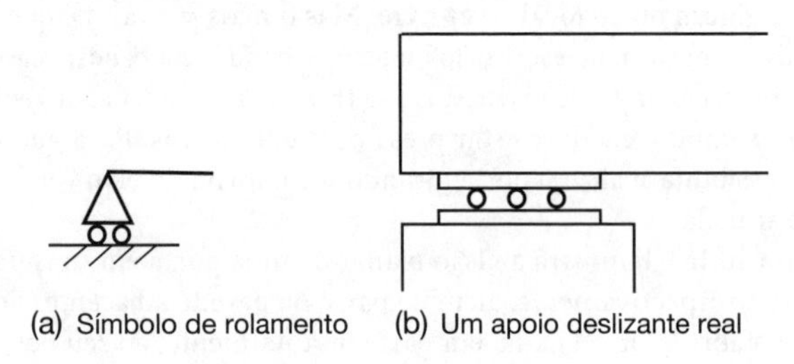

Figura 10.3 Apoio deslizante – simbolicamente e na realidade.

combinar com a pessoa antes), ela avançaria na direção que você a empurrou. Como ela está de patins sobre um piso liso, haveria fricção mínima para resistir ao deslizar da pessoa pelo piso.

Um ***apoio deslizante*** como parte de uma estrutura é análogo a essa pessoa calçando patins: um apoio deslizante é livre para se movimentar horizontalmente. Apoios deslizantes são indicados usando-se o símbolo mostrado na Figura 10.3a. Cabe ressaltar que isso é puramente simbólico e que um apoio deslizante real provavelmente não se pareceria com esse símbolo. Na prática, um apoio deslizante pode incluir suportes deslizantes de borracha, por exemplo, ou rolamentos de aço entre duas placas de aço, conforme mostrados na Figura 10.3b.

Apoios articulados

Lembre-se da analogia da dobradiça de porta. Um ***apoio articulado*** (rotulado) permite rotação, mas não pode se mover na horizontal ou na vertical – exatamente da mesma forma que uma dobradiça de porta proporciona rotação, mas ela própria não pode sair de sua posição em direção alguma.

Apoios engastados

Aperte suas mãos formando dois punhos cerrados, separe-os horizontalmente em cerca de 30 cm e peça para um amigo colocar uma régua sobre seus dois punhos, formando um vão entre eles. Seus punhos estão sustentando a régua com segurança em suas duas extremidades. Agora remova um dos apoios tirando um dos punhos de baixo da régua. O que acontece? A régua cai no chão. Por quê? Você removeu um dos apoios, e o único apoio restante não é capaz de sustentar a régua por si só – veja a Figura 10.4a e b.

Porém, se você segurar a régua entre seu dedão e seus dedos restantes em apenas uma das extremidades, ela será sustentada horizontalmente sem cair. Isso ocorre porque, ao segurá-la, sua mão agora impede que a régua faça uma rotação e acabe caindo no chão – veja a Figura 10.4c.

Em estruturas, o apoio equivalente à sua mão no exemplo anterior é chamado de ***apoio engastado***. Assim como sua mão segurando a régua, um apoio engastado não permite rotação.

Há muitas situações em que é necessário (ou pelo menos desejável) que uma viga ou laje seja sustentada em apenas uma de suas extremidades – por exemplo, uma sacada. Nessas situações, o apoio em uma única extremidade precisa ser um apoio engastado porque, como acabamos de ver, este não permite rotação e, portanto, não leva ao colapso do elemento estrutural envolvido – veja a Figura 10.5. Assim como um apoio articulado, um apoio engastado não pode se mover em direção alguma a partir de sua posição. Mas, ao contrário de um apoio articulado, um apoio engastado não pode rotar; é fixo em todos os aspectos.

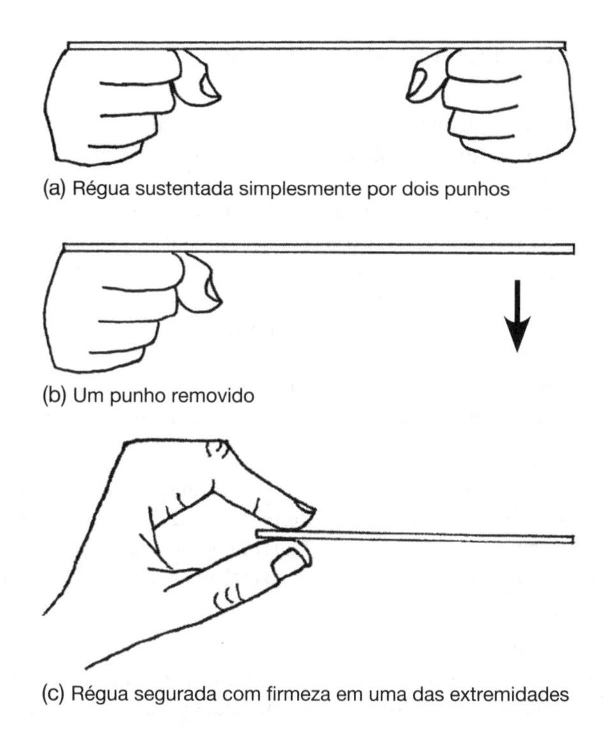

(a) Régua sustentada simplesmente por dois punhos

(b) Um punho removido

(c) Régua segurada com firmeza em uma das extremidades

Figura 10.4 O que é um apoio engastado?

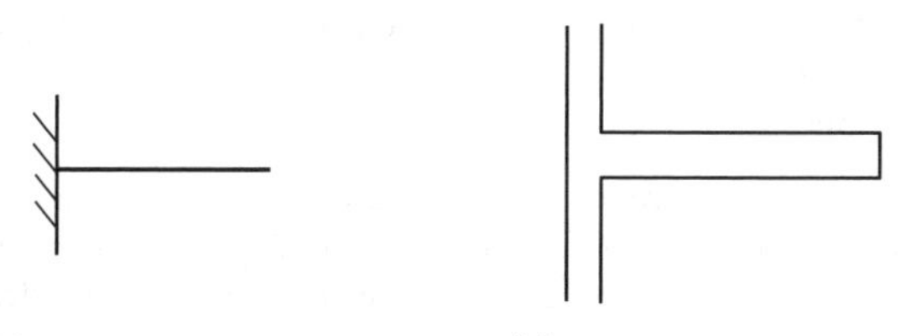

(a) Símbolo de apoio engastado (b) Um apoio engastado real

Figura 10.5 Apoio engastado – simbolicamente e na realidade.

Agora que você já formou uma imagem mental dos três tipos de apoio (deslizante, articulado e engastado), vamos aprofundar um pouco mais o estudo de cada um deles. Faremos isso no contexto de reações e momentos.

Restrições

Consideremos cada um dos seguintes aspectos como uma restrição:

1. reação vertical
2. reação horizontal
3. momento resistente

Restrições por diferentes tipos de apoio

Apoio deslizante

Retornemos ao nosso patinador parado sobre um piso muito polido. Como o piso o está sustentando, deve estar proporcionando uma reação para cima para contrabalançar o peso corporal do patinador. No entanto, já vimos que se empurrarmos o nosso patinador, ele se moverá. As rodinhas nos patins e a ausência de fricção produzida pelo piso fazem com que o patinador não ofereça qualquer resistência a nosso empurrão. Em outras palavras, o patinador não é capaz de oferecer qualquer reação horizontal ao nosso empurrão (em contraste com uma parede sólida, por exemplo, que não se moveria se fosse empurrada e que, portanto, forneceria uma certa reação horizontal). Além disso, nada está impedindo o patinador de levar um tombo (isto é, de acabar rotacionando).

A partir dessa análise, podemos ver que um apoio deslizante proporciona uma única restrição: ***reação vertical***. (Não há qualquer reação horizontal ou de momento.)

Apoio articulado

Conforme discutido anteriormente, um apoio articulado (rotulado) permite rotação (então não há resistência alguma a momento), mas como não pode se mover na horizontal nem na vertical, deve haver tanto uma reação horizontal quanto uma vertical presentes. Assim, um apoio articulado proporciona duas restrições: ***reação vertical*** e ***reação horizontal***. (Não incide momento algum.)

Apoio engastado

Vimos anteriormente que um apoio engastado é fixo em todos os aspectos: não pode se mover nem na horizontal nem na vertical e não pode rotacionar. Isso significa que haverá reações tanto horizontal quanto vertical e, como não pode rotacionar, também é preciso haver um momento associado a um apoio engastado. A propósito, esse momento é chamado de ***momento de extremidade fixa*** – veja o Capítulo 8 se precisar esclarecer o conceito de momento.

Portanto, um apoio engastado proporciona três restrições: reação vertical, reação horizontal e momento resistente.

Para resumir:

- Um apoio deslizante proporciona uma restrição: reação vertical.
- Um apoio articulado proporciona duas restrições: reação vertical e reação horizontal.
- Um apoio engastado proporciona três restrições: reação vertical, reação horizontal e momento resistente.

Isso está ilustrado na Figura 10.6.

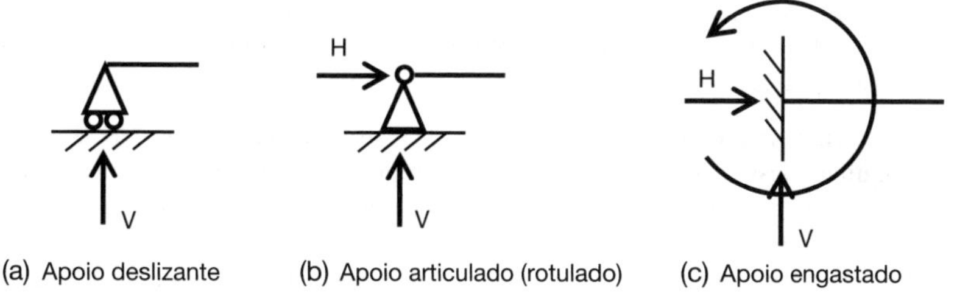

Figura 10.6 Restrições proporcionadas por vários tipos de apoio.

Equações simultâneas

Vamos revisar nosso conhecimento matemático por alguns minutos – especificamente, equações e equações simultâneas.

Responda à pergunta a seguir afirmando simplesmente Sim ou Não: você é capaz de resolver a seguinte equação?

$$x + 6 = 14$$

Claramente, a resposta é Sim. Você pode solucionar a equação anterior com grande facilidade ($x = 8$), mas por quê? O motivo de você conseguir resolvê-la com tamanha facilidade é que ela apresenta apenas uma incógnita (x, nesse caso).

Agora veja se você consegue resolver as duas equações simultâneas a seguir:

$$2x + 6y = -22$$
$$3x - 4y = 19$$

Novamente, é possível solucionar essas duas equações (embora você talvez precise refrescar seus conhecimentos matemáticos para isso). A solução, a propósito, é $x = 1$, $y = -4$. Mais uma vez, por que é possível resolver essas equações? A razão desta vez é que, embora haja duas incógnitas (x e y), temos também duas equações.

Avalie agora se você conseguiria solucionar as seguintes equações simultâneas:

$$4x + 2y - 3z = 78$$
$$2x + y - z = 34$$

Caso você não tenha percebido por conta própria, vou poupá-lo do tédio de tentar resolvê-las e avisar de antemão: você não tem como resolver o problema neste caso. O motivo é que desta vez temos três incógnitas (x, y e z), mas apenas duas equações.

Poderíamos continuar investigando dessa forma por algum tempo e, se o fizéssemos, acabaríamos descobrindo o seguinte:

- Se tivermos a mesma quantidade de incógnitas que de equações, um problema matemático pode ser resolvido.
- No entanto, se tivermos mais incógnitas do que equações, um problema matemático não pode ser resolvido.

Relacionando isso com análise estrutural, se olharmos de volta para o procedimento que usamos para calcular reações no Capítulo 9, veremos que estávamos resolvendo três equações. Essas equações eram representadas por:

1. Equilíbrio vertical (força total para cima = força total para baixo)

2. Equilíbrio horizontal (força total para a direita = força total para a esquerda)
3. Equilíbrio de momentos (momento total em sentido horário = momento total em sentido anti-horário)

Como temos três equações, podemos usá-las para resolver um problema envolvendo até três incógnitas. Nesse contexto, uma incógnita é representada por uma restrição, conforme definido anteriormente neste capítulo. (Lembre-se: um apoio deslizante possui uma restrição, um apoio articulado possui duas restrições e um apoio engastado possui três restrições.) Portanto, um sistema estrutural com até três restrições é solucionável – tal sistema é considerado ***estaticamente determinado*** (ED) – ao passo que um sistema estrutural com mais do que três restrições não é solucionável (a menos que usemos técnicas estruturais avançadas que estão além do escopo deste livro) – um sistema desse tipo é considerado ***estaticamente indeterminado*** (EI).

Sendo assim, se inspecionarmos uma estrutura simples, examinarmos seu apoio e então contarmos o número de restrições, podemos determinar se a estrutura é estaticamente determinada (até três restrições no total) ou estaticamente indeterminada (mais do que três restrições).

Analisemos os três exemplos mostrados na Figura 10.7.

Exemplo 10.1

Essa viga possui um apoio articulado (duas restrições) em sua extremidade esquerda e um apoio deslizante (uma restrição) em sua extremidade direita. Então o número de restrições é de (2 + 1) = 3; portanto, o problema é solucionável e é estaticamente determinado.

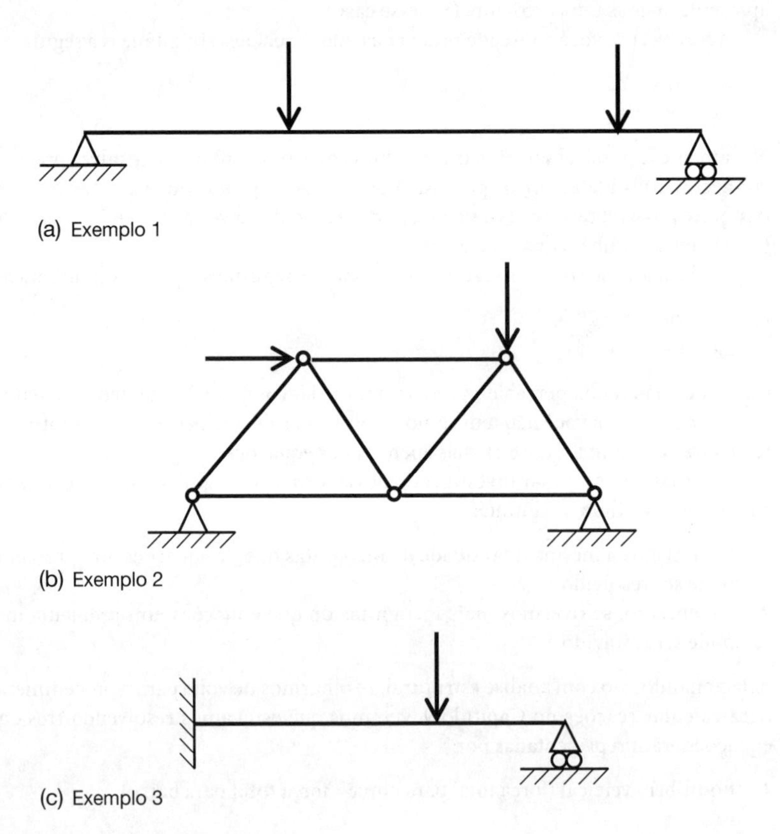

Figura 10.7 Determinação estática.

Exemplo 10.2

Esse reticulado com nós articulados possui um apoio articulado (duas restrições) em cada extremidade. Então o número de restrições é de (2 + 2) = 4. Como 4 é maior do que 3, o problema não é solucionável e é estaticamente indeterminado.

Exemplo 10.3

Essa viga possui um apoio engastado (três restrições) em sua extremidade esquerda e um apoio deslizante (uma restrição) em sua extremidade direita. Então o número de restrições é de (3 + 1) = 4; portanto, o problema novamente não é solucionável e é estaticamente indeterminado.

O que você deve recordar deste capítulo

- Apoios de estruturas se dividem em três tipos: deslizante, articulado (rotulado) e engastado. Cada um proporciona um certo grau de restrição para a estrutura nesse ponto.
- Conhecendo-se o número de apoios que uma estrutura possui e a natureza de cada apoio, pode-se determinar se a estrutura é estaticamente determinada (ED) ou estaticamente indeterminada (EI).
- Uma estrutura estaticamente determinada é aquela que pode ser analisada usando-se os princípios de equilíbrio abordados nos capítulos anteriores deste livro. Já uma estaticamente indeterminada não pode ser analisada usando-se tais princípios.

A Figura 10.8 mostra a estação ferroviária Lille Europe, no norte da França. Olhe para a sua estrutura. Será que é necessário haver arcos em uma edificação desse tipo, ou será que eles estão lá para emprestar um visual um pouco mais interessante para uma estrutura que de outra forma seria um tanto monótona?

Figura 10.8 Estação ferroviária Lille Europe, França.

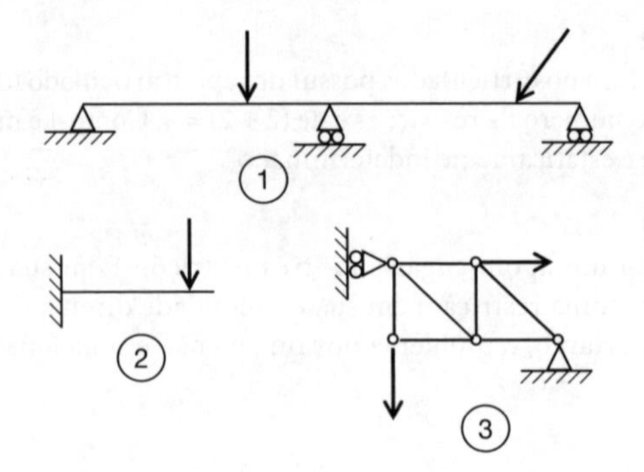

Figura 10.9 Determinação estática – exercícios.

Exercícios

Determine se cada uma das estruturas exibidas na Figura 10.9 é estaticamente determinada (ED) ou estaticamente indeterminada (EI).

11

Algumas palavras sobre estabilidade

Introdução

É essencial que uma estrutura seja resistente o bastante para conseguir suportar as cargas e momentos aos quais se vê sujeita. Mas ***resistência*** não é suficiente; a estrutura também precisa ser ***estável***.

Neste capítulo, examinaremos o que significa estabilidade em termos estruturais – e como podemos determinar se um certo sistema reticulado estrutural é ou não é estável. Em seguida, analisaremos em termos práticos como a estabilidade é alcançada e assegurada em edificações.

Estabilidade de sistemas estruturais reticulados

Muitas edificações e outras estruturas possuem uma estrutura reticulada. Edificações feitas de aço incluem um sistema reticulado, ou esqueleto, de aço. Se você vive numa cidade grande ou perto de uma, já deve ter visto tais esqueletos sendo construídos. Muitas pontes possuem um esqueleto de aço. Dentre os exemplos famosos, estão a Tyne Bridge, em Newcastle upon Tyne, e a Sydney Harbour Bridge, na Austrália.

Vamos estudar a montagem de um reticulado a partir do zero. Nosso reticulado consistirá em barras de metal ("elementos") unidas entre si em suas extremidades por rótulas. (O conceito de rótula, que é um tipo de conexão que permite rotação, foi discutido no Capítulo 10.) Repare nos dois elementos conectados por um nó articulado (rotulado) mostrados na Figura 11.1a. Trata-se de uma estrutura estável? (Em outras palavras, é possível que os dois elementos se movimentem um em relação ao outro?) Como a rótula permite que os dois elementos se movimentem um em relação ao outro, esta claramente *não* é uma estrutura estável.

Agora vamos adicionar um terceiro elemento conectado por nós articulados para formar um triângulo, conforme mostrado na Figura 11.1b. Trata-se de uma estrutura estável? Sim, é estável, porque, embora os nós sejam articulados, não é possível haver movimento dos três elementos um em relação aos outros. Sendo assim, esta é uma estrutura estável e rígida. Na verdade, *o triângulo é a mais básica das estruturas estáveis*, conforme mencionaremos de novo na discussão a seguir.

Se adicionarmos um quarto elemento, produziremos o reticulado mostrado na Figura 11.1c. Trata-se de uma estrutura estável? Não, não se trata. Muito embora o triângulo nela seja estável, o elemento tipo "espora" encontra-se livre para rotacionar com relação ao triângulo, tornando essa estrutura em geral *não* estável.

Repare agora no reticulado mostrado na Figura 11.1d, que é montado adicionando-se um quinto elemento. Esta é uma estrutura estável. Caso você duvide disso, tente determinar qual ou quais elementos individuais na estrutura podem se mover com relação ao restante do reticulado. Você perceberá que nenhum deles pode e que, portanto, esta é uma estrutura estável. É por isso

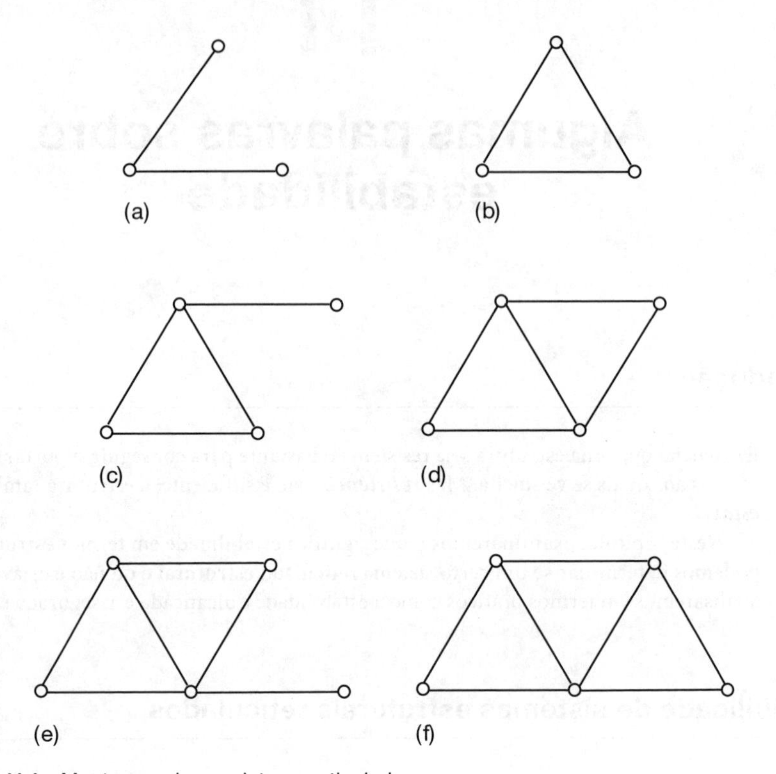

Figura 11.1 Montagem de um sistema reticulado.

que você frequentemente encontra esse detalhe em reticulados estruturais na forma de contraventamentos (reforço em X), que ajudam a garantir a estabilidade geral de uma estrutura.

Vamos adicionar mais outro elemento a fim de obter o reticulado mostrado na Figura 11.1e. Trata-se de uma estrutura estável? Não, não se trata. De maneira similar ao reticulado retratado na Figura 11.1c, ele possui um elemento em forma de esporão que se encontra livre para rotacionar com relação ao restante da estrutura. Ao adicionarmos mais um elemento, podemos obter o reticulado mostrado na Figura 11.1f e veremos que esta é uma estrutura rígida, ou estável.

Poderíamos seguir nessa mesma veia, mas acho que você já deve ter percebido um certo padrão emergindo. A mais básica das estruturas estáveis é o triângulo (Fig. 11.1b). Podemos adicionar dois elementos a um triângulo a fim de obter um "novo" triângulo. Todos aqueles reticulados que abrangem uma série de triângulos (Fig. 11.1d e f) são estáveis; os demais, que possuem elementos em forma de esporão, não são.

Vejamos agora se conseguimos bolar um jeito de prever matematicamente se um determinado reticulado é estável ou não. Na Tabela 11.1, cada reticulado da Figura 11.1 é avaliado. A letra m representa o número de elementos em um reticulado e a letra j representa o número de nós (observe que as extremidades livres e não conectadas dos elementos também são consideradas nós). A coluna intitulada "Estrutura estável?" meramente registra se o reticulado é estável ("Sim") ou não ("Não").

Pode-se demonstrar que se $m = 2j - 3$, então a estrutura é estável. Se essa equação não for satisfeita, então a estrutura não é estável. Isso se confirma na Tabela 11.1: compare os itens na coluna intitulada "Estrutura estável?" com aqueles na coluna intitulada "Satisfaz $m = 2j - 3$?".

Tabela 11.1 Quais estruturas são estáveis?

	m	j	Estrutura estável?	$2j - 3$	Satisfaz $m = 2j - 3$?
11.1a	2	3	Não	3	N
11.1b	3	3	Sim	3	S
11.1c	4	4	Não	5	N
11.1d	5	4	Sim	5	S
11.1e	6	5	Não	7	N
11.1f	7	5	Sim	7	S

Estabilidade interna de estruturas reticuladas - um resumo

1. Um reticulado que contém exatamente o número correto de elementos necessários para se manter estável é chamado de um ***reticulado perfeito***. Em tais casos, $m = 2j - 3$, onde m é o número de elementos em um reticulado e j é o número de nós (incluindo extremidades livres). Os reticulados *b*, *d* e *f* na Figura 11.1 são exemplos disso.
2. Um reticulado que possui menos do que o número necessário de elementos é instável, sendo chamado de mecanismo. Em tais casos, $m < 2j - 3$. Os reticulados *a*, *c* e *e* na Figura 11.1 são exemplos disso. Em cada um dos casos, um elemento do reticulado encontra-se livre para se mover com relação aos demais.
3. Um reticulado que contém mais do que o número necessário de elementos é "hiperestático" e contém elementos redundantes que poderiam (em teoria) ser removidos. Exemplos disso são apresentados a seguir e, em tais casos, $m > 2j - 3$. Esses reticulados são estaticamente indeterminados (EI). Encontramos este termo no Capítulo 10 - ele significa que os reticulados não podem ser matematicamente analisados sem que se recorra a técnicas estruturais avançadas.

Exemplos

Para cada um dos reticulados mostrados na Figura 11.2, usamos a equação $m = 2j - 3$ para determinar se o reticulado em questão é (a) um reticulado perfeito (ED), (b) um mecanismo (Mec) ou (c) estaticamente indeterminado (EI). Nos casos em que o reticulado é um mecanismo, indicamos o modo pelo qual o reticulado poderia se deformar. Nos casos em que o reticulado é estaticamente indeterminado, tente determinar quais elementos poderiam ser removidos sem afetar a estabilidade da estrutura. As respostas são dadas na Tabela 11.2.

Os reticulados mostrados na Figura 11.2b, c e g são estaticamente indeterminados. Isso significa que eles são hiperestáticos e que um ou mais elementos poderiam ser removidos sem comprometer a estabilidade. No caso da Figura 11.2b, qualquer elemento individual poderia ser removido da parte de cima do reticulado, e a estrutura ainda continuaria estável. Na Figura 11.2c, dois elementos poderiam ser removidos sem comprometer a estabilidade - mas os dois elementos a serem removidos devem ser escolhidos com cuidado. Uma escolha sensata seria remover um elemento diagonal de cada um dos dois quadrados. Já na Figura 11.2g, qualquer elemento poderia ser removido.

Os reticulados mostrados na Figura 11.2d, e e h são mecanismos. Isso significa que uma parte do reticulado é capaz de se mover em relação ao restante do reticulado. Na Figura 11.2d, o triângulo superior encontra-se livre para rotacionar em torno da rótula central do reticulado, independentemente da parte inferior do reticulado. Já na Figura 11.2e, a parte quadrada do reticulado encontra-se livre para se deformar, como veremos em um exemplo mais adiante.

O modo de deformação do reticulado na Figura 11.2h é menos fácil de visualizar. Ele é exibido na Figura 11.3.

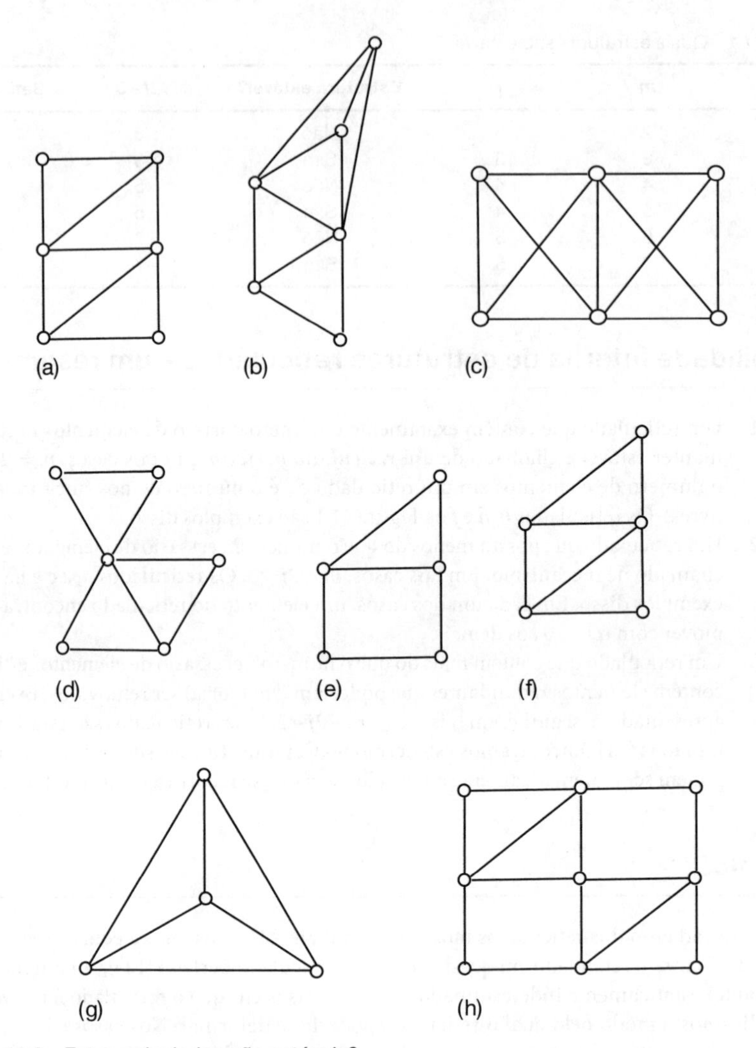

Figura 11.2 Estes reticulados são estáveis?

Tabela 11.2 Estabilidade dos reticulados mostrados na Figura 11.2

	m	j	$2j - 3$	Satisfaz $m = 2j - 3$? (ou > ou <)	Tipo de estabilidade
11.2a	9	6	9	=	ED
11.2b	10	6	9	>	EI
11.2c	11	6	9	>	EI
11.2d	8	6	9	<	Mec
11.2e	6	5	7	<	Mec
11.2f	7	5	7	=	ED
11.2g	6	4	5	>	EI
11.2h	14	9	15	<	Mec

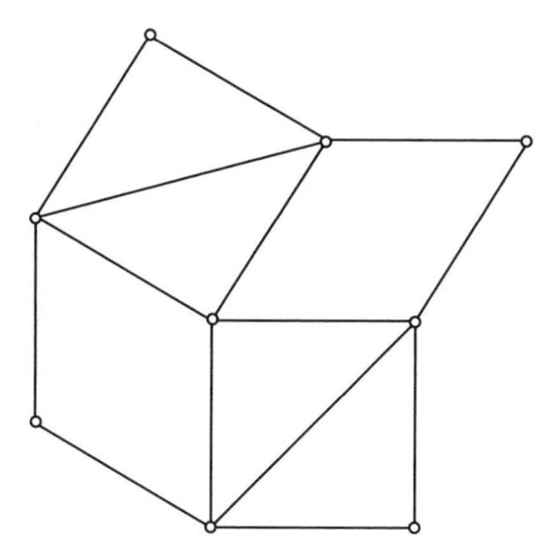

Figura 11.3 Deformação do reticulado mostrado na Figura 11.2h.

Casos gerais

Observe os dois primeiros reticulados na Figura 11.4. Se aplicarmos a fórmula $m = 2j - 3$ ao quadrado padrão retratado na Figura 11.4a, descobriremos que ele é instável, ou um mecanismo. Ele pode se deformar na maneira indicada pelas linhas tracejadas. É por isso que, em estruturas "reais", contraventamentos muitas vezes precisam ser incluídos para garantir estabilidade.

Se olharmos para o reticulado mostrado na Figura 11.4b, perceberemos que ele é um quadrado reforçado por duas barras diagonais. Aplicando a fórmula $m = 2j - 3$, descobrimos que ele é estaticamente indeterminado, o que significa que ele contém pelo menos um elemento redundante. Investigando um pouco mais, descobrimos que podemos remover qualquer um dos seis elementos sem afetar a estabilidade da estrutura.

Ao longo dos anos em que venho lecionando essa matéria, descobri que muitos alunos derivam um grande nível de conforto quando lhes é ensinado um conjunto de regras, ou uma "fórmula mágica", capaz de serem aplicadas na obtenção da resposta correta em qualquer que seja a situação.

Eles têm uma tendência a encararem coisas assim como muletas a serem usadas como substituto do pensamento analítico. Tais estudantes costumam recorrer prontamente à fórmula $m = 2j - 3$, examinada anteriormente, como se fosse uma panaceia universal para determinar a estabilidade (ou não) de reticulados com nós articulados. Tenho más notícias para tais leitores: a fórmula nem sempre funciona! (A bem da verdade, preciso esclarecer que há outros estudantes que se encantam ao descobrir a exceção à regra - e ao informá-la ao professor.)

Preste atenção no reticulado mostrado na Figura 11.4c. Ele contém nove elementos e seis nós, então $m = 9$ e $j = 6$; conclui-se daí que $m = 2j - 3$ neste caso, o que sugere que se trata de um reticulado perfeito. Mas, na realidade, uma inspeção do reticulado mostra que isso não é verdade. A parte esquerda do reticulado é formada por um quadrado sem contraventamento, o que é um mecanismo e pode se deformar da mesma maneira que o reticulado mostrado na Figura 11.4a. Mas a parte direita do reticulado possui contraventamento duplo, o que significa que ela é "hiperestática" e contém elementos redundantes, da mesma forma que o reticulado mostrado na Figura 11.4b. Assim, parte do reticulado mostrado na Figura 11.4c é um mecanismo e a outra parte é estaticamente indeterminada, mas isso não torna o reticulado em geral perfeito, conforme previsto pela fórmula!

A lição a ser tirada disso é que a fórmula $m = 2j - 3$ deve ser encarada apenas como um guia - ela nem sempre funciona. Todo reticulado sempre deve ser inspecionado para conferir se existem quaisquer sinais de algum (a) mecanismo ou (b) de hiperestaticidade.

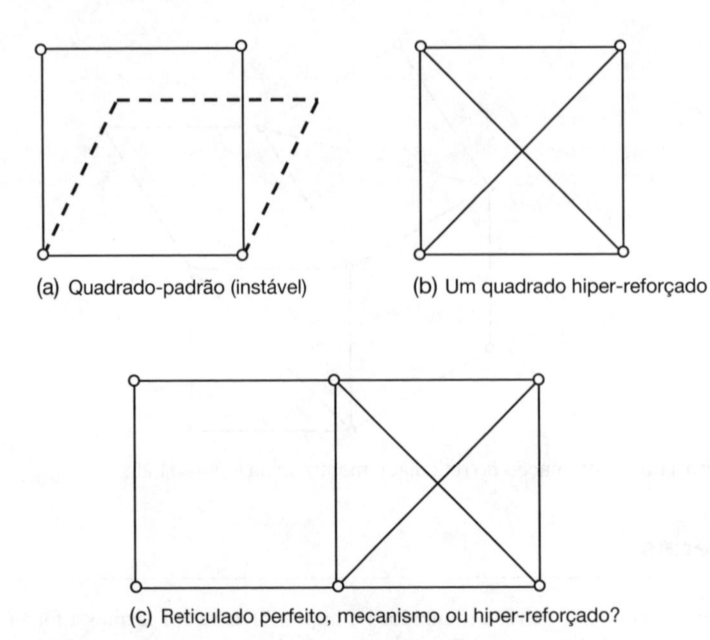

Figura 11.4 Estabilidade de reticulados – casos gerais.

Reticulados sobre apoios

Até aqui neste capítulo, ignoramos convenientemente o fato de que, na prática, reticulados precisam ser sustentados. Precisamos, portanto, levar em consideração o efeito dos apoios na estabilidade geral dos reticulados.

No Capítulo 10, aprendemos sobre os três tipos diferentes de apoio (deslizante, articulado e engastado). Também vimos que:

- um apoio deslizante proporciona uma restrição ($r = 1$)
- um apoio articulado proporciona duas restrições ($r = 2$)
- um apoio engastado proporciona três restrições ($r = 3$)

Leia novamente o Capítulo 10 caso esteja inseguro quanto a isso.

A fórmula $m = 2j - 3$ já usada é agora modificada para $m + r = 2j$, onde apoios estão presentes. Como antes, m é o número de elementos e j é o número de nós. A letra r representa o número total de restrições (uma para cada apoio deslizante, duas para cada apoio articulado e três para cada apoio engastado).

- Se $m + r = 2j$, então o reticulado é um reticulado perfeito e estaticamente determinado (ED), o que significa que pode ser analisado pelos métodos explicados nos capítulos a seguir deste livro.
- Se $m + r < 2j$, então o reticulado é um mecanismo – ele é instável e não deve ser usado como uma estrutura.
- Se $m + r > 2j$, então o reticulado contém elementos redundantes e é estaticamente indeterminado (EI), o que significa que não pode ser analisado sem que se recorra a métodos avançados de análise estrutural.

Exemplos

Para cada uma dos reticulados mostrados na Figura 11.5, use a equação $m + r = 2j$ para determinar se o reticulado é (a) estaticamente determinado, (b) um mecanismo ou (c) estaticamente indeterminado. Nos casos em que o reticulado é um mecanismo, indique a maneira pela qual o reticulado pode se deformar. Nos casos em que o reticulado é estaticamente determinado, determine quais elementos poderiam ser removidos sem afetar a estabilidade da estrutura. As respostas são dadas na Tabela 11.3.

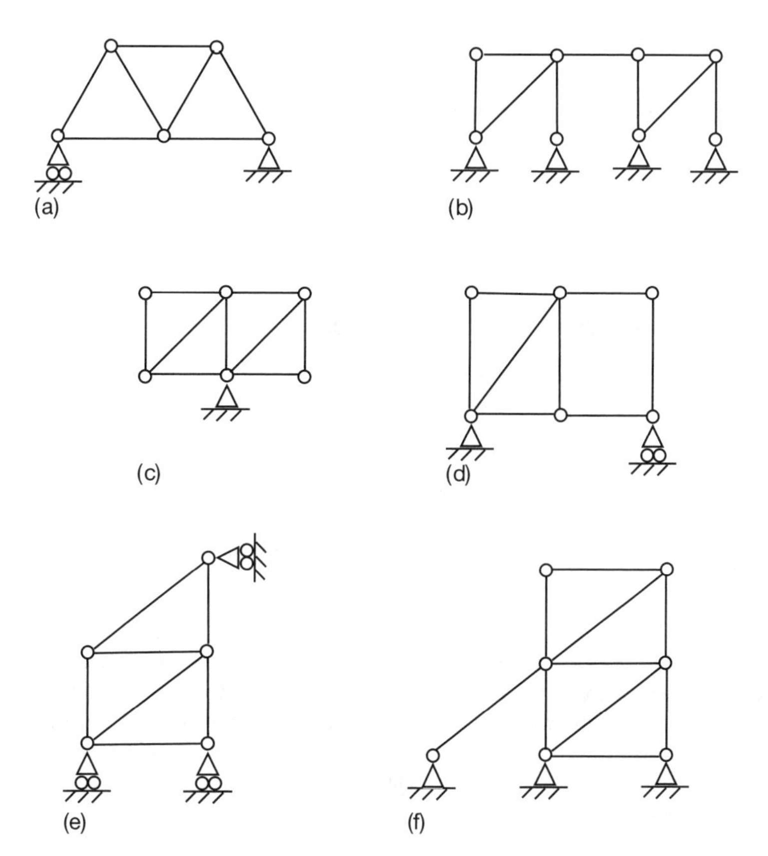

Figura 11.5 Essas estruturas são estáveis?

Tabela 11.3 Estabilidade das estruturas mostradas na Figura 11.5

	m	*j*	*2j*	*r*	*m + r*	**Satisfaz *m + r = 2j*? (ou > ou <)**	**Tipo de estabilidade**
11.5a	7	5	10	3	10	=	ED
11.5b	9	8	16	8	17	>	EI
11.5c	9	6	12	2	11	<	Mec
11.5d	8	6	12	3	11	<	Mec
11.5e	7	5	10	3	10	=	ED
11.5f	10	7	14	6	16	>	EI

Os reticulados mostrados na Figura 11.5b e f são estaticamente indeterminados. Isso significa que são hiperestáticos e que um ou mais elementos podem ser removidos. No caso da Figura 11.5b, um dos elementos diagonais pode ser removido (mas não ambos!) e a estrutura continuaria estável. Na Figura 11.5f, o elemento diagonal de "escora" pode ser removido sem comprometer a estabilidade. Os reticulados mostrados na Figura 11.5c e d são mecanismos. A estrutura na Figura 11.5c é obviamente instável, encontrando-se livre para rotacionar em torno de seu único apoio central. Na Figura 11.5d, a parte quadrada do reticulado encontra-se livre para se deformar da maneira indicada na Figura 11.4a.

Estabilidade de estruturas "reais"

Na prática, a estabilidade de uma estrutura é assegurada por uma dentre três maneiras:

1. pilares-parede (*shear walls*)/núcleo rígido
2. contraventamentos
3. nós rígidos

Examinemos cada uma delas detalhadamente.

Pilar-parede (*shear wall*)/núcleo rígido

Essa forma de estabilidade é geralmente (mas não exclusivamente) usada em edifícios de concreto. Observe a planta estrutural do pavimento superior de um típico edifício de concreto, conforme mostrado na Figura 11.6a. A estrutura compreende uma planta do conjunto dos pilares, que sustentam vigas e lajes a cada pavimento. O vento sopra horizontalmente contra o edifício de qualquer direção. É importante, obviamente, que o prédio não tombe da mesma forma que um "castelo de cartas" sob os efeitos dessa força eólica horizontal. Podemos projetar cada pilar individual para resistir às forças eólicas, mas, por vários motivos, não é assim que isso costuma ser feito.

Na verdade, são usados pilares-parede (*shear walls*). Essas paredes são projetadas para serem rígidas e fortes o suficiente para resistirem a todas as forças laterais atuando sobre o edifício. Como a maioria dos edifícios possuem escadarias e fossos de elevador, as paredes que os cercam costumam ser projetadas e construídas para cumprir esse papel, conforme mostradas na Figura 11.6b. Em prédios maiores, os pilares-parede podem ser construídos de modo a compor um núcleo interno (núcleo rígido) do edifício, que geralmente contém escadarias, fossos de elevador e dutos para serviços. A NatWest Tower em Londres é um exemplo dessa forma de construção.

Contraventamentos

Esta forma de estabilidade é comum em prédios com esqueleto de aço. A Figura 11.7a mostra a elevação de um prédio de esqueleto de aço com três pavimentos, sobre o qual o vento está soprando. Não há nada que impeça o prédio de se inclinar e desabar da maneira indicada pelas linhas tracejadas.

Uma forma de assegurar a estabilidade é impedir que os "quadrados" na elevação do prédio se tornem trapézios. Anteriormente neste capítulo, vimos que (a) um triângulo é a mais básica das estruturas estáveis e (b) um elemento diagonal pode impedir que um quadrado se deforme (ilustrado na Figura 11.1b e d, respectivamente). Assim, contraventamentos são usados para garantir estabilidade, conforme mostrados na Figura 11.7b.

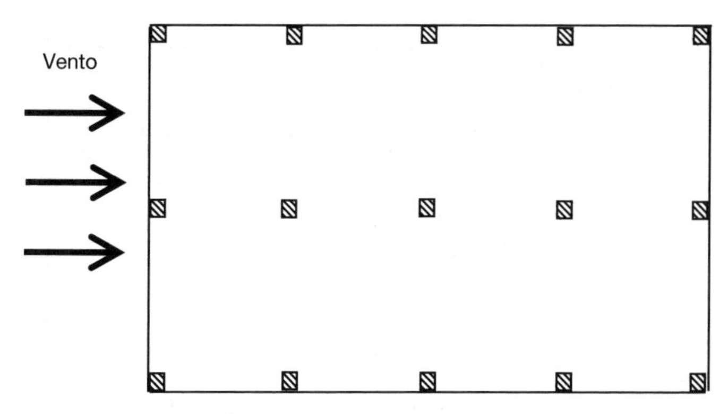

(a) Planta típica de um edifício de escritórios de concreto armado

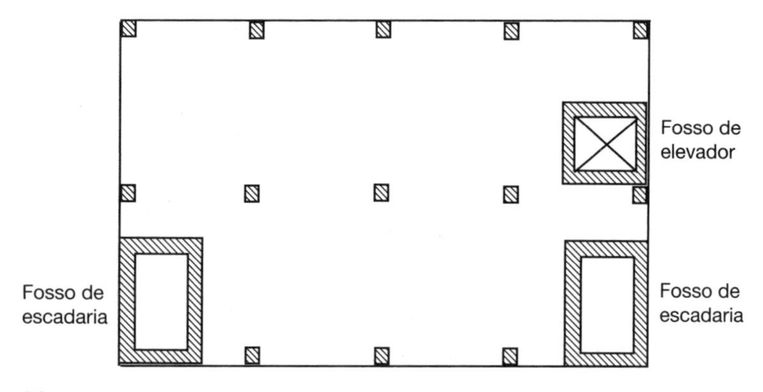

(b) Mesma planta com pilares-parede adicionados

Figura 11.6 Provisão de estabilidade usando pilares-parede (*shear walls*).

Grandes "galpões" comerciais modernos, muitas vezes ocupados por lojas de eletrônicos e ferragens, são encontrados na maioria das grandes e médias cidades britânicas. Eles geralmente são estruturas de aço de um único pavimento e a estrutura da edificação muitas vezes fica visível internamente. Da próxima vez que você for até uma loja dessas, dê uma boa olhada em sua estrutura, você perceberá pilares de aço a intervalos (típicos) de 5 ou 6 m ao longo da edificação. Se você reparar na *end bay* (isto é, o espaço entre o pilar final e o próximo), você talvez se depare com um arranjo em zigue-zague de elementos diagonais. Eles estão ali pelo motivo discutido anteriormente: a fim de proporcionar estabilidade lateral para a edificação como um todo. A Figura 11.8 exibe um exemplo bastante explícito de contraventamento em um novo edifício de escritórios: observe também a "ponte" de treliça metálica sobre a entrada principal.

Nós rígidos

O terceiro método para proporcionar estabilidade lateral é simplesmente construir os nós rígidos e resistentes o suficiente para que não seja possível haver movimento das vigas com relação aos pilares. Os pontos pretos na Figura 11.9 indicam nós rígidos que impedem a ocorrência da ação retratada na Figura 11.7a.

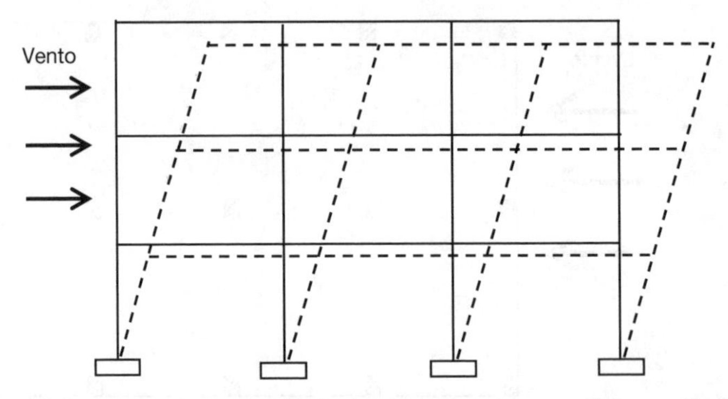

(a) Seção através de um edifício de três pavimentos com pórtico metálico

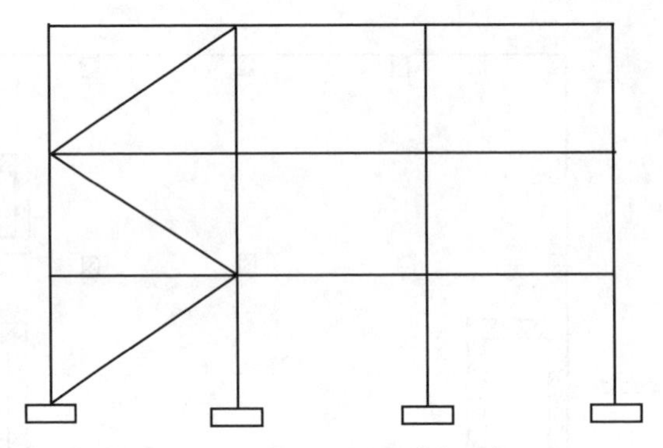

(b) Mesma seção com contraventamento adicionado

Figura 11.7 Provisão de estabilidade usando contraventamento.

Figura 11.8 Edifício de escritórios, Euston Road, Londres.

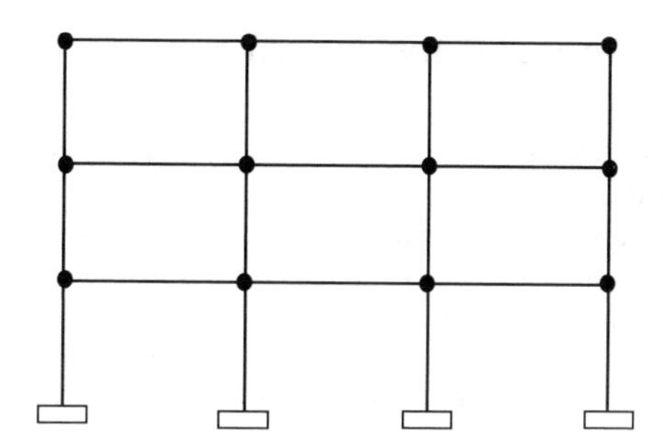

Figura 11.9 Provisão de estabilidade usando nós rígidos.

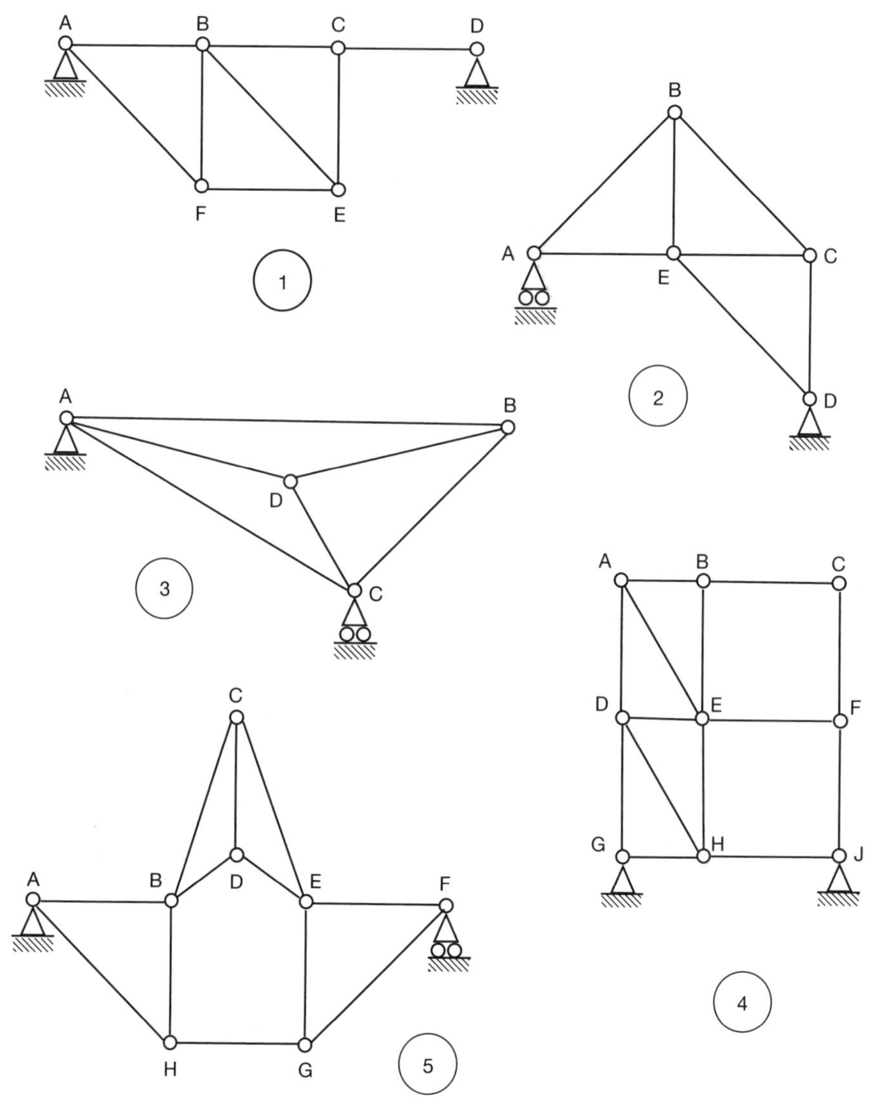

Figura 11.10 Exercícios.

O que você deve recordar deste capítulo

- Todas as estruturas devem ser estáveis; caso contrário, elas podem desabar. Ser resistente não é suficiente.
- Um determinado sistema estrutural reticulado pode ser hipostático, isostático ou hiperestático. Qual dessas condições se aplica é algo que pode ser determinado por meio de uma combinação de inspeção e cálculo.
- A estabilidade lateral em edificações pode ser assegurada de uma dentre três maneiras: pilares-parede, contraventamentos e nós rígidos.

Exercícios

1. Para cada um dos exemplos mostrados na Figura 11.10, determine se o reticulado é (a) um reticulado perfeito (isostático), (b) instável (um mecanismo) ou (c) hiperestático (contendo elementos redundantes). Se o reticulado for instável, determine onde um elemento poderia ser acrescentado para torná-lo estável. Se o reticulado for hiperestático, determine quais elementos poderiam ser removidos sem que a estrutura deixasse de ser estável.
2. Selecione uma estrutura reticulada perto de onde você mora. Determine como a estabilidade lateral é conferida à estrutura e declare os motivos pelos quais o projetista pode ter escolhido esse método específico para garantir a estabilidade.

12

Introdução à análise de reticulados com nós articulados

Vigas simples e treliças

O conceito de ***viga*** já foi analisado em capítulos anteriores. Já vimos que se uma viga simples em uma edificação recebe carga por cima, ela acabará vergando, conforme mostrada na Figura 12.1. Você prontamente pode imaginar que o material na parte de cima da viga está sendo esmagado, ou ***comprimido***. Em contraste, o material na parte de baixo da viga está sendo esticado, ou ***tracionado***.

A quantidade de movimento para baixo, ou ***deflexão***, a partir da horizontal depende em parte do material usado – obviamente é muito mais fácil flexionar uma viga feita de borracha do que uma viga do mesmo tamanho feita de madeira.

Outro fator que dita a deflexão de uma viga é o formato e o tamanho da seção transversal da viga. Se imaginarmos uma viga com seção transversal retangular, quanto mais baixa for a viga, mais fácil será flexioná-la. O leitor pode verificar isso com facilidade ao pegar uma régua de plástico por suas extremidades e tentar flexioná-la. Se a régua estiver orientada com sua superfície plana na horizontal, é fácil flexioná-la em um plano vertical. Em compensação, se a régua estiver posicionada com seu "fio" para cima, é difícil flexioná-la em um plano vertical, conforme mostrada na Figura 12.2.

Podemos deduzir daí – tudo mais permanecendo igual – que quanto mais alta for uma viga, mais resistente ela será. (Esse princípio é demostrado matematicamente no Capítulo 19.)

O problema é que, embora uma viga de perfil alto possa ser mais resistente do que uma viga de perfil baixo, ela também requer mais material, e material custa dinheiro. Você pode argumentar que o uso de mais material é um preço que vale a pena ser pago por uma viga mais resistente, mas existe um jeito de driblar esse problema. Em vez de termos uma viga sólida e alta, podemos alcançar o mesmo resultado usando um sistema reticulado formado por elementos, conforme mostrado na Figura 12.3. Os elementos do alto e de baixo (ou "banzos", como costumam ser chamados) estarão, respectivamente, sob compressão e tração, assim como ocorre com as partes de cima e de baixo de uma viga sólida. Tal sistema reticulado é chamado de ***treliça*** – ele costuma ser feito de aço, mas pode ser feito de madeira. Você já deve ter visto pontes ferroviárias que se parecem com a da Figura 12.3.

Outros exemplos são mostrados nas Figuras 12.4, 12.5 e 12.6. A Figura 12.4 mostra uma moderna passarela de treliça sobre um rio; a Figura 12.5 ilustra uma treliça com altura de um pavimento usada na estrutura de um edifício; e a Figura 12.6 mostra uma treliça sustentando um edifício de vários pavimentos sobre um grande vão.

O que é um reticulado com nós articulados?

Sistemas reticulados formados por elementos estruturais, como pontes ferroviárias metálicas (conforme ilustrado na Figura 12.7) ou torres de transmissão, são muitas vezes analisados como reticulados com nós articulados. Isso significa que os nós entre os elementos são encarados como rótulas ou dobradiças, que por definição não podem transmitir momentos de um elemento para outro. (Consulte o Capítulo 10 para uma explicação do conceito de rótula.)

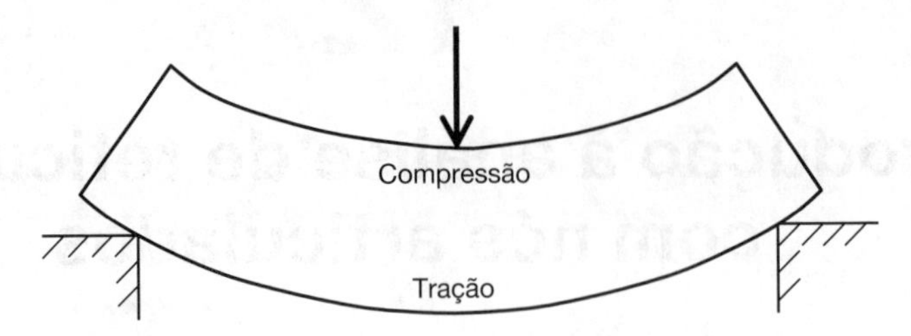

Figura 12.1 Flexão de vigas.

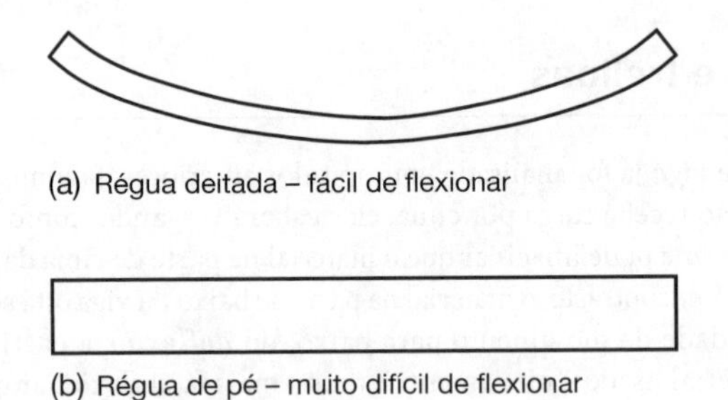

Figura 12.2 Vigas mais altas são mais resistentes.

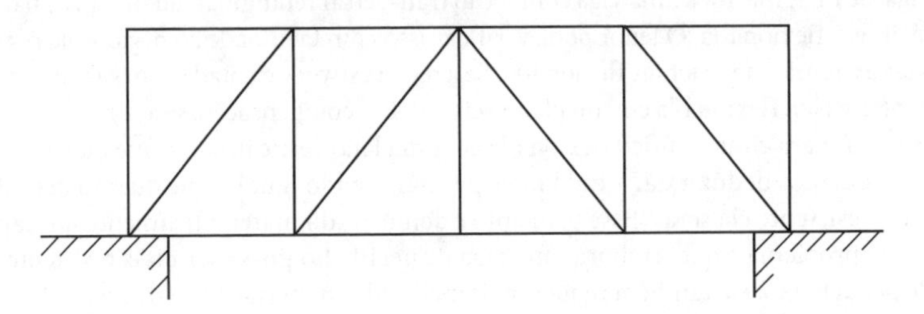

Figura 12.3 Uma ponte ferroviária de aço.

Figura 12.4 Ponte com treliça sobre o rio Spree, Berlim.

Figura 12.5 Treliça em fachada, Sony Centre, Berlim.

Figura 12.6 Edifício sobre vão sustentado por treliça gigante, Roterdã.

Pode-se demonstrar que as forças nos elementos de tais sistemas reticulados são puramente axiais. Em outras palavras, as forças nos elementos atuam ao longo da linha dos elementos, o que significa que cada elemento experimenta um dos seguintes efeitos:

- compressão pura
- tração pura
- nenhuma força axial

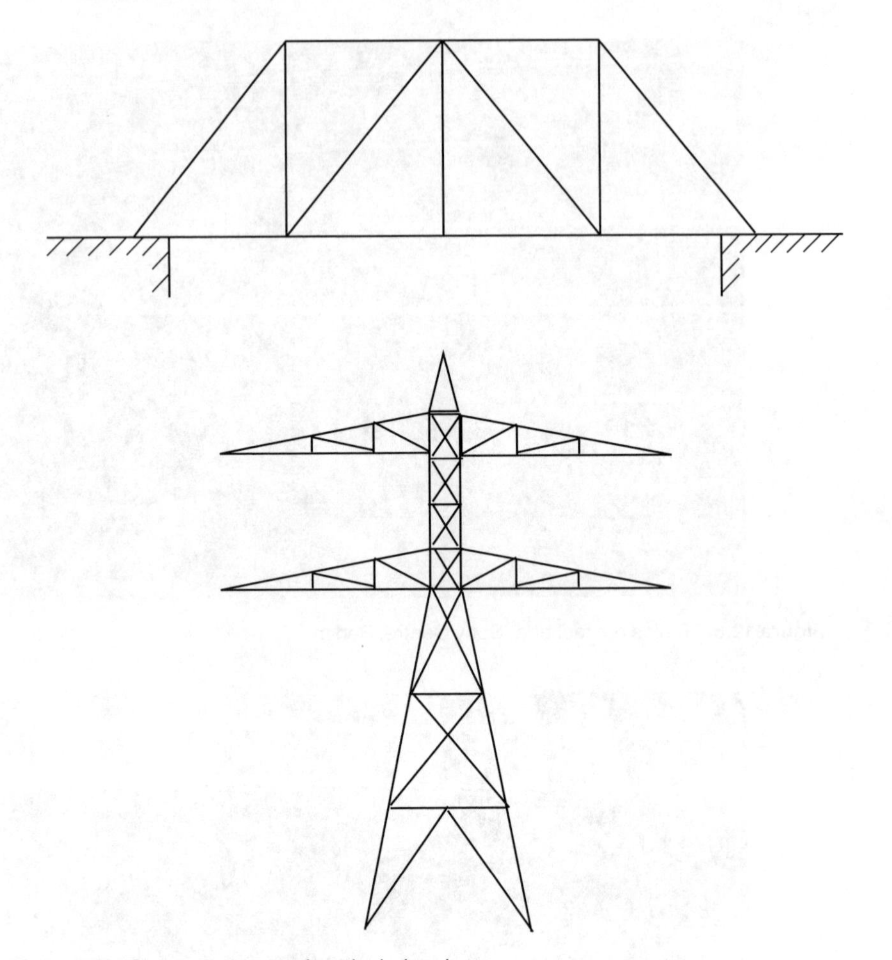

Figura 12.7 Sistemas estruturais reticulados de aço.

Os elementos de um reticulado com nós articulado não experimentam forças de flexão nem de cisalhamento.

Você pode questionar por que é legítimo analisar estruturas reais como reticulados com nós articulados. Afinal de contas, se você inspecionar a junção de dois elementos de aço em uma ponte ferroviária ou torre de transmissão, descobrirá que a junção é feita de uma combinação de placas anguladas, parafusos e soldas, e pode ser bastante complexa – então ela jamais deveria, a bem da verdade, ser vista como um nó articulado, certo?

É verdade – nós em reticulados estruturais não costumam ser articulados na prática. Contudo, para fins de análise, consideramos que os nós são articulados pelos dois seguintes motivos:

1. Se você fosse analisar a mesma estrutura (a) pressupondo que os nós são articulados e, em seguida, (b) como uma estrutura de nós rígidos, os resultados seriam similares.
2. É muito mais fácil analisar os nós como se fossem rótulas.

Conclui-se, portanto, que devemos ser capazes de analisar reticulados com nós articulados.

Como reticulados com nós articulados são analisados?

Pelo termo "análise", no contexto de reticulados com nós articulados, queremos dizer calcular:

1. a magnitude da *força* em cada elemento;
2. se a força é *de tração* ou *de compressão.*

Há três técnicas para fazer isso:

1. método de resolução nos nós
2. método das seções
3. método gráfico

Elas são examinadas nos Capítulos 13, 14 e 15, respectivamente.*

*N. de R.T.: Neste momento no livro, inicia-se a análise interna das estruturas e de seus elementos estruturais, principalmente. Neste caso, as "forças" nos elementos são internas, distinguindo-se das forças externas, aplicadas externamente nos elementos e denominadas até aqui de cargas. Usualmente, na engenharia de estruturas, essas forças internas são denominadas esforços, mais especificamente esforço axial, esforço de momento fletor, esforço de cisalhamento ou esforço cortante e esforço de momento torçor.

13

Método de resolução nos nós

Introdução

O método de resolução nos nós é o primeiro dos três métodos alternativos para analisar reticulados com nós articulados. Por "analisar" queremos dizer o processo de calcular a força (que começaremos a denominar esforço) em cada elemento do reticulado com nós articulados e determinar se cada uma dessas forças (desses esforços) encontra-se sob tração ou compressão.

Há outras duas técnicas para isso:

1. método das seções
2. método gráfico (ou do diagrama de esforços)

Essas duas técnicas são analisadas nos Capítulos 14 e 15, respectivamente. O método das seções é apropriado apenas se os esforços em alguns dos elementos (mas não em todos) forem necessários. Já o método gráfico, como o nome sugere, envolve desenhos em escala, os quais, por sua própria natureza, introduzem erros.

Estudantes muitas vezes encontram dificuldade em entender as técnicas de análise de reticulados com nós articulados. Isso porque essas técnicas são em parte intuitivas por natureza. Devido a essas dificuldades, estudantes de arquitetura muitas vezes não são ensinados a analisar reticulados com nós articulados; e quando o são, as instruções que recebem muitas vezes são meramente conceituais. Alguns professores preferem ensinar o método gráfico para estudantes de engenharia civil porque (a) ele não é matemático e (b) obedece a um procedimento rígido, o que facilita o ensino e também a compreensão por parte dos alunos. No entanto, o método da resolução nos nós apresenta uma aplicação mais universal e por isso será ensinado neste capítulo.

As regras

Ao longo de toda a análise de reticulados com nós articulados pelo método da resolução nos nós, existem três regras a serem lembradas. Essas regras já foram ensinadas em capítulos anteriores deste livro e são as seguintes:

Regra 1: o esforço axial atua na mesma direção do elemento

As forças em qualquer elemento de um reticulado com nós articulados são *esforços axiais*. Em outras palavras, os esforços axiais atuam ao longo da linha central de um elemento. Sendo assim, se um elemento é vertical, os esforços axiais nesse elemento devem ser verticais. Se um elemento é horizontal, os esforços axiais sobre ele serão horizontais. E se um elemento encontra-se inclinado a um ângulo de, digamos, 30° com relação à horizontal, os esforços axiais nesse elemento atuarão ao longo dessa linha.

Regra 2: o equilíbrio se aplica por toda parte

As regras básicas do equilíbrio se aplicam a todos os nós (e em todos os elementos) de um reticulado com nós articulados. Isso significa que a soma de todas as forças para baixo sobre o nó equivale exatamente à soma de todas as forças para cima sobre o nó. Significa também que a força total para a esquerda é exatamente equivalente à força total para a direita. Consulte o Capítulo 6 se precisar desses conceitos.

Regra 3: forças podem ser desmembradas em componentes

Quando uma força atua em ângulo (isto é, não é nem horizontal nem vertical), essa força pode ser distribuída em componentes - uma horizontal e uma vertical - as quais, consideradas em conjunto, exercem os mesmos efeitos que a força original. Lembre-se: se uma força F atua a um certo ângulo θ em relação à horizontal, sua componente horizontal sempre será $F.\cos\theta$ e sua componente vertical sempre será $F.\text{sen}\,\theta$ ("sobe"). Consulte o Capítulo 7 se você precisar revisar o conceito de componentes.

Certifique-se de que tenha compreendido integralmente as três regras anteriores antes de prosseguir, já que elas se farão necessárias a cada passo dos exemplos a seguir.

A abordagem geral

Como o termo "método de resolução nos nós" sugere, a técnica envolve o exame de cada nó de um reticulado, um por um. Os nós mais fáceis de analisar são aqueles nos quais todas as forças e elementos encontram-se ou na horizontal ou na vertical. Isso porque, em tais nós, não há elementos diagonais - cujas forças precisariam ser desmembradas em componentes verticais e horizontais.

Observe a Figura 13.1a, que exibe uma das extremidades de um reticulado. Nenhum elemento diagonal irradia do canto B. O nó nesse canto está sujeito a uma força vertical de 30kN e a uma força horizontal de 64 kN, conforme mostrado.

Como a estrutura presumivelmente encontra-se estacionária, as regras de equilíbrio se aplicarão ao nó.

Como a força total para cima = força total para baixo, então o elemento vertical desse sistema reticulado (elemento AB) deve experimentar uma força de 30 kN para cima no ponto B (para se opor à força externa de 30 kN para baixo). De modo similar, como a força total para a esquerda = força total para a direita, então o elemento horizontal BD deve experimentar uma força de 64 kN para a direita nesse ponto (para se opor à força externa de 64 kN para a esquerda). Veja a Figura 13.1b.

Outra coisa a lembrar é que, assim como os nós, os elementos também precisam estar em equilíbrio. No elemento horizontal, temos uma força de 64 kN para a direita; ela deve ser contrabalançada por uma força de 64 kN para a esquerda no outro extremo do elemento. No elemento vertical, há uma força de 30 kN para cima; ela deve ser contrabalançada por uma força de 30 kN para baixo no outro extremo do elemento. Veja a Figura 13.1c. No elemento vertical, as setas estão apontando para longe uma da outra, então este elemento está sob ***esforço axial de compressão***. Já no elemento horizontal, as setas estão apontando uma para a outra, então este elemento está sob ***esforço axial de tração*** (veja o Capítulo 3 para rememorar).

Observe agora o sistema reticulado mostrado na Figura 13.2a. Levaria algum tempo para analisar o reticulado inteiro, mas há certos elementos para os quais poderíamos determinar os esforços axiais com bastante objetividade. Especificamente, poderíamos examinar os nós nos quais não há elementos diagonais nem forças inclinadas, ou seja, os nós B, C e H.

Usando a abordagem explicada anteriormente, podemos ver logo de cara que a força no elemento BD deve ser de 12 kN (para contrabalançar a força horizontal externa de 12 kN em B) e que ele estará sob esforço axial de compressão (as setas apontam para longe uma da outra). Além disso, o esforço axial no elemento AB deve ser zero, já que não há qualquer força vertical externa para ser oposta no ponto B (ou, dito de outra forma, há uma força vertical externa de 0 kN a ser contrabalançada no ponto B).

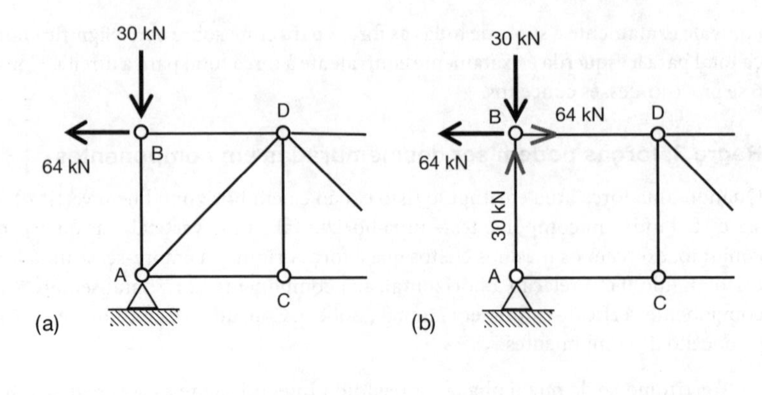

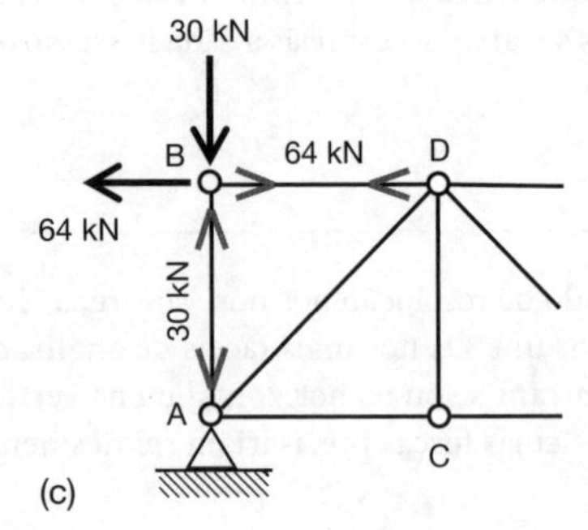

Figura 13.1 Elementos em que os esforços axiais são facilmente calculados.

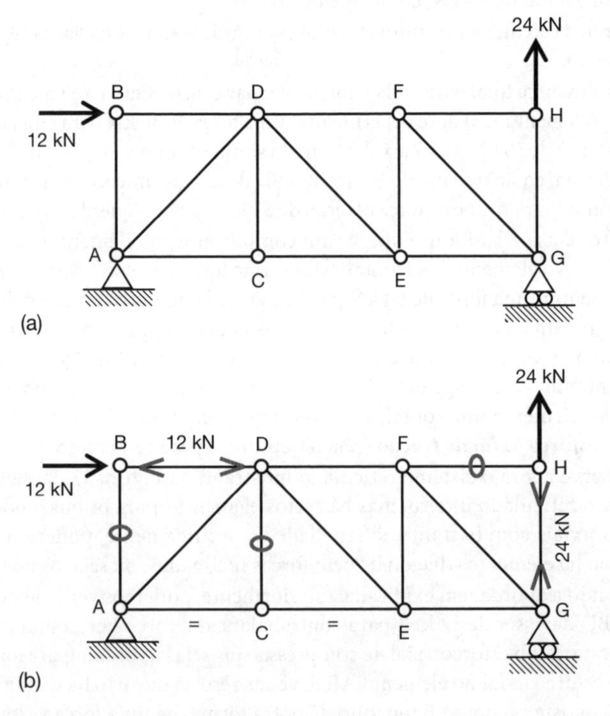

Figura 13.2 Mais elementos em que os esforços axiais são facilmente calculados.

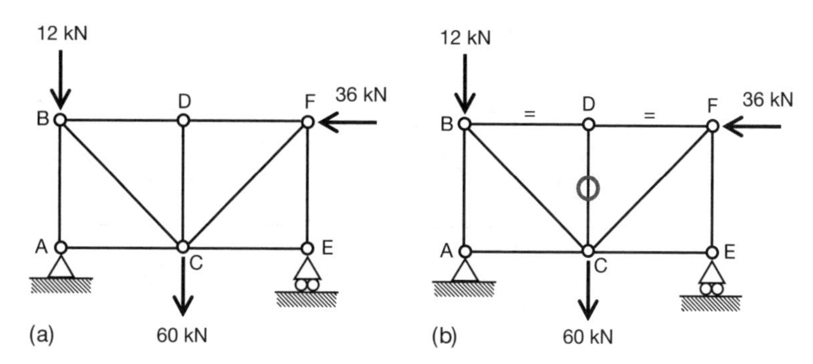

Figura 13.3 Um caso que costuma gerar mal-entendido.

Passando para o nó H, vemos que a força no elemento GH deve ser de 24 kN (para contrabalançar a força vertical externa de 24 kN em H) e que ele estará sob esforço axial de tração (setas apontando uma para a outra). O esforço axial no elemento FH deve ser zero, já que não há qualquer força horizontal externa para ser oposta no ponto H (ou, dito de outra forma, há uma força horizontal externa de 0 kN a ser contrabalançada no ponto H).

Por fim, examinemos o nó C. O esforço axial no elemento vertical CD deve ser zero, já que não há qualquer força vertical externa para ser oposta no ponto C. Além do mais, considerando-se o equilíbrio horizontal no elemento C, os esforços axiais nos elementos AC e CE devem ser equivalentes – embora não possamos obter seus valores sem uma análise mais aprofundada.

Os esforços axiais que conhecemos estão mostrados na Figura 13.2b.

Cuidado com a pegadinha!

Observe agora o reticulado mostrado na Figura 13.3a. Olhando para ele, e sem fazer cálculo algum, qual é o esforço axial no elemento CD?

Já apresentei esse problema a estudantes em inúmeras ocasiões. Uma resposta comum à pergunta anterior é "60 kN". Acho isso deprimente, pois, se você acha que o esforço axial no elemento CD é 60 kN, lamento informar que você está enganado!

Olhe para o nó D. Não há qualquer força vertical externa ali – ou, se você preferir encarar a questão assim, a força vertical externa em D é de 0 kN. Para contrabalançá-la, o esforço axial no elemento CD deve ser de 0 kN. Os esforços axiais no reticulado são mostrados na Figura 13.3b. (Repare que, para o equilíbrio horizontal no nó D, os esforços axiais nos elementos BD e DF devem ser equivalentes.)

Então por que o esforço axial no elemento CD não é de 60 kN?

Para responder essa pergunta, vamos nos concentrar no nó C. Certamente, há uma força externa para baixo de 60 kN atuando ali, a qual, para haver equilíbrio, deve estar sendo contrabalançada por uma força para cima de 60 kN. Mas o elemento CD não suportará essa força vertical sozinho: os elementos diagonais BC e CF também estão presentes no nó C e suportarão uma certa componente vertical de força. Portanto, a força de 60 kN para cima é partilhada entre os elementos BC, CD e CF – e, conforme vimos anteriormente, o elemento CD na verdade não suporta esforço axial algum nesse caso.

Casos-padrão

A partir da discussão anterior, podemos gerar alguns casos-padrão de esforços axiais em certos elementos de reticulados de nós articulados. Esses casos-padrão estão ilustrados na Figura 13.4.

Na Figura 13.4a, um exame do equilíbrio vertical no nó A nos diz que o esforço axial no elemento AB deve ser $F1$ para contrabalançar a força vertical externa de $F1$ no nó A. (Observe que a

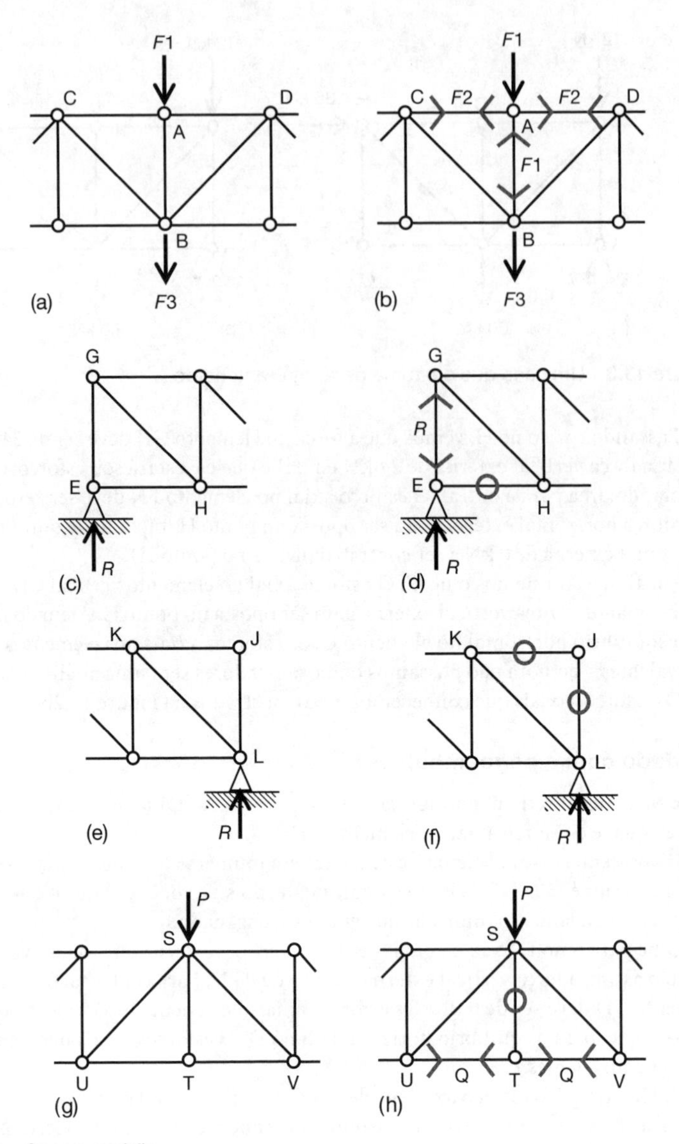

Figura 13.4 Casos-padrão.

força externa de *F*3 no nó B não exerce qualquer influência direta no elemento AB.) O equilíbrio horizontal no nó A nos diz que o esforço axial no elemento AC – qualquer que ele seja – deve ser equivalente ao esforço axial em AD e, como os sentidos das setas devem se opor um ao outro no nó A para haver equilíbrio, os elementos AC e AD encontram-se ou ambos sob compressão ou ambos sob tração. Isso é ilustrado na Figura 13.4b.

Como não há elementos diagonais presentes no nó E na Figura 13.4c, o esforço axial no elemento vertical EG deve ser equivalente à reação *R* de apoio. Além do mais, o esforço axial no elemento horizontal EH deve ser zero, já que não há qualquer carga horizontal externa opositora. Veja a Figura 13.4d.

Se considerarmos o equilíbrio horizontal e vertical no nó J na Figura 13.4e, perceberemos que os esforços axiais nos elementos KJ e JL devem ambos ser igual a zero, já que não há nem forças externas nem elementos diagonais no nó J. Isso é mostrado na Figura 13.4f.

A essa altura, você deve perceber que o esforço axial no elemento ST na Figura 13.4g não é *P*. Há elementos diagonais no nó S; as componentes verticais dos esforços axiais nesses elementos diagonais se oporão à força *P*. O esforço axial em ST, na verdade, é igual a zero, porque não há qualquer força vertical externa opositora (nem elementos diagonais para proporcionar uma força vertical opositora) no nó T. Veja a Figura 13.4h.

Estude os casos-padrão mostrados na Figura 13.4 e observe sobretudo a presença ou ausência de elementos diagonais nos diversos nós.

A influência de elementos diagonais

A vida seria bem mais fácil se, de um ponto de vista analítico, os reticulados de nós articulados não contivessem qualquer elemento diagonal. Infelizmente, eles estão sempre presentes: elementos diagonais são obrigatórios para garantir a estabilidade de reticulados. Então como podemos analisar nós em que elementos diagonais estão presentes? Olhe para a Figura 13.5a, que mostra um nó na extremidade de um reticulado. O nó compreende um elemento horizontal (AB) conectado a um elemento inclinado a um ângulo de 60° em relação à horizontal (BC). Uma força externa vertical de 3 kN atua sobre o nó. Queremos descobrir os esforços axiais nos elementos AB e BC.

Se solucionarmos B verticalmente, podemos determinar o esforço axial no elemento BC. A força total para baixo no nó (3 kN) será igual a força total para cima, que deve ser a componente vertical do esforço axial no elemento BC. Então:

$F_{BC}.\text{sen}60° = 3$ kN, portanto $F_{BC} = 3{,}46$ kN

Se agora solucionarmos B horizontalmente, podemos calcular o esforço axial no elemento AB. O esforço axial no elemento AB será igual à componente horizontal do esforço axial no elemento BC. Então:

$F_{AB} = F_{BC}.\cos 60°$, portanto $F_{AB} = (3{,}46 \times 0{,}5) = 1{,}73$ kN

Agora olhe para o nó L mostrado na Figura 13.5b. Queremos calcular o esforço axial em cada elemento (KL, LM e LN), mas não é possível fazê-lo a partir das informações disponíveis: se tentarmos resolver horizontal ou verticalmente, geraremos equações com mais de uma incógnita, as quais não podem ser solucionadas. Ao analisarmos um reticulado com nós desse tipo, não devemos começar nossa análise nesse nó. Em vez disso, devemos começar por outro nó que se pareça com os dos exemplos anteriores.

Agora trabalharemos com um sistema reticulado inteiro para calcularmos todos os esforços axiais em tal reticulado. (Obs.: se o cálculo anterior não faz sentido algum para você, retorne e leia o Capítulo 7 – especialmente a parte sobre componentes.)

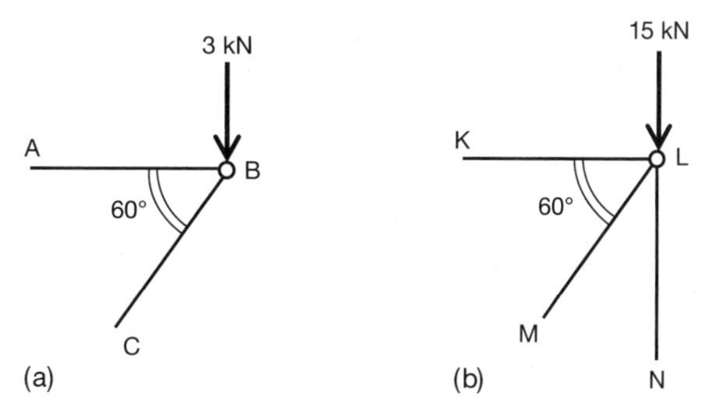

Figura 13.5 Nós com elementos diagonais.

Exemplo resolvido 1

Veja a Figura 13.6. O procedimento é o seguinte:

1. Calcule as reações de extremidade R_A e R_E da mesma maneira que faria em se tratando de uma viga (veja o Capítulo 9).
2. Vá avançando nó por nó pelo reticulado, usando as regras apresentadas anteriormente para calcular os esforços axiais (e os sentidos desses esforços) em cada elemento.

Dúvida frequente: como posso saber por qual nó começar e qual ordem seguir de um nó para outro?

É aqui que a análise se torna intuitiva. Você tem de começar por um nó onde não haja mais do que uma incógnita – mas identificar um nó assim não é fácil para um novato. Geralmente, você deve começar numa posição de apoio e então avançar para um nó adjacente. O exemplo a seguir lhe mostra como fazer.

Determinação de reações

A partir do equilíbrio vertical, a força total para cima ↑ = força total para baixo ↓. Portanto:

$$R_A + R_E = 60 \text{ kN}$$

Isso não nos diz qual é valor de R_A; e tampouco nos diz qual é o valor de R_E. Simplesmente nos informa que as duas juntas equivalem a 60 kN. Para avaliar R_A e R_E, precisamos de mais uma equação. Essa equação adicional pode ser determinada a partir do equilíbrio de momentos – examinado no Capítulo 6 – que nos diz que o momento total em sentido horário em torno de um ponto estacionário é igual ao momento total em sentido anti-horário em torno do mesmo ponto.

Cálculo dos momentos em torno do ponto A

Momento em sentido horário em torno do ponto A devido a forças externas = 60 kN × 3 m

Momento em sentido anti-horário em torno do ponto A devido a forças externas = R_E × 5 m

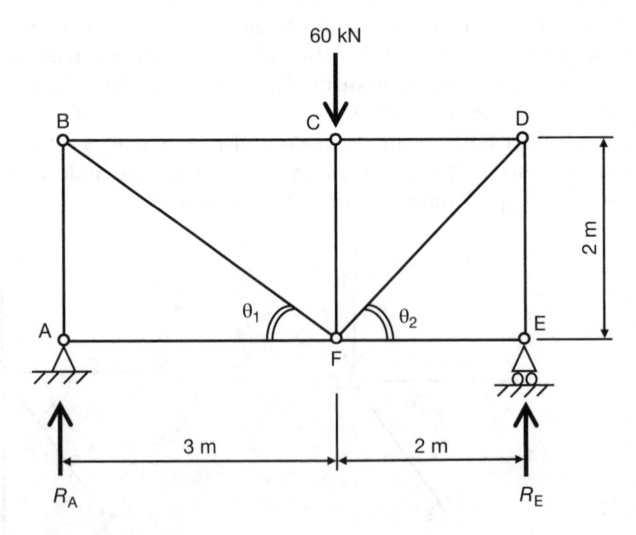

Figura 13.6 Exemplo resolvido 1.

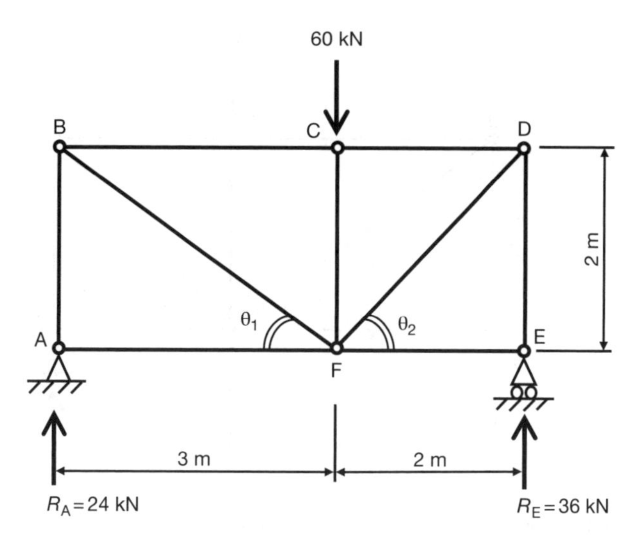

Figura 13.7 Exemplo resolvido 1 – com reações calculadas.

Igualando as duas equações:

$$R_E \times 5 \text{ m} = 60 \text{ kN} \times 3 \text{ m}$$

Portanto:

$$R_E = 60 \text{ kN} \times 3 \text{ m}/5 \text{ m} = 36 \text{ kN}$$

Agora, como $R_A + R_E = 60$ kN (analisado anteriormente), então:

$$R_A = 60 - 36 = 24 \text{ kN}$$

Aplicando a "conferência de bom senso" (introduzida no Capítulo 9): a carga de 60 kN (que é a única carga sobre a estrutura) atua um pouco à direita do centro, fazendo com que o apoio da direita "tenha mais trabalho" sustentando a estrutura. Sendo assim, esperaríamos que a reação à direita (R_E) seja a maior das duas, o que de fato se confirma (36 kN é maior do que 24 kN).

Agora vamos acrescentar as reações que calculamos em nosso diagrama reticulado. Veja a Figura 13.7.

Análise do reticulado

Ao longo desta análise, a seguinte notação será usada:

F_{AB} representa o esforço axial no elemento AB
F_{BC} representa o esforço axial no elemento BC

... e assim por diante.

Nó A

Há três "pernas" no nó A:

- a reação vertical R_A
- o elemento vertical AB
- o elemento horizontal AF

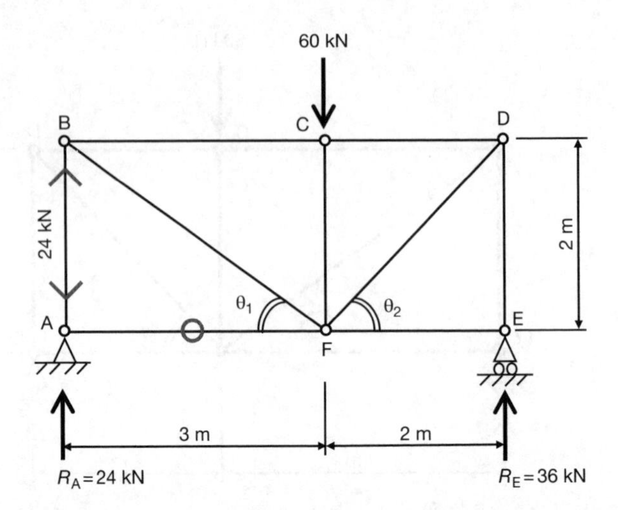

Figura 13.8 Exemplo resolvido 1 – esforços nos elementos AB e AF calculados.

Solucionando verticalmente no nó A

O termo "solucionando verticalmente" significa que estamos considerando as forças verticais (e componentes verticais das forças) associadas ao nó A, lembrando que, para haver equilíbrio, a força total para cima em A tem de ser igual à força total para baixo em A.

O nó A experimenta uma força para cima de 24 kN, na forma da reação vertical R_A. Isso significa que, para haver equilíbrio, é preciso haver uma força (opositora) para baixo de 24 kN em A. Como o elemento AF, sendo horizontal, só pode conter uma força puramente horizontal (isto é, nenhuma componente de força vertical – veja a Regra 3), a força para baixo de 24 kN só pode ocorrer no elemento AB. Portanto, o esforço axial no elemento AB, F_{AB}, é de 24 kN, e seu sentido é para baixo na extremidade A.

Elemento AB

O princípio do equilíbrio se aplica a todas as partes de uma estrutura ou sistema reticulado: não apenas em todos os nós, mas também em todos os elementos. Acabamos de determinar que a força no elemento AB é de 24 kN para baixo na extremidade A. Conforme explicado anteriormente, sempre que há uma força para baixo é preciso haver uma força equivalente e oposta para cima, o que leva à conclusão de que deve haver uma força para cima de 24 kN no elemento AB na extremidade B.

Solucionando horizontalmente no nó A

O termo "solucionando horizontalmente" significa que estamos considerando as forças horizontais (e as componentes horizontais das forças) associadas ao nó A, lembrando que, para haver equilíbrio, a força total para a esquerda em A tem de ser igual à força total para a direita em A.

A reação em A, R_A, é puramente vertical e não possui qualquer componente horizontal. De modo similar, o esforço axial no elemento AB (que sabemos ser de 24 kN) também é puramente vertical e não possui qualquer componente horizontal. Como não há qualquer outra força externa no nó A, o único elemento no nó A que pode experimentar uma força horizontal é o elemento AF. E como não há outra força horizontal para opô-la, o esforço axial no elemento AF, F_{AF}, deve ser zero.

Nosso sistema reticulado agora se parece conforme mostrado na Figura 13.8.

Agora podemos desenvolver uma análise similar do nó E. Usando exatamente a mesma abordagem que aplicamos anteriormente para o nó A, é possível demonstrar que a força no

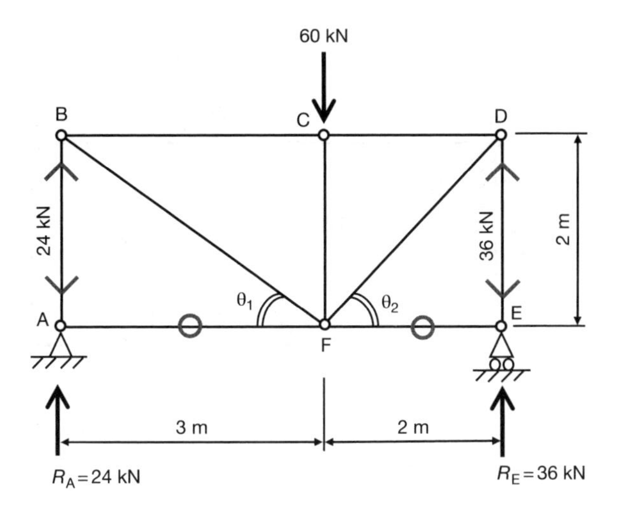

Figura 13.9 Exemplo resolvido 1 – esforços axiais nos elementos DE e EF calculados.

elemento DE, F_{DE}, é de 36 kN para baixo (na extremidade E) e que o esforço axial no elemento FE, F_{FE}, é zero.

Nosso sistema reticulado está representado na Figura 13.9.

Nó B

Há três "pernas" no nó B:

- o elemento vertical AB (que contém apenas um esforço axial vertical)
- o elemento horizontal BC (que contém apenas um esforço axial horizontal)
- o elemento inclinado BF (que, sendo inclinado, conterá componentes vertical e horizontal de força)

Solucionando verticalmente no nó B

Os dois únicos elementos conectados no nó B que podem ter uma componente vertical de força são AB e BF. (O elemento BC, sendo horizontal, não tem qualquer força vertical - veja a Regra 1 no início deste capítulo.)

Já sabemos que há uma força vertical para cima de 24 kN no nó B contida no elemento AB. Para haver equilíbrio, é preciso haver uma força opositora (para baixo) de 24 kN e isso precisa ocorrer no elemento BF (isto é, o único elemento no nó B que pode conter uma força vertical). Portanto, a componente vertical da força no elemento BF deve ser de 24 kN para baixo.

Lembrando que a componente vertical de uma força F a um ângulo θ é F.sen θ, conclui-se que, nesse caso:

$$F_{BF}.\text{sen}\ \theta_1 = 24\ \text{kN}$$

Como θ_1 é o ângulo AFB = $\tan^{-1}(2/3)$ = 33,7°. Portanto,

$$F_{BF}.\text{sen}\ 33{,}7° = 24\ \text{kN}$$

Então,

$$F_{BF} = 24/\text{sen}\ 33{,}7° = 43{,}3\ \text{kN}$$

Vejamos agora qual é o sentido dessa força. Afirmamos que a componente vertical da força no elemento BF (na extremidade B) deve atuar para baixo. Isso significa que a força no

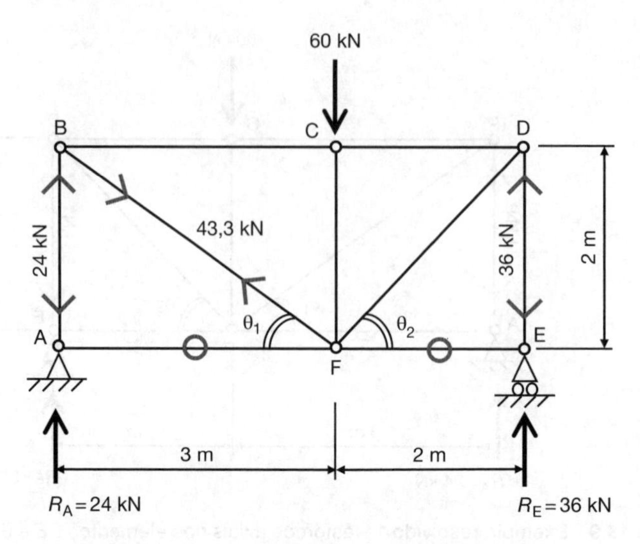

Figura 13.10 Exemplo resolvido 1 – esforço axial no elemento BF calculado.

elemento BF (na extremidade B) deve atuar para baixo e para a direita. Como o equilíbrio deve se aplicar tanto em elementos quanto em nós, isso implica que a força no elemento BF na extremidade F deve se opor à força na extremidade B; em outras palavras, ela deve atuar para cima e para a esquerda.

Como as setas no elemento BF apontam uma para a outra, o elemento BF deve estar sob esforço axial de tração. (Recorde-se do Capítulo 3 que se as setas em um elemento apontam uma para a outra, tal elemento se encontra sob *tração*.)

O sistema reticulado agora se parece conforme mostrado na Figura 13.10.

Solucionando horizontalmente no nó B

Os dois únicos elementos conectados no nó B que podem ter uma componente horizontal de força são BF e BC. (O elemento BA, sendo vertical, não tem qualquer força horizontal - veja, novamente, a Regra 1.) Se a força no elemento BF (na extremidade B) é de 43,3 kN para baixo e para a direita, então a componente horizontal dessa força é $F_{BF}.\cos\theta_1 = 43{,}3 \times \cos 33{,}7° = 36$ kN (para a direita).

Para haver equilíbrio, é preciso haver uma força opositora (para a esquerda) de 36 kN e ela precisa ocorrer no elemento BC (isto é, o único elemento no nó B que pode conter uma força horizontal). Portanto, a força no elemento BC (na extremidade B) é de 36 kN para a esquerda. Ela será contrabalançada por uma força de 36 kN para a direita na extremidade C. Sendo assim, as duas setas no elemento BC apontam para longe uma da outra e, portanto, o elemento BC deve estar sob *esforço axial de compressão.*

Nosso sistema reticulado está representado na Figura 13.11.

Agora podemos desenvolver uma análise similar do nó D. Usando exatamente a mesma abordagem que aplicamos anteriormente para o nó B, é possível demonstrar que a força no elemento DF, F_{DF}, é de 50,9 kN para baixo e para a esquerda (na extremidade D) e que a força no elemento DC, F_{DC}, é de 36 kN para a direita (na extremidade D). (Se você não entende de onde vêm esses valores, lembre-se que temos um ângulo diferente nesse caso: $\theta_2 = 45°$.)

Nosso sistema reticulado agora se parece conforme mostrado na Figura 13.12.

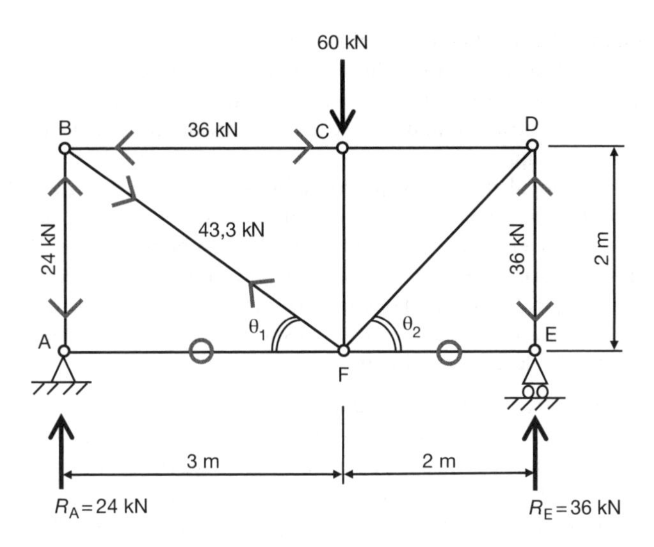

Figura 13.11 Exemplo resolvido 1 – esforço axial no elemento BC calculado.

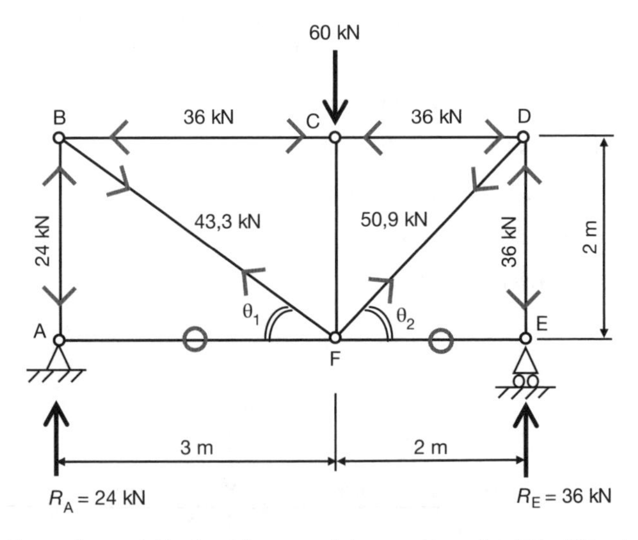

Figura 13.12 Exemplo resolvido 1 – esforços axiais nos elementos DF e DC calculados.

Nó C

A análise do nó C é bastante objetiva, já que não há elementos inclinados para complicar as coisas.

Solucionando verticalmente no nó C

Há uma força externa vertical de 60 kN para baixo no nó C. Para contrabalançá-la, a força no elemento CF (na extremidade C) deve atuar para cima. Como a força na outra extremidade de CF será para baixo, o elemento encontra-se sob esforço axial de compressão.

Solucionando horizontalmente no nó C

A força de 36 kN no elemento BC (na extremidade C) atua para a direita; portanto, para contrabalançá-la, a força no elemento CD (na extremidade C) deve ser de 36 kN, mas para a esquerda. Como a força na outra extremidade de CD será para a direita, o elemento encontra-se sob esforço axial de compressão.

O sistema reticulado agora se parece conforme mostrado na Figura 13.13.

A esta altura, já estabelecemos as magnitudes e os sentidos dos esforços axiais em todos os elementos. Então, encerramos este exemplo? Não exatamente. Seria prudente conferir nossos resultados, pois, afinal de contas, é bastante possível que tenhamos cometido um erro nos nossos cálculos em algum momento. Podemos fazer isso encontrando as soluções em um ponto que ainda não levamos em consideração em nossas análises e conferindo, via cálculos, se as forças previamente calculadas se equilibram em tal ponto.

Para conferir: solucionando horizontalmente no nó F

Como nos demais casos, a força total para cima no nó F deve equivaler à força total para baixo. Não há qualquer força externa atuando no nó F. Os seguintes elementos se encontram no nó F: AF, BF, CF, DF e EF. Os elementos AF e EF são horizontais, então não podem ter forças verticais (nem componentes verticais de força) em si; portanto, eles podem ser ignorados na solução vertical. Com isso, ficam restando os elementos BF, CF e DF.

Em nossos cálculos anteriores, descobrimos que as componentes verticais das forças nos elementos BF e DF atuam para cima, e descobrimos que a força vertical no elemento (vertical) CF atua para baixo. Conclui-se então que, para haver equilíbrio, a soma das componentes verticais de forças nos elementos BF e DF (atuando para cima) deve equivaler à força vertical no elemento CF (atuando para baixo).

Componente vertical da força no elemento BF:

$= F_{BF}.\text{sen}\ \theta_1 = 43{,}3 \times \text{sen}\ 33{,}7° = 24\ \text{kN} \uparrow$

Componente vertical da força no elemento DF:

$= F_{DF}.\text{sen}\ \theta_2 = 50{,}9 \times \text{sen}\ 45° = 36\ \text{kN} \uparrow$

Força vertical no elemento CF:

$60\ \text{kN} \downarrow$

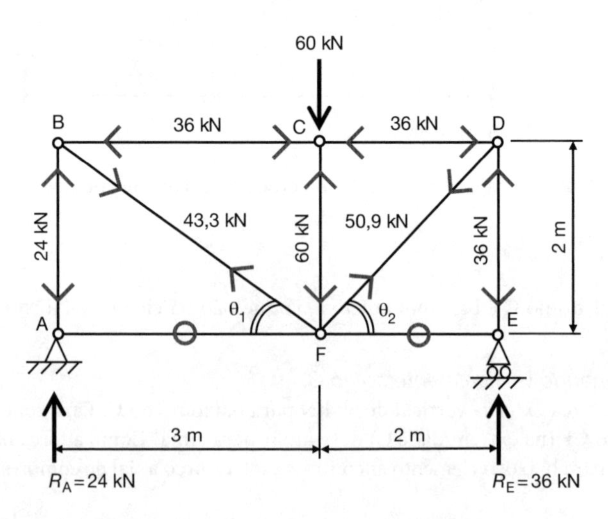

Figura 13.13 Exemplo resolvido 1 – reticulado totalmente analisado.

Como 24 + 36 = 60, há um equilíbrio vertical no nó F, e, portanto, nossos cálculos anteriores confirmam-se corretos. Um processo similar poderia ser conduzido para se conferir a existência de equilíbrio horizontal no nó F.

Exemplo resolvido 2

Veja a Figura 13.14. Um exemplo diferente, mas com os mesmos princípios e procedimento.

Determinação de reações

A partir do equilíbrio vertical, a força total para cima ↑ = força total para baixo ↓. Portanto:

$$R_A + R_C = 200 \text{ kN}$$

Mais uma vez, isso não nos diz qual é o valor de R_A; e tampouco nos diz qual é o valor de R_C. Simplesmente nos informa que as duas juntas equivalem a 200 kN. Para avaliar R_A e R_C, precisamos de mais uma equação. Essa equação adicional pode ser determinada a partir do equilíbrio de momentos, examinado no Capítulo 6, que nos diz que o momento total em sentido horário em torno de um ponto estacionário é igual ao momento total em sentido anti-horário em torno do mesmo ponto.

Cálculo dos momentos em torno do ponto A

Momento em sentido horário em torno do ponto A devido a forças externas = 200 kN × 0,5 m

Momento em sentido anti-horário em torno do ponto A devido a forças externas = $R_C \times 2$ m

Igualando as duas equações:

$$R_C \times 2 \text{ m} = 200 \text{ kN} \times 0{,}5 \text{ m}$$

Portanto:

$$R_C = 200 \text{ kN} \times 0{,}5 \text{ m}/2 \text{ m} = 50 \text{ kN}$$

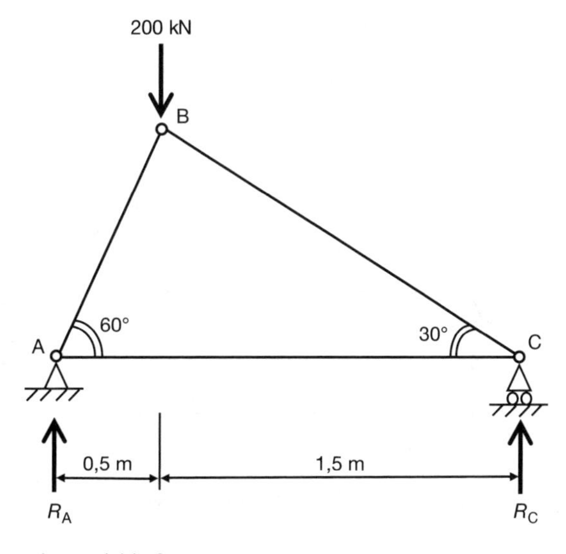

Figura 13.14 Exemplo resolvido 2.

Agora, como $R_A + R_C = 200$ kN (analisado anteriormente), então:

$$R_A = 200 - 50 = 150 \text{ kN}$$

Aplicando a "conferência de bom senso": a carga de 200 kN (que é a única carga sobre a estrutura) atua um pouco à esquerda do centro, fazendo com que o apoio da esquerda "tenha mais trabalho" sustentando a estrutura. Sendo assim, esperaríamos que a reação à esquerda (R_A) seja a maior das duas, o que de fato se confirma.

Agora vamos acrescentar as reações que calculamos em nosso diagrama reticulado. Veja a Figura 13.15.

Análise do reticulado

Como antes, a seguinte notação será usada ao longo desta análise:

F_{AB} representa o esforço axial no elemento AB
F_{BC} representa o esforço axial no elemento BC

... e assim por diante.

Nó A

Há três "pernas" no nó A:

- a reação vertical R_A
- o elemento inclinado AB
- o elemento horizontal AC

O nó A experimenta uma força para cima de 150 kN, na forma da reação vertical R_A. Isso significa que, para haver equilíbrio, é preciso haver uma força (opositora) para baixo de 150 kN em A. Como o elemento AC, sendo horizontal, só pode conter uma força puramente horizontal (isto é, nenhuma componente de força vertical – veja a Regra 3), então a força para baixo de 150 kN

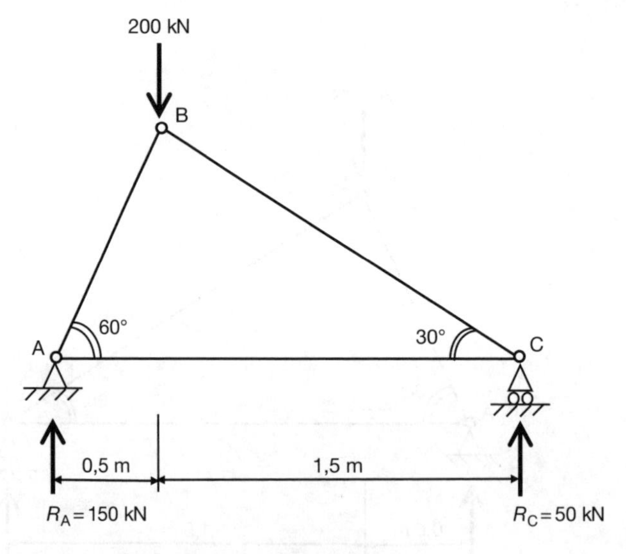

Figura 13.15 Exemplo resolvido 2 – com reações calculadas.

só pode ocorrer no elemento AB. Portanto, a componente vertical de força no elemento AB é de 150 kN. Então,

$$F_{AB} \times \text{sen } 60° = 150 \text{ kN}$$

Portanto,

$$F_{AB} = 150/\text{sen } 60° = 173{,}2 \text{ kN}$$

cujo sentido aponta para baixo (e para a esquerda) na extremidade A.

Elemento AB

Como no exemplo anterior, a força para baixo (e para a esquerda) de 173,2 kN na extremidade A do elemento AB deve ser contrabalançada por uma força equivalente para cima (e para a direita) de 173,2 kN na extremidade B. (Como as setas apontam para longe uma da outra, o elemento AB encontra-se sob esforço axial de compressão.)

Solucionando horizontalmente no nó A

O termo "solucionando horizontalmente" significa que estamos considerando as forças horizontais (e as componentes horizontais das forças) associadas ao nó A, lembrando que, para haver equilíbrio, a força horizontal total para a esquerda em A é igual à força horizontal total para a direita em A.

A reação em A, R_A, é puramente vertical e não possui qualquer componente horizontal. Mas a força no elemento AB (que sabemos ser de 173,2 kN) é inclinada e, portanto, terá uma componente horizontal. O elemento AC, sendo horizontal, experimentará uma força horizontal. Como não há nenhuma outra força externa no nó A, a força no elemento AC deve ser equivalente à componente horizontal da força no elemento AB – mas oposta em sentido. Assim,

$$F_{AC} = F_{AB} \times \cos 60°$$

Mas,

$$F_{AB} = 173{,}2 \text{ kN (calculado anteriormente)}$$

Portanto,

$$F_{AC} = 173{,}2 \times \cos 60° = 173{,}2 \times 0{,}5 = 86{,}6 \text{ kN}$$

Como a componente horizontal da força no elemento AB (na extremidade A) atua para a esquerda, a força horizontal no elemento AC (na extremidade A) deve atuar para a direita.

Nosso sistema reticulado agora se parece conforme mostrado na Figura 13.16.

Agora podemos desenvolver uma análise similar do nó C. Usando exatamente a mesma abordagem que aplicamos anteriormente para o nó A, é possível demonstrar que a força no elemento CB, F_{CB}, é de 100 kN para baixo e para a direita (na extremidade C) e que a força no elemento BA, F_{BA}, é de 86,6 kN para a esquerda (na extremidade C), que, como seria de se esperar, contrabalança exatamente a força de 86,6 kN para a direita na extremidade A desse elemento. (Como as setas no elemento AB apontam uma em sentido à outra, o elemento encontra-se sob esforço axial de tração.)

Nosso sistema reticulado agora se parece conforme mostrado na Figura 13.17.

A esta altura, já estabelecemos as magnitudes e os sentidos dos esforços axiais em todos os elementos, mas, como fizemos no exemplo anterior, seria prudente conferir os resultados encontrando as soluções em um ponto que ainda não levamos em consideração em nossas análises e conferindo, via cálculos, se as forças previamente calculadas se equilibram em tal ponto. Caso você se dê ao trabalho de solucionar verticalmente no nó C, verá que nele as forças se equilibram.

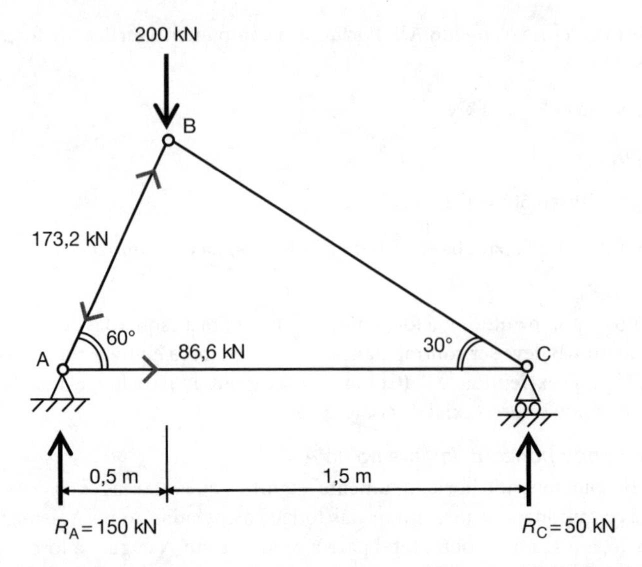

Figura 13.16 Exemplo resolvido 2 – esforços axiais nos elementos AB e AC calculados.

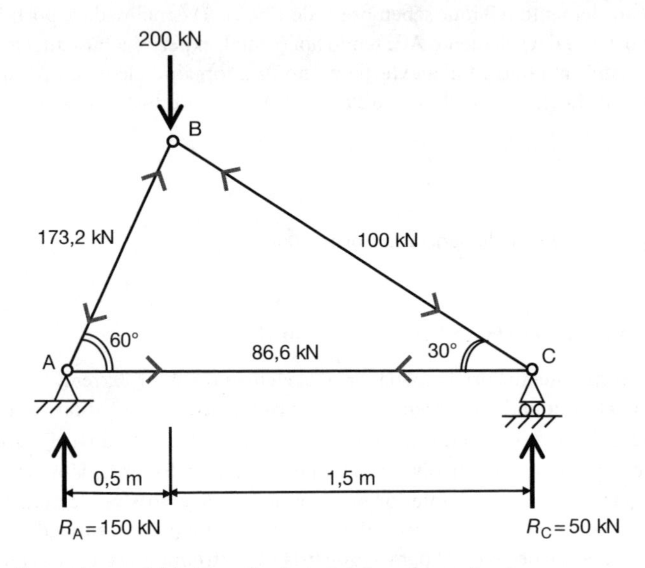

Figura 13.17 Exemplo resolvido 2 – reticulado totalmente analisado.

Exemplo resolvido 3

Veja a Figura 13.18 para um terceiro e final exemplo resolvido. Depois disso, você deve ser capaz de avançar nos exemplos tutoriais apresentados no final do capítulo. Lembre-se que as mesmas regras sempre se aplicam. (Dica: talvez seja útil você fazer o seu próprio desenho da Figura 13.18 e ir completando as reações e os esforços nos elementos à medida que formos calculando.)

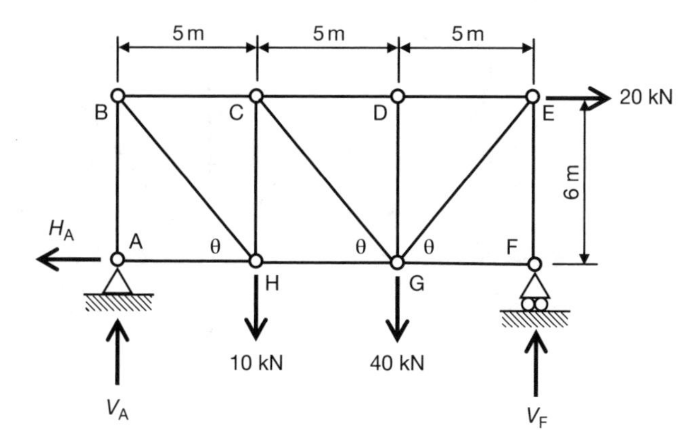

Figura 13.18 Exemplo resolvido 3.

Determinação de reações

Como sempre, começamos pela determinação das reações. Se considerarmos as forças horizontais primeiro, o único lugar em que podemos ter uma reação horizontal é o nó A (o outro apoio, F, é deslizante e, portanto, não pode sustentar uma reação horizontal). A reação horizontal em A deve ser de 20 kN (para a esquerda) para contrabalançar a única outra força horizontal mostrada na Figura 13.18, que é uma força horizontal de 20 kN (para a direita) no nó E.

Passando agora para as reações verticais: cada um dos dois apoios experimentará uma reação vertical para cima: V_A no apoio A e V_F no apoio F. Como sempre, a força total para cima = força total para baixo, então:

$$V_A + V_F = 10 + 40 = 50 \text{ kN}$$

Calculando momentos em torno de pontos de apoio

Se calcularmos os momentos em torno do ponto A, obteremos uma equação que podemos solucionar para V_F. Não se esqueça de incluir as forças horizontais. A equação fica assim:

$$(20 \text{ kN} \times 6 \text{ m}) + (40 \text{ kN} \times 10 \text{ m}) + (10 \text{ kN} \times 5 \text{ m}) = (V_F \times 15 \text{ m})$$

Solucionando, obtemos $V_F = 38$ kN.

Se calcularmos os momentos em torno do ponto F, obteremos uma equação que podemos solucionar para V_A.

Deixarei que você derive essa equação por conta própria – ela envolverá V_A e as forças de 10, 20 e 40 kN; cada uma das quais deve ser multiplicada por sua distância até F – a qual pode ser solucionada para resultar $V_A = 12$ kN.

Forças “facilmente calculadas”

Seguindo a linha de análise apresentada mais cedo neste capítulo, identifiquemos agora aqueles elementos nos quais os esforços axiais podem ser prontamente determinados sem cálculos. Em geral, tais elementos estão ligados a nós que não estão vinculados a qualquer elemento diagonal.

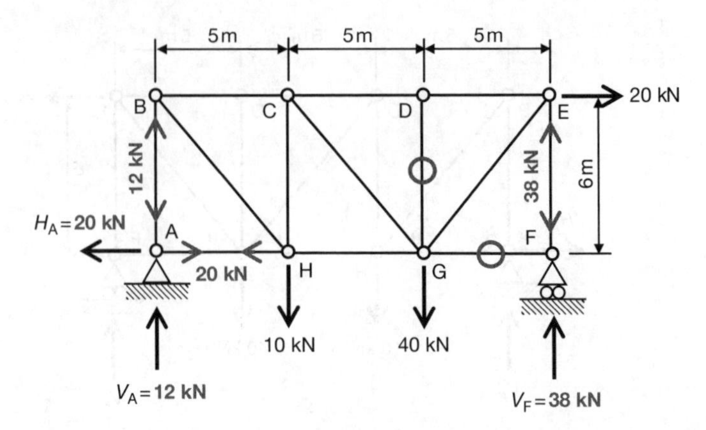

Figura 13.19 Exemplo resolvido 3 – com reações calculadas.

No exemplo atual, tais nós são A, D e F, e podemos deduzir facilmente os esforços axiais nos seguintes elementos:

- Elemento AH = 20 kN (tração) para contrabalançar a reação horizontal de 20 kN para a esquerda em A.
- Elemento AB = 12 kN (compressão) para contrabalançar a reação vertical de 12 kN para cima em A.
- Elemento DG = 0 kN (nenhuma força vertical em D). *Não 40 kN!*
- Os elemento CD e DE devem ter o mesmo esforço axial em si (para manter o equilíbrio horizontal em D), embora ainda não saibamos a magnitude e o sentido (isto é, tracional ou compressivo) de tal esforço.
- Elemento GF = 0 kN, já que não há qualquer força horizontal em F.
- Elemento EF = 38 kN (compressão) para contrabalançar a reação vertical de 38 kN para cima em F.

Os resultados do nosso trabalho até aqui são mostrados na Figura 13.19.

Nó E

Os esforços axiais nos elementos restantes podem agora ser calculados usando o método de resolução nos nós. Lembre-se, nós normalmente começamos pelos nós de apoio, mas todas as forças em A e F já foram determinadas. Poderíamos passar para a análise ou de B ou de E; por nenhuma razão especial, começarei pelo nó E.

Vamos começar calculando o ângulo θ mostrado na Figura 13.18.

$\tan \theta = 6\ \text{m}/5\ \text{m} = 1{,}2$, então $\theta = 50{,}2°$
$\text{sen}\ 50{,}2° = 0{,}768$ e $\cos 50{,}2° = 0{,}640$

Solucionando verticalmente no nó E

$F_{GE} \times \text{sen}\ 50{,}2° = 38$ kN, então $F_{GE} = 38/0{,}768 = 49{,}5$ kN (tracional)

Solucionando horizontalmente no nó E

Pressupondo que o esforço axial em DE é compressivo,

$F_{DE} + 20 = F_{GE} \times \cos 50{,}2°$, então $F_{DE} = 11{,}7$ kN (positivo, então compressivo, conforme pressuposto)

Passemos agora para o nó G.

Solucionando verticalmente no nó G

Pressupondo que o esforço axial em CG é tracional,

$F_{DG} + (F_{CG} \times \text{sen } 50{,}2°) + (F_{GE} \times \text{sen } 50{,}2°) = 40 \text{ kN}$
$0 + (F_{CG} \times 0{,}768) + (49{,}5 \times 0{,}768) = 40 \text{ kN}$
Então $F_{CG} = 2{,}6$ kN (positivo, então tracional, conforme pressuposto).

Solucionando horizontalmente no nó G

Pressupondo que o esforço axial em HG é tracional,

$F_{HG} + (F_{CG} \times \cos 50{,}2°) = (F_{GE} \times \cos 50{,}2°) + F_{GF}$
$F_{HG} + (2{,}6 \times 0{,}640) = (49{,}5 \times 0{,}640) + 0$
Então $F_{HG} = 30$ kN (positivo, então tracional, conforme pressuposto).

Passemos agora para o nó B.

Solucionando verticalmente no nó B

$F_{BH} \times \text{sen } 50{,}2° = 12$ kN, então $F_{BH} = 15{,}6$ kN (tracional)

Solucionando horizontalmente no nó B

$F_{BC} = F_{BH} \times \cos 50{,}2° = (15{,}6 \times 0{,}640) = 10$ kN (compressivo)

Passemos agora para o nó H.

Solucionando verticalmente no nó H

Pressupondo que o esforço axial em CH é compressivo,

$(F_{BH} \times \text{sen } 50{,}2°) - F_{CH} = 10 \text{ kN}$
$(15{,}6 \times 0{,}768) - F_{CH} = 10 \text{ kN}$
Então $F_{CH} = 2$ kN.

O único esforço axial restante a ser calculado é no elemento CD. Mas, como sabemos que os esforços axiais nos elementos CD e DE devem ser os mesmos (equilíbrio horizontal em D), então $F_{CD} = 11{,}7$ kN (compressivo).

O reticulado totalmente analisado é mostrado na Figura 13.20.

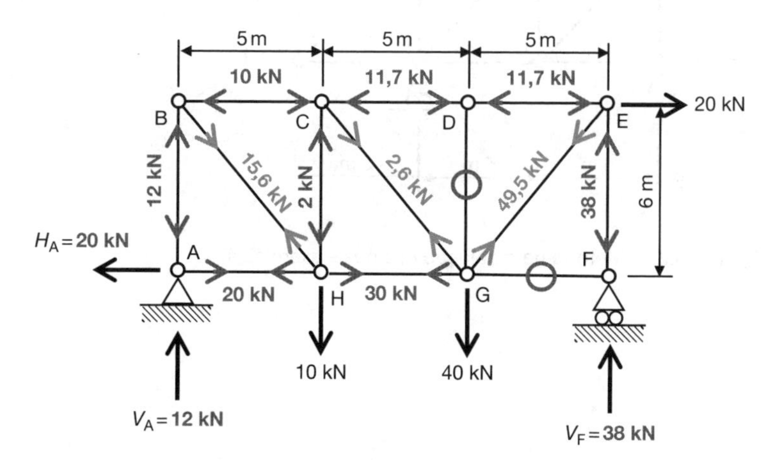

Figura 13.20 Exemplo resolvido 3 – reticulado totalmente analisado.

Exercícios

Use o método de resolução nos nós para encontrar os esforços axiais em todos os elementos de cada reticulado apresentado na Figura 13.21.

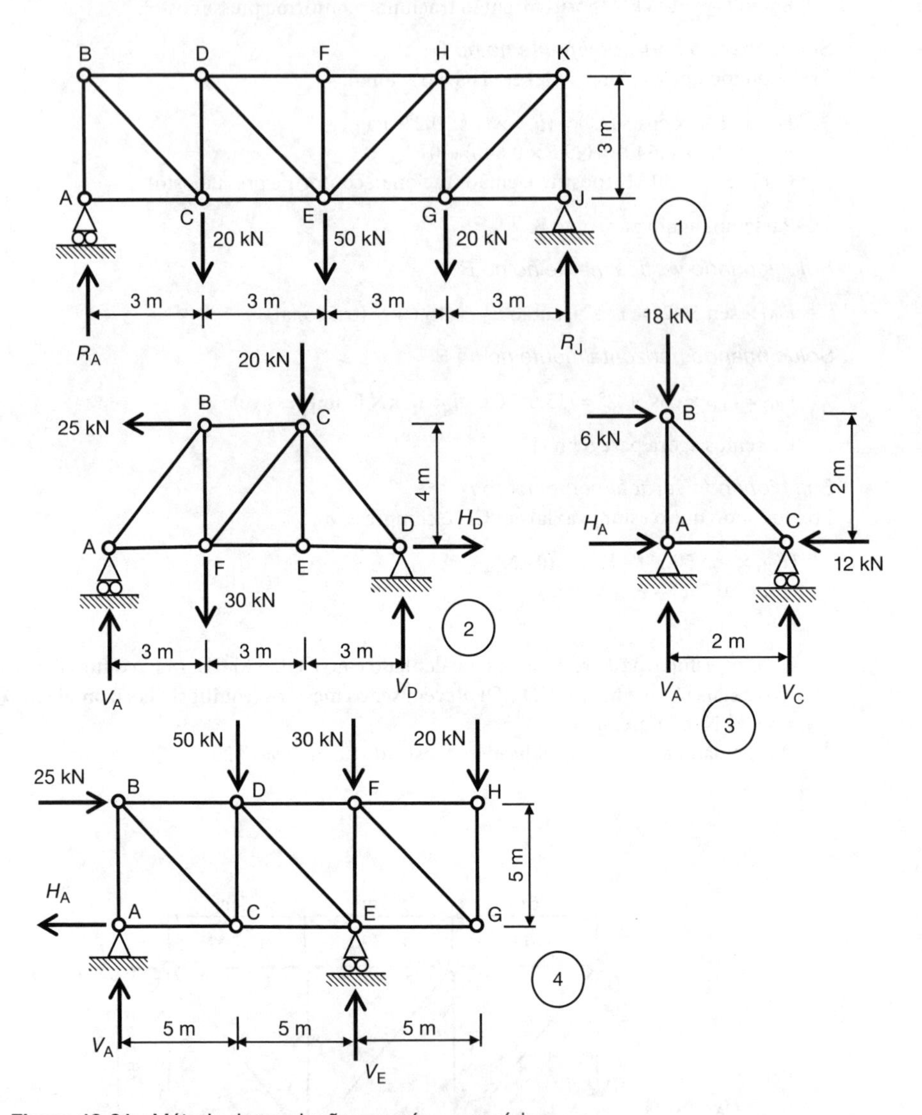

Figura 13.21 Método da resolução nos nós – exercícios.

14

Método das seções

Introdução

Às vezes não precisamos (nem queremos) determinar o esforço axial em cada elemento de um determinado reticulado de nós articulados, como fizemos ao aplicar o método de resolução nos nós no Capítulo 13. Talvez queiramos calcular o esforço em apenas um ou dois elementos. Em tais casos, o método das seções vem a calhar.

No método de resolução nos nós, avançamos passo a passo por toda a estrutura, nó por nó, de uma extremidade à outra. Como você deve ter percebido, isso pode se tornar tedioso, sobretudo quando a estrutura possui uma grande quantidade de elementos e nós. Já no método das seções, estabelecemos uma "linha de corte" estrategicamente situada através da estrutura. Mas a determinação da posição correta da linha de corte que nos permitirá resolver o problema rapidamente é algo crucial e em parte intuitivo, como veremos.

Para ver por que às vezes não queremos avançar ao longo de toda a estrutura elemento por elemento, observe as Figuras 14.1 e 14.2.

Embasamento do método das seções

Imagine um sistema reticulado de aço que forma parte de uma ponte ferroviária, conforme mostrado na Figura 14.3a. Vamos supor que queiramos encontrar os esforços axiais apenas nos elementos AB, BC e CD. Se a ponte ferroviária fosse uma estrutura já existente e fôssemos irresponsáveis o bastante para usar ferramentas para cortar fisicamente a estrutura seguindo uma linha que atravessa os elementos AB, BC e CD, conforme mostrada na Figura 14.3b, então o que aconteceria? Obviamente, a ponte desabaria.

Será que existem circunstâncias sob as quais a ponte *não* desabaria caso fosse cortada conforme mostrado? Bem, o desabamento parece bastante inevitável, mas há uma circunstância sob a qual (em teoria, pelo menos) a ponte não desabaria.

- Se fosse possível usar algum sistema de cordas de aço, polias e escoras para proporcionar exatamente os mesmos esforços que existiam nos elementos antes de terem sido cortados, então a ponte não desabaria.

Isso significa que, se pudéssemos calcular as forças externas na estrutura cortada que seriam necessárias para manter tal estrutura cortada em equilíbrio geral (indicadas como F_{AB}, F_{BC} e F_{CD} na Figura 14.3c), elas seriam as mesmas que as forças internas que existiam nos elementos AB, BC e CD, respectivamente, antes de terem sido cortados.

Figura 14.1 Planetário de Nova York.
Nesse caso, uma estrutura (um edifício planetário esférico) fica envolta por outra: um imenso cubo de vidro apoiado internamente por treliças de aço.

Figura 14.2 Swiss Re Building, Londres.
Conhecido popularmente como o "pepino" devido a seu formato peculiar, ele foi projetado para oferecer a máxima metragem útil com otimização aerodinâmica; o arquiteto Sir Norman Foster e o engenheiro Ove Arup usaram um "*diagrid*" externo (elementos de aço formando uma série de triângulos) para criar o formato curvado complexo do prédio.

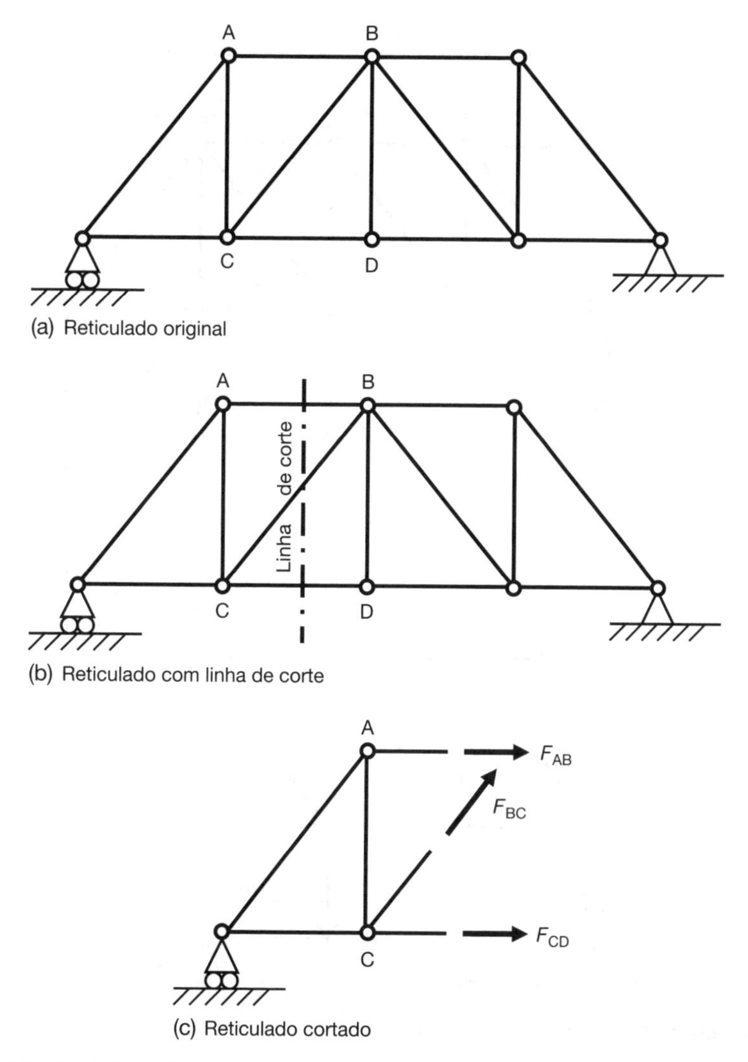

Figura 14.3 Ponte ferroviária de aço.

Então, para resumir, o método das seções envolve o cálculo das forças em certos elementos de uma estrutura fingindo que os elementos em questão foram cortados ao meio para, depois, calcular as forças externas na estrutura "cortada". Esse processo será ilustrado por meio do exemplo a seguir.

Exemplo do método das seções

Suponha que queremos calcular os esforços nos elementos CD, HD e HG da estrutura mostrada na Figura 14.4a. Precisamos escolher uma linha de corte apropriada. Neste caso, uma boa opção seria um corte vertical passando através de todos os três elementos, conforme mostrado na figura.

Antes de mais nada, temos de calcular as reações da maneira usual.

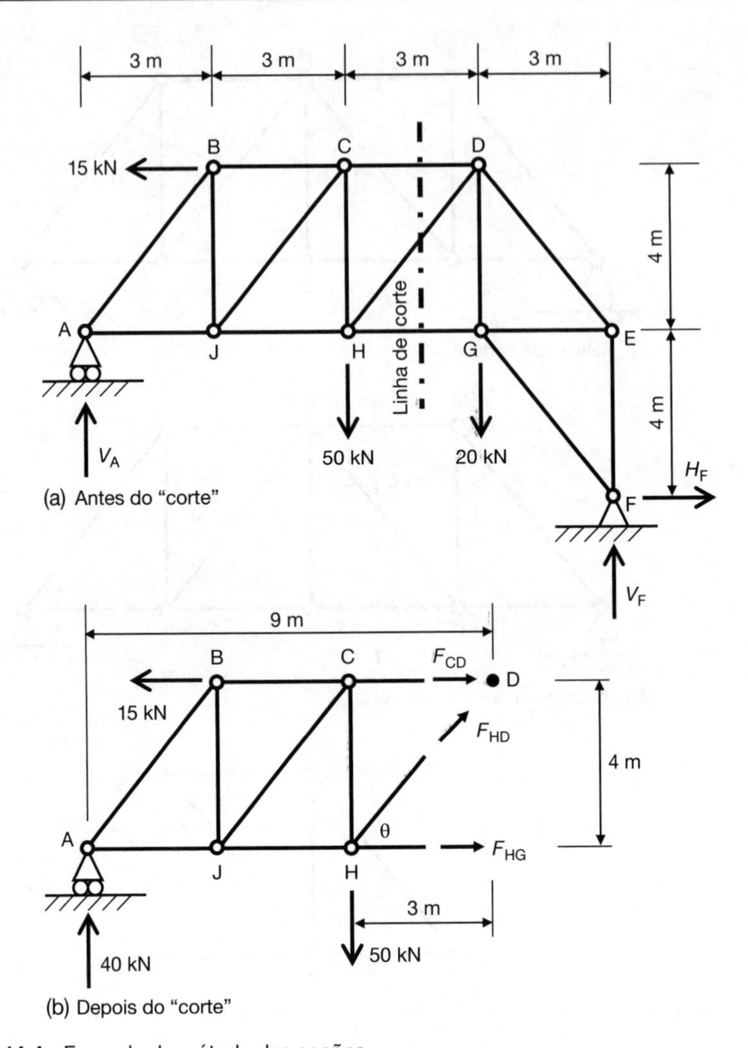

Figura 14.4 Exemplo do método das seções.

Cálculo das reações

A partir do equilíbrio horizontal da estrutura como um todo,

$H_F = 15$ kN (isto é, Força total $\rightarrow$ = Força total $\leftarrow$)

A partir do equilíbrio vertical,

$V_A + V_F = 50 + 20 = 70$ kN (isto é, Força total $\uparrow$ = Força total $\downarrow$)

Calculando os momentos em torno do ponto A (isto é, Momento total em sentido horário = Momento total em sentido anti-horário),

$$(50 \text{ kN} \times 6 \text{ m}) + (20 \text{ kN} \times 9 \text{ m}) = (V_F \times 12 \text{ m}) + (15 \text{ kN} \times 4 \text{ m}) + (15 \text{ kN} \times 4 \text{ m})$$

Assim,

$$V_F = 30 \text{ kN}$$

Calculando os momentos em torno do ponto F,

$$(V_A \times 12 \text{ m}) = (15 \text{ kN} \times 8 \text{ m}) + (50 \text{ kN} \times 6 \text{ m}) + (20 \text{ kN} \times 3 \text{ m})$$

Assim,

$$V_A = 40 \text{ kN}$$

Se você não conseguiu acompanhar os cálculos recém apresentados, então sugiro que revise os capítulos a respeito de momentos e reações (Capítulos 8 e 9).

A seção "cortada"

Suponhamos agora que cortamos o reticulado seguindo a linha mostrada na Figura 14.4a. Descartaremos a parte do reticulado que encontra-se situada à direita da linha de corte e consideraremos apenas a parte à esquerda, conforme mostrada na Figura 14.4b. Se conseguirmos descobrir as forças externas F_{CD}, F_{HD} e F_{HG}, que manterão esse reticulado em equilíbrio, elas corresponderão às forças internas que existiam nos elementos CD, HD e HG (respectivamente) no reticulado de nós articulados original.

Equilíbrio do reticulado mostrado na Figura 14.4b

Considerando o equilíbrio vertical,

$$40 \text{ kN} - 50 \text{ kN} + (F_{HD} \times \text{sen } \theta) = 0 \text{ (isto é, Força total} \uparrow = \text{Força total} \downarrow)$$

Você deve perceber que ($F_{HD} \times$ sen θ) é a componente vertical da força no elemento HD. Revise o Capítulo 7 se você estiver em dúvida quanto a isso.

A partir de trigonometria básica relacionada a um triângulo retângulo,

$$\tan \theta = 4 \text{ m}/3 \text{ m} = 1{,}333$$

Portanto, $\theta = 53{,}1°$.

Então, se

$$40 \text{ kN} - 50 \text{ kN} + (F_{HD} \times \text{sen } 53{,}1°) = 0$$

isso gera

$$F_{HD} = 12{,}5 \text{ kN}$$

Ainda precisamos encontrar F_{CD} e F_{HG}. Calculemos os momentos em torno do ponto H. (Como a força incógnita F_{HG} passa pelo ponto H, não haverá termo algum envolvendo F_{HG} na equação se usarmos H como nosso "ponto pivotal" para calcular momentos. Pelo mesmo motivo, F_{HD} e a força vertical de 50 kN em H também não entrarão na equação.)

Calculando momentos em torno do ponto H

(isto é, Momento total em sentido horário = Momento total em sentido anti-horário)

$$(F_{CD} \times 4 \text{ m}) + (40 \text{ kN} \times 6 \text{ m}) = (15 \text{ kN} \times 4 \text{ m})$$

Assim,

$$F_{CD} = -45 \text{ kN}$$

(O sinal de menos indica que a força atua na direção oposta àquela presumida – então, ela atua para a esquerda.)

A única força que falta encontrar é F_{HG}. Mesmo que agora já conheçamos F_{CD} e F_{HD}, a vida ficaria muito mais fácil se pudéssemos calcular os momentos em torno do ponto pelo qual essas duas forças passam (ou seja, o ponto D), pois não haveria termo algum envolvendo F_{CD} nem F_{HD} (nem, inclusive, a força horizontal de 15 kN em B). Repare que não importa que o ponto D se encontre fora do reticulado que estamos analisando: as regras de equilíbrio valem para momentos calculados em torno de qualquer ponto, onde quer que esteja.

Calculando momentos em torno do ponto D
(isto é, Momento total em sentido horário = Momento total em sentido anti-horário)

$$(40\text{ kN} \times 9\text{ m}) = (50\text{ kN} \times 3\text{ m}) + (F_{HG} \times 4\text{ m})$$

Assim,

$$F_{HG} = 52{,}5\text{ kN}$$

A esta altura, já calculamos as forças (ou os esforços axiais) F_{CD}, F_{HD} e F_{HG}. Poderíamos conferir nossos cálculos considerando o equilíbrio horizontal (isto é, Força total → = Força total ←) da estrutura mostrada na Figura 14.4b. Mas deixarei tal conferência por sua conta...

Então, para resumir:

- A força no elemento CD é de 45 kN e é compressiva.
- A força no elemento HD é de 12,5 kN e é tracional.
- A força no elemento HG é de 52,2 kN e é tracional.

Resumo do método das seções

1. Calcule as reações nas extremidades da maneira usual.
2. Decida em qual ou quais elementos você precisa determinar o esforço.
3. Desenhe uma linha que corte através do(s) elemento(s) em questão. (A linha de corte pode ser vertical, horizontal ou inclinada. Pode ser necessário usar diferentes linhas de corte para diferentes elementos.)
4. Desse momento em diante, considere apenas a parte do reticulado em um dos lados da linha de corte (não importa qual dos lados).
5. Use as regras de equilíbrio para determinar as forças (agora externas) nos elementos em questão. Leve em consideração o equilíbrio vertical e/ou horizontal e calcule os momentos em torno de um ponto escolhido estrategicamente. Essas forças externas correspondem às forças internas que existiam nos elementos antes deles serem "cortados".

O que você deve recordar deste capítulo

Este capítulo explica o método das seções. Trata-se de um procedimento bastante útil quando estamos interessados em calcular os esforços axiais em apenas alguns dos elementos (como um ou dois deles) em um reticulado de nós articulados. O conceito envolve fingir que a estrutura foi cortada através do elemento relevante, para então calcular as forças externas que seriam necessárias para manter a estrutura "cortada" em pé (isto é, em equilíbrio). Essas forças externas correspondem às forças internas (esforços axiais) que existiam nos elementos "cortados" antes de terem sofrido tal corte.

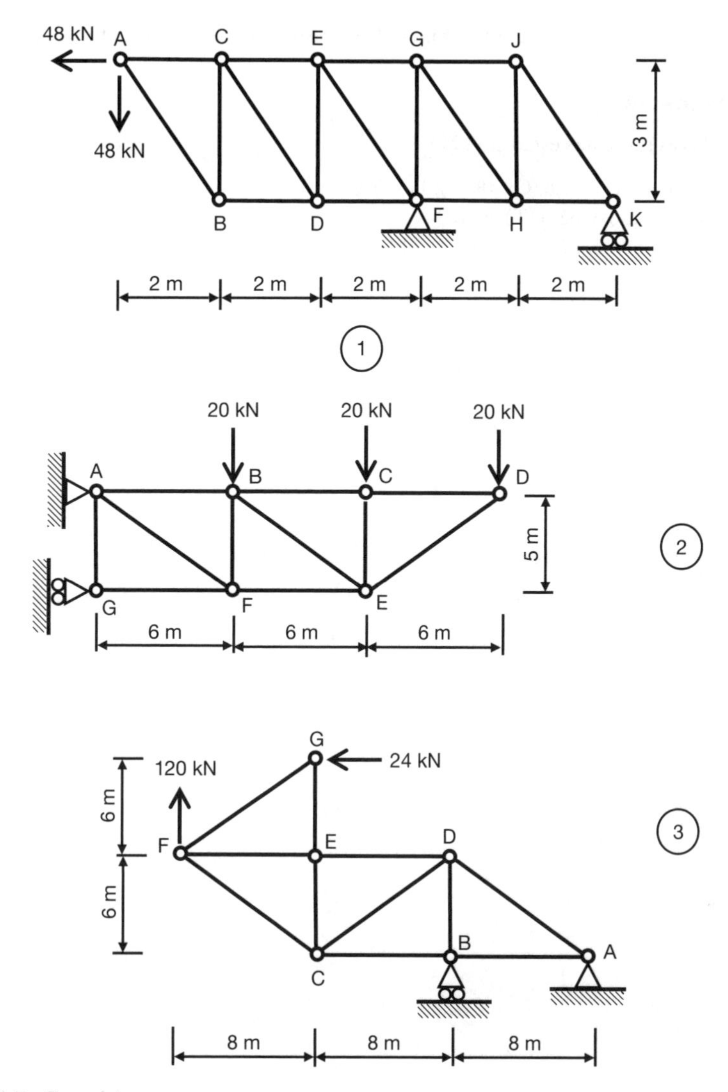

Figura 14.5 Exercícios.

Exercícios

Use o método das seções para calcular o esforço axial e o seu sentido (tração ou compressão) nos elementos declarados no texto a seguir de cada reticulado de nós articulados mostrados na Figura 14.5:

- Reticulado 1: CD, DE, EG e GH
- Reticulado 2: BE e BF
- Reticulado 3: BC, CD e DE

Confira suas respostas usando o método de resolução nos nós (Capítulo 13).

Respostas

(Todas as respostas estão em kN.)

- Reticulado 1: 57,6 (C), 48 (T), 144 (T), 129,8 (T)
- Reticulado 2: 62,5 (T), 60 (C)
- Reticulado 3: 296 (T), 200 (C), 112 (C)

15

Método gráfico

Introdução

Os Capítulos 13 e 14 examinaram dois métodos de análise de reticulados de nós articulados: o método de resolução nos nós e o método das seções. Ambas são técnicas matemáticas em sua natureza, envolvendo cálculos. Existe uma terceira técnica, chamada de método gráfico (também conhecida como método do diagrama de forças). O método gráfico é o tema deste capítulo.

O método gráfico não envolve qualquer cálculo matemático, desde que as reações tenham sido calculadas do modo usual. Isso, em si, já o torna atraente para alguns estudantes. Como o nome sugere, os esforços axiais nos elementos e o tipo de esforço são determinados pela construção de diagramas de escala, para os quais você precisará de papel milimetrado.

Exemplo 15.1

O método gráfico é mais bem explicado por meio de um exemplo. O exemplo que utilizaremos ao longo deste capítulo está ilustrado na Figura 15.1.

Nos métodos anteriores de análise de reticulados de nós articulados atribuímos uma letra a cada nó. No método gráfico não rotulamos os nós; em vez disso, rotulamos as áreas ou zonas entre os elementos do reticulado e fazemos isso de acordo com a Notação de Bow, que é explicada mais adiante no texto.

Resumo do método gráfico (diagrama de forças)

1. Desenhe uma linha de carga para as cargas aplicadas e reações, em escala. Comece a partir do apoio mais à esquerda.
2. Usando a Notação de Bow (veja o texto), construa um diagrama de forças, um nó por vez, desenhando cada linha em paralelo à direção do elemento no sistema reticulado.
3. Os valores de carga agora podem ser convertidos a partir da escala no diagrama.
4. Para determinar o tipo de esforço em um elemento (isto é, compressivo ou tracional), "viaje" em sentido horário em torno de um nó e observe o sentido da força junto ao nó.
5. Construa uma tabela.

Notação de Bow

A Notação de Bow, batizada em homenagem ao seu criador, é uma convenção para rotular as várias zonas em um diagrama de um reticulado de nós articulados. A Notação de Bow sugere o seguinte:

1. Atribua uma letra a cada espaço entre as cargas externas aplicadas e as reações.
2. Atribua um número aos espaços entre os elementos internos.
3. Comece pela letra "A" entre as reações e avance em torno do reticulado em sentido horário.
4. Comece pelo número 1 no primeiro espaço à esquerda dentro do sistema reticulado.

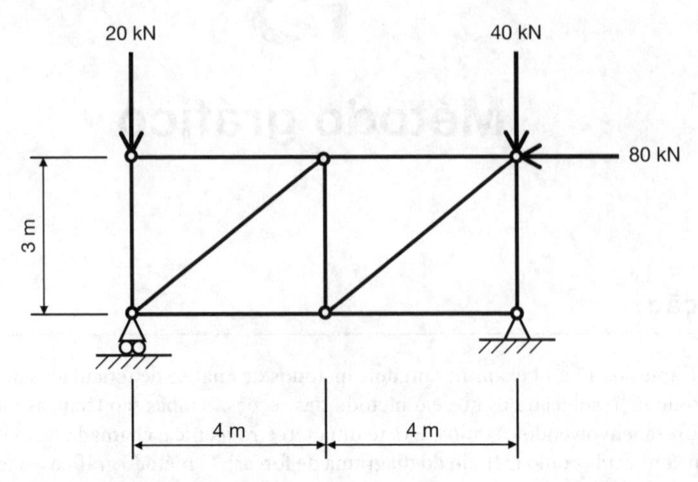

Figura 15.1 Exemplo de método gráfico.

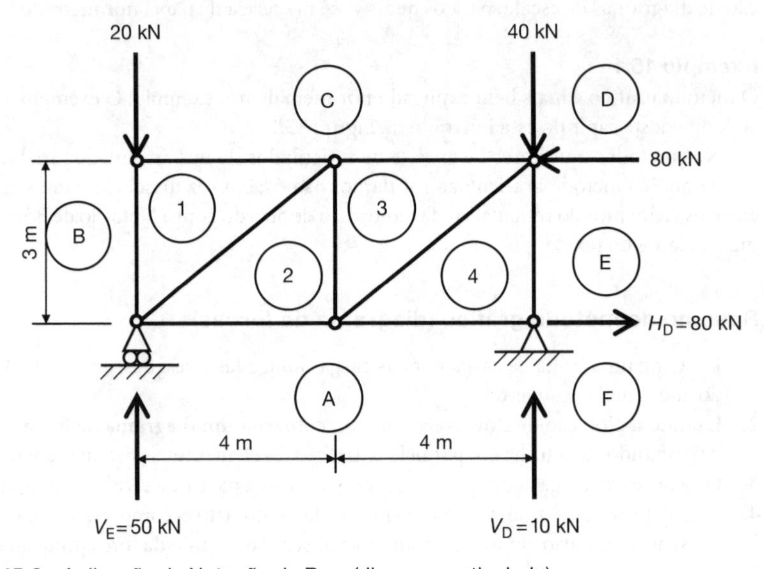

Figura 15.2 Aplicação da Notação de Bow (diagrama reticulado).

Se rotularmos nosso reticulado de acordo com a Notação de Bow, ele ficará como o mostrado na Figura 15.2. Repare que as fronteiras entre as zonas externas (A, B, etc.) são definidas pelas posições das linhas das forças externas e reações e que os elementos do sistema reticulado definem as fronteiras entre as zonas internas (1, 2, etc.).

Conforme formos avançando por este problema, estaremos construindo um diagrama (chamado de ***diagrama de forças***) em uma folha em branco de papel milimetrado. Ao fazermos isso, continuaremos revisitando o diagrama mostrado na Figura 15.2, o qual chamaremos de ***diagrama reticulado***.

Cálculo das reações

Comecemos pelo cálculo das reações, as quais chamaremos de V_E (reação vertical, apoio da esquerda), V_D (reação vertical no apoio da direita) e H_D (reação horizontal, apoio da direita).

A partir do equilíbrio horizontal,

$$H_D = 80 \text{ kN} \rightarrow$$

A partir do equilíbrio vertical,

$$V_E + V_D = 20 + 40 = 60 \text{ kN}$$

Calculando os momentos em torno do apoio da esquerda,

$$(40 \text{ kN} \times 8 \text{ m}) = (80 \text{ kN} \times 3 \text{ m}) + (V_D \times 8 \text{ m})$$

Então,

$$V_D = 10 \text{ kN}$$

e, portanto,

$$V_E = 50 \text{ kN}$$

Construção do diagrama de forças

Agora estamos preparados para começar a construir o diagrama de forças. As várias etapas na construção deste diagrama estão ilustradas na Figura 15.3.

Comece com uma folha em branco de papel milimetrado. Em um lugar no meio da folha, escolha um ponto e identifique-o como *a*. Este símbolo *a* (em minúscula) no diagrama de forças corresponde à zona A (em maiúscula) no diagrama reticulado. No diagrama reticulado (Fig. 15.2), você perceberá que para ir da zona A até a zona B é preciso cruzar por uma força de 50 kN para cima. Isso é representado no diagrama de forças pelo desenho de uma linha verticalmente para cima saindo da posição *a* (representando a zona A) por uma distância representando 50 kN até chegar a uma nova posição *b* (que representa a zona B). Para fazer isso em papel milimetrado, você precisará adotar uma escala adequada – sugiro que uma escala de 1 mm = 1 kN seria adequada para este problema em uma folha de papel milimetrado A4.

Assim, a linha de 50 mm de comprimento, saindo do ponto *a* para cima até o ponto *b* no diagrama de forças, representa a força para cima (reação) de 50 kN que você precisa atravessar para ir da zona A para a zona B no diagrama reticulado.

Retornando ao diagrama reticulado, para ir da zona B até a zona C, é preciso atravessar uma força de 20 kN para baixo (veja a Fig. 15.2). No diagrama de forças (Fig. 15.3), isso é representado pelo desenho de uma força verticalmente para baixo a partir da posição *b* de comprimento 20 mm (equivalente a 20 kN). O ponto ao qual você chegará deve ser identificado por um *c* e representa a zona C no diagrama reticulado.

Retornando ao diagrama reticulado outra vez, pode-se perceber que:

- para ir da zona C até a zona D, é preciso atravessar uma força de 40 kN (verticalmente para baixo);
- para ir da zona D até a zona E, é preciso atravessar uma força de 80 kN (para a esquerda);
- para ir da zona E até a zona F, é preciso atravessar uma força de 80 kN (para a direita);
- para ir da zona F até a zona A, é preciso atravessar uma força de 10 kN (verticalmente para cima).

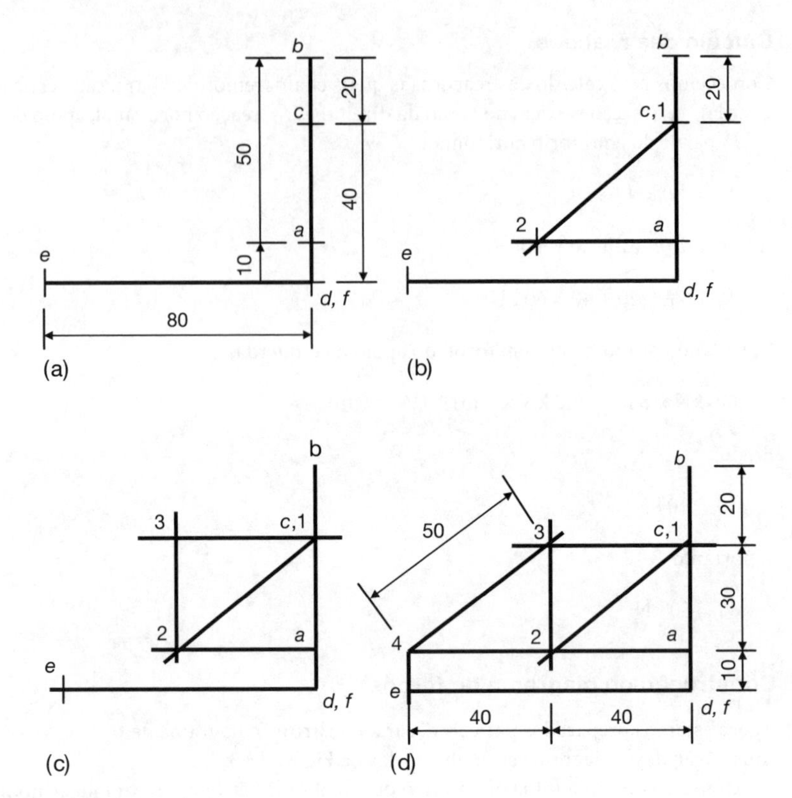

Figura 15.3 Diagrama de forças.

Isso é representado, respectivamente, por:

- uma linha vertical para baixo saindo de *c*, com 40 mm de comprimento, e chegando a *d*;
- uma linha horizontal para a esquerda saindo de *d*, com 80 mm de comprimento, e chegando a *e*;
- uma linha horizontal para a direita saindo de *e*, com 80 mm de comprimento, e chegando a *f*;
- uma linha vertical para cima saindo de *f*, com 10 mm de comprimento, e chegando a *a*.

O diagrama de forças resultante é mostrado na Figura 15.3a.

A próxima tarefa é localizar os pontos 1, 2, 3 e 4 no diagrama de forças, que respectivamente representam as zonas 1, 2, 3 e 4 no diagrama reticulado. Examine a zona 1 no diagrama reticulado (Fig. 15.2). Ela é separada da zona B por um elemento vertical e da zona C por um elemento horizontal. Isso determina que, em nosso diagrama de forças:

- o ponto 1 recai numa linha vertical que também passa pelo ponto *b*;
- o ponto 1 recai numa linha horizontal que também passa pelo ponto *c*.

Portanto, o ponto 1 (representando a zona 1) deve recair no ponto mostrado na Figura 15.3b.

Passando para a zona 2 no diagrama reticulado, pode-se perceber que ela está separada da zona A por um elemento horizontal e da zona 1 por uma linha diagonal inclinada para cima e para a direita a um ângulo de "4 quadrados para o lado, 3 quadrados para cima" (ou 36,9°).

Assim, o ponto 2 pode ser encontrado em nosso diagrama de forças a partir das duas regras seguintes:

- o ponto 2 recai na linha diagonal (ângulo conforme mencionado anteriormente) que passa pelo ponto 1;
- o ponto 2 recai na linha horizontal que passa pelo ponto *a*.

Então o ponto 2 deve se situar no ponto mostrado na Figura 15.3b.

Por um processo similar, o ponto 3 situa-se no ponto onde uma linha vertical que passa pelo ponto 2 intersecta uma linha horizontal pelo ponto *c* (veja a Figura 15.3c), e o ponto 4 situa-se no ponto onde uma linha vertical que passa pelo ponto *e* se encontra com uma linha horizontal pelo ponto *a*. O diagrama de forças completo é mostrado na Figura 15.3d.

Usando o diagrama de forças para determinar a magnitude das forças

Agora vem a parte fácil. Para determinar o esforço axial em um dos elementos, basta converter a escala de distância entre os dois pontos relevantes no diagrama de forças (Fig. 15.3). Para determinar, por exemplo, o esforço axial no elemento diagonal à direita do sistema reticulado, o qual separa a zona 3 da zona 4 no diagrama reticulado (Fig. 15.2), você precisa medir a distância entre os pontos 3 e 4 no diagrama de forças (Fig. 15.3d). Essa distância é de 50 mm e, portanto, o esforço axial no elemento é de 50 kN. (Obs.: não faça a conversão a partir das distâncias mostradas nos diagramas deste livro, pois elas não estão em escala correta; porém, o seu diagrama de forças estará.)

De modo similar, para determinar o esforço axial no elemento central vertical, o qual separa as zonas 2 e 3 no diagrama reticulado, é necessário medir a distância entre os pontos 2 e 3 no diagrama de forças. A partir da Figura 15.3d, pode-se perceber prontamente que essa distância é de 30 mm e que, portanto, o esforço axial no elemento é de 30 kN.

Se você desse continuidade a esse processo para os elementos restantes, obteria os esforços axiais mostrados na Tabela 15.1.

Estamos agora a meio caminho de resolver este problema. Já encontramos as magnitudes dos esforços axiais em cada elemento. Continue lendo para descobrir como determinar o tipo de esforço (tração ou compressão) em cada elemento.

As referências dos elementos representam as zonas (conforme mostradas na Figura 15.2) entre as quais o elemento se encontra. O elemento B-1, por exemplo, encontra-se entre as zonas B e 1 (isto é, o elemento vertical à esquerda), o elemento 3-4 encontra-se entre as zonas 3 e 4 (isto é, o elemento inclinado à direita), e assim por diante.

Tabela 15.1 Esforços axiais nos elementos do Exemplo 15.1

Referência do elemento	Esforço axial no elemento (kN)
B-1	20
C-1	0
1-2	50
A-2	40
2-3	30
C-3	40
3-4	50
A-4	80
E-4	10

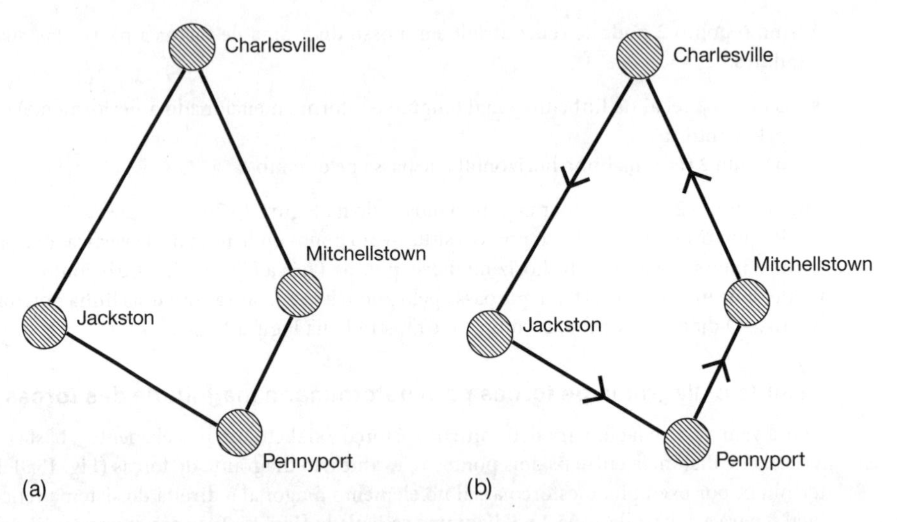

Figura 15.4 Rota de entregas do motorista da van.

A analogia do motorista de van

Imagine que você é o motorista de uma van de entregas no vilarejo de Mitchellstown. Certo dia, você precisa fazer entregas em endereços situados em três vilarejos diferentes: Pennyport, Jackston e Charlesville. Cabe a você decidir a ordem em que visitará os três vilarejos. O sistema de rodovias que liga os três vilarejos entre si e a Mitchellstown é mostrado na Figura 15.4a. A partir dela, você pode ver que as duas opções mais eficientes são as seguintes:

1. Mitchellstown - Pennyport - Jackston - Charlesville - Mitchellstown (isto é, circuito em sentido horário)
2. Mitchellstown - Charlesville - Jackston - Pennyport - Mitchellstown (isto é, circuito em sentido anti-horário)

Você está tentando se decidir por uma das duas rotas quando o seu patrão sai correndo de dentro do seu escritório. Ele lhe diz que recebeu um telefonema urgente e pede para que você comece pela entrega em Charlesville. Então não há mais o que decidir: você precisa visitar os vilarejos na ordem apresentada na segunda opção, mostrada na Figura 15.4b.

Cálculo do sentido (compressivo ou tracional) dos esforços axiais no sistema reticulado

Retornando ao exemplo apresentado na Figura 15.1, até aqui já desenhamos nosso diagrama de forças (Fig. 15.3), a partir do qual convertemos as escalas para obter a magnitude dos esforços (apresentadas na Tabela 15.1). Mas como fazemos para determinar quais desses esforços são de tração e quais são de compressão?

Nó no canto superior direito do reticulado

Observe o canto superior direito do reticulado em nosso exemplo. Inspecionando-se a Figura 15.2, é possível perceber que cinco zonas se encontram nesse ponto. (Se isso ajudar, e caso você tenha interesses agronômicos, é possível considerar esse ponto como o local onde cinco campos

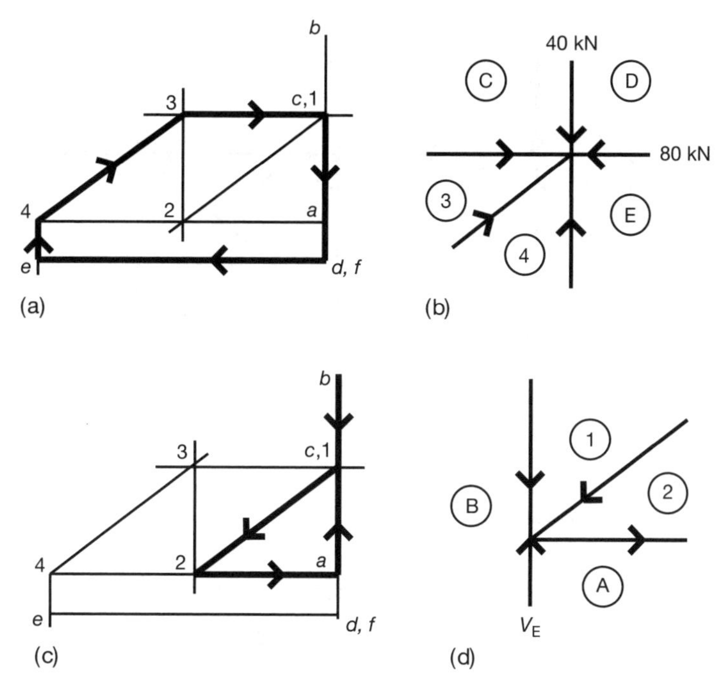

Figura 15.5 Determinação dos sentidos das forças.

se encontram e você deve dar um nome a cada um deles.) As cinco zonas que se encontram nesse ponto são: C, D, E, 3 e 4.

Se agora nos voltarmos para o diagrama de forças (Fig. 15.3d) e para as linhas grossas sobrepostas a ele representando as ligações entre esses cinco pontos (*c*, *d*, *e*, 3 e 4), acabaríamos com o diagrama mostrado na Figura 15.5a. Agora sabemos que a força de 40 kN para baixo separa as zonas C e D (Fig. 15.2), então isso pode ser representado por uma seta apontando para baixo entre os pontos *c* e *d* na Figura 15.5a. De modo similar, a força de 80 kN para a esquerda separando as zonas D e E pode ser representada por uma seta apontando para a esquerda entre os pontos *d* e *e* na Figura 15.5a.

Tomando por referência a analogia do motorista da van discutida anteriormente, os sentidos dessas duas forças determinam os sentidos das outras forças para completar o circuito na Figura 15.5a – mostrados pelos sentidos das setas. Assim, a força na linha *e*-4 atua para cima, a na 4-3 atua para cima e para a direita, e aquela na linha 3-*c* atua para a direita, conforme mostradas na Figura 15.5a. Quando transferimos os sentidos dessas forças para os elementos correspondentes no diagrama reticulado, vemos que os sentidos das forças no diagrama reticulado serão como os mostrados na Figura 15.5b.

Nó no canto inferior esquerdo do reticulado

Examinemos agora o canto inferior esquerdo do reticulado. Olhando para a Figura 15.2, pode-se perceber que quatro zonas se encontram nesse ponto, ou seja, A, B, 1 e 2. Se agora nos voltássemos ao diagrama de forças (Fig. 15.3d) e sobrepuséssemos nele as linhas grossas representando as ligações entre esses quatro pontos (*a*, *b*, 1 e 2), acabaríamos com o diagrama mostrado na Figura 15.5c.

Sabemos agora que uma força de 50 kN para cima separa as zonas A e B (veja a Fig. 15.2), então isso pode ser representado por uma seta apontando para cima entre os pontos *a* e *b* na Figura 15.5c.

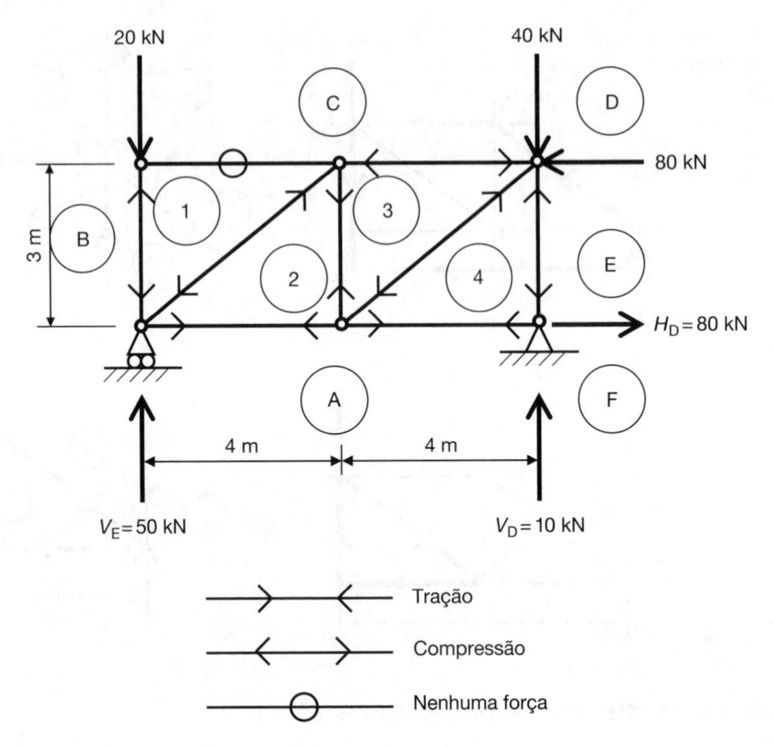

Figura 15.6 Sentido dos esforços axiais nos elementos.

Figura 15.7 Telhado com reticulado espacial em aço, estação de metrô Lille Europe, França.

Mais uma vez, o sentido dessa força determina os sentidos das demais forças para completar o circuito na Figura 15.5c – mostrados pelos sentidos das setas. Isso nos diz que a força na linha *b*-1 atua para baixo, a na 1-2 atua para baixo e para a esquerda, e aquela na linha 2-*a* atua para a direita. Assim, os sentidos das forças no diagrama reticulado serão mostrados como na Figura 15.5d. Repetindo-se o processo para cada um dos nós, obtém-se a formação de setas mostrada na Figura 15.6. Lembre-se:

- quando as setas apontam uma para a outra, isso indica tração;
- quando as setas apontam uma para longe da outra, isso indica compressão.

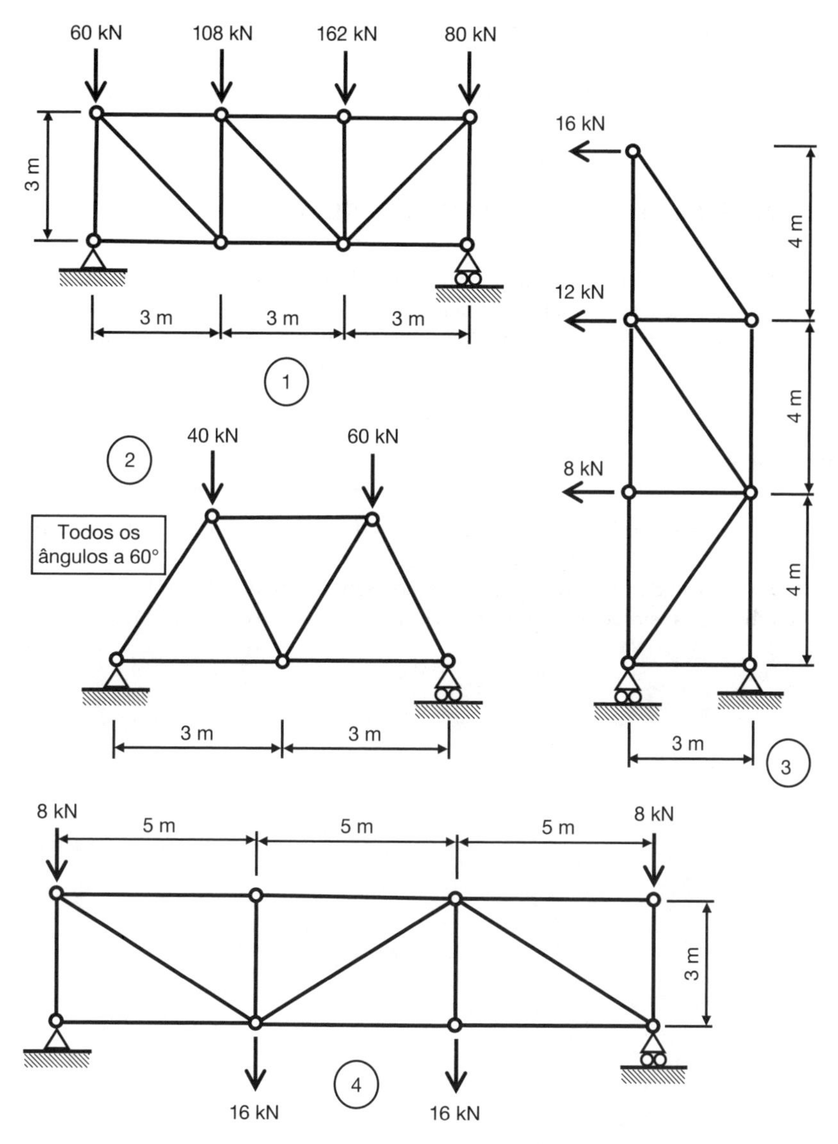

Figura 15.8 Exercícios.

Assim, para resumir, o procedimento para determinar quais elementos encontram-se sob tração e quais encontram-se sob compressão é o seguinte:

1. Analise um nó por vez.
2. Para cada nó escolhido, considere quais números/letras de zonas fazem contato direto com o nó.
3. Sobre o diagrama de forças, desenhe uma linha grossa ligando os números de zonas correspondentes.
4. O sentido da força entre duas das letras de zonas geralmente é conhecido. A partir disso, o sentido de todas as outras forças pode ser determinado.

O telhado mostrado na Figura 15.7, que foi fotografado a partir da plataforma de uma estação ferroviária subterrânea muitos metros abaixo, é um típico reticulado espacial. Um reticulado espacial é um reticulado de nós articulados com três dimensões e precisa ser projetado de acordo com isso.

O que você deve recordar deste capítulo

Este capítulo descreve o método gráfico, que é um procedimento para determinar os esforços axiais em reticulados de nós articulados usando desenhos em vez de cálculos. A melhor maneira de aprender o método é acompanhar o exemplo usado neste capítulo e aplicá-lo nos exercícios a seguir.

Exercícios

Use o método gráfico para determinar os esforços axiais em cada elemento de cada um dos exemplos ilustrados na Figura 15.8. Em cada caso, descubra se o esforço é tracional ou compressivo. Em seguida, ou confira suas respostas usando o método de resolução nos nós (Capítulo 13), ou confira os esforços em elementos selecionados usando o método das seções (Capítulo 14).

16

Esforço cortante e momentos fletores

Introdução

Já abordamos os conceitos de cisalhamento e de flexão no Capítulo 3. Neste capítulo, esses conceitos são explorados detalhadamente e as quantificações e cálculos que eles envolvem são explicados.

Deformação de estruturas

Imagine que as vigas indicadas pelas grossas linhas horizontais na Figura 16.1 são bastante flexíveis, mas não lá muito resistentes, sendo facilmente deformadas (defletidas) sob as cargas mostradas. As linhas na Figura 16.2 indicam os formatos de deformação das vigas correspondentes na Figura 16.1.

Alquebramento e tosamento

Discutiremos em breve as deformações mostradas na Figura 16.2, mas, antes disso, vamos definir dois termos importantes. Você provavelmente já se deparou com algum objeto em ***tosamento*** antes – por exemplo, sua cama talvez esteja afundada no meio (se isso for verdade, meu conselho: arranje uma cama melhor – vale todo o investimento). O tosamento, ou a deformação para baixo, é ilustrado na Figura 16.3a.

Alquebramento – uma deformação para cima – é o oposto (ou imagem especular) de tosamento. O conceito de alquebramento é ilustrado na Figura 16.3b.

Exame das formas defletidas mostradas na Figura 16.2

Observe, como um exemplo, a viga 1 na Figura 16.1, que encontra-se simplesmente apoiada em ambas extremidades e está sujeita a uma carga pontual central. Claramente, a viga tenderá a sofrer tosamento sob a carga, conforme indicado pela linha no diagrama correspondente na Figura 16.2. Quando a viga se arqueia dessa forma, as fibras bem na sua parte superior são esmagadas umas contra as outras; em outras palavras, elas serão comprimidas. De modo similar, as fibras na parte inferior da viga serão distendidas, o que indica que a parte de baixo da viga encontra-se sob tração. O fato de que a base da viga encontra-se sob tração é indicado pela letra T (de tração) situada embaixo da linha na viga 1 da Figura 16.2.

Já a viga 2 na Figura 16.1 tenderá a sofrer alquebramento (ou "abaulamento") sobre o apoio central como resultado das cargas pontuais em ambas extremidades. Esse perfil de alquebramento é indicado pela linha no diagrama correspondente na Figura 16.2. Neste caso, veremos que a parte de cima da viga ficará sob tração e, portanto, indicamos tração (letra T) acima da linha na posição de apoio.

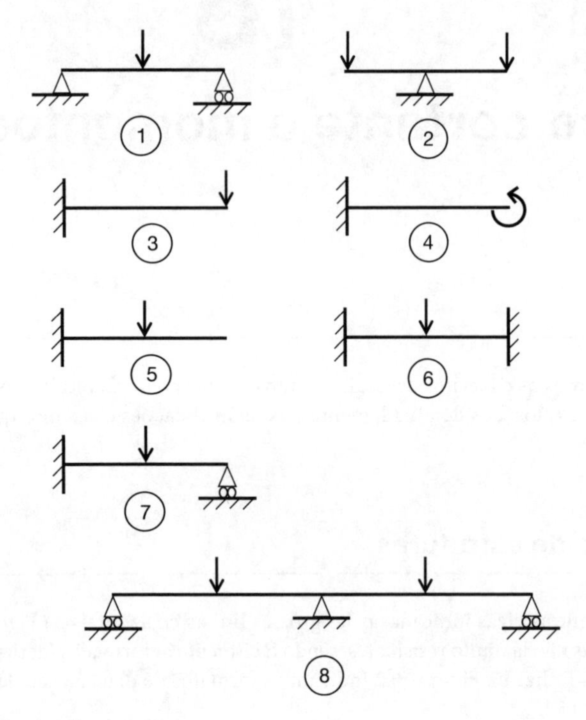

Figura 16.1 Deformações em vigas.

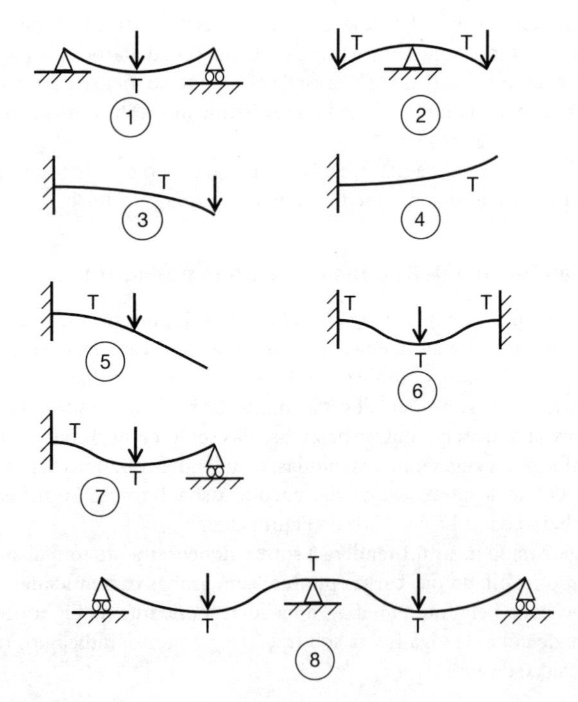

Figura 16.2 Deformações em vigas – indicadas.

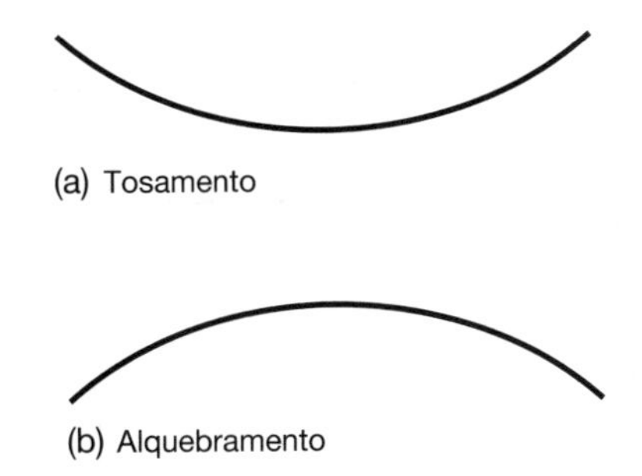

Figura 16.3 Tosamento e alquebramento.

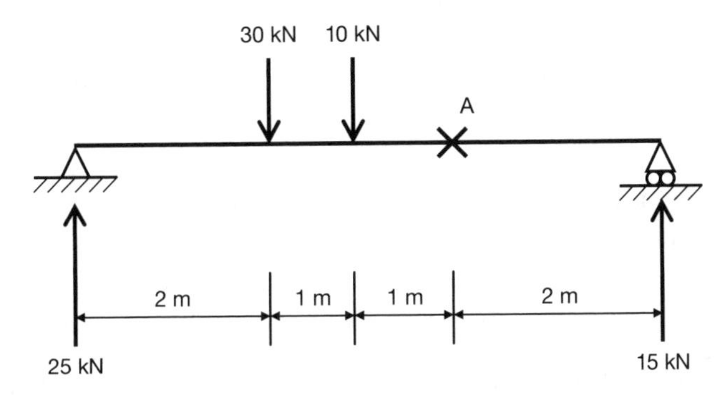

Figura 16.4 Exemplo 16.1 – esforço cortante e momento fletor em um ponto.

Podemos analisar as vigas restantes na Figura 16.1 de uma maneira similar e obter os perfis deformados e as posições de tração para cada uma delas (indicados pelas linhas e pela letra T, respectivamente, na Figura 16.2).

Se você tem dificuldade em visualizar a deformação da viga mostrada na viga 4, replique a situação segurando uma régua horizontal comum ao pressioná-la firmemente com sua mão esquerda em sua extremidade esquerda e ao aplicar uma torção em sentido anti-horário com sua mão direita na extremidade direita. Você verá, então, a régua se deformar da maneira retratada na viga 4 da Figura 16.2, e sua parte de baixo ficará sob tração.

Ao examinar os formatos deformados das vigas indicadas na Figura 16.2 para as vigas 6 e 7, lembre-se que um apoio engastado prende firmemente uma viga, enquanto um apoio rotulado (ou simples) permite a ocorrência de rotação. (Veja o Capítulo 10 para revisar os vários tipos de apoio.)

Se você tem total compreensão da Figura 16.2, avance para a próxima seção.

Cisalhamento e flexão

Fomos introduzidos aos conceitos de ***cisalhamento*** e de ***flexão*** no Capítulo 3. Esses dois termos representam as maneiras pelas quais um elemento estrutural (uma viga, por exemplo) pode falhar, e isso é ilustrado nas Figuras 3.4 e 3.5. Para recordá-lo:

- Cisalhamento é uma ação de corte ou fatiamento que faz uma viga simplesmente se quebrar ou se romper. Conforme discutido no Capítulo 3, uma carga pesada situada próximo ao apoio de uma viga frágil pode levar à ocorrência de uma falha por cisalhamento.

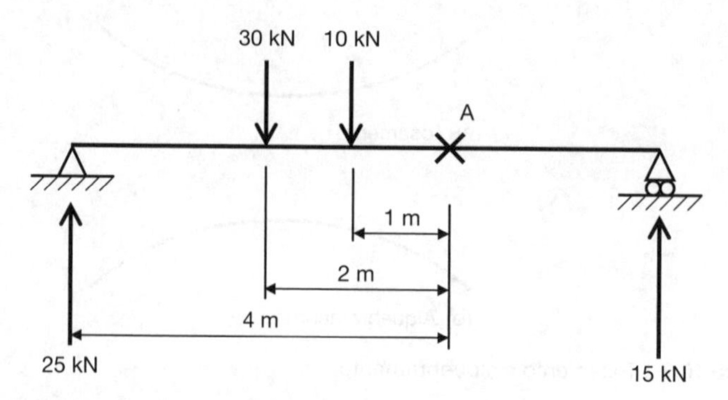

Figura 16.5 Momento fletor no ponto A.

- Quando uma viga é sujeita a uma carga, ela é flexionada. Quanto mais carga é aplicada, mais a viga é flexionada. Quanto mais a viga é flexionada, maiores serão as tensões tracionais e compressivas induzidas na viga. A partir de certo ponto, tais tensões ultrapassarão as tensões que o material é capaz de suportar e uma falha acabará ocorrendo – em outras palavras, a viga acabará quebrando. Em resumo, se você aumentar a flexão de uma viga, mais cedo ou mais tarde ela se quebrará.

Assim, uma viga pode falhar por cisalhamento ou por flexão. Uma pergunta natural a esta altura é: qual dos dois ocorrerá primeiro? Infelizmente, não existe uma resposta geral para essa pergunta. Em algumas circunstâncias, uma viga apresentará falha por cisalhamento; em outros casos, uma viga apresentará falha por flexão. O que acontecerá primeiro vai depender do perfil longitudinal da viga: seus vãos, a posição e a natureza de seus apoios e as posições e as magnitudes das cargas sobre ela. Apenas fazendo cálculos podemos determinar se uma falha por cisalhamento ou por flexão ocorrerá primeiro.

A primeira coisa que precisamos fazer é desenvolver um sistema para ***quantificar*** efeitos de cisalhamento e de flexão. Essas quantificações são chamadas de ***esforço cortante*** (ou ***esforço de cisalhamento***) e de ***momento fletor***, respectivamente, e são definidas nos parágrafos a seguir.

Esforço cortante (ou esforço de cisalhamento)

Um esforço cortante (também chamado de esforço de cisalhamento) é um esforço que tende a produzir uma falha por cisalhamento em algum ponto de uma viga. O valor do esforço cortante em qualquer ponto de uma viga = a ***soma algébrica*** de todas as forças atuando para cima e para baixo à esquerda do ponto em questão. (O termo "soma algébrica" significa que as forças para cima são consideradas como positivas e as forças para baixo são consideradas negativas.)

Exemplo 16.1

Observe o exemplo mostrado na Figura 16.4, em que as reações nas extremidades já foram calculadas como 25 kN e 15 kN, conforme mostradas (você pode conferir esses valores). Para calcular o esforço cortante no ponto A, ignore tudo à direita de A e examine todas as forças que existem à esquerda de A. Lembre-se: forças para cima são positivas e forças para baixo são negativas. Somando as forças entre si:

Esforço cortante em A = +25 – 30 – 10 = –15 kN

Momento fletor

O momento fletor é a magnitude do efeito de flexão em qualquer ponto de uma viga. Já encontramos momentos no Capítulo 8, onde aprendemos que um momento é uma força multiplicada

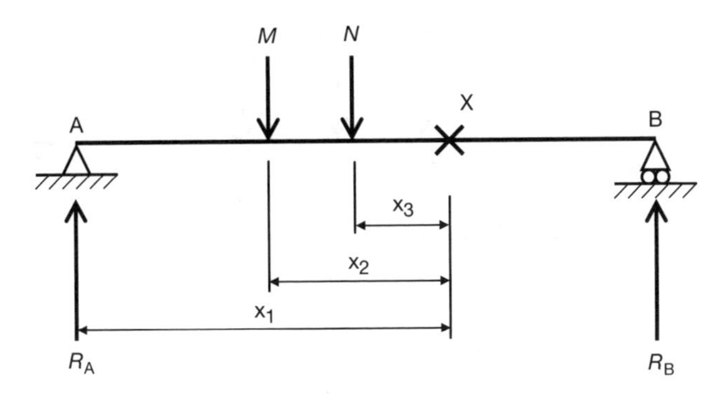

Figura 16.6 Esforços cortantes e momentos fletores – caso geral.

por uma distância perpendicular, atuando ou em sentido horário ou em sentido anti-horário, e medida em kN.m ou N.mm. O valor do momento fletor em qualquer ponto de uma viga = a soma de todos os momentos fletores à esquerda do ponto em questão. (Considere os momentos em sentido horário positivos e os momentos em sentido anti-horário negativos.)

Observe novamente a viga mostrada na Figura 16.4. Para calcular o momento fletor no ponto A, ignore tudo à direita de A e examine as forças (e, consequentemente, os momentos) que existem à esquerda de A. Você deve perceber que, como estamos calculando o momento em A, todas as distâncias devem ser medidas a partir do ponto A até a posição de cada força relevante. Veja a Figura 16.5 para esclarecimentos.

Momento fletor em A = (25 kN × 4 m) – (30 kN × 2 m) – (10 kN × 1 m)
= 100 – 60 – 10
= 30 kN.m

A Figura 16.6 exibe um caso mais geral. A viga AB sustenta duas cargas pontuais, M e N, situadas nas posições mostradas. As reações nas extremidades em A e B são R_A e R_B, respectivamente. Suponha que estejamos interessados em descobrir o esforço cortante na posição X, que está situada a uma distância x_1 do apoio A, a uma distância x_2 da carga pontual M e a uma distância x_3 da carga pontual N. O esforço cortante e o momento fletor em X são calculados do seguinte modo:

Esforço cortante em X = $R_A - M - N$
Momento fletor em X = $(R_A \times x_1) - (M \times x_2) - (N \times x_3)$

(Lembre-se: momentos em sentido horário são positivos, momentos em sentido anti-horário são negativos.)

Esforço cortante e momento fletor: alguns exemplos

Considerando cada um dos três exemplos mostrados na Figura 16.7, calcule o esforço cortante e o momento fletor no ponto D. Confira suas respostas com as apresentadas a seguir:

a. Esforço cortante em D = –52 kN; momento fletor em D = 104 kN.m
b. Esforço cortante em D = –17,5 kN; momento fletor em D = 35 kN.m
c. Esforço cortante em D = –5 kN; momento fletor em D = 45 kN.m

(Se você não sabe ao certo de onde vieram tais respostas, leia novamente os exemplos e as regras apresentados anteriormente. No exemplo (b), a componente vertical da força de 14,4 kN inclinada é 10 kN; retorne ao Capítulo 7 para esclarecimentos.)

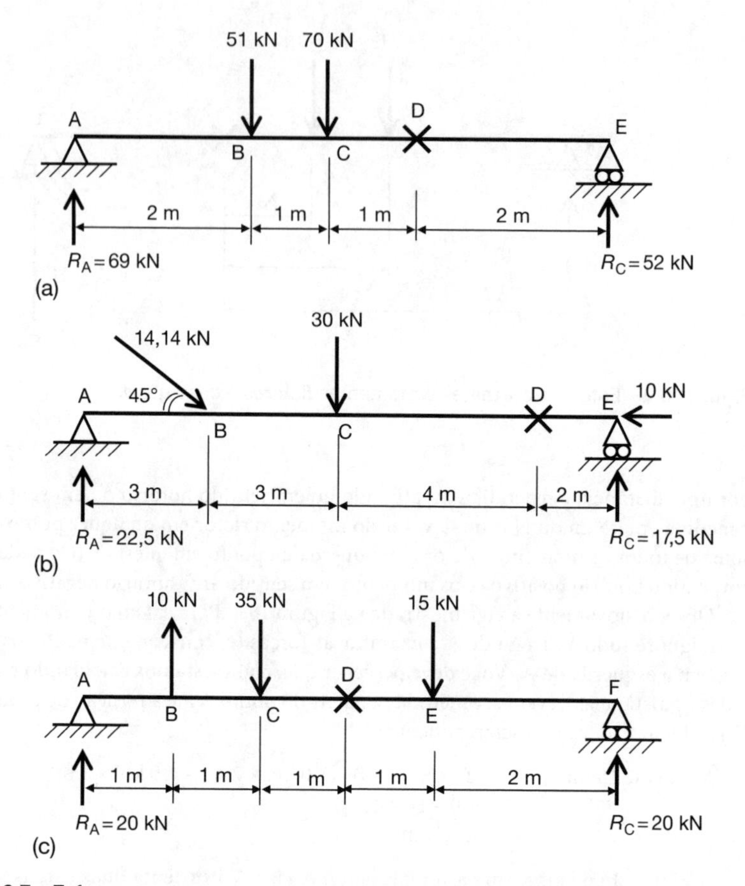

Figura 16.7 Esforços cortantes e momentos fletores em um ponto – exemplos.

Até aqui, vimos como calcular valores de esforço cortante e de momento fletor em um ponto específico de uma viga. Porém, enquanto engenheiros, estamos menos interessados nos valores em um ponto específico e mais interessados em como o esforço cortante e o momento fletor variam ao longo de todo o comprimento de uma viga. Sendo assim, podemos calcular e desenhar representações gráficas de esforço cortante e de momento fletor e suas variações ao longo de uma viga. Esses desenhos são chamados de diagramas de esforço cortante (ou esforço de cisalhamento) e de momento fletor.

Diagramas de esforço cortante e de momento fletor

Exemplo 16.2

Olhe para o exemplo mostrado na Figura 16.8a. A viga é sustentada em suas duas extremidades, A e G, e experimenta uma carga pontual de 18 kN no ponto E, que está a 4 m da extremidade esquerda da viga. As reações nas extremidades esquerda e direita são de 6 kN e 12 kN, respectivamente, conforme já calculadas no Capítulo 9.

Iremos calcular os valores de esforço cortante e momento fletor a intervalos de 1 m ao longo da viga, ou seja, nos pontos A, B, C, D, E, F e G. Ao fazer isso, ou ao lidar com um exemplo

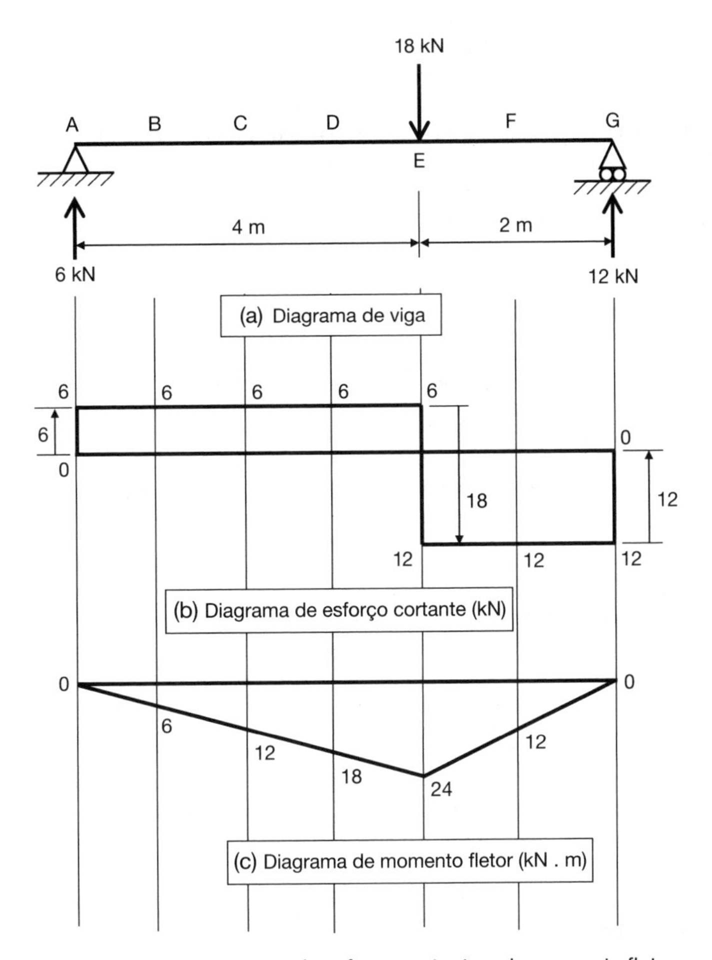

Figura 16.8 Exemplo 16.2 – diagramas de esforço cortante e de momento fletor.

similar por conta própria, sugiro que você utilize papel milimetrado e alinhe referências verticais para facilitar seus traçados.

Esforço cortante

(Lembre-se: sempre olhe para o que está acontecendo à *esquerda* do ponto no qual você está tentando calcular o esforço cortante.) Antes de mais nada, trace uma linha reta representando esforço cortante zero. Esta será a linha referencial a partir da qual o diagrama de esforço cortante é traçado.

Não há nada à esquerda do ponto A, então o esforço cortante no ponto A é zero.

Se avançarmos uma distância bem pequena (digamos, 2 mm) para direita de A, encontraremos agora uma força de 6 kN para cima à esquerda do ponto que estamos considerando. Assim, o esforço cortante nesse ponto é de 6 kN. Podemos representar esse efeito por uma linha reta vertical no ponto A, começando na linha referencial de esforço zero e subindo até um ponto representando 6 kN. Como cada um dos pontos B, C, D e E apresenta uma força de 6 kN a sua esquerda (isto é, a reação no ponto A), então o esforço cortante em cada um desses pontos é de 6 kN. Esses valores podem ser plotados em nosso diagrama de esforço cortante.

Observe agora um ponto a uma distância bem pequena (digamos, 2 mm) para direita de E. Se examinarmos todas as forças à esquerda desse ponto, percebemos que há uma força de 6 kN para cima (em A) e uma força de 18 kN para baixo (em E). O esforço cortante nesse ponto deve ser de (6 – 18) = –12 kN (o que significa 12 kN abaixo da linha referencial). Os esforços cortantes em F e logo a esquerda de G terão o mesmo valor (–12 kN).

No ponto G propriamente dito, a soma de todas as forças = (6 kN – 18 kN + 12 kN) = 0 kN. Então o esforço cortante em G é zero. O diagrama de esforço cortante está traçado na Figura 16.8b.

Momentos fletores

Mais uma vez, estamos olhando exclusivamente para as forças e momentos à esquerda de cada ponto em questão. Calcularemos o momento em cada ponto, lembrando que:

- momentos em sentido horário são positivos; momentos em sentido anti-horário são negativos;
- as distâncias são medidas a partir da força em questão até o ponto sendo examinado.

Momento fletor em A = +(6 kN × 0 m) = 0 kN.m
Momento fletor em B = +(6 kN × 1 m) = 6 kN.m
Momento fletor em C = +(6 kN × 2 m) = 12 kN.m
Momento fletor em D = +(6 kN × 3 m) = 18 kN.m
Momento fletor em E = +(6 kN × 4 m) – (18 kN × 0 m) = 24 kN.m
Momento fletor em F = +(6 kN × 5 m) – (18 kN × 1 m) = 12 kN.m
Momento fletor em G = +(6 kN × 6 m) – (18 kN × 2 m) = 0 kN.m

O diagrama de momento fletor está traçado na Figura 16.8c.

Dica: como estamos olhando apenas para os esforços cortantes e momentos fletores à esquerda de um ponto específico, talvez você ache útil, para começar, usar um pedaço de papel para cobrir a parte do diagrama à direita do ponto que você está considerando.

Há um jeito mais fácil

Ainda que o exemplo anterior tenha nos dado uma boa amostra de como calcular e construir diagramas de esforço cortante e de momento fletor, torna-se um tanto tedioso levar em consideração cada metro ao longo da viga dessa forma. A seguir, apresentamos um modo mais rápido de traçar diagramas de esforço cortante e de momento fletor para o exemplo anterior.

Diagrama de esforço cortante – "siga as setas"

Trace uma linha referencial representando esforço cortante zero. Em seguida, comece pela extremidade esquerda da viga. Nesse ponto, há uma força de 6 kN para cima. Então, trace uma linha para cima a partir da linha zero – suba 6 kN, até um valor de +6 kN. Avançando para a direita a partir de A, não encontramos qualquer outra força ou particularidades até chegarmos ao ponto E; portanto, o diagrama de esforço cortante entre A e E será representado por uma linha reta horizontal entre esses dois pontos no valor de +6 kN.

No ponto E, há uma força de 18 kN para baixo. Nosso diagrama de esforço cortante refletirá isso sendo rebaixado em 18 kN, o que nos leva de +6 kN para –12 kN. Avançando para a direita a partir de E, não encontramos qualquer outra força ou particularidades até chegarmos ao ponto G; portanto, o diagrama de esforço cortante entre E e G será representado por uma linha reta horizontal no valor de –12 kN.

No ponto G, há uma força de 12 kN para cima. Já estamos em –12 kN, então a força de 12 kN para cima nos leva de volta para zero. (Repare que o diagrama de esforço cortante ***sempre*** acaba voltando para a linha zero. Se isso não acontece com o seu diagrama, você cometeu um erro em algum ponto.)

O diagrama de esforço cortante é mostrado na Figura 16.8b. Obviamente, ele é o mesmo que calculamos antes. Observe que não há nada de "mágico" nesse processo. Tudo o que fizemos foi seguir as setas. Para resumir: se uma força atua para cima (por exemplo, a reação de 6 kN em A), então o diagrama de esforço cortante pula para cima nessa mesma quantidade. Por outro lado, se uma força atua para baixo (por exemplo, a força de 18 kN em E), então o diagrama de esforço cortante pula para baixo em tal ponto, nessa mesma quantidade.

Diagrama de momento fletor – apenas em pontos de "eventos" e una os pontos

Anteriormente, calculamos o momento fletor a intervalos de 1 m ao longo da viga. Na verdade, precisamos fazer isso apenas em pontos de "eventos", plotar os valores e juntar os pontos. Pontos de "eventos" (termo meu) são aqueles pontos em que o problema apresenta alguma particularidade, como uma carga pontual, uma reação ou uma extremidade da viga. Se você ficar em dúvida se um ponto específico é ou não de "evento", pressuponha que ele seja. Os pontos de "evento" nessa viga são A, E e G. Calculamos anteriormente os valores de momento nesses três pontos como sendo 0, 24 e 0 kN.m, respectivamente. Basta plotar esses valores e unir os pontos plotados por meio de linhas retas para você obter o diagrama de momento fletor mostrado na Figura 16.8c.

Há mais uma questão a ser observada. Você talvez tenha se perguntado por que optamos, na Figura 16.8c, por indicar os valores de momento fletor abaixo da linha zero ao invés de acima dela. A convenção sugere que o diagrama de momento fletor seja plotado do lado da viga que experimenta tração. A partir da discussão no início deste capítulo – e, especificamente, a partir da Figura 16.1 – você perceberá que no exemplo atual a viga acabará sofrendo tosamento, indicando que a tração ocorre na parte de baixo da viga, o que sugere que plotemos o diagrama de momento fletor abaixo da linha zero.

Para resumir: o diagrama de momento fletor é desenhado ou acima ou abaixo da linha zero, dependendo de se a viga experimenta tração na parte de cima ou na parte de baixo no ponto em questão (parte de cima: acima da linha, parte de baixo: abaixo da linha).

O formato dos diagramas de esforço cortante e de momento fletor

Se você examinar o formato dos diagramas anteriores de esforço cortante e de momento fletor, perceberá as seguintes características:

- O diagrama de esforço cortante é uma série de "degraus"; em outras palavras, ele contém apenas linhas retas horizontais e verticais.
- O diagrama de momento fletor compreende linhas retas inclinadas.

Essas características valem para todos os casos em que uma viga experimenta somente cargas pontuais (isto é, nenhuma carga uniformemente distribuída).

Para resumir: quando uma viga experimenta apenas cargas pontuais, o diagrama de esforço cortante será uma série de degraus e o diagrama de momento fletor conterá somente linhas retas (geralmente inclinadas).

A relação entre esforço cortante e momento fletor

É possível que você venha a explorar a relação matemática entre esforço cortante e momento fletor em um estágio mais avançado do seu curso. Uma coisa a prestar atenção agora é a regra a seguir, que vale para todos os casos:

> *Onde o esforço cortante é zero, o momento fletor é ou um máximo local, ou um mínimo local ou zero.*

Se olharmos novamente para o exemplo na Figura 16.8, vemos que o diagrama de esforço cortante toca (ou atravessa) a linha zero em A, E e G. Se olharmos para o momento fletor em cada um desses três pontos, vemos que ele é zero em A e G e um máximo (24 kN.m) em E.

Essa regra é muito útil em problemas nos quais é difícil identificar a posição de momento fletor máximo. Em tais casos, o segredo está em identificar a ou as posições de esforço cortante zero.

Mais exemplos

Desenhe diagramas de esforço cortante e de momento fletor para cada uma das três vigas mostradas na Figura 16.7. As soluções são dadas nas Figuras 16.21–16.23 ao final deste capítulo.

Diagramas de esforço cortante e de momento fletor para cargas uniformemente distribuídas

No Capítulo 9 vimos como calcular momentos para cargas uniformemente distribuídas (CUD). Talvez valha a pena você revisitar esse capítulo para refrescar a memória. A regra para calcular momentos fletores para cargas uniformemente distribuídas é mostrada na Figura 9.5, a qual, por conveniência, está reproduzida aqui como a Figura 16.9. Tomando essa figura como referência, o momento de cargas uniformemente distribuídas em torno de A é a carga total multiplicada pela distância da linha central da CUD até o ponto em torno do qual estamos calculando momentos. A CUD total é $w \times x$, a distância em questão é a, então:

Momento da CUD em torno de A = $w \times a \times x$

Aplique esse princípio sempre que estiver trabalhando com cargas uniformemente distribuídas.

Exemplo 16.3

A viga AB, exibida na Figura 16.10, tem um vão de 6 m. Ela sustenta uma carga uniformemente distribuída de 4 kN/m ao longo de todo o seu comprimento. Desenhe os diagramas de esforço cortante e de momento fletor.

Antes de mais nada, calcule as reações. Devido à simetria tanto da viga em si quanto da carga aplicada, isso é fácil neste caso. A reação em cada extremidade será metade do total da carga sobre a viga. Então,

$R_A = R_G = (4 \text{ kN/m} \times 6 \text{ m})/2 = 12 \text{ kN}$

Tentaremos agora a abordagem metro a metro – que já fez sua estreia no exemplo anterior – para desenhar os diagramas de esforço cortante e de momento fletor. Assim, iremos calcular os valores de esforço cortante e momento fletor nos pontos A, B, C, D, E, F e G.

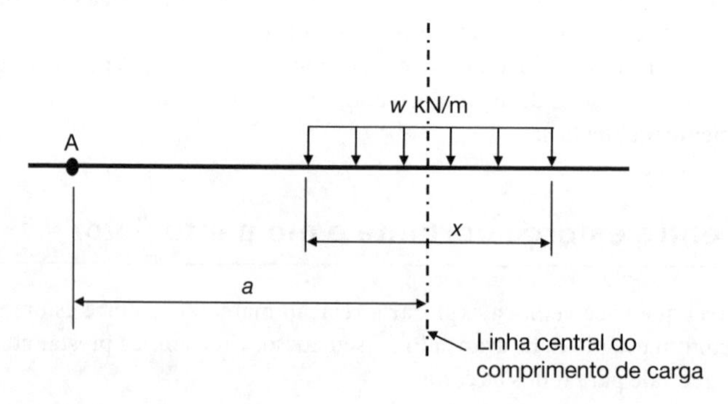

Figura 16.9 Cálculo do momento fletor para carga uniformemente distribuída (CUD) – caso geral.

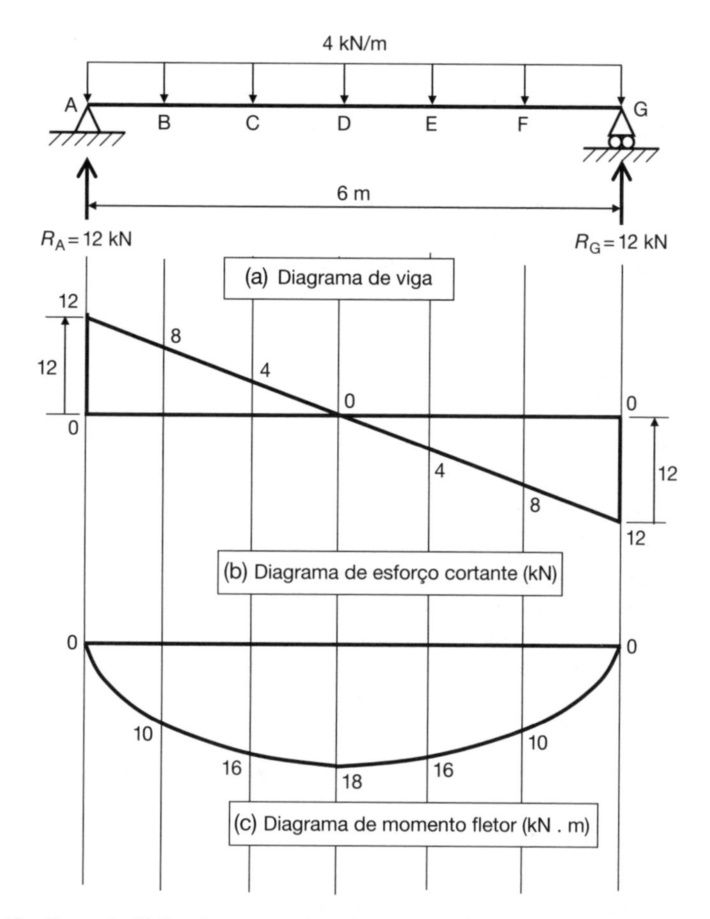

Figura 16.10 Exemplo 16.3 – diagramas de esforço cortante e de momento fletor – exemplo de CUD.

Esforço cortante

(Lembre-se: sempre olhe para o que está acontecendo à *esquerda* do ponto no qual você está tentando calcular o esforço cortante.) Como antes, desenhe uma linha reta representando esforço cortante zero. Essa será a linha referencial a partir da qual o diagrama de esforço cortante é traçado.

Não há nada à esquerda do ponto A, então o esforço cortante no ponto A é zero.

Se avançarmos uma distância bem pequena (digamos, 2 mm) para direita de A, encontraremos agora uma força de 12 kN para cima (a reação em A) à esquerda do ponto que estamos considerando. Assim, o esforço cortante nesse ponto é de 12 kN. Podemos representar esse efeito por uma linha reta vertical no ponto A, começando na linha referencial de força zero e subindo até um ponto representando 12 kN.

Cada um dos pontos B, C, D, E, F e G apresenta essa força de 12 kN à sua esquerda (isto é, o ponto de reação A), mas eles também apresentam forças para baixo à sua esquerda. Examinemos cada uma desse pontos por sua vez.

Ponto B:
Força para cima à esquerda = 12 kN
Força para baixo à esquerda = (4 kN/m × 1 m) = 4 kN
Portanto, esforço cortante no ponto B = 12 – 4 = 8 kN

Ponto C:
Força para cima à esquerda = 12 kN
Força para baixo à esquerda = (4 kN/m × 2 m) = 8 kN
Portanto, esforço cortante no ponto C = 12 – 8 = 4 kN

Ponto D:
Força para cima à esquerda = 12 kN
Força para baixo à esquerda = (4 kN/m × 3 m) = 12 kN
Portanto, esforço cortante no ponto D = 12 – 12 = 0 kN

Ponto E:
Força para cima à esquerda = 12 kN
Força para baixo à esquerda = (4 kN/m × 4 m) = 16 kN
Portanto, esforço cortante no ponto E = 12 – 16 = –4 kN

Ponto F:
Força para cima à esquerda = 12 kN
Força para baixo à esquerda = (4 kN/m × 5 m) = 20 kN
Portanto, esforço cortante no ponto F = 12 – 20 = –8 kN

Imediatamente à esquerda do ponto G:
Força para cima à esquerda = 12 kN
Força para baixo à esquerda = (4 kN/m × 6 m) = 24 kN
Portanto, esforço cortante no ponto G = 12 – 24 = –12 kN
No ponto G, há uma reação para cima de 12 kN. Então o esforço cortante líquido em G será de –12 + 12 = 0 kN.

Esses valores podem ser plotados em nosso diagrama de esforço cortante na Figura 16.10b.

Momentos fletores

Mais uma vez, estamos olhando exclusivamente para as forças e momentos à esquerda de cada ponto em questão. Como nos exemplos anteriores, calcularemos o momento em cada ponto, lembrando que:

- momentos em sentido horário são positivos, e momentos em sentido anti-horário são negativos;
- as distâncias são medidas a partir da força em questão até o ponto sendo examinado.

Momento fletor em A = +(12 kN × 0 m)
= 0 kN.m
Momento fletor em B = +(12 kN × 1 m) – (4 kN/m × 1 m × 0,5 m) = 12 – 2
= 10 kN.m
Momento fletor em C = +(12 kN × 2 m)– (4 kN/m × 2 m × 1 m) = 24 – 8
= 16 kN.m
Momento fletor em D = +(12 kN × 3 m)– (4 kN/m × 3 m × 1,5 m) = 36 – 18
= 18 kN.m
Momento fletor em E = +(12 kN × 4 m) – (4 kN/m × 4 m × 2 m) = 48 – 32
= 16 kN.m
Momento fletor em F = +(12 kN × 5 m) – (4 kN/m × 5 m × 2,5 m) = 60 – 50
= 10 kN.m
Momento fletor em G = +(12 kN × 6 m) – (4 kN/m × 6 m × 3 m) = 72 – 72
= 0 kN.m

O diagrama de momento fletor está traçado na Figura 16.10c.

O formato dos diagramas de esforço cortante e de momento fletor para cargas uniformemente distribuídas

Se você examinar o formato dos diagramas de esforço cortante e de momento fletor na Figura 16.10, perceberá as seguintes características:

- O diagrama de esforço cortante compreende linhas retas inclinadas.
- O diagrama de momento fletor é curvado (parabólico).

Em geral, em casos em que uma viga experimenta cargas uniformemente distribuídas ao longo de toda ou parte de sua extensão, os diagramas de esforço cortante e de momento fletor ao longo da parte considerada da viga sempre terão tais características.

Para resumir: quando uma viga experimenta cargas uniformemente distribuídas, o diagrama de esforço cortante compreenderá linhas retas inclinadas e o diagrama de momento fletor será curvado.

Diagramas de esforço cortante e de momento fletor para casos-padrão

Existem três casos-padrão de cargas sobre vigas que são tão comuns que o mais recomendável seria o leitor decorar seus resultados. São eles:

- viga com uma carga pontual centralizada
- viga com uma carga pontual não centralizada
- viga sustentando uma carga uniformemente distribuída ao longo de toda a sua extensão

Tais casos, juntamente com seu respectivos diagramas de esforço cortante e de momento fletor, são mostrados nas Figuras 16.11–16.13. Usando as técnicas discutidas anteriormente, você deve ser capaz de obter essas reações e valores de esforço cortante e de momento fletor por conta própria.

Observe que o resultado para o momento fletor máximo em uma viga com carga uniformemente distribuída ao longo de toda sua extensão ($wL^2/8$) é de uso especialmente comum na prática – veja a Figura 16.13.

> Alguns anos atrás, um colega meu em uma empresa de consultoria em engenharia declarou, com certa irreverência: "$wL^2/8$ – isso é tudo que você precisa saber!". Embora não seja de todo verdade (nem justo), o comentário demonstra ao menos a importância de tal resultado. Essa importância, aliás, talvez fique mais clara com outra história: em uma competição "amistosa" de descida de corredeiras organizada entre os empreiteiros e os engenheiros residentes em um local em que certa vez trabalhei, o bote vencedor recebera o nome de "Dáblio L Quadrado Sobre Oito".

Um exemplo envolvendo cargas pontuais e cargas uniformemente distribuídas

Agora que já vimos alguns exemplos envolvendo cargas pontuais e alguns envolvendo cargas uniformemente distribuídas, bem como alguns casos-padrão, vejamos um exemplo fora do padrão envolvendo ambos.

Como você pode ver, o exemplo mostrado na Figura 16.14a contém diversas cargas pontuais e também duas cargas uniformemente distribuídas (CUDs) de diferentes intensidades. Isso pode parecer um tanto desafiador à primeira vista, mas, se seguirmos as regras, podemos determinar as reações com facilidade e, consequentemente, os diagramas de esforço cortante e de momento fletor para este caso.

Como sempre, começaremos calculando as reações. Antes de mais nada, calcularemos a carga total para baixo.

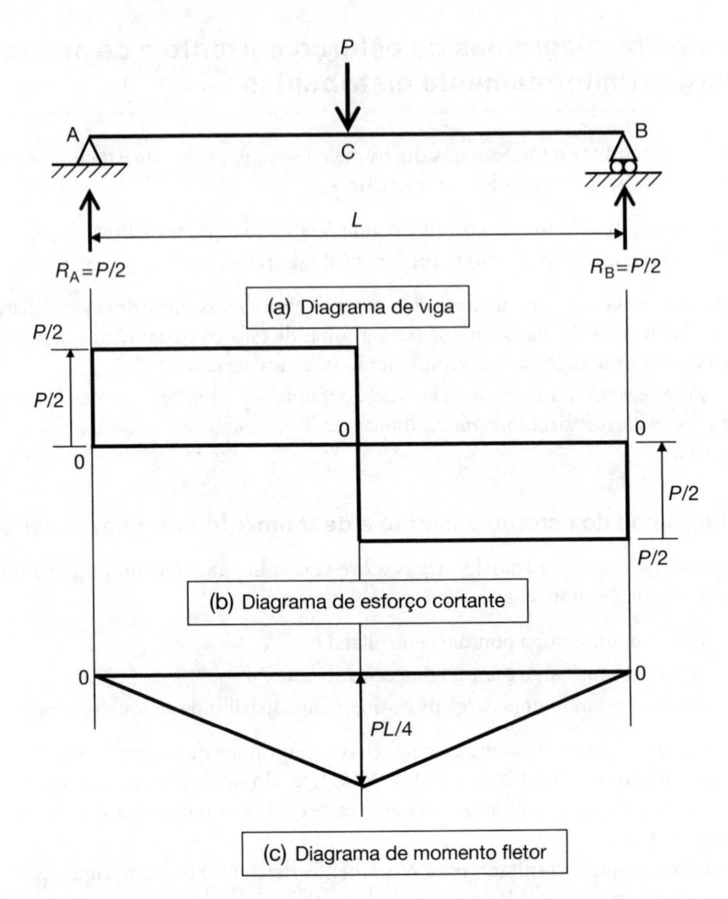

Figura 16.11 Caso-padrão 1 – diagramas de esforço cortante e de momento fletor para uma viga sustentando uma carga pontual centralizada.

$$\text{Carga total para baixo} = 30 \text{ kN} + (5 \text{ kN/m} \times 2 \text{ m}) + 14 \text{ kN} + 10 \text{ kN} + (10 \text{ kN/m} \times 3 \text{ m}) = 94 \text{ kN}$$

Para que haja equilíbrio, força total para cima = força total para baixo; então a soma das duas reações deve ser de 94 kN.

$$R_A + R_G = 94 \text{ kN}$$

Calculando os momentos em torno de A:

Momento total em sentido horário = Momento total em sentido anti-horário

$$(30 \text{ kN} \times 1 \text{ m}) + (5 \text{ kN/m} \times 2 \text{ m} \times 2 \text{ m}) + (14 \text{ kN} \times 4 \text{ m}) + (10 \text{ kN} \times 5 \text{ m}) + (10 \text{ kN} \times 3 \text{ m} \times 6{,}5 \text{ m}) = (R_G \times 9 \text{ m})$$

$$9R_G = 30 + 20 + 56 + 50 + 195 = 351 \text{ kN}$$

$$R_G = 39 \text{ kN}$$

Calculando os momentos em torno de G:

Momento total em sentido horário = Momento total em sentido anti-horário

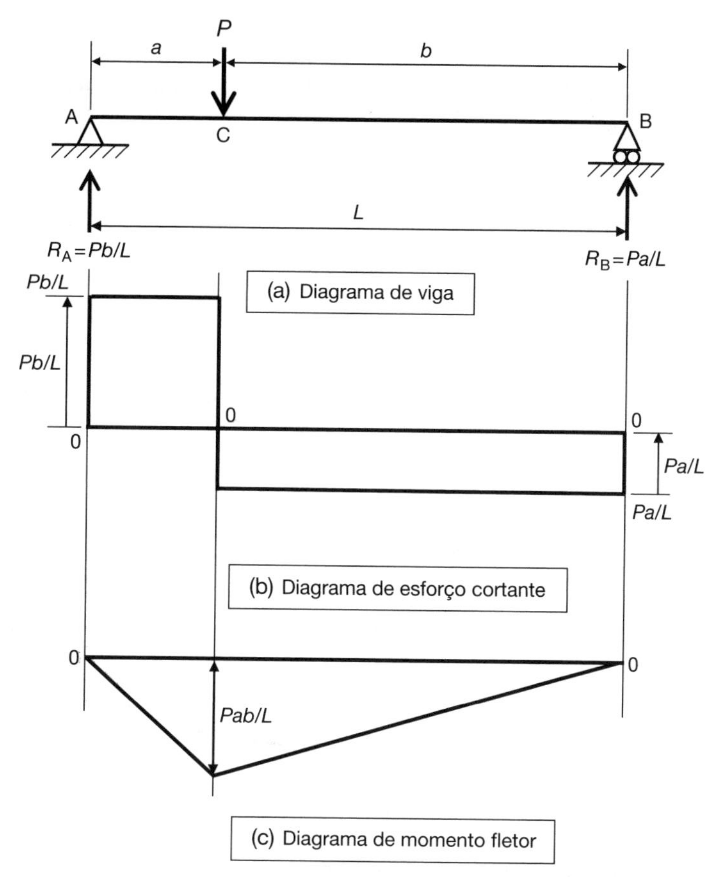

Figura 16.12 Caso-padrão 2 – diagramas de esforço cortante e de momento fletor para uma viga sustentando uma carga pontual não centralizada.

$$(R_A \times 9 \text{ m}) = (30 \text{ kN} \times 8 \text{ m}) + (5 \text{ kN} \times 2 \text{ m} \times 7 \text{ m}) + (14 \text{ kN} \times 5 \text{ m}) + (10 \text{ kN} \times 4 \text{ m}) + (10 \text{ kN/m} \times 3 \text{ m} \times 2{,}5 \text{ m})$$

$$9R_A = 240 + 70 + 70 + 40 + 75 = 495 \text{ kN}$$

$$R_A = 55 \text{ kN}$$

Para conferir: $R_A + R_G = 55 + 39 = 94$ kN (correto)

Agora que as reações já foram calculadas, o diagrama de esforço cortante pode ser traçado. Como vimos mais cedo neste capítulo, na seção intitulada "Há um jeito mais fácil", comece desenhando uma linha horizontal representando esforço cortante zero. Em seguida, partindo da extremidade esquerda da viga (ponto A), construa o diagrama de esforço cortante da seguinte forma:

- No ponto A, trace uma linha vertical para cima a partir da linha referencial até um valor de 55 kN. Isso representa a reação para cima, R_A, que tem um valor de 55 kN.
- Como não há carga alguma entre A e B, trace uma linha horizontal reta de A para a direita.
- Em B, trace uma linha vertical para baixo de comprimento 30 kN, que representa a força de 30 kN para baixo. Você chegará ao valor de 25 kN (isto é, 55 – 30).
- Entre B e C, há uma CUD de 5 kN/m, o que significa que o esforço cortante "perde" 5 kN para cada metro viajado. A distância entre B e C é de 2 m, o que sugere uma perda total de

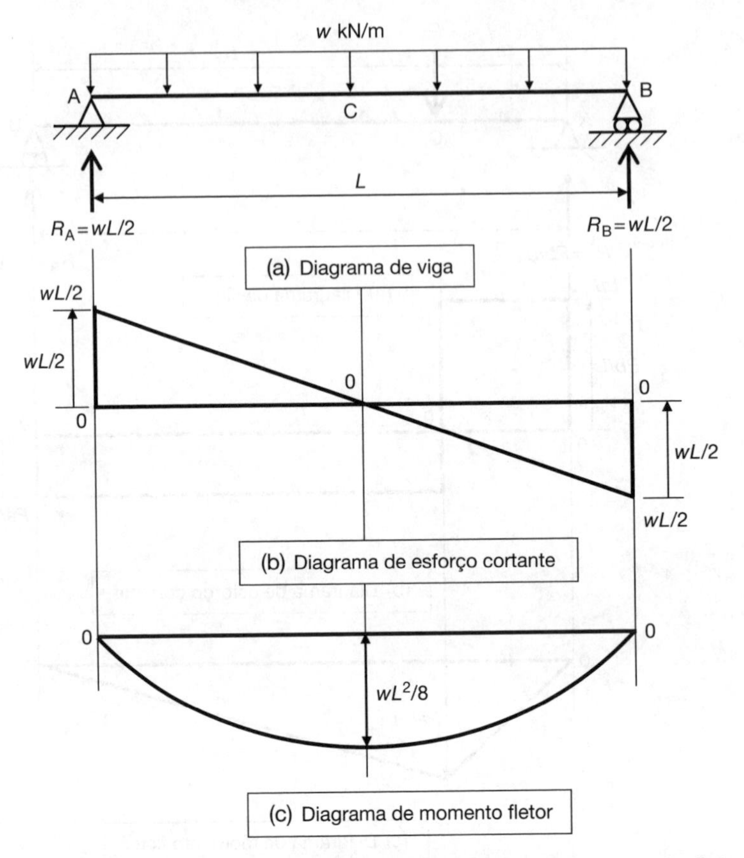

Figura 16.13 Caso-padrão 3 – diagramas de esforço cortante e de momento fletor para uma viga sustentando uma carga uniformemente distribuída ao longo de toda sua extensão.

esforço cortante de (5 × 2) = 10 kN ao longo dessa extensão, representada por uma linha reta inclinada. O valor alcançado em C será de 15 kN (isto é, 25 – 10).

- Entre C e D não há atuação de cargas, então o valor do esforço cortante permanece em 15 kN. Isso é representado por uma linha reta horizontal entre esses dois pontos.
- Em D, trace uma linha vertical para baixo de comprimento 14 kN, que representa a força de 14 kN para baixo. Você chegará ao valor de 1 kN (isto é, 15 – 14).
- Entre D e E não há carga alguma, então o valor do esforço cortante permanece em 1 kN. Isso é representado por uma linha reta horizontal entre os dois pontos.
- Em E, trace uma linha vertical para baixo de comprimento 10 kN, que representa a força de 10 kN para baixo. Você chegará ao valor de –9 kN (isto é, 1 – 10).
- Entre E e F, há uma CUD de 10 kN/m, o que significa que o esforço cortante "perde" 10 kN para cada metro viajado. A distância entre E e F é de 3 m, o que sugere uma perda total de esforço cortante de (10 × 3) = 30 kN ao longo dessa extensão, representada por uma linha reta inclinada. O valor alcançado em F será de –39 kN (isto é, –9 – 30).
- Entre F e G não há carga alguma, então o valor do esforço cortante permanece em –39 kN. Isso é representado por uma linha reta horizontal entre os dois pontos.
- Em G, trace uma linha vertical para cima de comprimento 39 kN, que representa a reação para cima, R_G, de 39 kN. Você chegará ao valor de 0 kN (isto é, –39 + 39).

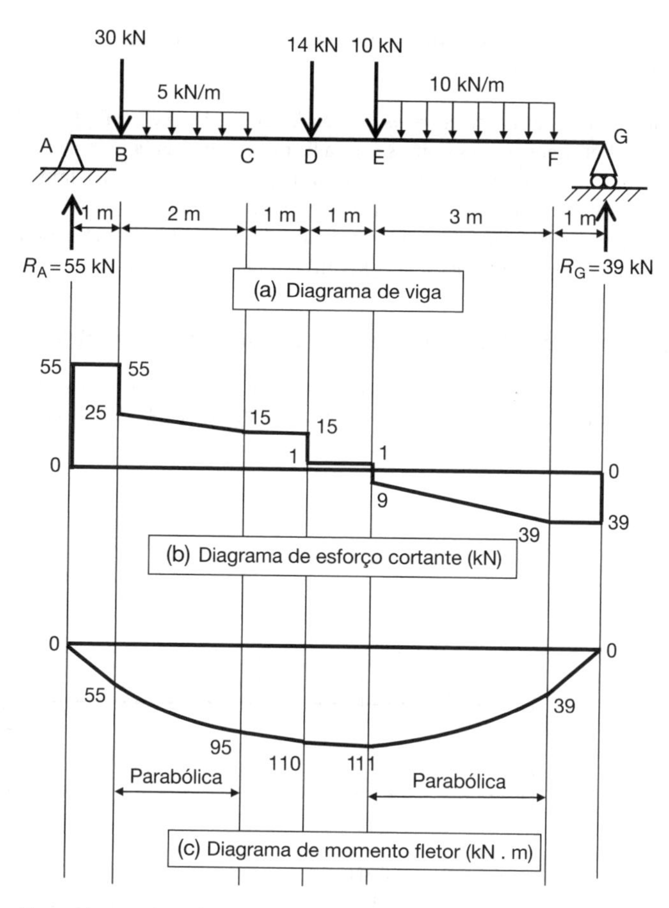

Figura 16.14 Exemplo envolvendo tanto cargas pontuais quanto CUDs.

Como sempre, o diagrama de esforço cortante retorna exatamente a um valor de zero na extremidade da direita. O diagrama de esforço cortante é mostrado na Figura 16.14b.

Agora podemos voltar nossa atenção para o diagrama de momento fletor. Calcule o momento fletor em cada um dos pontos de A a G, plote os pontos em um gráfico e então junte os pontos no gráfico ou com uma linha reta (se não houver carga atuando entre os pontos) ou com uma linha curva (se houver uma CUD atuando entre os pontos).

Momento fletor em A = 0 kN.m
Momento fletor em B = (55 kN × 1 m) = 55 kN.m
Momento fletor em C = (55 kN × 3 m) – (30 kN × 2 m) – (5 kN/m × 2 m × 1 m)
= 95 kN.m
Momento fletor em D = (55 kN × 4 m) – (30 kN × 3 m) – (5 kN/m × 2 m × 2 m)
= 110 kN.m
Momento fletor em E = (55 kN × 5 m) – (30 kN × 4 m) – (5 kN/m × 2 m × 3 m)
– (14 kN × 1 m) = 111 kN.m
Momento fletor em F = (55 kN × 8 m) – (30 kN × 7 m) – (5 kN/m × 2 m × 6 m)
– (14 kN × 4 m) – (10 kN × 3 m) – (10 kN/m × 3 m × 1,5 m)
= 39 kN.m
Momento fletor em G = 0 kN.m

O diagrama de momento fletor está mostrado na Figura 16.14c.

Observe o seguinte:

- Não há cargas atuando entre os pontos A e B, C e D, D e E e F e G, então o diagrama de momento fletor entre esses pontos é uma linha reta inclinada.
- Há uma carga uniformemente distribuída (CUD) entre B e C, e também entre E e F, então o diagrama de momento fletor entre esses pontos é uma linha curva (parabólica).
- O diagrama de esforço cortante cruza a linha zero em E, então, conforme esperado, o valor máximo de momento fletor (111 kN.m) também ocorre em E.

Mais exemplos envolvendo cargas uniformemente distribuídas

Desenhe os diagramas de esforço cortante e de momento fletor para cada uma das vigas mostradas na Figura 16.15. As soluções são dadas nas Figuras 16.24–16.26 ao final deste capítulo.

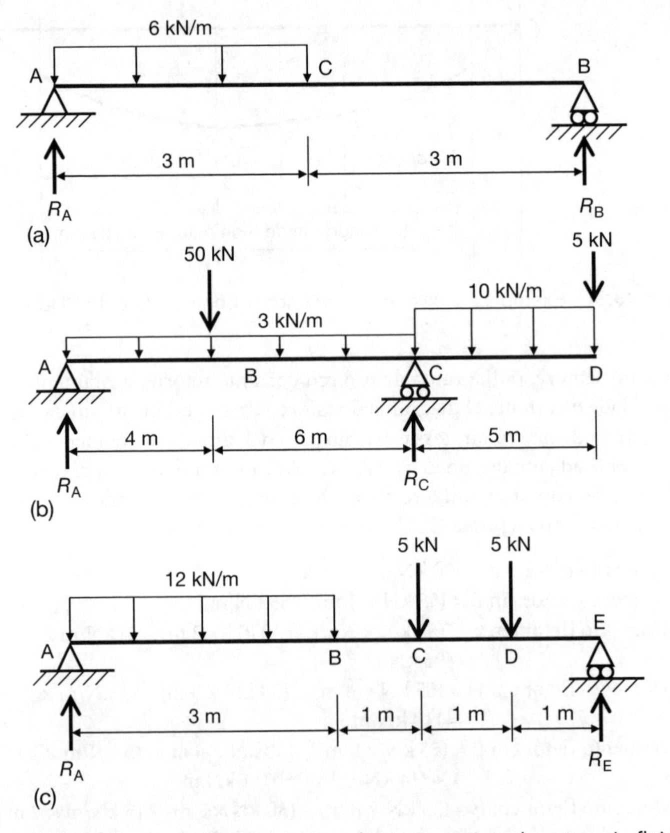

Figura 16.15 Mais exemplos de diagramas de esforço cortante e de momento fletor.

O que mais os diagramas de esforço cortante e de momento fletor podem nos dizer?

Olhe para a viga mostrada na Figura 16.16a. Ela está apoiada em A e C e experimenta uma carga pontual em B e na extremidade livre D. Ao examinarmos a viga e inferirmos o modo como ela pode flexionar (da mesma maneira como fizemos com os exemplos bem no início deste capítulo), podemos deduzir que:

- a viga está sofrendo tosamento no ponto B;
- a viga está sofrendo alquebramento no apoio C;
- a viga está sofrendo alquebramento no ponto D.

Claramente, em algum lugar entre os pontos B e C, a natureza da deflexão da viga passa de tosamento para alquebramento. Esse ponto é denominado ***ponto de inflexão***. Mas onde, exatamente, o ponto de inflexão ocorre?

A essa altura, você deve ser capaz de calcular as reações e traçar os diagramas de esforço cortante e de momento fletor. Isso é mostrado na Figura 16.16b e c, respectivamente.

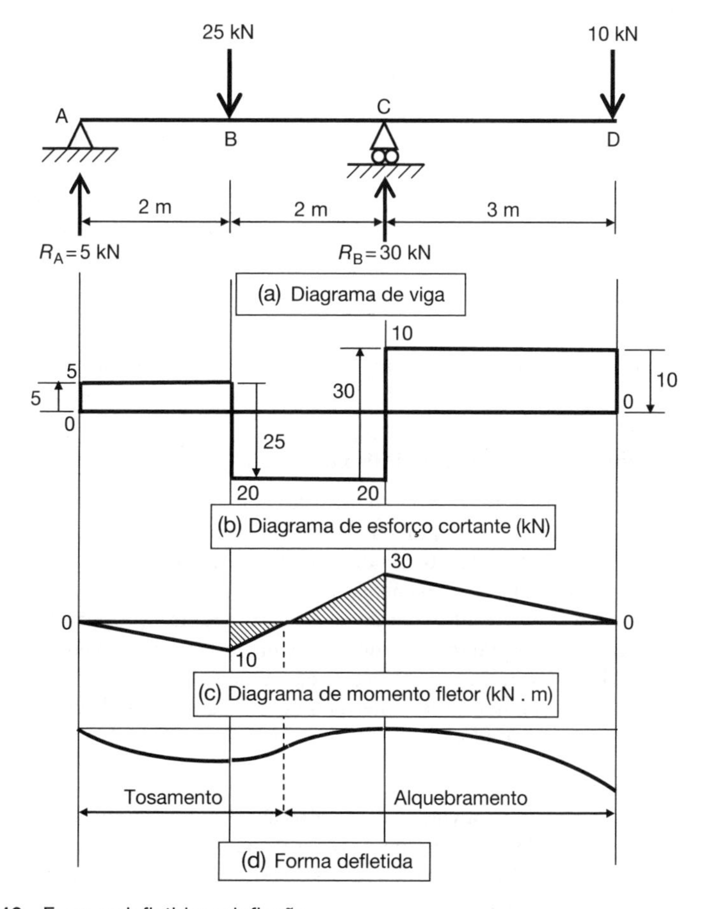

Figura 16.16 Formas defletidas e inflexão.

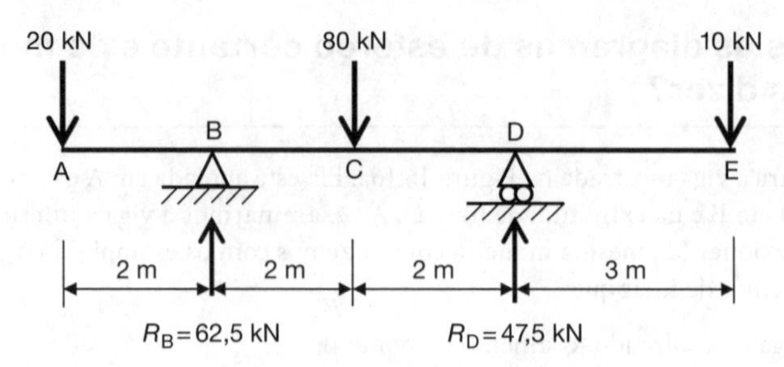

Figura 16.17 Exemplo 16.4.

Mais cedo neste capítulo, você foi introduzido a uma convenção determinando que o diagrama de momento fletor sempre é traçado do lado da tração em relação à linha zero. Isso sugere que:

- se o perfil do momento fletor encontra-se abaixo da linha zero, a tração ocorre na face inferior da viga, o que sugere que a viga está sofrendo *tosamento*;
- se o perfil do momento fletor encontra-se acima da linha zero, a tração ocorre na face superior da viga, o que sugere que a viga está sofrendo *alquebramento*.

A partir daí, conclui-se que onde o diagrama de momento fletor cruza a linha zero, a natureza da deflexão da viga passa de tosamento para alquebramento (ou vice-versa). Portanto, um ponto de inflexão ocorre em qualquer ponto onde o perfil do momento fletor cruze a linha zero. No exemplo atual, este ponto encontra-se a 2,5 m da extremidade esquerda da viga. Isso é determinado reconhecendo-se que os dois triângulos (hachurados) que constituem o diagrama de momento fletor são ***similares*** (no sentido matemático da palavra). O perfil defletido da viga é mostrado na Figura 16.16d.

Exemplo 16.4

Trace os diagramas de esforço cortante e de momento fletor e esboce a forma defletida para a viga desenhada na Figura 16.17. Identifique a posição dos pontos de inflexão. (A solução é dada na Figura 16.27 ao final deste capítulo.)

Mais a respeito do ponto de inflexão

Conforme mencionado antes, o ponto de inflexão é onde o modo de flexão de uma viga passa de alquebramento para tosamento (ou vice-versa) e, portanto, as tensões nas fibras externas da parte de cima e da parte de baixo passam de tração para compressão (ou vice-versa). Sua posição situa-se onde o diagrama de momento fletor cruza a linha zero.

A posição do ponto de inflexão é de especial importância em vigas de concreto, que são frágeis sob tração e que, portanto, são reforçadas com barras de aço. O ponto de inflexão identifica onde a zona de tração acaba – ou começa – em qualquer face específica de uma viga (isto é, em cima ou embaixo) e, consequentemente, o ponto no qual é preciso haver reforço.

Vejamos mais um exemplo.

Exemplo 16.5

A Figura 16.18 mostra uma viga sustentando cargas pontuais em A, C e D, e uma carga uniformemente distribuída entre os pontos D e F. A viga está apoiada nos pontos B e E. Calcule as reações de apoio R_B e R_E, trace os diagramas de esforço cortante e de momento fletor e identifique a posição dos pontos de inflexão.

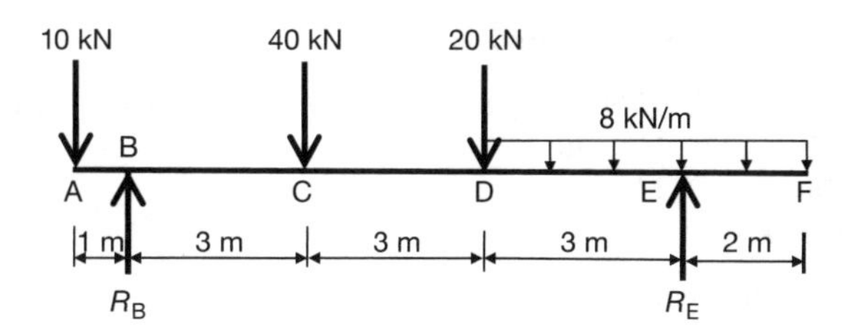

Figura 16.18 Exemplo 16.5.

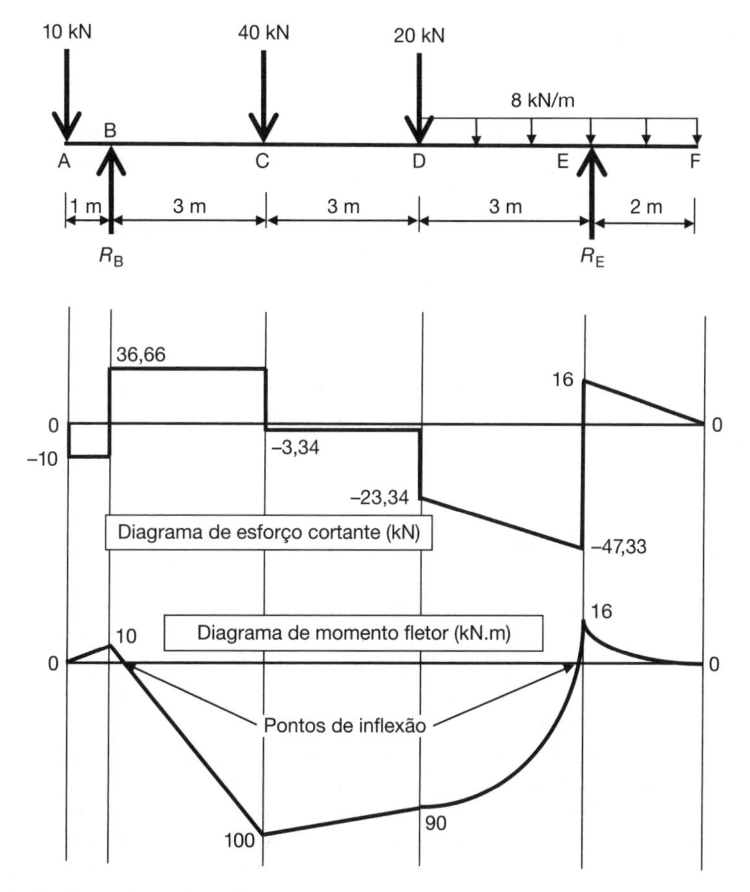

Figura 16.19 Exemplo 16.5 – solução.

Solução

Veja a Figura 16.19 para conferir os diagramas. Os cálculos são os seguintes:

Carga total para baixo = 10 + 40 + 20 + (8 kN/m × 5 m) = 110 kN

Calculando os momentos em torno de B:

$(40 \text{ kN} \times 3 \text{ m}) + (20 \text{ kN} \times 6 \text{ m}) + (8 \text{ kN} \times 5 \text{ m} \times 8{,}5 \text{ m}) = 9R_E + (10 \text{ kN} \times 1 \text{ m})$
$9R_E = 120 + 120 + 340 - 10 = 570 \text{ kN}$
$R_E = 570/9 = 63{,}33 \text{ kN}$
$R_E = 63{,}33 \text{ kN}$

Calculando os momentos em torno de E:

$9R_B = (10 \text{ kN} \times 10 \text{ m}) + (40 \text{ kN} \times 6 \text{ m}) + (20 \text{ kN} \times 3 \text{ m}) + (8 \text{ kN} \times 5 \text{ m} \times 0{,}5 \text{ m})$
$9R_B = 100 + 240 + 60 + 20 = 420 \text{ kN}$
$R_B = 420/9 = 46{,}66 \text{ kN}$
$R_B = 46{,}66 \text{ kN}$

Para conferir: $R_B + R_E = 46{,}66 + 63{,}33 = 110$ kN (correto)

Momento fletor em A = 0 (por inspeção)
Momento fletor em B = −(10 kN × 1 m) = −10 kN.m
Momento fletor em C = −(10 kN × 4 m) + (46,66 kN × 3 m) = 100 kN.m
Momento fletor em D = −(10 kN × 7 m) − (40 kN × 3 m) + (46,66 kN × 3 m)
= 90 kN.m
Momento fletor em E = −(10 kN × 10 m) − (40 kN × 6 m) − (20 kN × 3 m)
− (8 kN × 3 m × 1,5 m) + (46,66 kN × 9 m)
= −16 kN.m
Momento fletor em F = 0 (por inspeção)
Momento máximo de alquebramento = 16 kN.m

Os pontos de inflexão estão indicados no diagrama de momento fletor.

A posição do ponto de inflexão à esquerda encontra-se (10 kN × 3 m/110 kN) = 0,27 m à direita de B, ou seja, 1,27 m à direita de A.

O que você deve recordar deste capítulo

- Cisalhamento é uma ação de corte ou fatiamento que faz com que uma viga se quebre ou se rompa.
- Quando uma viga é sujeita a uma carga, ela é flexionada. Se a carga for aumentada, a flexão aumentará e, mais cedo ou mais tarde, a viga se quebrará (caso não apresente falha por cisalhamento antes disso).
- Um esforço cortante (ou esforço de cisalhamento) é um esforço que tende a produzir uma falha por cisalhamento em um certo ponto de uma viga.
- O valor do esforço cortante em qualquer ponto de uma viga = a soma algébrica de todas as forças que atuam para cima e para baixo à esquerda do ponto em questão.
- Uma viga pode apresentar falha por flexão ou por cisalhamento. O que acontecerá antes só pode ser determinado via cálculos.
- O momento fletor é a magnitude do efeito de flexão em qualquer ponto de uma viga. O valor do momento fletor em qualquer ponto de uma viga = a soma de todos os momentos fletores à esquerda do ponto em questão.
- Diagramas de esforço cortante e de momento fletor são representações gráficas de esforço cortante e de momento fletor e de sua variação ao longo de uma viga.

- O diagrama de momento fletor é traçado ou acima ou abaixo da linha zero, dependendo se a viga experimenta tração em sua parte superior ou inferior no ponto considerado (parte superior: acima da linha, parte inferior: abaixo da linha).
- Onde o esforço cortante é zero, o momento fletor é ou um máximo local, ou um mínimo local ou zero. Conclui-se daí que a posição de máximo momento fletor pode ser determinada traçando-se o diagrama de esforço cortante em primeiro lugar.
- Quando uma viga experimenta apenas cargas pontuais, o diagrama de esforço cortante será uma série de degraus e o diagrama de momento fletor conterá somente linhas retas (geralmente inclinadas).
- Quando uma viga experimenta cargas uniformemente distribuídas, o diagrama de esforço cortante compreenderá linhas retas inclinadas e o diagrama de momento fletor será curvado.
- O ponto de inflexão é onde a forma defletida de uma viga passa de alquebramento para tosamento ou vice-versa. O diagrama de momento fletor cruzará a linha zero nesse ponto.
- E não se esqueça de $wL^2/8$!

Exercícios

Desenhe diagramas de esforço cortante e de momento fletor para cada uma das vigas mostradas na Figura 16.20.

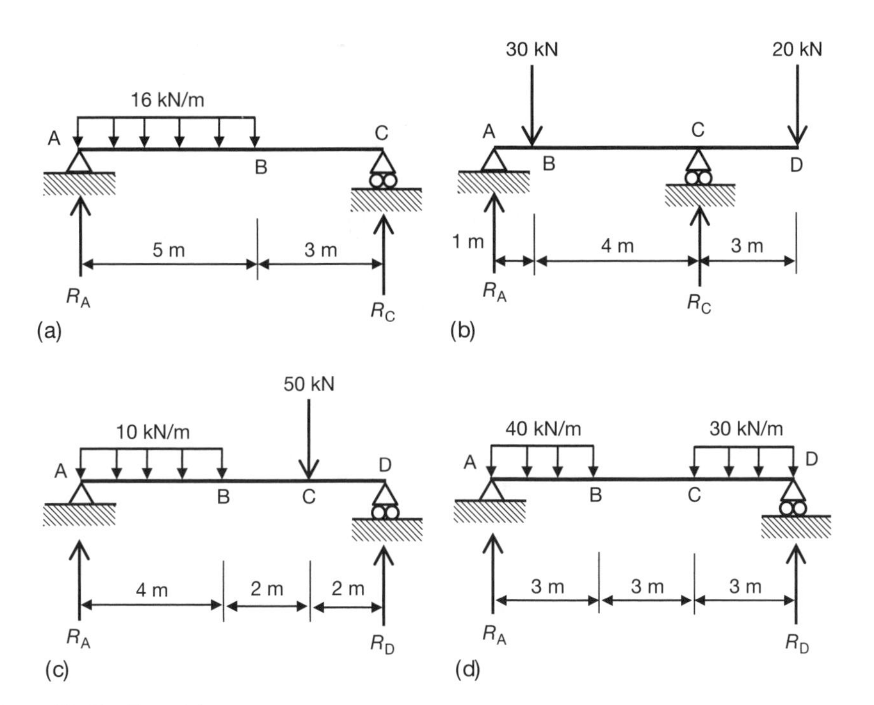

Figura 16.20 Exercícios.

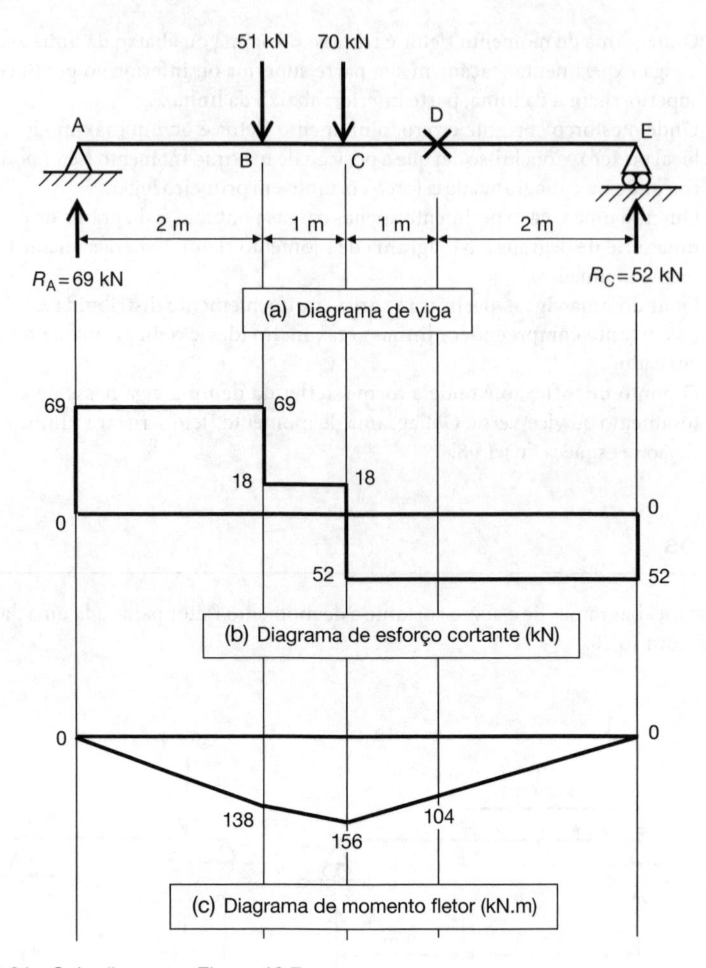

Figura 16.21 Solução para a Figura 16.7a.

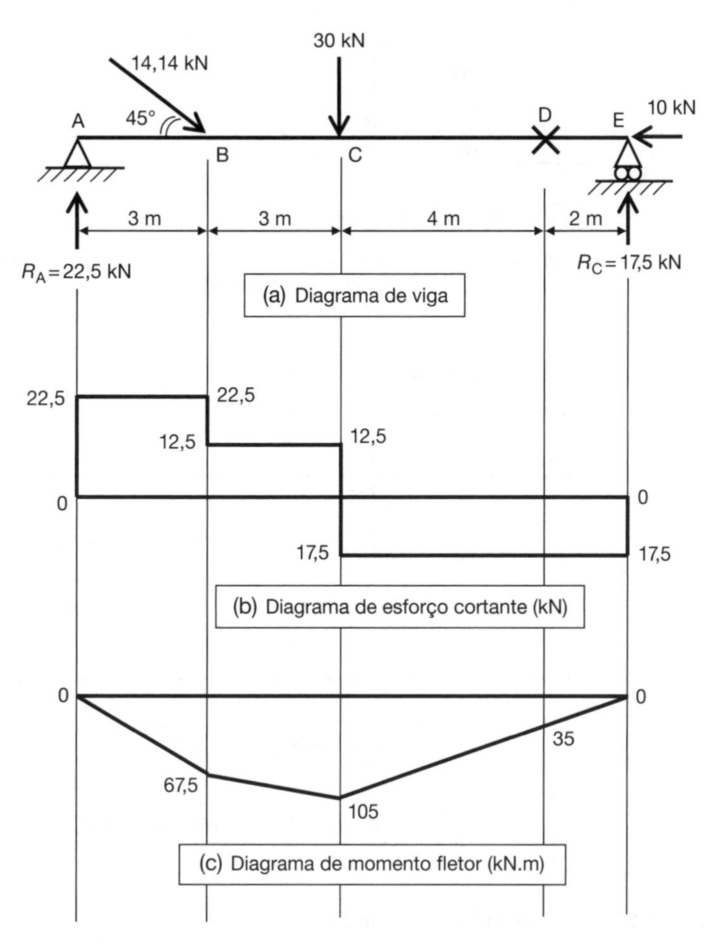

Figura 16.22 Solução para a Figura 16.7b.

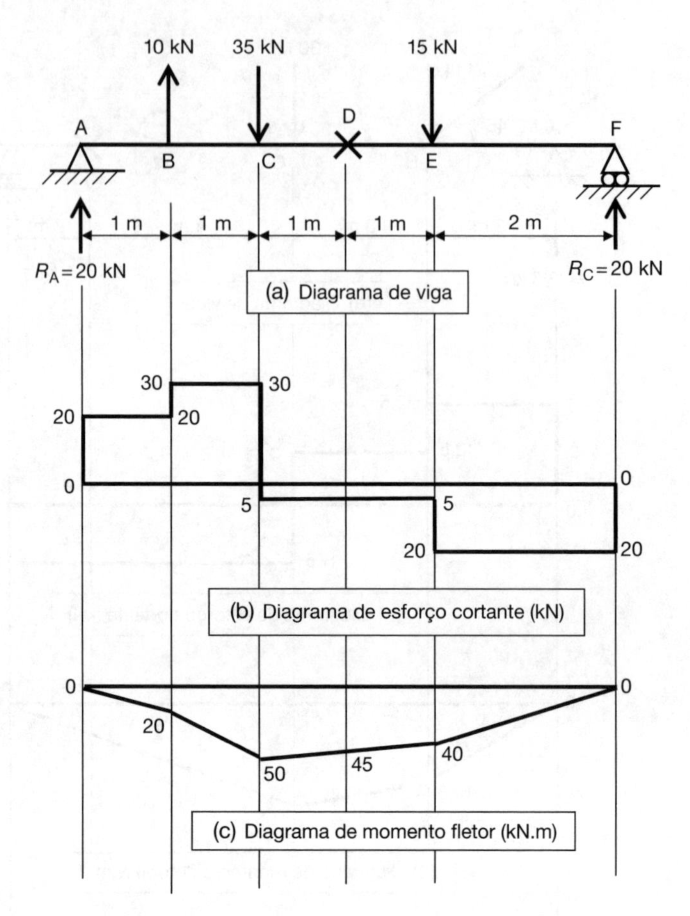

Figura 16.23 Solução para a Figura 16.7c.

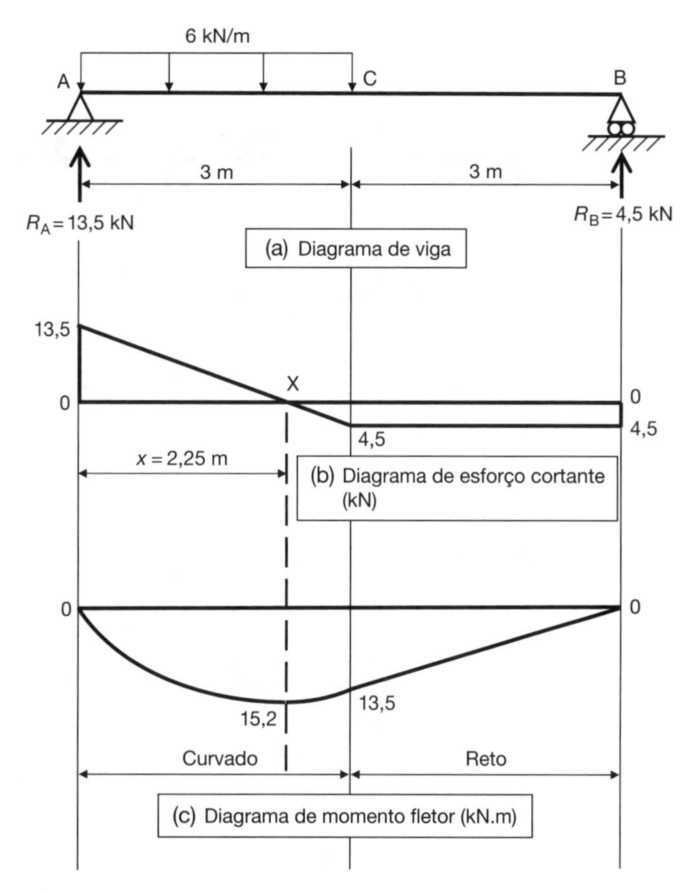

Figura 16.24 Solução para a Figura 16.14a.

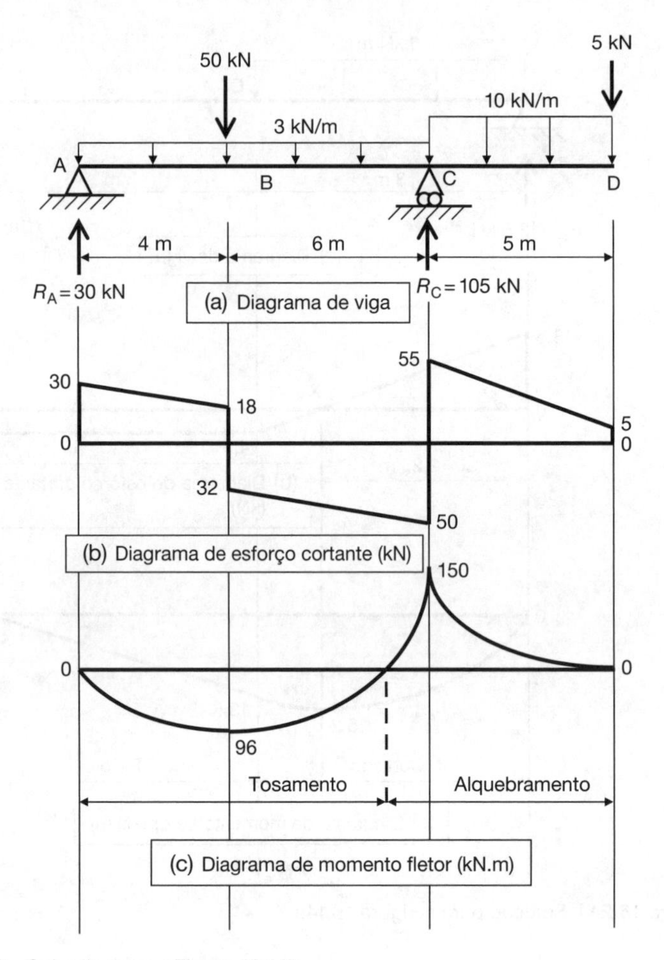

Figura 16.25 Solução para a Figura 16.14b.

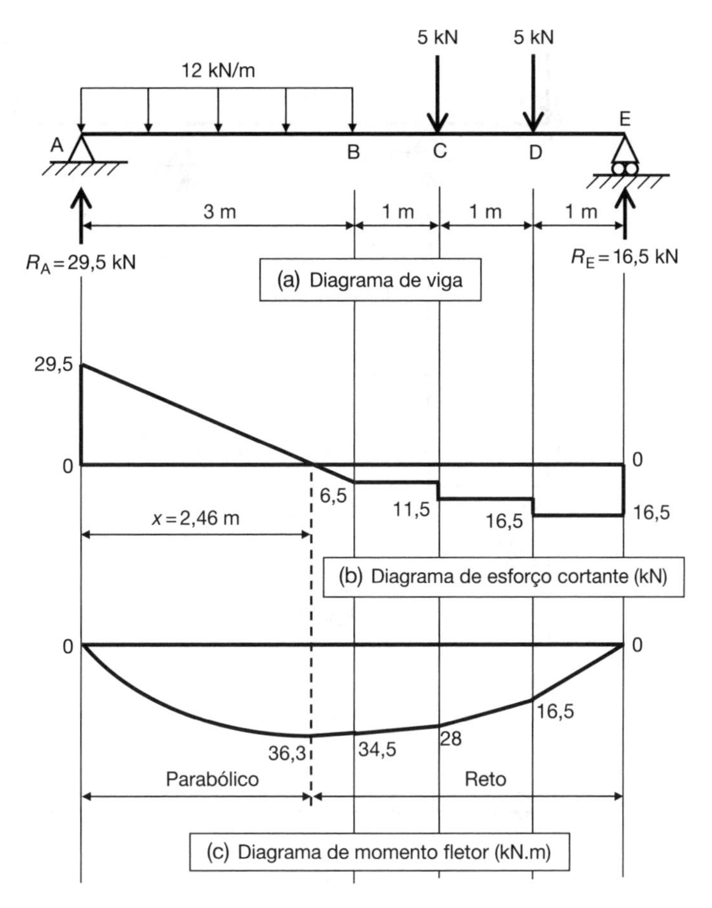

Figura 16.26 Solução para a Figura 16.14c.

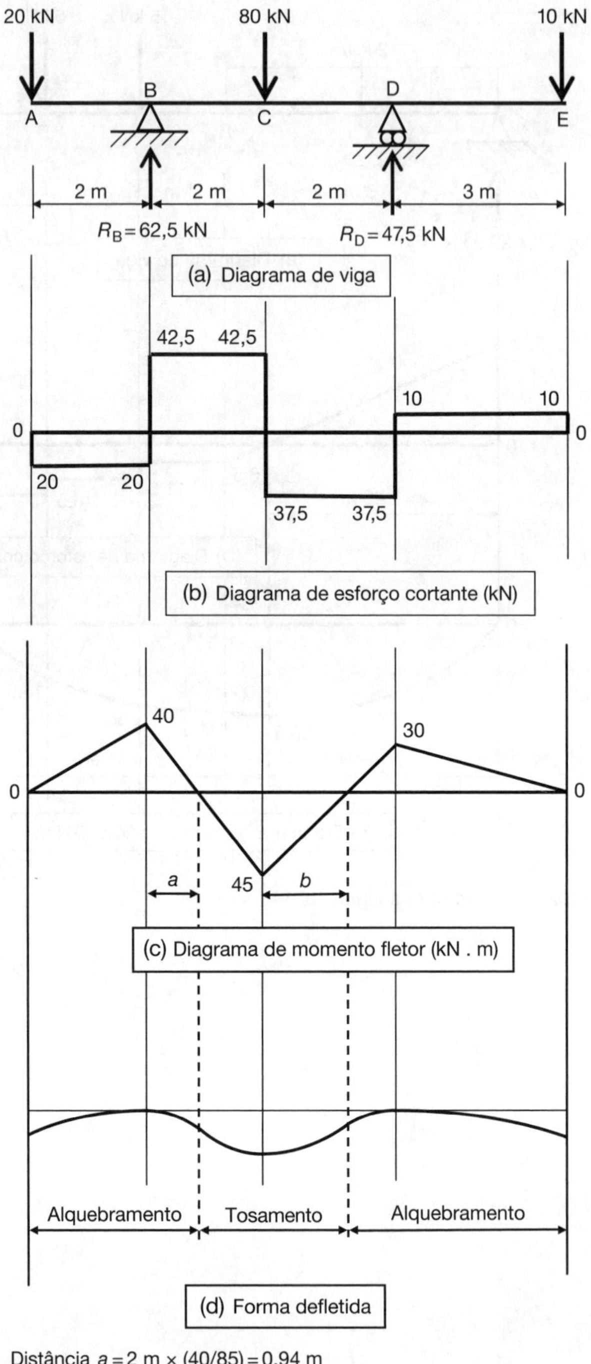

Distância $a = 2 \text{ m} \times (40/85) = 0{,}94 \text{ m}$
Distância $b = 2 \text{ m} \times (45/75) = 1{,}2 \text{ m}$

Figura 16.27 Solução para o Exemplo 16.14.

Figura 16.28 Sacada em balanço (cantiléver) em *shopping center*.

A Figura 16.28 exibe uma viga em balanço (cantiléver) em um *shopping center* na Alemanha. Ela permite que a área de uma cafeteria num pavimento superior fique suspensa (por uma distância modesta) sobre a circulação de pedestres logo abaixo. Repare como a altura da viga de sustentação diminui rumo à extremidade "livre" (isto é, não apoiada). Isso ocorre porque o momento fletor na viga também diminui rumo à extremidade livre.

17

Essa coisa chamada tensão

Introdução

Se você está estudando para se tornar um arquiteto, ficará aliviado em saber que a maioria dos leigos tem alguma ideia do trabalho que um arquiteto faz. No entanto, os estudantes de engenharia civil provavelmente já devem ter descoberto, para sua consternação, que o público em geral – mesmo aquelas pessoas de maior formação – não faz a menor ideia do que um engenheiro civil faz, apesar dos esforços das entidades profissionais em promover a profissão. Contudo, se pressionados, alguns responderão que engenheiros "lidam com tensão", e é sobre isso que este capítulo vai tratar.

Se alguns membros do público em geral estão cientes de que engenheiros lidam com tensões, talvez tenha sido surpreendente que as tensões mal tenham sido mencionadas nos 16 primeiros capítulos deste livro. Porém, este e os próximos três capítulos são dedicados exclusivamente à tensão.

Conforme veremos, a tensão é uma pressão interna em um ponto dentro de um elemento estrutural que ocorre como resultado das cargas e dos momentos aos quais esse elemento é submetido. Como existe um limite para a quantidade de tensão que qualquer material consegue suportar, é importante conferir no projeto estrutural se essa tensão não é ultrapassada.

A Figura 17.1 mostra uma tenda estrutural de alta tecnologia: o telhado do Sony Centre, em Berlim.

Quinze arcos gigantescos, a cerca de 7 m de distância uns dos outros, formam a estrutura principal do prédio incomum exibido na Figura 17.2. Os apoios verticais para os pavimentos nesse prédio estão ou suspensos a partir dos alcances superiores do arco ou, no caso dos pilares nas extremidades, apoiados pela parte inferior do arco. O apoio da extremidade (visível abaixo da folhagem da árvore na fotografia) encontra-se, portanto, sob compressão e é perceptivelmente mais robusto do que os outros apoios verticais (que encontram-se sob tração); isso porque ele precisa ser projetado contra a possibilidade de flambagem (ou seja, flexão e esmagamento).

O que é tensão?

Tensão é pressão interna. Pressão é definida matematicamente como força/área. Como exemplo, vamos supor que você esteja cogitando passar um período viajando pelo exterior. Como você passará muitos meses fora, parte da sua preparação inclui a compra de uma mochila. Quando estiver completamente cheia, a mochila sem dúvida ficará bem pesada, então é importante escolher uma que seja o mais confortável possível de carregar.

Por experiência, você sabe que uma mochila com tiras estreitas para os ombros logo ficará desconfortável – ou mesmo dolorosa. Uma tira extremamente estreita – um pedaço de barbante, por exemplo – se tornará extremamente desconfortável e você provavelmente gemerá em agonia conforme o barbante for cortando seus ombros. Isso porque a carga contida na mochila é transmitida para o seu ombro através de uma área comparativamente pequena, fazendo com que a pressão seja grande (já que pressão = força/(pequena) área).

Figura 17.1 Telhado do Sony Centre, Berlim.

Figura 17.2 Ludwig-Erhard-Haus ("O Tatu"), Berlim.

Por outro lado, uma mochila de tiras largas será bem mais confortável de carregar. Isso porque a carga produzida pelo objetos dentro da mochila será distribuída por uma área bem mais ampla, fazendo a pressão ser muito menor. Então a mensagem é: escolha uma mochila com tiras largas nos ombros e você se sentirá bem mais confortável.

Figura 17.3 Erasmusbrug em Roterdã: uma ponte estaiada.

Ao passo que a pressão é externa a um objeto – como a pressão transmitida ao seu ombro pelas tiras de uma mochila ou a pressão sobre uma laje de concreto devido a um maquinário pesado ou a pressão que uma edificação exerce sobre suas fundações para o solo abaixo – a tensão é um fenômeno similar, mas considerado em um ponto no interior (por exemplo) de um pilar de concreto, de uma viga de metal ou de uma vigota de madeira.

Assim como acontece com a pressão, tensão ***direta*** é definida matematicamente como força/área. (Os leitores devem observar que é apenas a tensão direta que é definida assim; a tensão por flexão e a tensão de cisalhamento são diferentes, conforme veremos nos próximos capítulos.)

Unidades de tensão

Como sabemos, a força é medida em newtons (N) ou quilonewtons (kN) e a área é medida em milímetros quadrados (mm^2) ou metros quadrados (m^2). Como a tensão direta é força/área, ela pode ser expressa em unidades de kN/m^2 ou N/mm^2. Na engenharia civil, usamos N/mm^2 como a unidade de tensão, devido ao fato de que a tensão encontrada na prática pode ser expressa em cifras mais fáceis de trabalhar quando em unidades de N/mm^2.

Existe um limite para a tensão que qualquer material específico é capaz de suportar. Essa tensão é conhecida como a ***tensão admissível*** ou a ***resistência*** do material. Obviamente, alguns materiais são mais resistentes do que outros. A resistência da madeira, por exemplo, costuma ficar na faixa de 4 a 7 N/mm^2, dependendo da espécie. A resistência do concreto fica comumente entre 25 e 40 N/mm^2, enquanto a resistência do tipo de aço que costuma ser usado em construções estruturais de aço é de 275 N/mm^2.

Repare na inclinação do mastro principal da ponte estaiada exibida na Figura 17.3. O que isso lhe diz sobre a natureza das tensões na ponte?

Tensão e deformação

Usamos os termos *tensão* e *deformação* no cotidiano em circunstâncias que nada têm a ver com estruturas. Ouvimos, por exemplo, pessoas dizerem "ele está sob tensão" ou "ela está se sentindo tensa". O uso "popular" das palavras tensão e deformação é análogo aos empregos técnicos dessas palavras, conforme veremos.

Tensão pode surgir como resultado de certas situações ou circunstâncias. Você pode considerar, por exemplo, as situações a seguir tensas:

- Você está dentro de um avião que está sendo sequestrado.
- Seu cônjuge acaba de anunciar que está lhe abandonando.
- Seu chefe lhe diz que "seus serviços não são mais necessários".
- O seu carro enguiça.

Você pode reagir às situações tensas de diversas maneiras:

- Você pode se irritar e gritar com alguém.
- Você pode cair no choro.
- Você pode decidir que uma bebida bem forte cairia bem.

A ***tensão*** é representada pela situação (o avião sequestrado, sua esposa lhe abandonando, etc.) e a ***deformação*** é representada pela sua reação a ela (as lágrimas, a raiva ou a bebida forte).

Na engenharia estrutural, vale o mesmo princípio. O pilar de um prédio, por exemplo, experimenta tensão como resultado das forças que atuam sobre ele, geradas pelos pavimentos e paredes que está sustentando. Essas forças estão tentando comprimir, ou esmagar, o pilar – em outras palavras, as forças estão infligindo ***tensão*** ao pilar. O pilar reagirá a essa tensão de "esmagamento" permitindo-se diminuir em comprimento. A redução no comprimento (como uma proporção do comprimento original do pilar) é a ***deformação***.

De maneira similar, um cabo tirante em uma ponte suspensa experimenta uma tensão que está tentando esticar o cabo, ao qual ele responde aumentando seu comprimento. Esse aumento de comprimento (como uma proporção do comprimento original do cabo) é a deformação.

No próximo capítulo, você aprenderá mais a respeito de tensão e deformação em engenharia estrutural e a calcular seus valores.

As partes de cima dos arranha-céus mostrados na Figura 17.4 parecem estar prestes a despencar, mas espera-se que os engenheiros tenham feito seus cálculos corretamente.

Figura 17.4 Arranha-céus ou blocos descuidadamente empilhados?

Tipos de tensão

Tensões direta e de cisalhamento são discutidas no Capítulo 18. Já a tensão por flexão é explicada no Capítulo 19. Tensões axiais e por flexão combinadas são investigadas no Capítulo 20.

O que você deve recordar deste capítulo

- Tensão é a pressão interna que ocorre em um determinado ponto dentro de um elemento estrutural.
- A unidade de tensão é N/mm^2.
- Deformação é uma medida do que acontece como resultado da tensão, como uma extensão ou redução de comprimento.

18

Tensão direta (e de cisalhamento)

Introdução

O Capítulo 17 introduziu os conceitos de tensão e deformação. Neste capítulo, examinaremos a tensão direta e a tensão de cisalhamento. Também aprenderemos a calcular deformações.

Tensão direta (axial)

Conforme discutido no Capítulo 17, tensão é uma pressão interna. Uma tensão direta (axial) ocorre como resultado de uma força direta (esforço axial) que atua ao longo do eixo do elemento e perpendicularmente à sua seção transversal. Dependendo do sentido do esforço, o elemento pode experimentar tração, o que causa extensão (ou alongamento) do elemento, ou pode experimentar compressão, o que causa contração (ou esmagamento) do elemento. Lembre-se que, para haver equilíbrio, as forças em um sentido devem ser contrabalançadas por forças equivalentes no sentido oposto (veja o Capítulo 6). Exemplos incluem um pilar de concreto experimentando uma carga vertical, conforme mostrado na Figura 18.1a, e uma barra de aço experimentando uma carga horizontal, conforme mostrada na Figura 18.1b.

Você perceberá que, como a carga sobre o pilar na Figura 18.1a está tentando esmagá-lo, ela está induzindo uma tensão compressiva sobre ele. Por outro lado, a força sobre a barra de aço na Figura 18.1b está tentando esticá-la, então está produzindo uma tensão tracional sobre ela. Em ambos os casos, se os valores da força (*P*) e da área de seção transversal (*A*) forem conhecidos, a tensão direta (axial) pode ser calculada usando-se a seguinte equação:

$$\text{Tensão direta } (\sigma) = \frac{\text{Força } (P)}{\text{Área } (A)}$$

Conforme explicado no Capítulo 17, a tensão calculada deve ser expressa em unidades de N/mm^2.

É importante observar que a tensão tem o mesmo valor em todos os pontos na seção transversal do pilar ou da barra, e costuma-se pressupor, além disso, que a tensão será a mesma por toda a extensão do elemento.

Tensão de cisalhamento

Uma tensão de cisalhamento ocorre como resultado de uma força (ou de um esforço) de cisalhamento. Você deve recordar dos capítulos anteriores que cisalhamento é uma ação de corte ou fatiamento – se, por exemplo, você fatiar um pedaço de pão com uma faca, estará aplicando força de cisalhamento sobre o pão. Forças (ou esforços) de cisalhamento, portanto, atuam perpendicularmente ao eixo do elemento. Assim como ocorre com as tensões diretas, as forças (ou os esforços) de cisalhamento devem ser contrabalançadas por forças equivalentes no sentido oposto – você não conseguiria, por exemplo, fatiar um pedaço de pão sem segurá-lo no lugar com sua outra mão (que fornece a força opositora) ao mesmo tempo. Um exemplo é uma viga de madeira que experimenta um esforço de cisalhamento – e, portanto, uma tensão de cisalhamento – conforme mostrada na Figura 18.2.

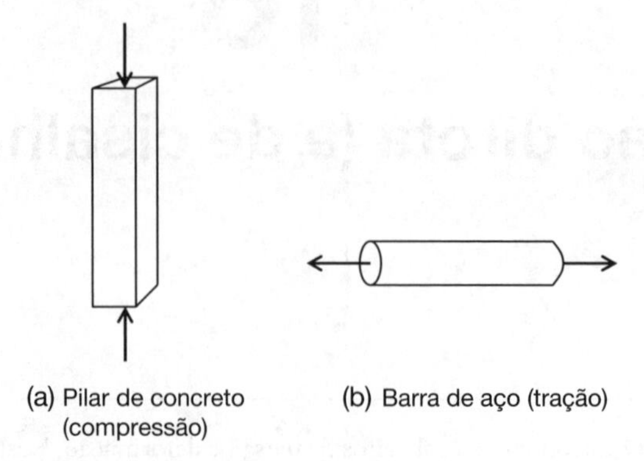

Figura 18.1 Tensões diretas.

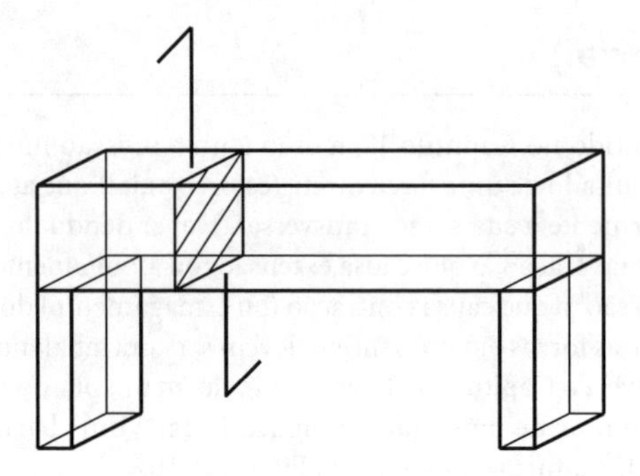

Figura 18.2 Tensão de cisalhamento numa viga.

Se a zona hachurada na Figura 18.2 representa a seção transversal (de área *A*) onde ocorre uma falha por cisalhamento, e a força de cisalhamento (ou esforço de cisalhamento) associada é *V*, a tensão de cisalhamento é calculada pela seguinte equação:

$$\text{Tensão de cisalhamento } (\tau) = \frac{\text{Força de cisalhamento } (V)}{\text{Área } (A)}$$

Assim como a tensão direta, a tensão de cisalhamento calculada deve ser expressa em unidades de N/mm^2.

Repare nos símbolos usados para tensão direta (σ) e para tensão de cisalhamento (τ). Estes são os símbolos-padrão usados em engenharia estrutural. Uma lista completa de símbolos usados neste livro é oferecida no Apêndice 4.

Deformação

O pilar de concreto exibido na Figura 18.1a terá seu comprimento reduzido (espera-se que numa quantia muito pequena) como resultado do esforço axial compressivo ao qual ele está sujeito. De modo similar, a barra de aço na Figura 18.1b terá seu comprimento aumentado (novamente, por uma pequena quantia). Essas mudanças de comprimento, como uma proporção do comprimento original do elemento, dão origem à ***deformação***, definida da seguinte forma:

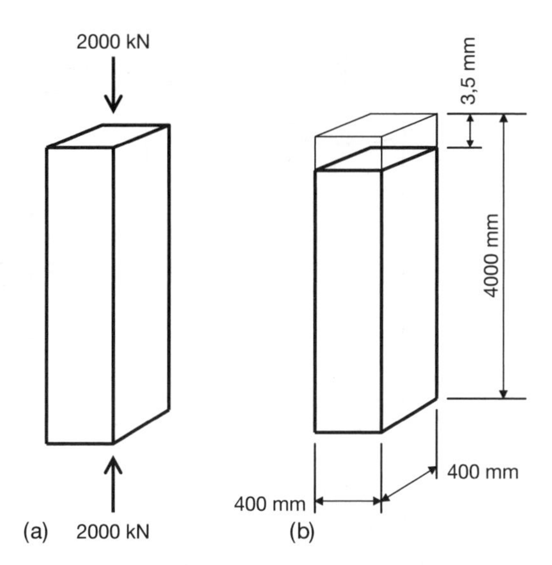

Figura 18.3 Tensão compressiva e deformação (Exemplo 18.1).

$$\text{Deformação longitudinal } (\varepsilon) = \frac{\text{Alteração no comprimento } (\delta L)}{\text{Comprimento original } (L)}$$

Vale ressaltar que a deformação longitudinal, sendo simplesmente a razão entre dois comprimentos, não possui unidade. Trata-se de uma proporção. Se desejado, pode ser expressa como uma porcentagem.

Agora vamos tentar resolver alguns exemplos numéricos.

Exemplo 18.1: tensão e deformação em compressão

Um pilar quadrado de concreto em um edifício de escritórios é mostrado na Figura 18.3. A seção transversal do pilar tem dimensões de 400 mm × 400 mm e sustenta uma carga vertical total de 2000 kN. Calcule a *tensão* direta compressiva em qualquer ponto do pilar.

Se o pilar diminuiu 3,5 mm em comprimento como resultado da carga e o seu comprimento original era de 4 m, calcule a *deformação longitudinal* no pilar.

Solução

O pilar está claramente sob esforço axial de compressão.

A área da seção transversal do pilar é $A = 400 \times 400 = 160.000 \text{ mm}^2$.

Esforço axial $P = 2.000 \text{ kN} = 2.000 \times 10^3 \text{ N}$

$$\text{Tensão } (\sigma) = \frac{\text{Esforço axial } (P)}{\text{Área } (A)} = \frac{2.000 \times 10^3}{160.000} = 12{,}5 \text{N/mm}^2$$

$$\text{Deformação longitudinal } (\varepsilon) = \frac{\text{Alteração no comprimento } (\delta L)}{\text{Comprimento original } (L)} = \frac{3{,}5 \text{ mm}}{4.000 \text{ mm}} = 8{,}7 \times 10^{-4} = 0{,}000875$$

(Lembre-se: deformação não possui unidade.)

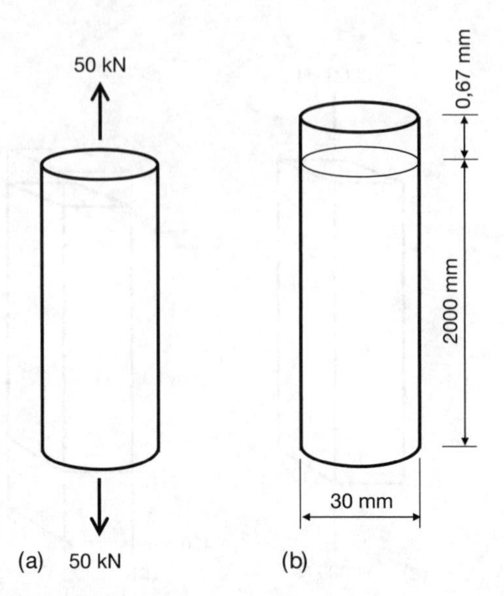

Figura 18.4 Tensão e deformação tracionais (Exemplo 18.2).

Exemplo 18.2: tensão e deformação em tração

A barra circular de aço mostrada na Figura 18.4 tem um diâmetro de 30 mm e está sujeita a um esforço axial tracional de 50 kN. Calcule a *tensão* direta tracional em qualquer ponto da barra.

Se a barra, cujo comprimento original era de 2 m, estende-se em comprimento por 0,67 mm como resultado do esforço, calcule a *deformação longitudinal* na barra.

Solução

O procedimento é similar ao do Exemplo 18.1, mas dessa vez o elemento encontra-se sob esforço axial de tração.

A área da seção transversal da barra é $A = \pi r^2 = \pi \times 15^2 = 706{,}9\ \text{mm}^2$. (Lembre-se que o raio de um círculo é igual a metade do diâmetro. O diâmetro neste caso é de 30 mm, então o raio é 15 mm.)

Esforço axial $P = 50\ \text{kN} = 50 \times 10^3\ \text{N}$

$$\text{Tensão } (\sigma) = \frac{\text{Esforço axial } (P)}{\text{Área } (A)} = \frac{50 \times 10^3\ \text{N}}{706{,}9\ \text{mm}^2} = 70{,}73\ \text{N/mm}^2$$

$$\text{Deformação longitudinal } (\varepsilon) = \frac{\text{Alteração no comprimento } (\delta L)}{\text{Comprimento original } (L)} = \frac{0{,}67\ \text{mm}}{2.000\ \text{mm}} = 0{,}000335$$

Novamente, deformação não possui unidade.

Exemplo 18.3: tensão de cisalhamento

O esforço de cisalhamento na extremidade da vigota de madeira mostrada na Figura 18.5 é mensurada como 18 kN. Se a vigota de madeira tem 50 mm de largura e 200 mm de espessura, calcule a *tensão de cisalhamento* nesse ponto da vigota.

Solução

$$\text{Tensão de cisalhamento } (\tau) = \frac{\text{Esforço de cisalhamento } (V)}{\text{Área } (A)} = \frac{18 \times 10^3\ \text{N}}{50 \times 200\ \text{mm}^2} = 1{,}8\ \text{N/mm}^2$$

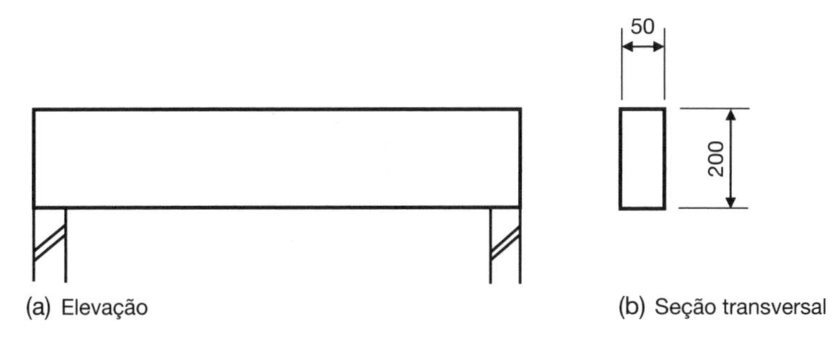

Figura 18.5 Vigota de madeira em cisalhamento.

A relação entre tensão e deformação

Seria natural a esta altura se perguntar se existe alguma relação entre tensão e deformação. Vimos no Capítulo 17 que deformação é a reação à tensão. No Exemplo 18.1, vimos que uma tensão de 12,5 N/mm² sobre um determinado pilar de concreto gerou uma deformação longitudinal de 0,000875. Você poderia se perguntar se uma tensão duas vezes maior produziria o dobro de deformação– ou se o triplo de tensão produziria o triplo de deformação, e assim por diante. Em outras palavras, será que a tensão é ***proporcional*** à deformação?

Caso você já tenha cursado uma disciplina sobre materiais, deve saber esta resposta. Para a maioria dos materiais, a resposta é sim: tensão e deformação são proporcionais – até certo ponto. Como você pode ver na Figura 18.6, quando um gráfico de tensão × deformação é plotado, o que se obtém é uma linha reta até certo ponto, conhecido como limite de proporcionalidade. (Além do limite de proporcionalidade, o formato do gráfico depende do material, mas deixa de ser uma linha reta.)

Se a tensão é proporcional à deformação, então, matematicamente falando, tensão/deformação = uma constante (lei de Hooke). Essa constante é conhecida como módulo de Young, tem o símbolo E e unidades de N/mm² ou kN/mm².

$$\text{Módulo de Young } (E) = \frac{\text{Tensão } (\sigma)}{\text{Deformação } (\varepsilon)}$$

(Para mais informações sobre Hooke e Young, veja o final deste capítulo.)

No Exemplo 18.1, descobrimos que a tensão e a deformação compressivas experimentadas por um pilar de concreto eram de 12,5 N/mm² e 0,000875, respectivamente. Portanto,

$$\text{Módulo de Young} = \frac{12{,}5\,\text{N/mm}^2}{0{,}000875} = 14.286\,\text{N/mm}^2 = 14{,}3\,\text{kN/mm}^2$$

Já no Exemplo 18.2, descobrimos que a tensão e a deformação tracionais experimentadas por uma barra de aço eram de 70,73 N/mm² e 0,000335, respectivamente. Portanto,

$$\text{Módulo de Young para o aço} = \frac{70{,}73\,\text{N/mm}^2}{0{,}000335} = 211.134\,\text{N/mm}^2$$

$$= 211\,\text{kN/mm}^2$$

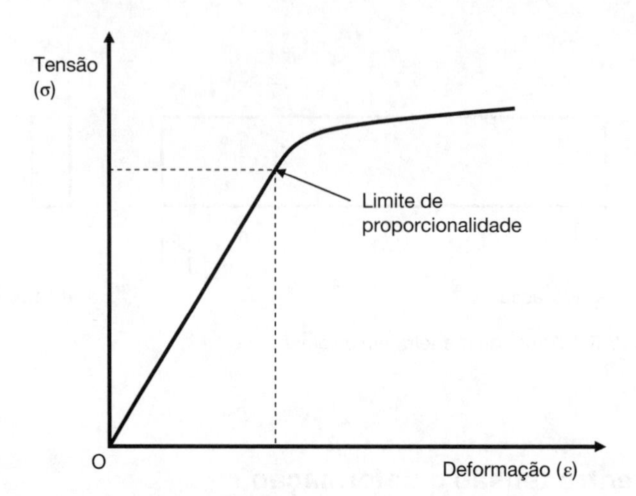

Figura 18.6 Gráfico de tensão × deformação.

Como prever alterações no comprimento

Agora já sabemos que:

$$\text{Tensão direta } (\sigma) = \frac{\text{Esforço axial } (P)}{\text{Área } (A)}$$

e

$$\text{Deformação longitudinal } (\varepsilon) = \frac{\text{Alteração no comprimento } (\delta L)}{\text{Comprimento original } (L)}$$

Combinando essas duas equações e rearranjando-as, obtemos:

$$\text{Alteração no comprimento } (\delta L) = \frac{PL}{AE}$$

A partir dessa equação, podemos calcular a alteração no comprimento de um elemento estrutural se conhecermos o seu comprimento (L), o esforço axial ao qual ele está sujeito (P), a área de sua seção transversal (A) e o valor de seu módulo de Young. Este último pode ser obtido a partir de tabelas de dados científicos se necessário.

Exemplo 18.4: calculando a alteração no comprimento de um elemento sob tensão direta

Uma presilha de aço em uma estrutura espacial reticulada de um telhado tem originalmente 2 m de comprimento. Se a presilha é uma barra sólida de 40 mm de diâmetro, calcule qual seria a extensão esperada da barra de aço se um esforço axial tracional de 150 kN fosse aplicado nela. O módulo de Young para o aço é de 205 kN/mm^2. Se a extensão ultrapassasse o limite aceitável, quais medidas você poderia tomar para reduzi-la?

Solução

Área da seção transversal da barra de aço = $\pi r^2 = \pi \times 1.256,6$ mm^2

$$\text{Alteração no comprimento } (\delta L) = \frac{PL}{AE} = \frac{150 \times 10^3\,\text{N} \times 2.000\,\text{mm}}{1.256{,}6\,\text{mm}^2 \times 205 \times 10^3\,\text{N/mm}^2}$$

$$= 1{,}16\,\text{mm}$$

Esta extensão de 1,16 mm é pequena e provavelmente tolerável na maioria das estruturas. Seja como for, examinando-se a fórmula da "alteração no comprimento", as seguintes medidas poderiam ser tomadas para reduzir a extensão se desejado:

- Reduzir o esforço axial sobre o elemento.
- Reduzir o comprimento do elemento.
- Aumentar a área da seção transversal do elemento (essa costuma ser a opção mais prática).
- Usar um material com um módulo de Young maior.

A relação entre a alteração no comprimento e a alteração na largura

Já vimos que, se aplicarmos força compressiva em um elemento estrutural, como um pilar, ele irá se encurtar; e se uma força tracional for aplicada sobre um elemento, como uma barra de aço, ele se distenderá. Ademais, acabamos de ver como calcular essa redução ou esse aumento no comprimento em milímetros usando uma fórmula simples.

Agora vejamos o que aconteceria com as dimensões *laterais* quando esforços axiais são aplicados. Se pegássemos um pedaço de massa de modelar e aumentássemos seu comprimento esticando-a, você perceberia que a espessura da massa de modelar ficaria cada vez menor (ficaria mais fina) até ela acabar rompendo. O encurtamento não é tão fácil de demostrar com massa de modelar. No entanto, se você pegasse um material rígido mas compressível e o comprimisse, ou o esmagasse, você notaria que sua espessura acabaria aumentando (ele ficaria mais grosso). Veja a Figura 18.7.

Recapitulando:

- *Tração* leva a um *aumento no comprimento* e a uma *redução na largura.*
- *Compressão* leva a uma *redução no comprimento* e a um *aumento na largura.*

Então, como calculamos essas alterações na largura?

Como calcular alterações na largura

Como você já deve suspeitar, a relação entre a alteração no comprimento e a alteração na largura é uma propriedade de cada material. Trabalhos experimentais mostram que a deformação relacionada a alterações no comprimento (isto é, deformação longitudinal, (ε)) é proporcional à deformação lateral (ε_L), da mesma forma que a tensão é proporcional à deformação. Anteriormente neste capítulo, vimos que a razão entre tensão (σ) e deformação (ε) é uma propriedade material denominada módulo de Young (E). Assim, não deve ser surpresa que a razão entre deformação longitudinal (ε) e deformação lateral (ε_L) é outra propriedade material; esta é chamada de ***coeficiente de Poisson***. O coeficiente de Poisson recebe o símbolo ν.

Deformação lateral (ε_L)/deformação longitudinal (ε) = – coeficiente de Poisson (ν)
Então $\varepsilon_L = -\nu.\varepsilon$

O sinal de menos (–) demostra que quando a deformação lateral aumenta, a deformação longitudinal diminui, e vice-versa.

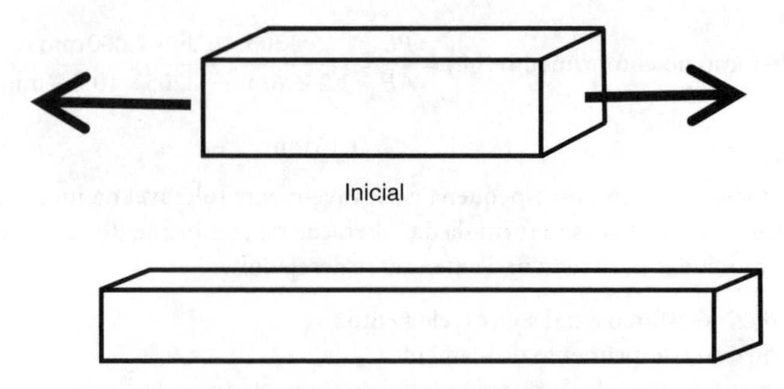

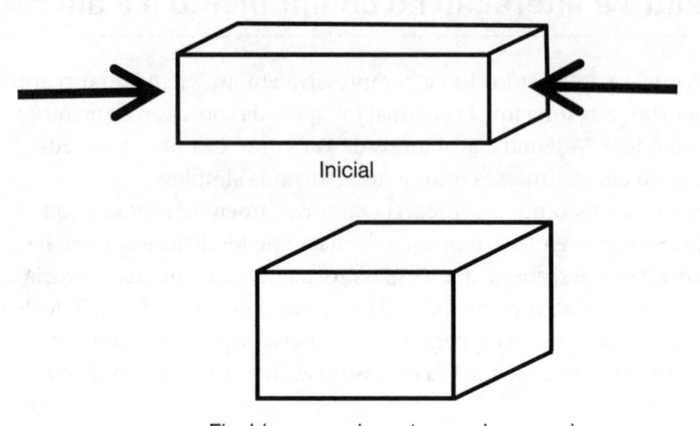

Figura 18.7 Barras de aço sob tração e compressão.

Exemplo 18.5: deformação lateral

Calcule a alteração na dimensão lateral, em milímetros, para a barra de aço mostrada no Exemplo 18.4 se o coeficiente de Poisson para o aço é $\nu = 0{,}33$.

Deformação longitudinal ε = Alteração no comprimento (δL)/comprimento original (L)
$= 1{,}16$ mm/2.000 mm
$= 0{,}00058 = 5{,}8 \times 10^{-4}$

Deformação lateral $\varepsilon_L = \nu.\varepsilon$
$= 0{,}33 \times 0{,}00058$
$= 1{,}914 \times 10^{-4}$

Alteração na dimensão lateral = Deformação lateral × largura original
$= 1{,}914 \times 10^{-4} \times 40$ mm
$= 0{,}0077$ mm

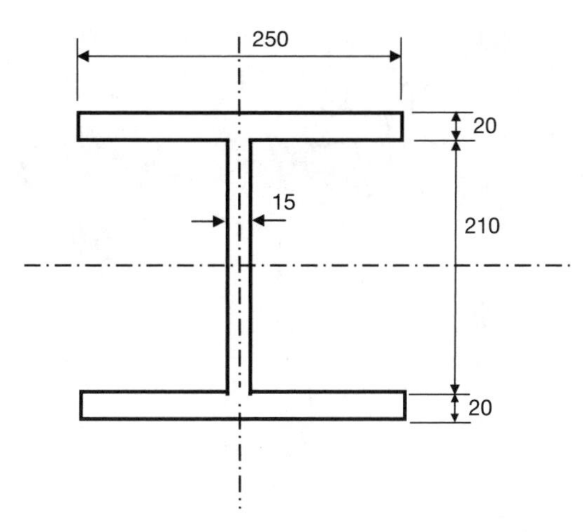

Figura 18.8 Exemplo 18.6 (seção transversal).

Exemplo 18.6: deformação lateral para uma seção transversal em forma de H

A Figura 18.8 mostra um pilar de aço sustentando os pavimentos superiores de um prédio baixo de escritórios. As dimensões da seção transversal são aquelas mostradas. Se a carga axial sobre o pilar é de 1.500 kN, o comprimento original do pilar é de 3 m, o módulo de Young (*E*) para o aço é de 200 kN/mm^2 e o coeficiente de Poisson (ν) é 0,33, calcule:

a. a tensão direta (σ) em qualquer ponto no pilar;
b. a deformação longitudinal (ε) no pilar;
c. a alteração no comprimento (δL) do pilar;
d. a deformação lateral (ε_L) no pilar;
e. o aumento na espessura da alma na direção x–x;
f. o aumento no comprimento da alma na direção y–y;
g. o aumento na largura da aba na direção x–x.

Solução

Área da seção transversal do pilar: $A = (250 \times 20) + (250 \times 20) + (210 \times 15) = 13.150$ mm^2

Tensão direta $\sigma = P/A = 1.500 \times 10^3$ N/13.150 mm^2 = 114 N/mm^2

Deformação longitudinal $\varepsilon = \sigma/E = 114/200 \times 10^3 = 0{,}00057$

Alteração no comprimento $\delta L = \varepsilon . L = 0{,}00057 \times 3.000$ m = 1,71 mm

Deformação lateral $\varepsilon_L = \nu . \varepsilon = 0{,}33 \times 0{,}00057 = 0{,}00019$

Aumento na espessura da alma na direção x–x = $\varepsilon_L \times 15$ mm = 0,00285 mm

Aumento no comprimento da alma na direção y–y = $\varepsilon_L \times 250$ mm = 0,0475 mm

Aumento na largura da aba na direção x–x = $\varepsilon_L \times 250$ mm = 0,0475 mm

A Figura 18.9 exibe o Grande Arche de la Défense em Paris. Observe o toldo bem embaixo do cubo gigante de lados abertos. Para lhe dar uma ideia da escala, a Catedral de Notre Dame de Paris caberia embaixo desse toldo, que fica conectado ao arco principal por uma série de cabos

Figura 18.9 Grande Arche de la Défense, Paris.

de aço. Usando as técnicas explicadas neste capítulo, os projetistas determinaram a força em cada cabo e, assim, calcularam as tensões às quais os cabos estão sujeitos.

O que você deve recordar deste capítulo

$$\text{Tensão direta } (\sigma) = \frac{\text{Esforço axial } (P)}{\text{Área } (A)}$$

$$\text{Tensão de cisalhamento } (\tau) = \frac{\text{Esforço de cisalhamento } (V)}{\text{Área } (A)}$$

$$\text{Deformação longitudinal } (\varepsilon) = \frac{\text{Alteração no comprimento } (\delta L)}{\text{Comprimento original } (L)}$$

$$\text{Módulo de Young } (E) = \frac{\text{Tensão } (\sigma)}{\text{Deformação } (\varepsilon)}$$

$$\text{Alteração no comprimento } (\delta L) = \frac{PL}{AE}$$

Exercícios

1. Calcule a tensão direta em um pilar de concreto armado com seção transversal de 400 mm × 350 mm sujeito a uma carga compressiva de 3.000 kN. Expresse sua resposta em N/mm^2.
2. Uma haste circular de aço, formando parte de uma estrutura reticulada, está sujeita a um esforço tracional de 750 kN. Se a tensão admissível no aço é de 460 N/mm^2, qual é o diâmetro

mínimo da haste em milímetros? Se a haste estivesse em compressão ao invés de tração, quais outros fatores precisariam ser levados em consideração?

3. Um pilar de madeira está sujeito a uma força compressiva de 60 kN. Se a tensão admissível à compressão da madeira é 6 N/mm^2, escolha um tamanho adequado para a seção do pilar. Expresse sua resposta em termos das dimensões da seção transversal do pilar, em milímetros.
4. Uma força é aplicada em uma barra de aço, originalmente com 3 m de comprimento, fazendo com que ela se estenda em 1,5 mm. Calcule a deformação longitudinal (ε) da barra.
5. Uma presilha de aço de 3,5 m de comprimento é sujeita a uma força tracional de 150 kN. Se a barra é redonda, de diâmetro 20 mm, e se o valor do módulo de Young (E) para o aço é de 200 kN/mm^2, calcule a alteração no comprimento da barra.
6. Um amortecedor de alumínio (um elemento de compressão) de 1,5 m de comprimento faz parte de uma estrutura reticulada leve e está sujeito a uma força compressiva de 50 kN. Calcule a deformação longitudinal no amortecedor e determine a alteração em seu comprimento. Assuma que a área de sua seção transversal é de 220 mm^2 e que o módulo de Young = 70 kN/mm^2.
7. Uma nova ponte suspensa no Extremo Oriente tem um dos maiores vãos do mundo. Cada um dos seus cabos principais tem 1 m de diâmetro e é projetado para sustentar um esforço axial tracional de 13.000 toneladas. Assumindo, para simplificar, que cada cabo principal é feito de aço sólido (em vez de uma coleção de muitos cabos de menor diâmetro, como na realidade), calcule a tensão em cada cabo principal, em unidades de N/mm^2.

Respostas

1. 21,4 kN/mm^2
2. 45,6 mm; flambagem
3. 100 mm × 100 mm ou 75 mm × 150 mm
4. $\varepsilon = 0{,}0005$, ou 0,05%
5. 8,35 mm
6. $\varepsilon = 0{,}00325$, $\delta L = 4{,}87$ mm
7. $\sigma = 166\ N/mm^2$

Quem foram Mr. Hooke e Mr. Young?

Robert Hooke (1635–1703) é considerado por muitos um dos maiores cientistas experimentais do século XVII. Ele nutria amplos interesses na maior parte dos ramos da ciência e colaborou com outros cientistas renomados de sua época, incluindo Isaac Newton, mas infelizmente os dois não se davam bem. Hooke também tinha interesse em arquitetura e auxiliou Sir Christopher Wren na reconstrução da Catedral de St. Paul após o Grande Incêndio de 1666. A Lei de Hooke, examinada neste capítulo, é o princípio científico pelo qual ele é mais lembrado.

Thomas Young (1773–1829) também nutria uma ampla gama de interesses profissionais. Além de ser um físico cujos experimentos em elasticidade levaram ao módulo que recebe seu nome, Young tinha qualificações médicas e pesquisou intensivamente nos ramos da luz e da óptica.

19

Tensão por flexão

Introdução

No Capítulo 18, investigamos as tensões diretas – aquelas causadas por cargas diretas ou esforços axiais sobre elementos estruturais. Neste capítulo, estudaremos as tensões ***por flexão***. Como o nome sugere, essas tensões estão associadas à flexão de uma viga ou outro tipo de elemento estrutural.

Teoria da flexão

Observe a viga mostrada na Figura 19.1a, que tem apoio simples em suas duas extremidades. Se uma carga pontual centralizada for aplicada sobre a viga, o perfil de flexão resultante será o mostrado na Figura 19.1b. Alternativamente, se a viga exibida na Figura 19.1a for sujeita a uma carga longitudinal que não atua ao longo da linha do eixo central da viga, ela será flexionada novamente, apresentando o perfil de tensão mostrado na Figura 19.1c.

Assim, flexão pode ser induzida em uma viga de dois modos:

1. aplicação de carga perpendicular ao eixo longitudinal da viga;
2. aplicação de carga axial excêntrica.

Se decidíssemos pintar faixas verticais a intervalos regulares ao longo de uma viga de apoios simples antes de aplicar carga a ela, o resultado seria aquele mostrado na Figura 19.2a. Depois da viga ser flexionada sob a carga, seu perfil de tensão se pareceria com o da Figura 19.2b. Você perceberá que as faixas na viga flexionada na Figura 19.2b permanecem retas, porém apresentando um giro relativo entre si (ou seja, não mantendo a mesma distância umas das outras na parte de cima e na parte de baixo. Isso sugeriria que, embora a viga tenha sido flexionada, seções transversais específicas (conforme representadas pelas faixas pintadas) continuam retas e, portanto, não foram flexionadas.

Observe a seção transversal de uma viga retangular, mostrada na Figura 19.3a. Se a viga for flexionada, sabemos de nossos estudos anteriores que a parte de cima da viga ficará sob compressão, enquanto sua parte de baixo ficará sob tração. Isso implica que deve haver algum nível na seção transversal que será a interface entre as zonas de compressão e de tração. Essa interface é chamada de ***eixo neutro*** ou ***plano neutro***, e veremos que não existe qualquer tensão nesse nível.

A Figura 19.3b é um simples diagrama de força. A compressão na parte de cima da viga é representada pela força C. A tração na parte de baixo da viga é representada pela força T. Observe que, conforme necessário para haver equilíbrio, as forças C e T são equivalentes mas opostas em sentido.

A Figura 19.3c é um diagrama de tensão no qual a linha vertical representa tensão zero. Podemos perceber prontamente que a tração máxima – e, portanto, a tensão tracional máxima – ocorre bem embaixo da viga e vai diminuindo à medida que subimos pela seção transversal da viga a partir desse nível. De modo similar, a compressão máxima – e, portanto, a tensão compressiva máxima – ocorre bem no topo da viga e vai diminuindo à medida que descemos pela seção transversal da viga a partir desse nível. Se unirmos esses dois valores máximos por

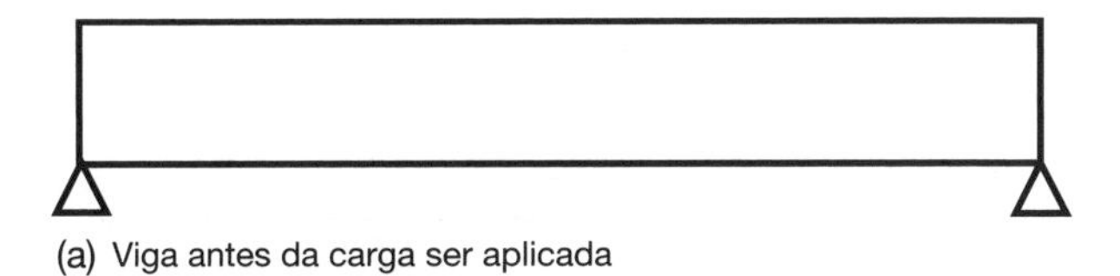

(a) Viga antes da carga ser aplicada

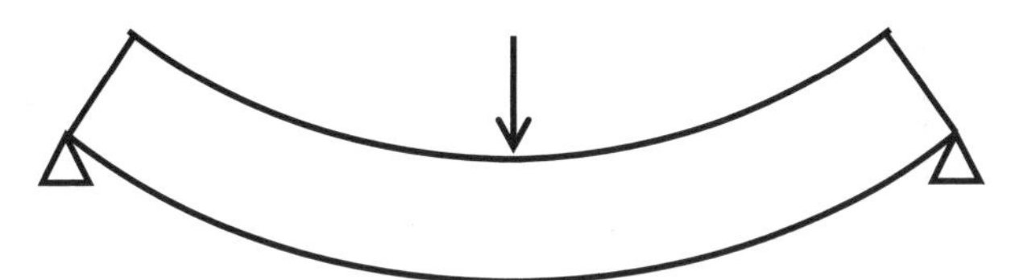

(b) Flexão na viga causada por carga pontual centralizada

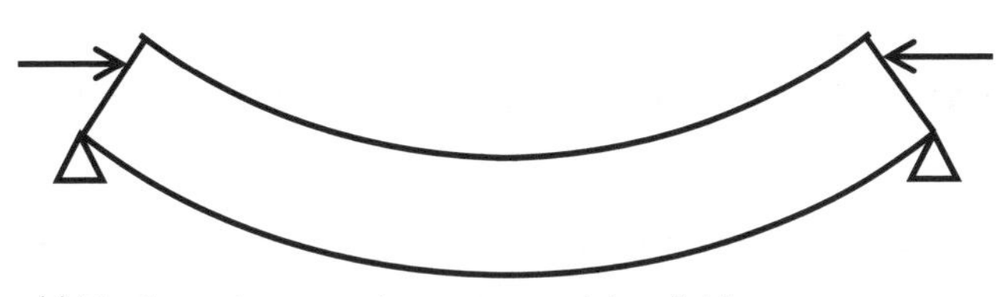

(c) Flexão na viga causada por carga axial excêntrica

Figura 19.1 Flexão em vigas.

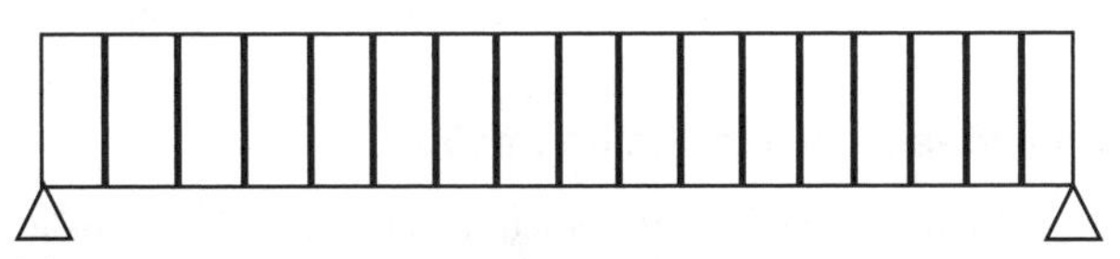

(a) Seções transversais (de lado) antes da carga ser aplicada

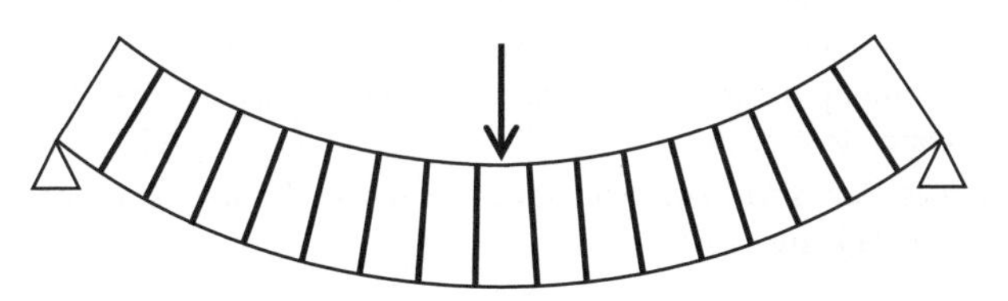

(b) Seções transversais (de lado) depois da carga ser aplicada

Figura 19.2 Efeito da flexão na seção transversal de uma viga.

uma linha reta, nosso diagrama de tensão fica como aquele mostrado na Figura 19.3c. Repare na variação linear (isto é, a linha reta) em tensão conforme descemos pela seção transversal.

Como acabamos de ver (Fig. 19.3c), a tração ocorre na parte de baixo de uma viga que está sofrendo tosamento. Como o concreto é frágil sob tração, um reforço de aço é adicionado onde é mais útil, ou seja, próximo à face inferior da viga. Mas os pedreiros em geral, e os armadores em

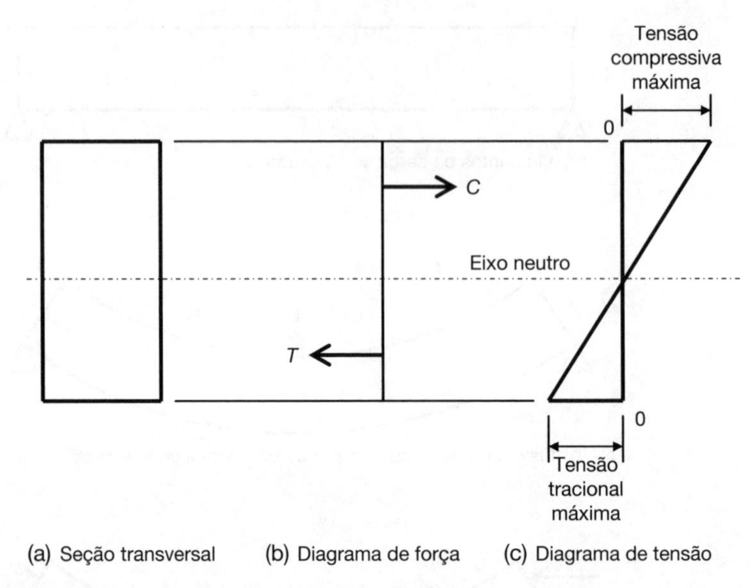

Figura 19.3 Teoria da flexão aplicada à seção transversal de uma viga.

particular, não receberam aulas de mecânica estrutural. Ocasionalmente, nos deparamos com casos em que um armador considera inconveniente colocar todo o reforço necessário com barras de aço próximas à face inferior e, portanto, coloca parte dele próximo do meio da seção. A Figura 19.3 demonstra que qualquer reforço de aço colocado perto da metade da seção é inútil, já que a tensão é mínima nesse ponto e, portanto, o aço não realiza trabalho algum. Para piorar, a parte de baixo da seção ainda fica sub-reforçada e, consequentemente, propensa a falhas.

Pressuposições para a teoria da flexão

1. O material é ***linearmente elástico*** (conforme representado pelo gráfico de linha reta na Figura 19.3c).
2. O módulo de Young (E) é o mesmo na compressão e na tração. (Veja o Capítulo 18 se precisar recordar do módulo de Young e de sua importância.)
3. O material é ***homogêneo*** (isto é, espacialmente uniforme). Isso obviamente não é verdade quando estamos considerando uma seção transversal abrangendo dois materiais diferentes, como concreto armado.
4. As seções planas permanecem planas depois da flexão – isto é, não são flexionadas. Veja a discussão da Figura 19.2.

Eixo neutro

Conforme examinado anteriormente, o eixo neutro ocorre na interface das zonas de compressão e de tração de um elemento estrutural que experimenta flexão. O eixo neutro possui as seguintes características:

- O eixo neutro ocorre no nível em que não há tensão alguma.
- Para seções simétricas e homogêneas, o eixo neutro ocorre na metade da altura da seção.
- O eixo neutro passa pelo centroide (ver definição mais adiante) se o material for homogêneo.

A equação de flexão dos engenheiros

A equação apresentada no texto a seguir é conhecida como a "equação de flexão dos engenheiros". Sua derivação não está incluída aqui pois contém uma matemática bastante assustadora, mas pode ser encontrada em livros-texto mais avançados que tratam de estruturas. É bem mais importante que você se familiarize com a equação em si - em vez de com sua derivação - e com o significado de seus vários termos:

$$\frac{\sigma}{y} = \frac{M}{I} = \frac{E}{R}$$

onde:

σ = tensão por flexão (N/mm^2)
y = distância (medida, em milímetros, verticalmente para cima ou para baixo) até um nível específico a partir do eixo neutro (veja a Fig. 19.4a)
M = momento fletor na seção transversal em questão (kN.m ou N.mm)
E = módulo de Young (kN/mm^2 ou N/mm^2)
R = raio da curvatura (mm) (veja a Fig. 19.4b)
I = segundo momento de área (mm^4) (veja explicação a seguir)

O segundo momento de área (ou momento de inércia de área) é uma propriedade geométrica de uma seção transversal. Sua derivação é complexa, envolvendo cálculo. Basta dizer que para uma seção transversal de largura b e altura d, o segundo momento de área é $I = bd^3/12$.

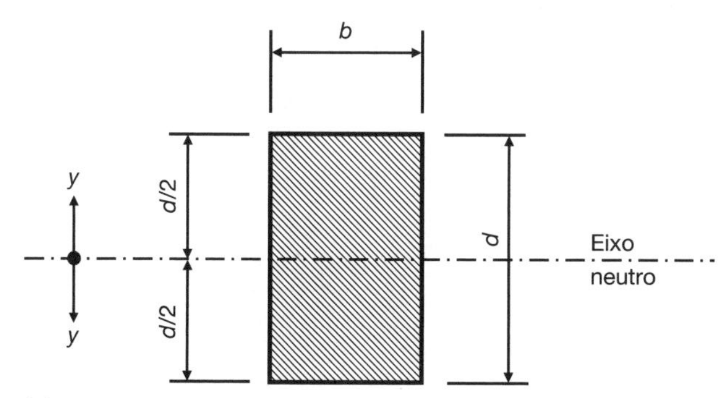

(a) Geometria de uma seção transversal retangular

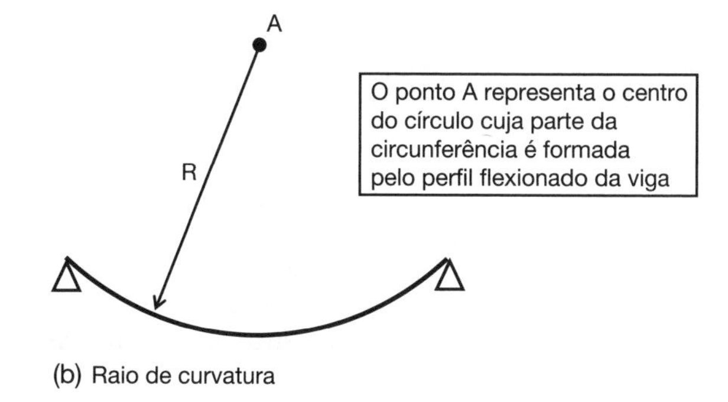

(b) Raio de curvatura

Figura 19.4 Equação de flexão dos engenheiros – alguns termos.

Módulo da seção

Outro parâmetro é o módulo da seção, também conhecido como módulo elástico. Ele recebe o símbolo z e é definido da seguinte forma:

$$z = \frac{I}{y_{max}}$$

Agora, para uma seção retangular, conforme mencionado anteriormente:

$$I = \frac{bd^3}{12}$$

Além disso, para uma seção retangular que é homogênea (mesmo material por todo o volume), o eixo neutro deve ocorrer exatamente na metade da seção. Portanto, a distância vertical máxima que pode ser viajada desde o eixo neutro e ainda se manter dentro da mesma seção é $d/2$. Então, $y_{max} = d/2$.

Assim, substituindo na equação anterior para o caso especial de uma seção retangular:

$$z = \frac{I}{y_{max}} = \frac{bd^3/12}{d/2} = \frac{bd^3}{12} \times \frac{2}{d} = \frac{bd^2}{6}$$

Portanto, para uma seção retangular,

$$z = \frac{bd^2}{6}$$

A equação básica da tensão

A partir da equação de flexão dos engenheiros (examinada previamente),

$$\frac{\sigma}{y} = \frac{M}{I}$$

Portanto,

$$\sigma = \frac{My}{I}$$

Mas

$$z = \frac{I}{y_{max}}$$

Então,

$$\sigma = \frac{M}{z}$$

Ou, rearranjando,

$$z = \frac{M}{\sigma}$$

Quando leciono essa matéria para meus alunos, expresso a opinião de que, à primeira vista, esta última equação não é interessante ou empolgante, e a reação dos estudantes pode ser descrita como de concordância passiva. No entanto, essa equação – por menos emocionante que possa parecer – forma a base de todos os projetos estruturais. Permita-me explicar.

Se o momento fletor (M) pode ser calculado – o que geralmente é verdade quando a carga aplicada e o vão da viga são conhecidos (veja o Capítulo 16) – e a tensão admissível (σ) do material é conhecida (ela pode ser obtida em tabelas de dados científicos), o módulo da seção necessário (z) pode ser determinado. Assim que o valor obrigatório de z é conhecido, uma viga de madeira de tamanho adequado ou uma viga pré-moldada de aço de seção em forma de I pode ser selecionada (ou via cálculos ou consultando-se uma tabela), conforme mostrado nos Exemplos 19.1 e 19.2

Exemplo 19.1: viga de madeira

Uma viga de madeira tem um vão de 3 m e sustenta uma carga uniformemente distribuída de 3,35 kN/m, conforme mostrada na Figura 19.5. Por considerações de pé-direito, uma viga com seção de 225 mm de altura deve ser usada. Se a tensão por flexão admissível na madeira é de 6 N/mm², determine um tamanho adequado (largura × altura) para a viga.

$$\text{Momento fletor máximo } (M) = \frac{wL^2}{8} = \frac{3{,}35 \times 3^2}{8} = 3{,}77\,\text{kN.m}$$

$$\sigma = \frac{M}{z}, \text{ então, rearranjando, } z = \frac{M}{\sigma}$$

$$\text{mas } z = \frac{bd^2}{6} \text{ para uma seção retangular}$$

$$\text{Portanto, } \frac{bd^2}{6} = \frac{M}{\sigma}$$

$$\text{Rearranjando, } b = \frac{6M}{\sigma d^2} = \frac{6 \times 3{,}77 \times 10^6\,\text{N.mm}}{6\,\text{N/mm}^2 \times 225^2\,\text{mm}^2}$$

Então b mínimo = 74,5 mm.

Portanto, use uma viga de madeira de 75 mm de largura × 225 mm de altura.

Exemplo 19.2: projeto de viga de aço

Uma viga de aço deve ter um vão de 5 m e sustentar uma carga de 25 kN/m, incluindo seu próprio peso, conforme mostrada na Figura 19.6. Se a tensão admissível no aço é de 180 N/mm², selecione uma seção adequada de viga de aço a partir das tabelas.

A partir das informações anteriores, w = 25 kN/m e L = 5 m.

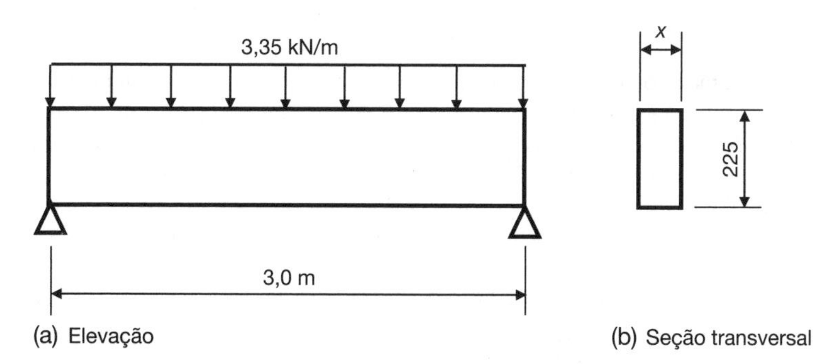

Figura 19.5 Dimensionando uma viga de madeira (Exemplo 19.1).

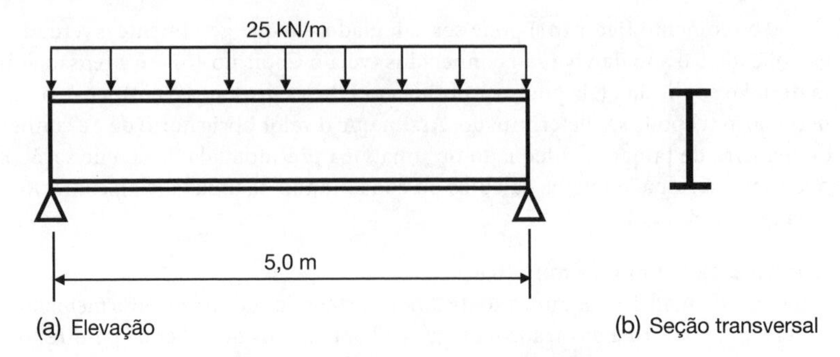

Figura 19.6 Dimensionando uma viga de aço (Exemplo 19.2).

$$\text{Momento fletor máximo (M)} = \frac{wL^2}{8} = \frac{25 \times 5^2}{8} = 78{,}1\ \text{kN.m}$$

$$z_{\text{necessário}} = \frac{M}{\sigma} = \frac{78{,}1 \times 10^6\ \text{N.mm}}{180\ \text{N/mm}^2} = 433.889\ \text{mm}^3 = 433{,}9\ \text{cm}^3$$

Tabelas com propriedades de vigas de aço padronizadas devem ser usadas agora. Precisamos selecionar uma que apresente um valor de módulo da seção de 433,9 cm^3 ou superior. A terminologia usada na classificação de vigas de aço é explicada no Capítulo 24.

As possibilidades incluem uma viga de aço de 305 × 127UB37 (z = 471 cm^3) e uma viga de 254 × 146UB37 (z = 434 cm^3).

Se a primeira destas for selecionada,

$$\text{Tensão real por flexão } (\sigma) = \frac{M}{z} = \frac{78{,}1 \times 10^6}{471.000\ \text{mm}^3} = 165{,}8\ \text{N/mm}^2$$

Como isso é menos do que a tensão permissível, de 180 N/mm^2, essa opção é válida. (Obs.: veja o Capítulo 16 para a origem de $M = wL^2/8$.)

Repita o exemplo anterior com um vão de 6 m. Você descobrirá que o módulo da seção (z) necessário dessa vez é de 625.000 mm^3 e que, portanto, uma seção de viga de aço diferente precisa ser escolhida a partir das tabelas.

Cálculo do segundo momento de área (*I*) para seções simétricas

Conforme mencionado anteriormente, o valor I para uma seção retangular de largura b e altura d é $bd^3/12$. Outra informação importante é que o valor de I para um círculo de diâmetro D é $\pi D^4/64$. Munido dessas informações, é fácil calcular valores de I para seções em forma de I ou para seções retangulares ocas (conforme ilustradas na Figura 19.7) ou seções circulares ocas. Em cada um dos casos, o formato pode ser considerado como a diferença entre os valores de I de dois ou mais retângulos (como mostrado na Figura 19.7) ou a diferença entre os valores de I de dois círculos.

Observe os dois exemplos exibidos na Figura 19.8. No primeiro caso, o valor de I para a seção em forma de I pode ser determinado pela diferença entre os valores de I para seções retangulares. No segundo caso, o valor de I para o cano oco é obtido subtraindo-se o valor de I para o círculo de dentro do valor de I para o círculo de fora. Os cálculos são apresentados a seguir.

Para a seção em forma de I exibida na Figura 19.8a,

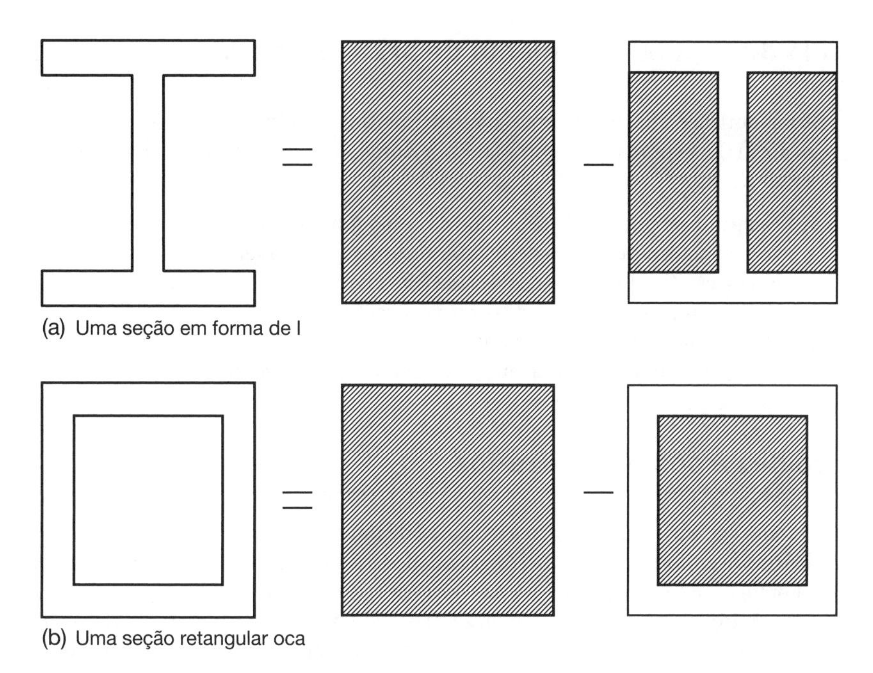

Figura 19.7 Cálculo do segundo momento de área para formatos simétricos comuns.

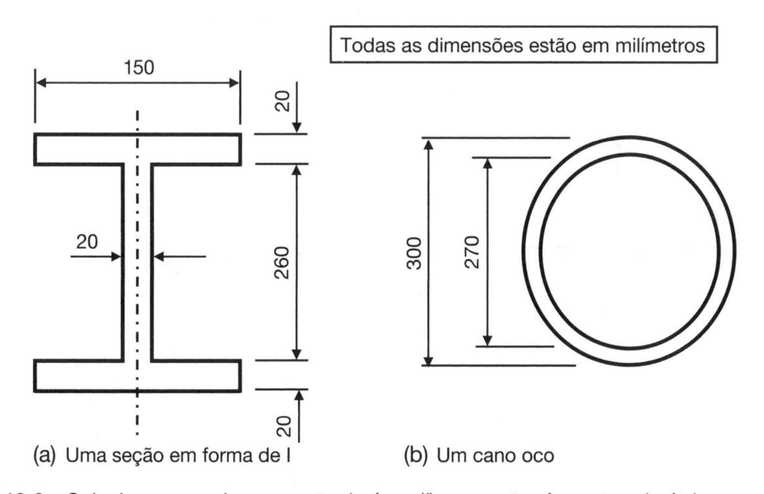

Figura 19.8 Calcule o segundo momento de área (*I*) para estes formatos simétricos.

$$I = \frac{BD^3}{12} - \frac{bd^3}{12} = \frac{150 \times 300^3}{12} - \frac{130 \times 260^3}{12} = \left(337{,}5 \times 10^6\right) - \left(190{,}4 \times 10^6\right)$$
$$= 147{,}1 \times 10^6 \text{ mm}^4$$

A partir da seção de cano oco mostrada na Figura 19.8b,

$$I = \frac{\pi D^4}{64} - \frac{\pi d^4}{64} = \frac{\pi}{64}\left(D^4 - d^4\right) = \frac{\pi}{64}\left(300^4 - 270^4\right) = 137 \times 10^6 \text{ mm}^4$$

Cálculo do segundo momento de área (*I*) para seções assimétricas

A má notícia é que, para seções assimétricas, a determinação do valor do segundo momento de área (I) é bem mais complicada. Em resumo, o procedimento para seções assimétricas é o seguinte:

1. Determine a posição do centroide da seção usando a abordagem explicada a seguir. Como você aprendeu mais cedo neste capítulo, o eixo neutro sempre passa através do centroide de uma seção (assumindo que a seção é feita do mesmo material uniformemente). Assim, uma vez determinada a posição do centroide, você também determinou o nível do eixo central.
2. Uma vez que você conhece a posição do eixo central, use o ***teorema do eixo paralelo*** (explicado mais adiante) para calcular o valor do segundo momento de área (I).

Centroides e como localizá-los

O centroide é o centro geométrico da área de um corpo, formato ou seção. Se um corpo possui densidade uniforme, seu centro de gravidade será no centroide. Quando um elemento estrutural é homogêneo (isto é, do mesmo material em todo seu conteúdo) e experimenta flexão pura, o eixo neutro (ou seja, o eixo de tensão zero) passará pelo centroide. Portanto, a localização do centroide de uma seção transversal nos permite localizar o nível do eixo neutro (ou plano neutro) relacionado a tal seção transversal.

A Figura 19.9 mostra as posições de centroide de alguns formatos comuns. Como podemos ver, os centroides de retângulos e círculos ocorrem no centro de área (isto é, o ponto óbvio), ao

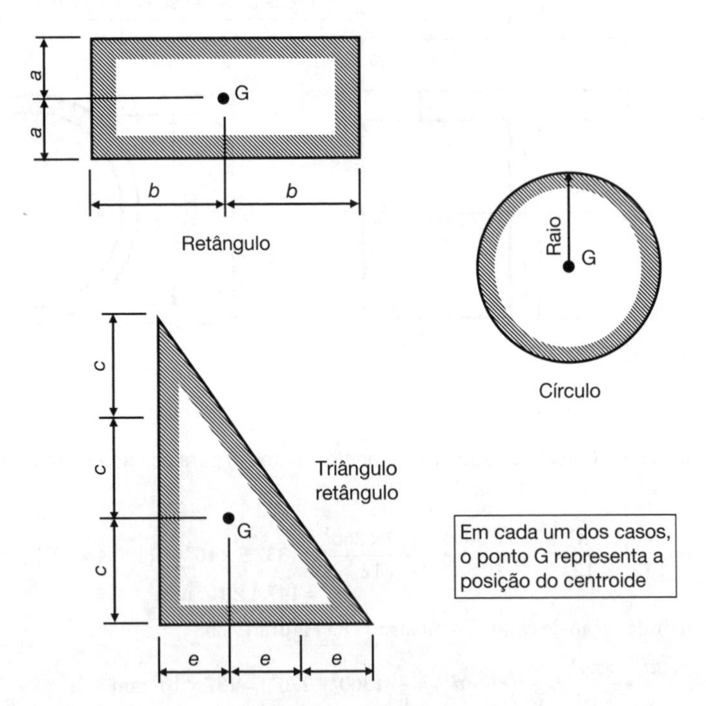

Figura 19.9 Posições de centroide de formatos comuns.

passo que o centroide de um triângulo retângulo ocorre a um terço da extensão a partir do canto do ângulo reto – ou a dois terços da extensão a partir do vértice.

Centroides de formatos irregulares

Um formato irregular e a localização do centroide estão indicados na Figura 19.10, a partir da qual pode ser demonstrado que:

$$A\bar{x} = \sum(x.\delta A)$$

ou

$$\bar{x} = \sum\left(\frac{x.\delta A}{A}\right)$$

De modo similar,

$$\bar{y} = \sum\left(\frac{y.\delta A}{A}\right)$$

onde $\bar{x}$ e $\bar{y}$ são as distâncias a partir do eixo x e do eixo y (respectivamente) até o centroide G. Vale ressaltar que o símbolo Σ significa "soma de". Em outras palavras, a distância até o centroide da área total a partir do eixo ou linha referencial apropriada é igual à soma dos produtos área--distância divididos pela área total.

Não se preocupe muito se você não entendeu por completo os aspectos matemáticos aqui – o que importa mesmo são o resultado e sua aplicação.

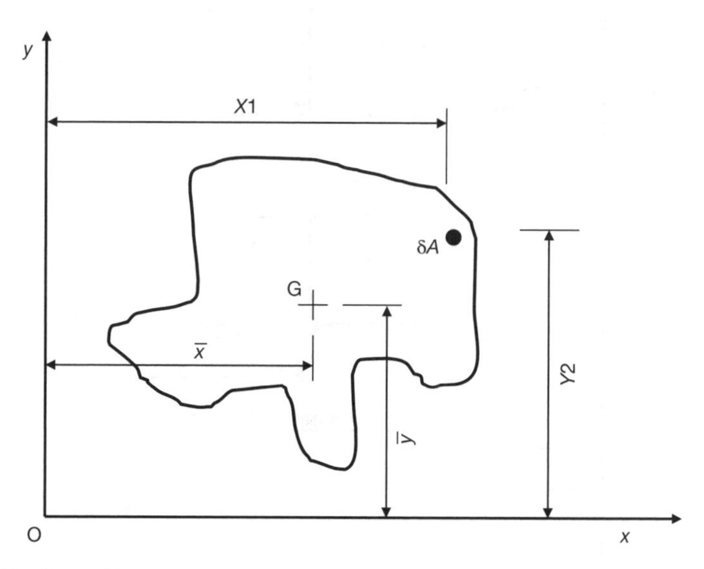

Figura 19.10 Centroides de formatos irregulares.

Centroides de seções transversais que podem ser divididas em formatos regulares

A maioria das seções transversais encontradas em engenharia civil pode ser dividida em retângulos e triângulos constituintes. As posições dos centroides em tais seções transversais podem ser calculadas usando-se as fórmulas anteriores.

Exemplo

A viga mostrada na Figura 19.11 pode ser dividida em quatro retângulos, conforme ilustrado. A posição do centroide da seção pode ser localizada a partir das seguintes equações:

$$\bar{x} = \frac{A_1x_1 + A_2x_2 + A_3x_3 + A_4x_4}{A_1 + A_2 + A_3 + A_4}$$

$$\bar{y} = \frac{A_1y_1 + A_2y_2 + A_3y_3 + A_4y_4}{A_1 + A_2 + A_3 + A_4}$$

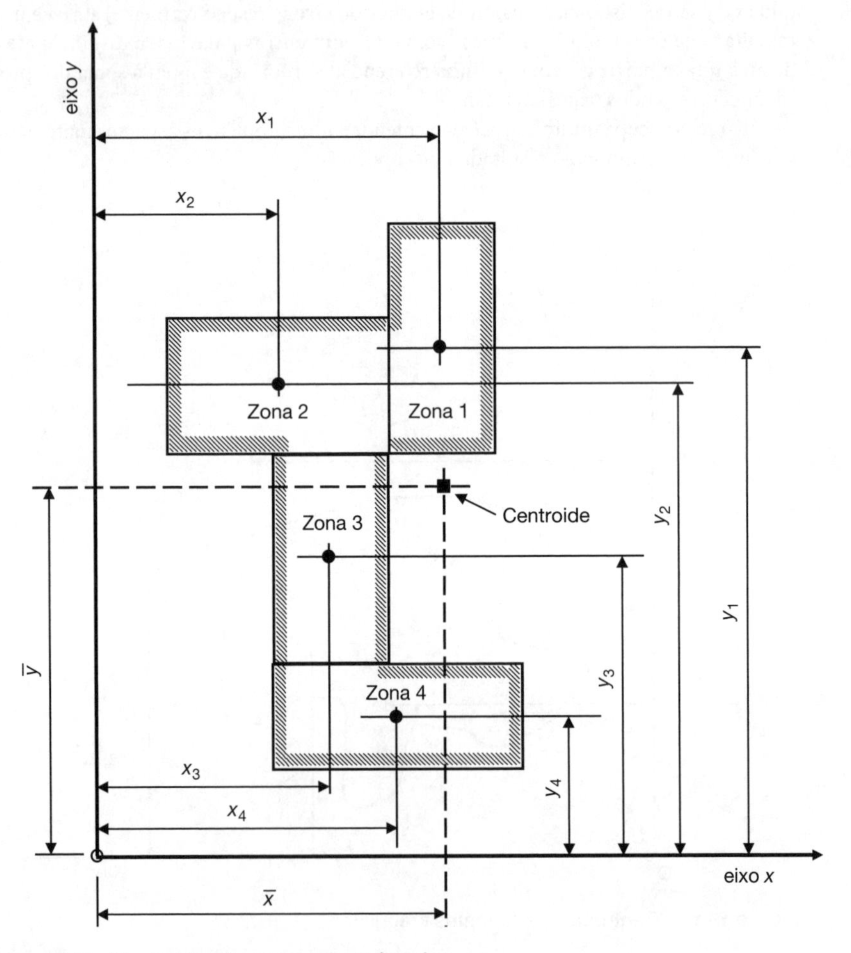

Figura 19.11 Centroides de grupos de retângulos.

onde

A_1 = área da zona 1
A_2 = área da zona 2, etc.
x_1 = distância do eixo y até o centroide da zona 1
x_2 = distância do eixo y até o centroide da zona 2, etc.
y_1 = distância do eixo x até o centroide da zona 1
y_2 = distância do eixo x até o centroide da zona 2, etc.

Teorema do eixo paralelo

O ***teorema do eixo paralelo*** pode ser usado para calcular valores de I (isto é, valores de segundo momento de área) para seções que podem ser divididas em partes retangulares individuais. (Para um retângulo regular, $I = bd^3/12$.)

Primeiro, o nível do eixo neutro (isto é, a posição do centroide) precisa ser determinado, da maneira previamente discutida. Observe o elemento retangular destacado na Figura 19.12, que forma parte de uma seção transversal maior. Pode-se demostrar que:

$$I_{XX} = I_{CC} + Ah^2$$

ou, para um retângulo,

$$I_{XX} = \left(\frac{bd^3}{12}\right) + bdh^2$$

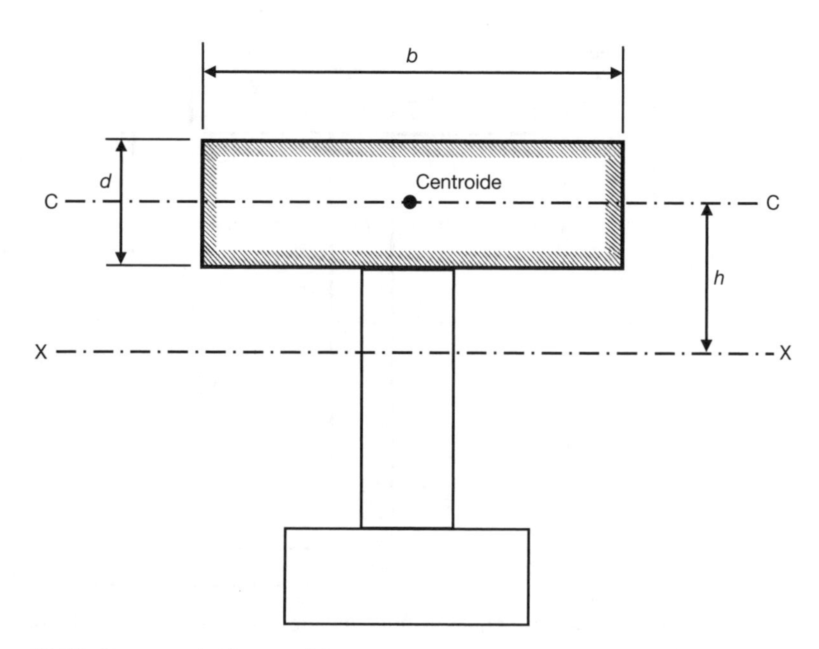

Figura 19.12 Teorema do eixo paralelo.

onde

I_{xx} = segundo momento de área do elemento retangular em torno do eixo neutro da seção composta (isto é, em torno do eixo X–X);
I_{CC} = segundo momento de área do elemento retangular em torno do eixo através de seu centroide (isto é, em torno do eixo C–C)
A = área do elemento retangular
b = largura do elemento retangular
d = altura do elemento retangular
h = distância entre o eixo centroidal do elemento retangular e o eixo centroidal da seção composta

O I_{XX} total para a seção composta é igual à soma dos termos de I_{XX} para as partes individuais.

Exemplo 19.3: tensões por flexão numa seção em forma de T

Uma viga com a seção transversal mostrada na Figura 19.13 encontra-se simplesmente apoiada e apresenta um momento fletor máximo de 16,0 kN.m. Calcule:

- posição do eixo neutro
- tensão tracional máxima
- tensão compressiva máxima

Solução

Use a parte de cima da viga como um eixo de referência a partir do qual as distâncias podem ser calculadas. Uma maneira metódica de abordar este problema seria realizando os cálculos em forma tabular - veja a Tabela 19.1.

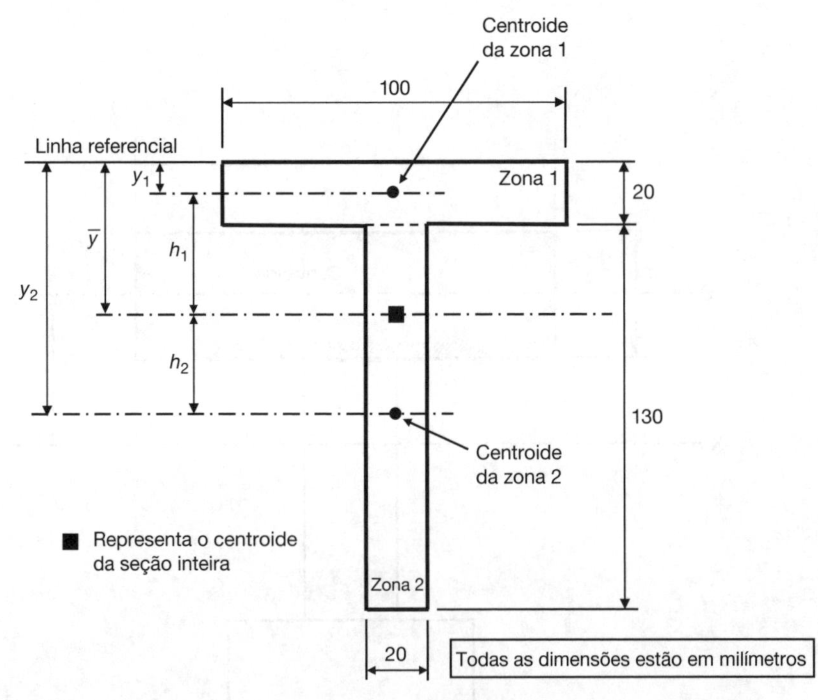

Figura 19.13 Cálculo do segundo momento de área para uma seção em forma de T (Exemplo 19.3).

Tabela 19.1 Cálculo do segundo momento de área para o Exemplo 19.3

(1)	(2)	(3)	(4)	(5)	(6)	(7)	(8)	(9)
Zona	b (mm)	d (mm)	A (mm²)	y (mm)	Ay (mm³)	h (mm)	Ah² (mm⁴) (x 10⁶)	$I = bd^3/12$ (mm⁴) (x 10⁶)
1	100	20	2.000	10	20.000	42,4	3,59	0,07
2	20	130	2.600	85	221.000	32,6	2,76	3,66
Soma			4.600		241.000		6,35	**3,73**

Na coluna 7,

$$42{,}4 = 52{,}4 - 10$$
$$32{,}6 = 85 - 52{,}4$$

Divida a seção transversal em dois retângulos: que a barra superior seja a zona 1 e que a haste inferior do T seja a zona 2. A largura (b) e a altura (d) de cada zona são dadas nas colunas 2 e 3 da Tabela 19.1. Em cada caso, elas são multiplicadas entre si para gerar a área de cada zona, mostrada na coluna 4.

Os valores de y são as distâncias verticais do topo da seção (o nível referencial) até os centroides de cada zona. Pode-se perceber a partir da Figura 19.13 que esses valores são 10 mm (metade de 20 mm) para a zona 1 e 85 mm (20 mm + metade de 130 mm) para a zona 2. Esses valores são dados na coluna 5 da Tabela 19.1.

Os valores dados na coluna 6 são A (a partir da coluna 4) multiplicado por y (a partir da coluna 5). A partir da coluna 6, pode-se perceber que a soma dos valores de Ay é 241.000 mm³ e, a partir da coluna 4, a soma dos valores de A (isto é, a área total da seção) é 4.600 mm². Assim, a distância até o centroide da seção desde o topo ($\bar{y}$) é calculada como:

$$\bar{y} = \frac{\Sigma(Ay)}{\Sigma A} = \frac{241.000 \text{ mm}^3}{4.600 \text{ mm}^2} = 52{,}4 \text{ mm}$$

(Essa é a resposta da parte 1 da questão.)

Agora que a posição do centroide da seção foi determinada, as distâncias h do eixo centroidal da seção até os centroides das zonas individuais (representados como h_1 e h_2 na Figura 19.13) podem ser calculadas. Esses valores são dados na coluna 7 da Tabela 19.1.

A coluna 8, Ah^2, é A (a partir da coluna 4) multiplicado por h^2 (a partir da coluna 7). A coluna 9 é o valor de I (= $bd^3/12$) para cada zona retangular.

Ao examinarmos o teorema do eixo paralelo (ver texto anterior), descobrimos que:

$$I_{XX} = Ah^2 + \frac{bd^3}{12}$$

Assim, I_{XX} é a soma de todos os valores na coluna 8 e todos os valores na coluna 9:

$$I_{XX} = (6{,}35 + 3{,}73) \times 10^6 = 10{,}08 \times 10^6 \text{ mm}^4$$

Agora que conhecemos o valor de I, podemos calcular as tensões por flexão.

Mais cedo neste capítulo, vimos que:

$$\sigma = \frac{My}{I}$$

onde:

σ = tensão por flexão
M = momento fletor
y = distância do eixo central até o topo ou a base da seção
I = segundo momento de área

Neste exemplo,

$M = 16{,}0$ kN.m $= 16{,}0 \times 10^6$ N.mm (dado da questão)
$I = 10{,}08 \times 10^6$ mm^4 (já calculado)
$y = 52{,}4$ mm (até o topo da seção)
$y = (150 - 52{,}4) = 97{,}6$ mm (até a base da seção)

Como essa seção encontra-se sobre apoio simples, a tensão tracional máxima ocorre na base da seção e a tensão compressiva máxima ocorre no topo. Então,

$$\text{Tensão tracional máxima (base da seção)} = \frac{My}{I} = \frac{16{,}0 \times 10^6\ \text{N/mm} \times 97{,}6\ \text{mm}}{10{,}08 \times 10^6\ \text{mm}^4} = 154{,}9\ \text{N/mm}^2$$

$$\text{Tensão compressiva máxima (topo da seção)} = \frac{My}{I} = \frac{16{,}0 \times 10^6\ \text{N/mm} \times 52{,}4\ \text{mm}}{10{,}08 \times 10^6\ \text{mm}^4} = 83{,}2\ \text{N/mm}^2$$

Exemplo 19.4: tensão por flexão numa seção não simétrica em forma de I

Determine o momento fletor máximo que pode ser aplicado a uma viga de apoio simples cuja seção transversal é mostrada na Figura 19.14 se:

- tensão tracional máxima = 2,0 N . mm^2
- tensão compressiva máxima = 20 N . mm^2

Como no exemplo anterior, usaremos uma tabela (Tabela 19.2) para calcular a posição do eixo neutro e o valor do segundo momento de área (I).

Novamente, usaremos o limite superior da viga como linha referencial. (Obs.: você pode escolher qualquer nível como sua referência, desde que se mantenha consistente até o fim.)

A partir da Tabela 19.2:

Na coluna 7,
372,7 = 387,7 - 15
57,7 = 387,7 - 330
262,3 = 650 - 387,7

$$\bar{y} = \frac{\Sigma(Ay)}{\Sigma A} = \frac{17.524.000}{45.200} = 387{,}7\ \text{mm até o topo (282,3 até a base)}$$

$I_{XX} = (2.604{,}33 + 543{,}07) \times 10^6 = 3.147{,}4 \times 10^6$ mm^4

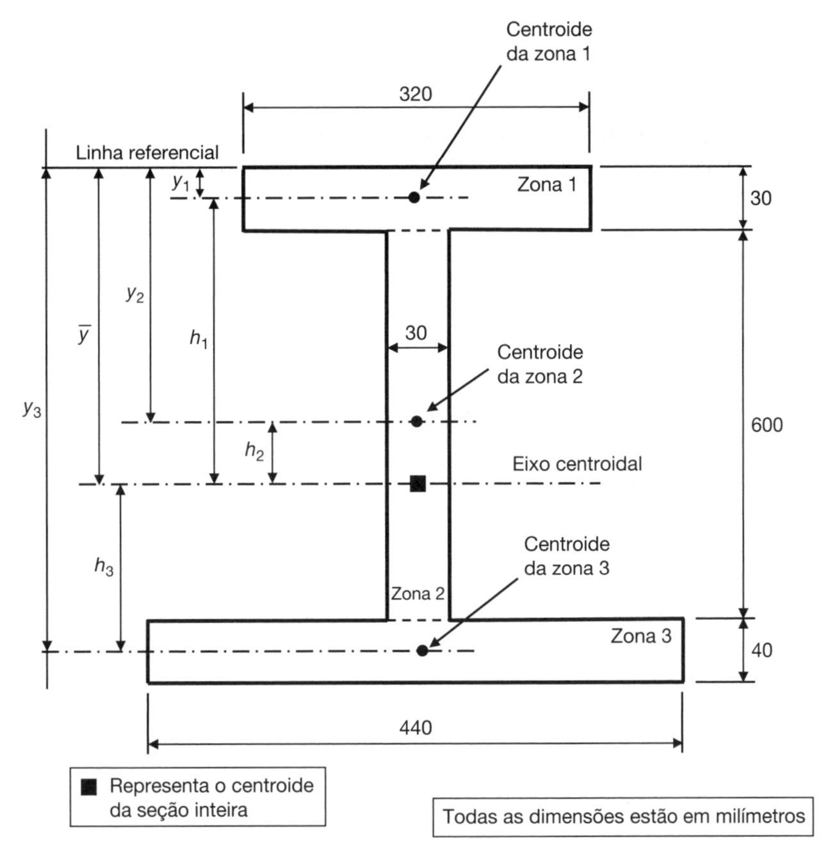

Figura 19.14 Cálculo do segundo momento de área para uma seção não simétrica em forma de I (Exemplo 19.4).

Tabela 19.2 Cálculo do segundo momento de área para o Exemplo 19.4

(1)	(2)	(3)	(4)	(5)	(6)	(7)	(8)	(9)
Zona	b (mm)	d (mm)	A (mm^2)	y (mm)	Ay (mm^3)	h (mm)	Ah^2 (mm^4) (x 10^6)	$I = bd^3/12$ (mm^4) (x 10^6)
1	320	30	9.600	15	144.000	372,7	1.333,50	0,72
2	30	600	18.000	330	5.940.000	57,7	59,93	540,00
3	440	40	17.600	650	11.440.000	262,3	1.210,90	2,35
Soma			45.200		17.524.000		2.604,33	**543,07**

Ao contrário do exemplo anterior, não são as tensões por flexão que queremos calcular desta vez. Precisamos determinar os momentos fletores associados a valores específicos de tensão tracional e compressiva.

A partir da equação de flexão dos engenheiros:

$$\frac{\sigma}{y} = \frac{M}{I}$$

Portanto, rearranjando, temos:

$$M = \frac{\sigma I}{y}$$

Usando essa equação, podemos calcular o momento que causaria a máxima tensão (compressiva) no topo da viga e o momento que causaria a máxima tensão (tracional) na sua base. No topo da viga:

$$M = \frac{\sigma_{comp} \times I}{y_{topo}} = \frac{20\,\text{N/mm}^2 \times 3.147,4 \times 10^6\,\text{mm}^4}{387,7\,\text{mm}} = 162,4 \times 10^6\,\text{N.mm}$$
$$= 162,4\,\text{kN.m}$$

Na base da viga,

$$M = \frac{\sigma_{trac} \times I}{y_{base}} = \frac{2,0\,\text{N/mm}^2 \times 3.147,4 \times 10^6\,\text{mm}^4}{282,3\,\text{mm}} = 22,3 \times 10^6\,\text{N.mm}$$
$$= 22,3\,\text{kN.m}$$

Assim, o momento máximo por flexão que poderia ser aplicado na viga seria o menor dentre os dois valores calculados, isto é, 22,3 kN.m.

O que você deve recordar deste capítulo

- Uma viga com apoio simples sujeita a flexão (em um modo de tosamento) experimentará tensão tracional máxima na sua base e tensão compressiva máxima no seu topo.
- A magnitude da tensão varia linearmente entre o topo da seção e sua base.
- O nível no qual não ocorre tensão é denominado eixo neutro. Para seções simétricas feitas homogeneamente do mesmo material, o eixo neutro ocorre na metade da altura da seção.
- Antes que determinada seção transversal possa ser analisada em termos de tensão, o segundo momento de área precisa ser calculado. Embora isso seja relativamente fácil para seções simétricas, torna-se mais complicado para seções não simétricas, para as quais o teorema do eixo paralelo deve ser usado.

Exercícios

1. Uma viga de madeira de seção transversal retangular com 75 mm de largura e 300 mm de altura sustenta uma carga pontual de 5 kN no ponto médio de seu vão de 4 m e apoios simples. Determine a tensão máxima por flexão na viga.
2. Uma viga de aço com uma seção transversal simétrica em forma de I sustenta uma carga uniformemente distribuída de 25 kN/m ao longo de um vão de 3 m com apoios simples. As dimensões da seção transversal (todas em milímetros) são apresentadas na Figura 19.15. Calcule:
   a) a tensão máxima por flexão na viga;
   b) o raio da curvatura da viga, considerando-se que $E = 205\ \text{kN/mm}^2$;
   c) a tensão por flexão no topo da alma na viga no local de momento fletor máximo.
3. Um tubo oco com 50 mm de diâmetro externo e 44 mm de diâmetro interno é sujeito a um momento fletor de 0,50 kN.m. Determine a tensão máxima por flexão.

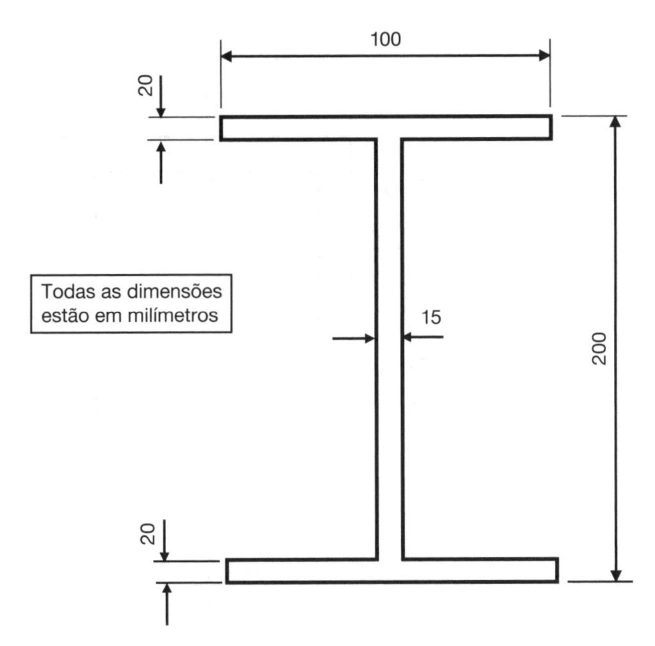

Figura 19.15 Exercício 2.

4. A seção retangular oca de concreto armado mostrada na Figura 19.16 compreende a seção transversal de uma viga de 5 m que sustenta uma carga uniformemente distribuída de 15 kN/m. Calcule:
   a) a tensão máxima por flexão na viga;
   b) o raio de curvatura da viga, considerando-se que $E = 20$ kN/mm^2.
5. A Figura 19.17 exibe a geometria da seção transversal de uma viga de aço. A seção transversal da viga é simétrica em torno dos eixos X–X e Y–Y. A viga tem um vão de 4 m e sustenta uma carga uniformemente distribuída de 4 kN/m. Calcule:
   a) o segundo momento de área em torno do eixo X–X (I_{XX});
   b) o momento fletor máximo na viga;
   c) a tensão máxima por flexão;
   d) a deformação correspondente à tensão calculada em c. se o módulo de Young (E) para a viga de aço for de 205 kN/mm^2.
6. A Figura 19.18 mostra a geometria de uma seção de aço em forma de T. Uma viga é construída a partir dessa seção e usada para sustentar um momento fletor máximo de 75 kN.m. Calcule:
   a) a altura do eixo centroidal (X–X) a partir do topo da seção;
   b) o segundo momento de área em torno do eixo X–X (I_{XX});
   c) a tensão máxima por flexão na viga quando ela é sujeita ao momento fletor máximo de 75 kN.m.
7. A Figura 19.19 mostra a seção transversal de uma viga de aço. A seção é simétrica em torno do eixo Y–Y, e o eixo X–X passa pelo centroide da seção e forma o eixo neutro. Calcule:
   a) a altura do eixo centroidal (X–X) a partir do topo da seção;
   b) o segundo momento de área em torno do eixo X–X (I_{XX});
   c) a tensão máxima por flexão na viga quando ela é sujeita ao momento fletor máximo de 50 kN.m.

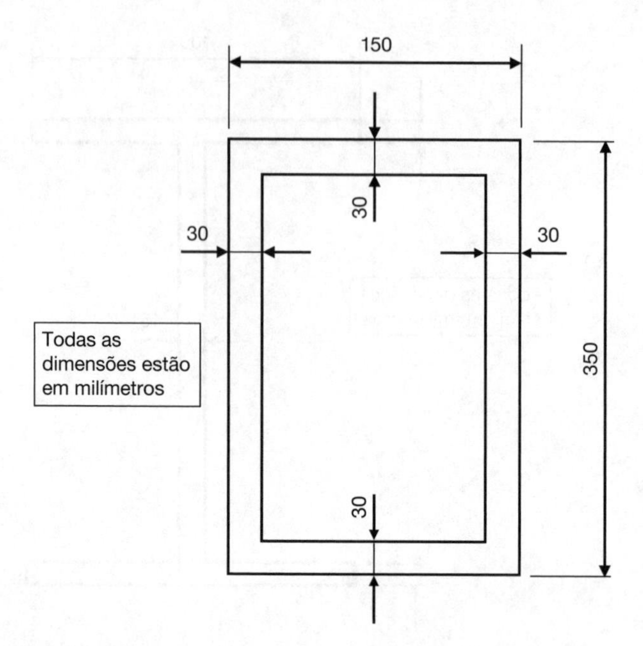

Figura 19.16 Exercício 4.

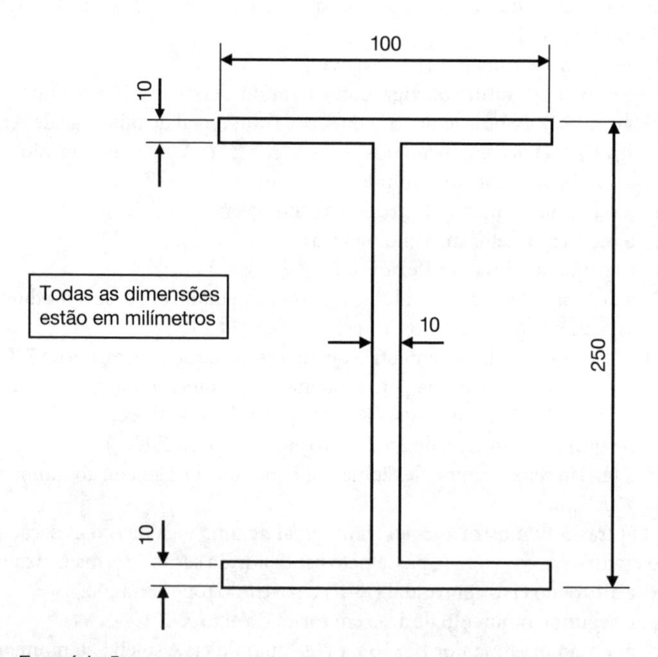

Figura 19.17 Exercício 5.

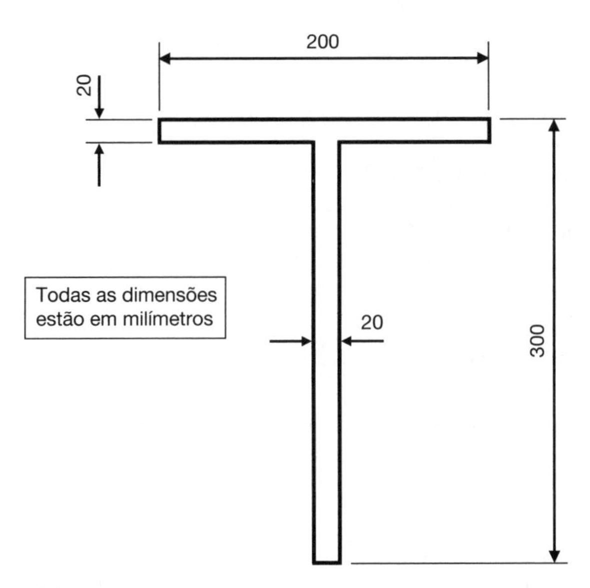

Figura 19.18 Exercício 6.

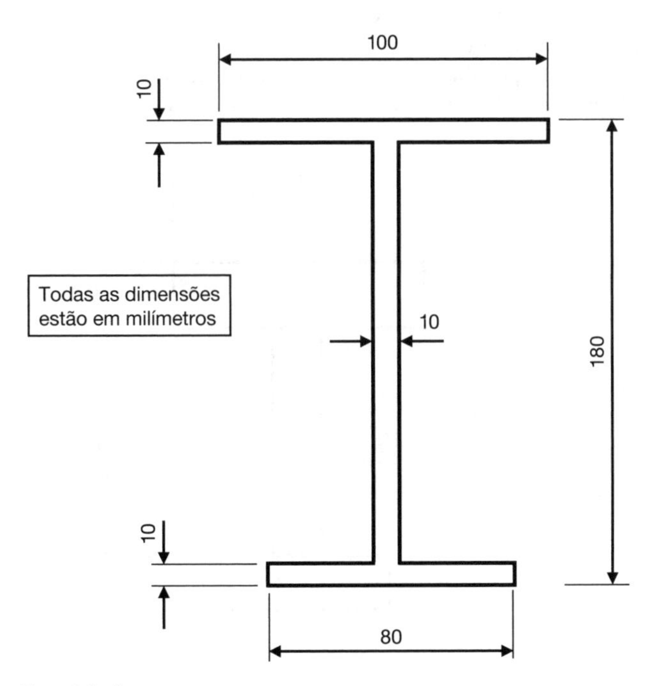

Figura 19.19 Exercício 7.

Respostas

1. 4,44 N/mm^2
2. a) 74,6 N/mm^2; b) 274,7 m; c) 59,7 N/mm^2
3. 101,8 N/mm^2
4. a) 23,3 N/mm^2; b) 150,5 m
5. a) 38,9 × 10^6 mm^4; b) 8 kN.m; c) 25,7 N/mm^2; d) 1,25 × 10^{-4}
6. a) 97,5 mm; b) 89,2 × 10^6 mm^4; c) 170,3 N/mm^2
7. a) 85 mm; b) 16,35 × 10^6 mm^4; c) 290,6 N/mm^2

Sugestões para estudos adicionais

Usando um programa comum de planilhas, construa uma planilha que seja capaz de calcular os seguintes dados para qualquer que seja a seção transversal em forma de T ou I usando o teorema do eixo paralelo:

1. a altura do eixo neutro a partir do topo da seção, em milímetros;
2. o segundo momento de área da seção (I_{XX}) em mm^4;
3. para qualquer momento M (em kN.m), as tensões por flexão no topo da seção, na base da seção e nos níveis em que a alma encontra a aba no topo e na base.

Use a sua planilha para conferir suas respostas dos exercícios.

Estenda sua planilha para calcular I_{XX} para seções simétricas usando o método da "diferença de área", introduzido anteriormente neste capítulo, e mostre que as respostas são iguais àquelas obtidas usando-se o teorema do eixo paralelo.

(Dica: identifique as dimensões *A*, *B*, *C*, *D*, *E* e *F* conforme mostradas na Figura 19.20. Você pode usar a mesma planilha tanto para seções em forma de T quanto em forma de I, já que com uma seção em forma de T, as dimensões *E* e *F* serão ambas zero.)

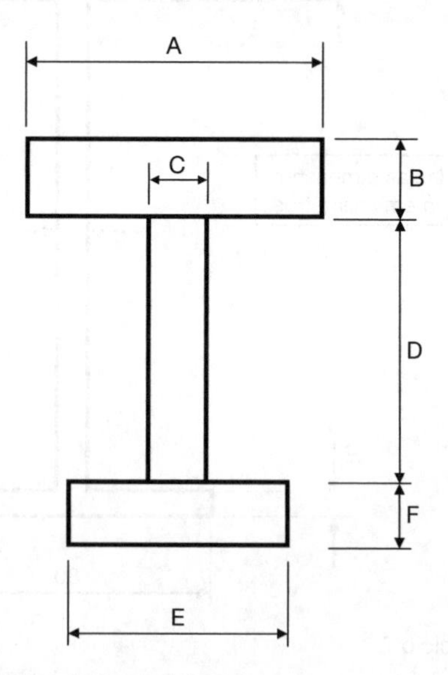

Figura 19.20 Sugestões para estudos adicionais.

20

Tensões axial e por flexão combinadas

Introdução

No Capítulo 18, estudamos tensões diretas. Descobrimos que o valor da tensão direta é constante em uma seção transversal e igual ao esforço axial (P) dividido pela área da seção transversal (A). No Capítulo 19, investigamos as tensões por flexão. Ali, descobrimos que o valor da tensão por flexão não é constante na seção transversal (na verdade, varia linearmente) e que seu valor máximo é dado pelo momento fletor (M) dividido pelo módulo da seção (z).

Neste capítulo, veremos o que acontece quando tensões diretas e tensões por flexão são combinadas.

Tensões combinadas por fórmula

$$\text{Tensão direta (axial) } (\sigma) = \frac{P}{A} \text{ (do Capítulo 18)}$$

$$\text{Tensão máxima por flexão } (\sigma) = \frac{M}{z} \text{ (do Capítulo 19)}$$

Essas duas equações podem ser combinadas, conforme mostrado a seguir:

$$\text{Tensões axial e por flexão combinadas} = \frac{P}{A} \pm \frac{M}{z}$$

Não é fácil perceber como essa equação pode ser aplicada. Para ajudar, olhe para a Figura 20.1. Os dois diagramas mostrados exibem a elevação de um pilar antes e depois de uma carga longitudinal excêntrica ser aplicada. Como você vê, o lado esquerdo do pilar (lado A) é empurrado para baixo a partir de sua posição original sob os efeitos da carga axial, enquanto o lado direito do pilar (lado B) é puxado para cima. Isso sugere que o lado A está experimentando compressão ao passo que o lado B está experimentando tração. Contudo, é preciso lembrar que esse efeito fletor (M/z) está se somando à compressão (P/A) causada pelo esforço axial P. Assim, o efeito fletor *aumenta* a compressão no lado A e *reduz* a compressão no lado B. Se a força for suficientemente excêntrica, o lado B pode inclusive ficar sob tração, isto é, se M/z for maior do que P/A.

Cada diagrama na Figura 20.2 representa uma visão planar de um pilar que é quadrado em sua seção transversal. Os quatro lados são denominados A, B, C e D. Em cada diagrama, o grande ponto preto representa a posição em que a carga longitudinal é aplicada.

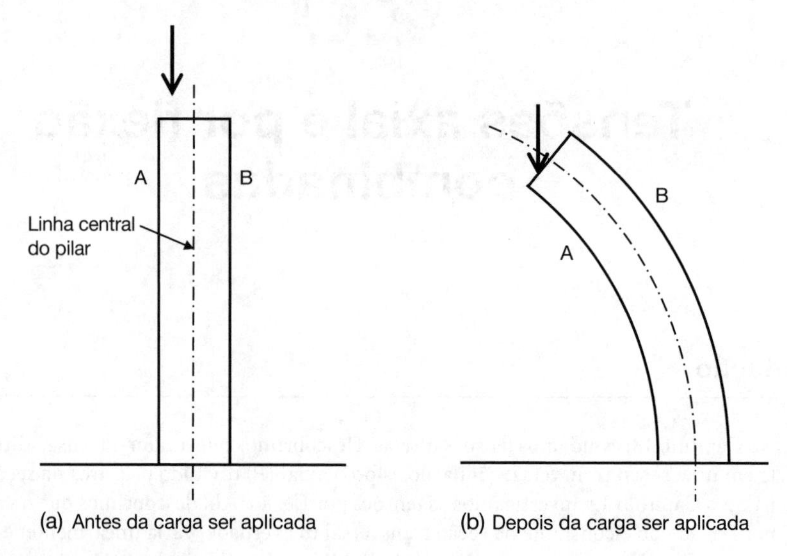

Figura 20.1 Pilar sob carga axial excêntrica.

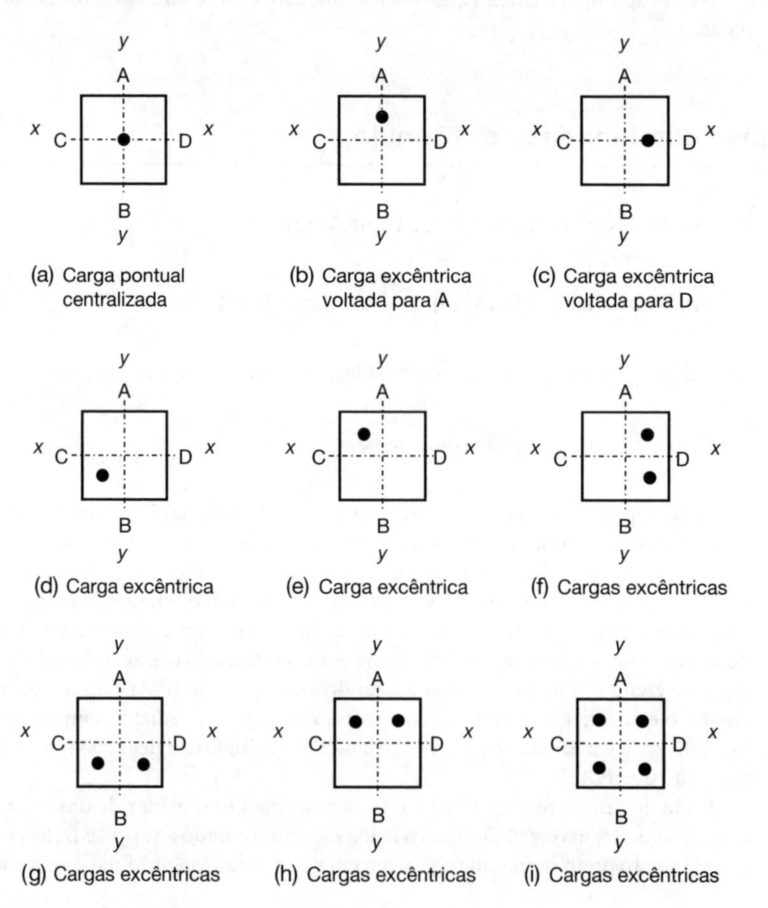

Figura 20.2 Carga excêntrica sobre um pilar.

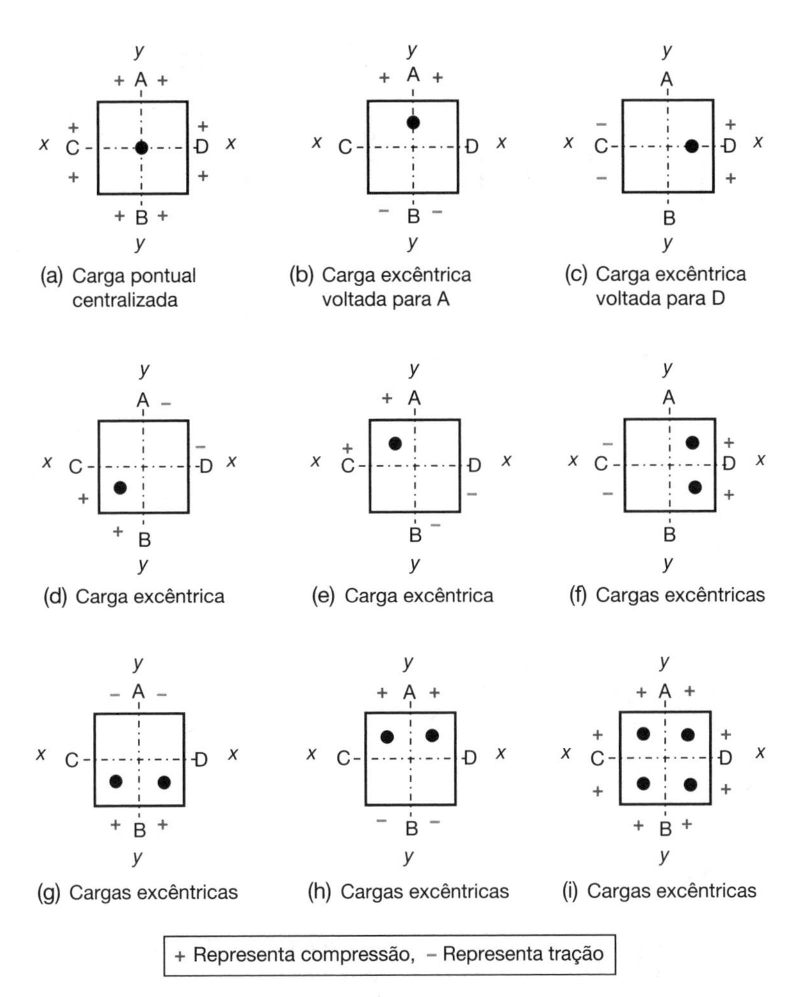

Figura 20.3 Efeito de carga excêntrica sobre um pilar.

Em cada um dos casos, determine qual ou quais lados do pilar experimentam tração e qual ou quais lados experimentam compressão. Para simplificar as coisas, introduziremos como convenção um sinal de +/– de acordo com os seguintes padrões:

- Se um lado for empurrado para baixo sob a carga aplicada, ele experimenta compressão (+).
- Se um lado for puxado para cima sob a carga aplicada, ele experimenta tração (–).

As respostas, na forma de sinais de menos e mais, são mostradas na Figura 20.3.

Tenha o exercício anterior em mente ao avançar neste capítulo. Isso o ajudará a determinar qual sinal é necessário em vários pontos de seus cálculos.

Outro jeito de enxergar as tensões axial e por flexão combinadas

Observe a seção transversal retangular mostrada na Figura 20.4a. No Capítulo 18, aprendemos que a tensão direta (axial) tem um valor P/A que é constante na seção transversal. Isso é ilustrado na Figura 20.4b. Em contraste, aprendemos no Capítulo 19 que o valor da tensão por flexão varia linearmente na seção transversal, com um valor máximo de M/z. Isso é ilustrado na Figura 19.3

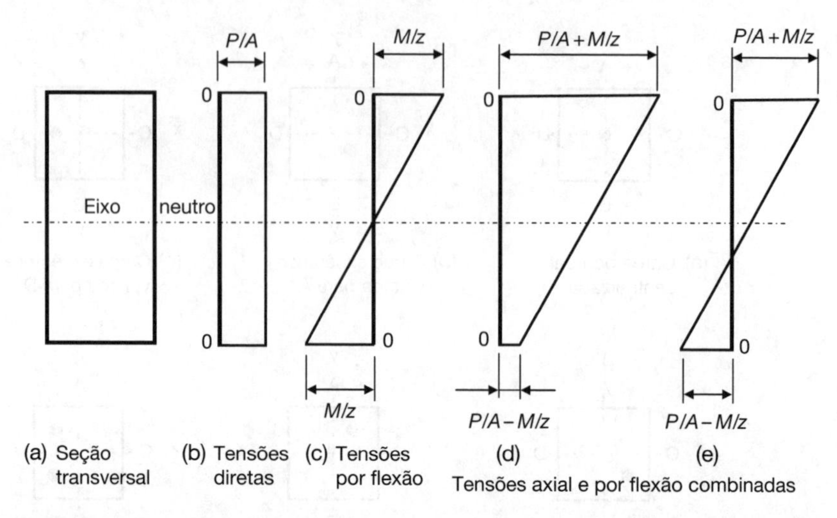

Figura 20.4 Combinações de tensão.

e é mostrado novamente aqui, na Figura 20.4c. Se combinarmos os dois gráficos, o resultado depende dos valores relativos de P/A e M/z. Se P/A for maior do que M/z, o gráfico combinado se parecerá com o da Figura 20.4d. Mas se P/A for menor que M/z, a combinação será como a mostrada na Figura 20.4e. Observe que este último caso acaba gerando tensão tracional quando é negativo.

As fórmulas

Mais cedo no livro, já afirmei que não sou lá muito fã de "fórmulas mágicas" nas quais os estudantes podem encaixar números e produzir uma resposta (possivelmente correta) sem compreender muito bem o que estão fazendo. No entanto, cálculos para situações de tensões axial e por flexão combinadas são dependentes de certas fórmulas – mas você precisa saber quando usar um sinal de mais e quando usar um sinal de menos. E, como vale para qualquer outra fórmula, você precisa entender o que significam os seus diversos termos.

Anteriormente neste capítulo, encontramos a seguinte equação:

$$\text{Tensões axial e por flexão combinadas} = \frac{P}{A} \pm \frac{M}{z}$$

Agora, uma força P atuando numa excentricidade e a partir da linha central da seção transversal aplicará um momento ($P \times e$) nessa linha central. Assim,

$$M = Pe$$

Além disso, no Capítulo 19 aprendemos que $z = I/y$. A partir disso, podemos gerar outras duas equações para tensões axial e por flexão combinadas, da seguinte forma:

$$\text{Tensões axial e por flexão combinadas} = \frac{P}{A} \pm \frac{My}{I}$$

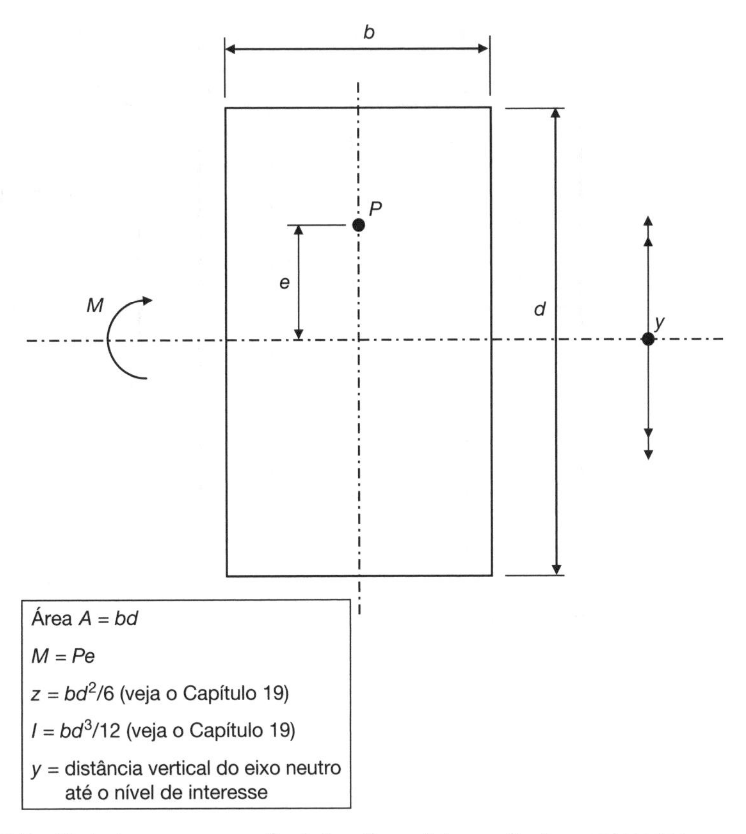

Figura 20.5 Símbolos numa equação de tensões axial e por flexão combinadas.

ou:

$$\text{Tensões axial e por flexão combinadas} = \frac{P}{A} \pm \frac{Pey}{I}$$

Para refrescar a memória sobre o significado de cada símbolo, veja a Figura 20.5.

Exemplo 20.1

Uma força de 200 kN atua verticalmente para baixo sobre um pilar cuja seção transversal tem dimensões 400 mm × 300 mm. A força atua a uma excentricidade de 100 mm ao longo do eixo Y–Y a partir do centro da seção, conforme mostrado na Figura 20.6a. Calcule a tensão no pilar nas seguintes posições:

- ao longo da face superior do pilar (posição A);
- no nível de aplicação da carga (ponto K);
- no centroide da seção transversal (ponto L);
- no nível a 50 mm "abaixo" da linha central (ponto M);
- ao longo da face inferior do pilar (posição B).

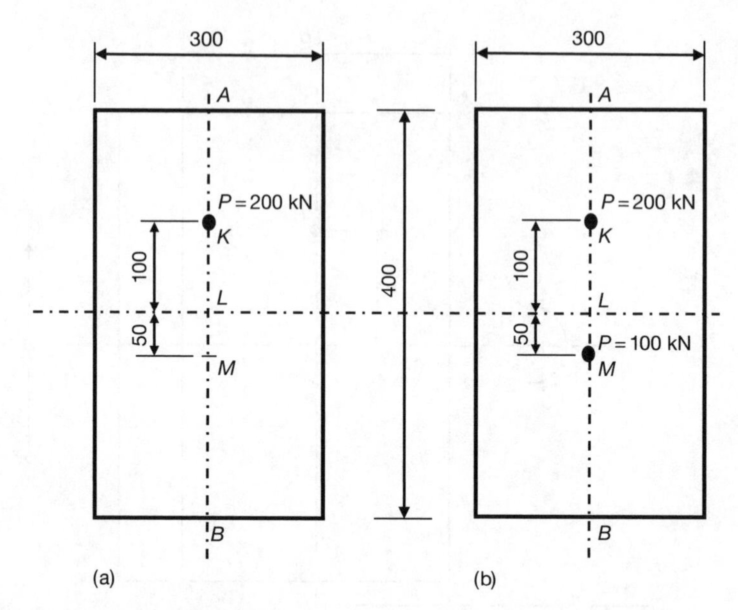

Figura 20.6 Exemplo resolvido 20.1.

Sabemos o seguinte:

$P = 200$ kN (ou 200×10^3 N)

$A = bd = (300 \text{ mm} \times 400 \text{ mm}) = 120.000 \text{ mm}^2$

$e = 100$ mm

$M = Pe = (200 \times 10^3 \text{ N} \times 100 \text{ mm}) = 20 \times 10^6$ N.mm

$$I = \frac{bd^3}{12} = \frac{300 \times 400^3}{12} = 1{,}6 \times 10^9 \text{ mm}^4$$

y é a distância do eixo centroidal (X–X) até a posição em que estamos interessados em calcular a tensão. Seus valores para as posições A, K, L, M e B são, respectivamente, 200, 100, 0, 50 e 200 mm.

Os sinais também são importantes. Como a força P está empurrando para baixo sobre a parte superior da seção, ela induzirá compressão (+) para os pontos A e K, zero para L e tração (–) para os pontos M e B.

$$\sigma = \frac{P}{A} \pm \frac{My}{I}$$

$$\text{Para o ponto A: } \sigma_A = \frac{200 \times 10^3}{120\ 000} + \frac{20 \times 10^6 \times 200}{1{,}6 \times 10^9} = 1{,}67 + 2{,}5 = 4{,}17 \text{ N/mm}^2$$

$$\text{Para o ponto K: } \sigma_K = \frac{200 \times 10^3}{120\ 000} + \frac{20 \times 10^6 \times 100}{1{,}6 \times 10^9} = 1{,}67 + 1{,}25 = 2{,}92 \text{ N/mm}^2$$

Para o ponto L: $\sigma_L = \dfrac{200 \times 10^3}{120.000} + \dfrac{20 \times 10^6 \times 0}{1,6 \times 10^9} = 1,67 + 0 = 1,67\,\text{N/mm}^2$

Para o ponto M: $\sigma_M = \dfrac{200 \times 10^3}{120.000} - \dfrac{20 \times 10^6 \times 50}{1,6 \times 10^9} = 1,67 - 0,625 = 1,045\,\text{N/mm}^2$

Para o ponto B: $\sigma_B = \dfrac{200 \times 10^3}{120.000} - \dfrac{20 \times 10^6 \times 200}{1,6 \times 10^9} = 1,67 - 2,5 = -0,83\,\text{N/mm}^2$

Agora vamos dificultar um pouco o problema. Suponhamos que, além da força de 200 kN mostrada anteriormente, uma força de 100 kN atua no ponto M, conforme ilustrado na Figura 20.6b.

O momento geral em torno do eixo X–X agora é:

$M = (200 \times 10^3\,\text{N} \times 100\,\text{mm}) - (100 \times 10^3\,\text{N} \times 50\,\text{mm}) = 15 \times 10^6\,\text{N.mm}$

A força total, P, agora é:

$(200\,\text{kN} + 100\,\text{kN}) = 300\,\text{kN}$ (ou 300×10^3 N)

Assim, o primeiro termo da equação agora é:

$$\frac{P}{A} = \frac{300 \times 10^3}{120\,000} = 2,5\,\text{N/mm}^2$$

As outras quantidades permanecem as mesmas. Então agora as tensões são as seguintes:

Para o ponto A: $\sigma_A = 2,5 + \dfrac{15 \times 10^6 \times 200}{1,6 \times 10^9} = 2,5 + 1,875 = 4,375\,\text{N/mm}^2$

Para o ponto K: $\sigma_K = 2,5 + \dfrac{15 \times 10^6 \times 100}{1,6 \times 10^9} = 2,5 + 0,938 = 3,438\,\text{N/mm}^2$

Para o ponto L: $\sigma_L = 2,5 + \dfrac{15 \times 10^6 \times 0}{1,6 \times 10^9} = 2,5 + 0 = 2,5\,\text{N/mm}^2$

Para o ponto M: $\sigma_M = 2,5 - \dfrac{15 \times 10^6 \times 50}{1,6 \times 10^9} = 2,5 - 0,047 = 2,45\,\text{N/mm}^2$

Para o ponto B: $\sigma_B = 2,5 - \dfrac{15 \times 10^6 \times 200}{1,6 \times 10^9} = 2,5 - 1,875 = 0,625\,\text{N/mm}^2$

Essas tensões, para cada um dos dois casos considerados, estão tabuladas na Tabela 20.1.

Tabela 20.1 Tensões derivadas do Exemplo 20.1

Ponto	Descrição do ponto	Tensão (em N/mm²) apenas para a carga de 200 kN	Tensão (em N/mm²) para carga de 200 kN + carga de 100 kN
A	Face superior do pilar	+ 4,17	+ 4,375
K	100 mm acima do centro	+ 2,92	+ 3,438
L	No centro da seção do pilar	+ 1,67	+ 2,5
M	50 mm abaixo do centro	+ 1,045	+ 2,453
B	Face inferior do pilar	- 0,83	+ 0,625

Cuidado com a diferença entre e e *y*

Muitos estudantes ficam confusos com a diferença entre *e* e *y*. Tal distinção é crucial para compreender os problemas envolvendo tensões axial e por flexão combinadas, e ela é a seguinte:

- *e* representa a excentricidade da(s) carga(s) – ou seja, a distância desde o ponto de ação da carga até o eixo centroidal relevante (eixo X–X no caso anterior). No exemplo recém mencionado, $e = 100$ mm para a carga de 200 kN e 50 mm para a carga de 100 kN.
- *y* representa a distância do eixo centroidal até o nível em que queremos conhecer a tensão.

Valores máximo e mínimo de tensão

Examine as cifras na Tabela 20.1. Você verá que, em cada um dos casos, a tensão máxima ocorre na face superior (posição A) e que a tensão mínima ocorre na face inferior (posição B).

Os valores das tensões máxima e mínima são especialmente importantes para os engenheiros, pois projetamos um pilar (ou outro elemento estrutural) para sustentar a pior tensão à qual ele provavelmente estará sujeito. A "pior" tensão costuma ser o valor máximo, mas o valor mínimo também é de especial interesse, sobretudo se for negativo (como é no caso do ponto B no Exemplo 20.1). Um valor negativo de tensão sugere a presença de tração, e em muitas situações precisamos evitar tensões tracionais. Retornaremos a esse tema mais adiante.

Tensões combinadas em duas dimensões

Até aqui, consideramos tensões apenas em uma dimensão. (Na Figura 20.6, por exemplo, os pontos A, K, L, M e B encontram-se todos na mesma linha.) Isso basta para situações em que as cargas atuam diretamente sobre os eixos centroidais, mas o que acontecem quando isso não é verdade?

Examine a Figura 20.7, que mostra a seção transversal de um pilar sobre o qual uma carga *P* atua num ponto que é excêntrico em relação ao centroide do pilar em ambas as direções – em

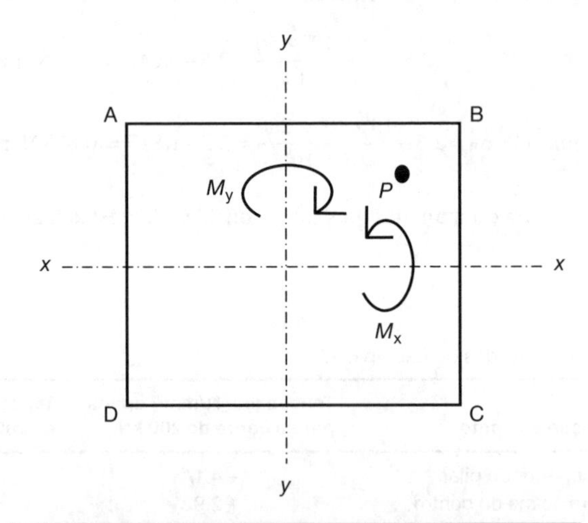

Figura 20.7 Tensões causadas por rotações em torno de ambos os eixos – caso geral.

outras palavras, o ponto não fica nem sobre o eixo X–X nem sobre o eixo Y–Y. Os quatro vértices do pilar são identificados como A, B, C e D.

A carga excêntrica *P* induzirá movimento tanto em torno do eixo X–X quanto do eixo Y–Y. Chamaremos esses momentos de M_x e M_y, respectivamente.

$z_x = bd^2/6$ e $z_y = db^2/6$

(O módulo elástico da seção, *z*, foi introduzido no Capítulo 19.)

As tensões nos quatro vértices (A, B, C e D) do pilar podem ser calculadas a partir das seguintes equações:

$$\sigma_A = \frac{P}{A} + \frac{M_x}{z_x} - \frac{M_y}{z_y}$$

$$\sigma_B = \frac{P}{A} + \frac{M_x}{z_x} + \frac{M_y}{z_y}$$

$$\sigma_C = \frac{P}{A} - \frac{M_x}{z_x} + \frac{M_y}{z_y}$$

$$\sigma_D = \frac{P}{A} - \frac{M_x}{z_x} - \frac{M_y}{z_y}$$

Exemplo 20.2

Como no Exemplo 20.1, um pilar cuja seção transversal tem dimensões 400 mm × 300 mm experimenta uma carga de 200 kN. Dessa vez, porém, a carga é aplicada excentricamente em ambos eixos, conforme mostrada na Figura 20.8. Calcule a tensão em cada um dos vértices do pilar (A, B, C e D).

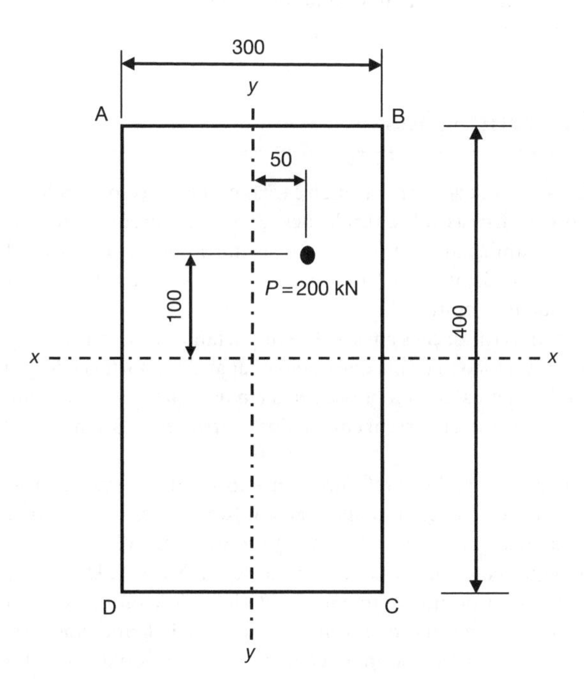

Figura 20.8 Exemplo resolvido 20.2.

$P = 200$ kN (ou 200×10^3 N)

$A = (300 \text{ mm} \times 400 \text{ mm}) = 120.000 \text{ mm}^2$

$M_x = +(200 \times 10^3 \text{ N} \times 100 \text{ mm}) = 20 \times 10^6 \text{ N.mm}$

$M_y = +(200 \times 10^3 \text{ N} \times 50 \text{ mm}) = 10 \times 10^6 \text{ N.mm}$

$z_x = bd^2/6 = 300 \times 400^2/6 = 8{,}0 \times 10^6 \text{ mm}^3$

$z_y = db^2/6 = 400 \times 300^2/6 = 6{,}0 \times 10^6 \text{ mm}^3$

Repare que M_x e M_y são ambos positivos, porque ambos atuam na mesma direção que o caso geral mostrado na Figura 20.7.

$$\sigma = \frac{P}{A} \pm \frac{M_x}{z_x} \pm \frac{M_y}{z_y}$$

$$\sigma = \frac{200 \times 10^3}{120.000} \pm \frac{20 \times 10^6}{8 \times 10^6} \pm \frac{10 \times 10^6}{6 \times 10^6} \text{ N/mm}^2$$

$$\sigma = 1{,}67 \pm 2{,}5 \pm 1{,}67 \text{ N/mm}^2$$

Então, as tensões nos quatro vértices são as seguintes:

$\sigma_A = 1{,}67 + 2{,}5 - 1{,}67 = +\ 2{,}5 \text{ N/mm}^2$

$\sigma_B = 1{,}67 + 2{,}5 + 1{,}67 = +5{,}84 \text{ N/mm}^2$

$\sigma_C = 1{,}67 - 2{,}5 + 1{,}67 = +\ 0{,}84 \text{ N/mm}^2$

$\sigma_D = 1{,}67 - 2{,}5 - 1{,}67 = -\ 2{,}5 \text{ N/mm}^2$

Observe o valor negativo de tensão no ponto D – isso indica que tensão tracional está sendo experimentada ali.

Pressão sobre fundações

Os princípios já explicados envolvendo cargas excêntricas sobre pilares são igualmente aplicáveis para cargas excêntricas sobre fundações. Pilares em prédios precisam ser sustentados em sua base por uma fundação, cuja função é transmitir com segurança todas as cargas da estrutura para o solo (veja o Capítulo 1). Neste caso, costuma-se usar uma sapata isolada de concreto, conforme ilustrado no Capítulo 3.

Ao projetar as fundações em sapata é importante certificar-se de que a pressão suportável no solo (ou seja, a pressão máxima que o solo é capaz de suportar) não seja excedida. Sendo assim, é fundamental poder calcular a pressão real em qualquer ponto da fundação. Na prática, as pressões máxima e mínima ocorrem em um dos quatro vértices, então é suficiente calcular a pressão real em cada um deles.

A Figura 20.7, à qual nos referimos anteriormente ao examinar tensões em pilares, é igualmente aplicável ao caso geral de pressão em fundações. Trata-se de uma visão planar de uma fundação em sapata retangular de concreto cujos quatro vértices são denominados A, B, C e D.

Os dois eixos centroidais são denominados X–X e Y–Y. Uma carga excêntrica P atua numa posição que causa um momento em sentido horário (conforme visto a partir do lado BC) em torno do eixo X–X e um momento em sentido horário (conforme visto a partir do lado DC) em torno do eixo Y–Y. As pressões nos vértices A, B, C e D são dadas pelas quatro equações discutidas anteriormente.

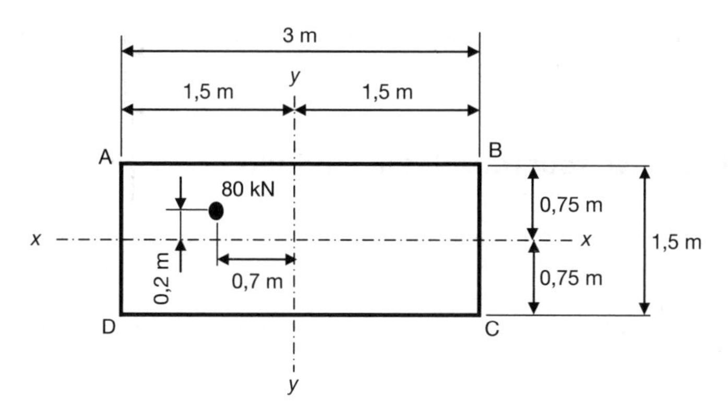

Figura 20.9 Exemplo de aplicação de carga excêntrica sobre uma fundação.

(Obs.: embora tenhamos usado N e mm como unidades ao calcular tensões em pilares, as forças de maior magnitude em fundações sugerem que kN e m são unidades mais apropriadas ao se calcularem pressões em fundações.)

Exemplo 20.3

Calcule a pressão em cada vértice da fundação mostrada na Figura 20.9. A carga de 80 kN causará uma rotação em sentido horário em torno do eixo x (conforme vista a partir do lado BC), que é o mesmo sentido assumido para o caso geral da Figura 20.7. Daí o sinal positivo no cálculo de M_x a seguir.

A carga de 80 kN causará uma rotação em sentido anti-horário em torno do eixo y (conforme vista a partir do lado DC), que é a direção oposta à rotação em sentido horário assumida no caso geral da Figura 20.7. Daí o sinal negativo no cálculo de M_y a seguir:

$$P = 80\,\text{kN}$$

$$M_x = +(80\,\text{kN} \times 0{,}2\,\text{m}) = +16\,\text{kN.m}$$

$$M_y = -(80\,\text{kN} \times 0{,}7\,\text{m}) = -56\,\text{kN.m}$$

$$A = (3{,}0 \times 1{,}5) = 4{,}5\,\text{m}^2$$

$$z_x = \frac{bd^2}{6} = \frac{3 \times 1{,}5^2}{6} = 1{,}125\,\text{m}^3$$

$$z_y = \frac{db^2}{6} = \frac{1{,}5 \times 3^2}{6} = -2{,}25\,\text{m}^3$$

$$\sigma = \frac{P}{A} \pm \frac{M_x}{z_x} \pm \frac{M_y}{z_y}$$

$$\sigma = \frac{80}{4{,}5} \pm \frac{16}{1{,}125} \pm \frac{-56}{2{,}25}$$

$$\sigma = 17{,}78 \pm 14{,}22 \pm (-24{,}89)$$

$$\sigma_A = 17{,}78 + 14{,}22 - (-24{,}89) = +56{,}89\,\text{kN/m}^2$$

$$\sigma_B = 17{,}78 + 14{,}22 + (-24{,}89) = +7{,}11\,\text{kN/m}^2$$

$$\sigma_C = 17{,}78 - 14{,}22 + (-24{,}89) = -21{,}33\,\text{kN/m}^2$$

$$\sigma_D = 17{,}78 - 14{,}22 - (-24{,}89) = +28{,}45\,\text{kN/m}^2$$

Como a pressão no vértice C é negativa, isso sugere que ocorre tração nesse ponto. Em outras palavras, a fundação tenderia a se elevar no ponto C, o que obviamente não é desejável na prática!

O que você deve recordar deste capítulo

Este capítulo explica como combinar tensões axial e por flexão em um pilar ou uma fundação. Para isso, mostramos o procedimento de cálculo necessário para obter a tensão (ou pressão) geral em qualquer ponto de um pilar (ou fundação). Cuidado com os sinais (+ ou –) e não se esqueça que uma tensão negativa indica a ocorrência de tração no ponto em questão.

Exercícios

Calcule as tensões em cada um dos quatro vértices (A, B, C e D) dos quatro exemplos ilustrados na Figura 20.10. Em cada um dos casos, identifique os pontos (se é que existem) em que ocorre tração. (Obs.: em todos os casos, a carga atua no sentido para a página.)

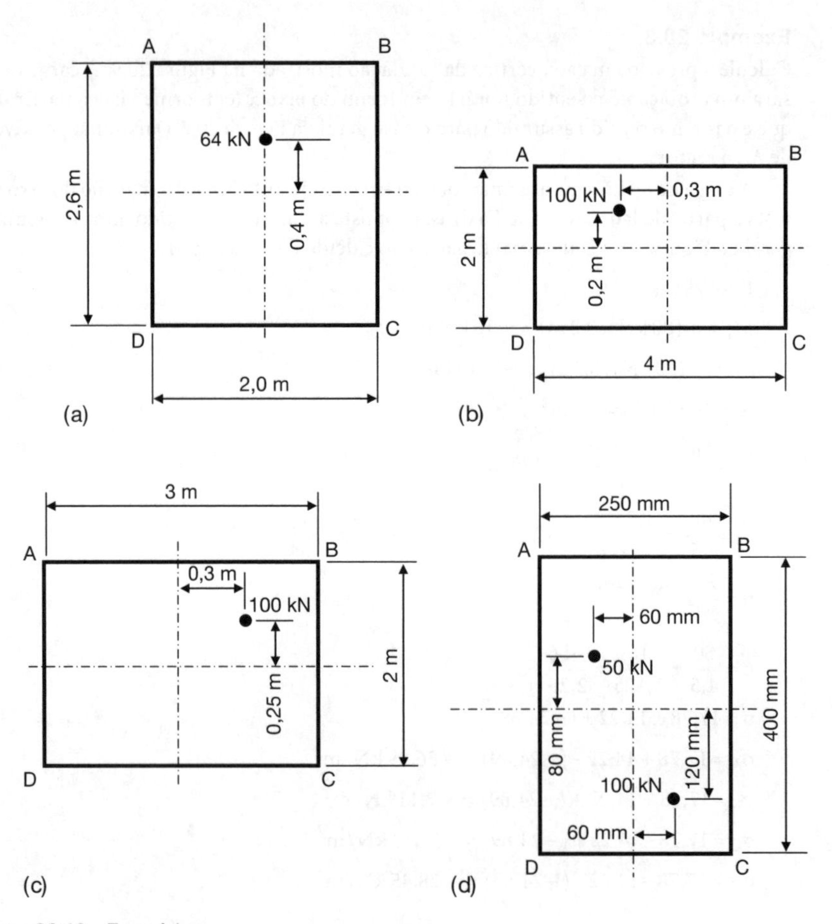

Figura 20.10 Exercícios.

Respostas

Os valores dados ocorrem nos pontos A, B, C e D, respectivamente.

a. +23,67, +23,67, +0,95, +0,95 kN/m^2
b. +25,63, +14,37, −0,63, +10,63 kN/m^2
c. +19,17, +39,17, +14,17, −5,83 kN/m^2
d. −419, +1.019, +3.419, +1.981 kN/m^2

21

Materiais estruturais: concreto, aço, madeira e alvenaria

Introdução

O foco principal deste livro são os fundamentos da análise estrutural. Até aqui, não prestamos muita atenção no material constituinte de uma viga, um pilar ou uma laje. Existem, é claro, muitos materiais disponíveis para usarmos, mas neste capítulo vamos examinar os quatro principais materiais estruturais, que são: concreto, aço, madeira e alvenaria.

Tanto arquitetos quanto engenheiros têm que decidir já num estágio inicial qual material (ou combinação de materiais) usarão em um projeto específico. Mas é difícil tomar tal decisão se você não sabe nada sobre os diversos materiais. O propósito deste capítulo é discutir diferentes materiais disponíveis para o profissional da construção.

Qual é o melhor material?

Uma pergunta natural a essa altura é: qual é o melhor material? Bem, depende do que você quer dizer com "melhor". "Melhor" significa mais resistente, mais rígido, mais barato, prontamente disponível ou mais atraente? Ou tudo isso? Ou talvez nada disso?

Se pararmos para pensar, concluiremos que não existe um material de construção que seja o melhor em todos os aspectos. Se existisse, todas as estruturas de edificações no mundo seriam feitas exclusivamente deste material. Isso claramente não acontece. Quando observamos o mundo à nossa volta, vemos edificações de tijolos ou de pedra, de madeira, com estruturas de aço ou de concreto armado. Em certas partes do mundo, vemos edificações construídas de gelo, lama ou bambu. Fica claro que há muitos materiais diferentes que podem ser utilizados em edificações e cada um tem suas vantagens e desvantagens.

A analogia da chaleira elétrica

Se você observar seu ambiente cotidiano, perceberá que objetos específicos tendem a ser feitos de certos materiais. Isso porque tais materiais são especialmente apropriados para certas aplicações. Pneus de carro, por exemplo, são feitos de borracha, janelas são feitas de vidro e canetas geralmente são feitas de plástico.

Sabemos também que certos materiais são flagrantemente inadequados para determinadas aplicações. Por exemplo:

- lentes de contato jamais são feitas de aço
- fuselagens de aviões jamais são construídas com tijolos
- computadores jamais são feitos de concreto
- radiadores jamais são feitos de plástico (embora talvez até pudessem ser)

Vejamos o caso de uma chaleira elétrica como exemplo. Se você revisar as propriedades desejáveis numa chaleira elétrica, talvez chegue a algumas ou a todas as seguintes conclusões:

- Resistência: a chaleira elétrica deve ser forte o bastante para conter água e resistir à pressão do vapor em seu interior. Também deve ser resistente o bastante para não quebrar se alguém deixá-la cair numa superfície dura.
- Propriedades termais: a chaleira elétrica deve ser capaz de resistir à temperatura da água em ebulição e não deve quebrar, derreter ou se deformar a tais temperaturas. Também deve ser capaz de suportar mudanças bruscas de temperatura se, por exemplo, água fria for derramada dentro de uma chaleira elétrica que recém continha água fervente.
- Rigidez: a chaleira elétrica não deve se deformar devido à pressão da água ou do vapor.
- Descarte: o que acontecerá com a chaleira elétrica no fim de sua vida útil?
- Disponibilidade de materiais: os materiais devem estar prontamente disponíveis nas quantidades necessárias para a produção em massa de chaleiras elétricas.
- Custos de fabricação: o processo fabril deve ser suavemente integrado, para que as chaleiras elétricas sejam produzidas ao menor custo possível.
- Durabilidade: a chaleira elétrica não deve apodrecer, ser corroída ou se degradar de alguma outra forma com o uso.
- Vedação: a chaleira elétrica deve ser à prova d'água.
- Atratividade: a chaleira elétrica deve ter um visual suficientemente atraente para que as pessoas desejem comprá-la.

Um fabricante de chaleiras elétricas tem de encontrar um material que apresente todas as propriedades listadas. Até o fim dos anos 70, todas as chaleiras elétricas eram feitas de aço; então, foram desenvolvidos plásticos capazes de suportar as altas temperaturas sem se deformarem. Hoje em dia, a maioria das chaleiras elétricas é feita de plástico, pois existem plásticos disponíveis que atendem a todos os requisitos recém citados e que são mais baratos do que o aço. Vejamos quais seriam as consequências de fabricar chaleiras elétricas usando outros materiais.

- Uma chaleira elétrica de madeira é possivelmente mais cara de fabricar. Seria difícil obter uma vedação à prova d'água, e a madeira acabaria apodrecendo sob tamanha umidade e vapor, a menos que conservantes – que podem ser venenosos! – fossem usados.
- Seria difícil (e, portanto, economicamente inviável) criar uma chaleira elétrica de concreto com as dimensões necessárias; caso contrário, ela seria pesada demais. Ademais, a superfície do concreto poderia acabar se dissolvendo na água em ebulição.
- Uma chaleira elétrica de alvenaria seria impraticável pelos mesmos motivos que uma feita de concreto, com a formação de juntas à prova d'água representando um problema adicional.

Então qual foi o motivo dessa conversa sobre as propriedades preferíveis numa chaleira elétrica? Bem, algumas das propriedades recém listadas, desejáveis na fabricação de chaleiras elétricas, também representam propriedades importantes dos materiais a serem usados em estruturas. Examinemos algumas delas detalhadamente.

Fatores a serem considerados na seleção de materiais

Disponibilidade

Materiais de construção são usados em grandes quantidades e, portanto, precisam estar prontamente disponíveis. Pedras e argila são extraídas na maior parte do Reino Unido, por isso a alvenaria (uso de pedras, tijolos e blocos de concreto) é amplamente usada em construção doméstica. (Até os anos 60, por exemplo, todas as edificações na cidade escocesa de Aberdeen eram feitas de granito, que estava facilmente disponível numa jazida local). Em algumas partes do mundo, outros materiais localmente disponíveis são excelentes para construção. Além disso, a mão de obra local costuma estar familiarizada com o uso de materiais localmente disponíveis.

Resistência

Os materiais precisam ser resistentes o suficiente (sob tração e/ou compressão) para o seu propósito-alvo. Claramente, alguns materiais são mais resistentes do que outros. A escolha de um material frágil demais para uma aplicação específica é um equívoco óbvio, mas a seleção de um material mais resistente do que o necessário também é indesejável.

Rigidez

Rigidez, ou dureza, não deve ser confundida com resistência: alguns materiais resistentes não são rígidos (como as cordas) e alguns materiais rígidos não são resistentes (como o vidro). Quanto mais rígido um material, menos ele sofrerá deflexão. A rigidez de um material é proporcional ao valor do seu módulo de Young. (Para uma derivação do módulo de Young, veja o Capítulo 18.) Os valores típicos para o módulo de Young sendo considerados neste capítulo são os seguintes:

- Aço: 210 kN/mm^2
- Alumínio: 71 kN/mm^2
- Concreto: 14 kN/mm^2
- Madeira: 5 - 10 kN/mm^2

Pode-se perceber, a partir desses valores, que o aço é de longe o mais rígido dentre os materiais estruturais comuns - para uma mesma seção transversal, o aço é três vezes mais rígido do que o alumínio, 15 vezes mais rígido do que o concreto e mais de 20 vezes mais rígido do que a madeira. Lembre-se, porém, que isso só vale para uma mesma seção transversal, então essas rigidezes relativas irão variar dependendo da seção transversal usada.

Vimos no Capítulo 1 que a deflexão precisa ser controlada, mas é menos crítica em algumas aplicações do que em outras. Um material super-rígido, portanto, nem sempre é necessário ou mesmo desejável.

Velocidade de construção

Alguns tipos de construções podem ser erigidas mais depressa do que outras. Uma estrutura reticular de aço pode ser completada em bem menos tempo do que uma de alvenaria. Mas velocidade de construção nem sempre é crucial, e às vezes uma perda em agilidade pode ser contrabalançada por custos menores. Para ilustrar, basta imaginar alguém lhe dizendo que uma edificação pode ser construída duas vezes mais rápido, só que pelo dobro do custo.

Custo/economia

Uma questão complexa. Arquitetos e engenheiros estão sempre procurando minimizar custos. Há um velho ditado que diz que um engenheiro pode fazer por um centavo aquilo que qualquer pessoa pode fazer por dois centavos. Precisamos levar em consideração o custo das matérias-primas, o custo de conversão do material em sua forma utilizável, custos de transporte e custos associados à mão de obra.

Capacidade de acomodar movimento

Todas as edificações tendem a se mover. Alguns materiais são capazes de acomodar isso melhor do que outros. Construções de tijolos, por exemplo, conseguem suportar movimento melhor do que uma estrutura com pórtico de aço.

Durabilidade

Com o passar do tempo, alguns materiais apodrecem, se decompõem, sofrem corrosão ou perdem lascas, etc. Com certos materiais, isso acontece antes do que com outros; em outras palavras, alguns materiais são mais duráveis do que outros. Custos e programas de manutenção precisam ser levados em consideração. É notório, por exemplo, que a Ponte Ferroviária do Rio Forth, na Escócia, é repintada a cada 3 ou 5 anos a fim de controlar a corrosão da estrutura de aço.

Descarte

Nada dura para sempre. Que destino será dado à edificação ao final de sua vida útil? O material poderá ser reutilizado ou convertido em algo aproveitável? Quais são os custos associados a isso?

Proteção contra incêndio

Existe a lamentável possibilidade de que qualquer edificação venha a pegar fogo. Alguns materiais apresentam melhores propriedades anti-incêndio do que outros.

Tamanho e natureza do local

A localização de uma edificação pode influenciar a escolha de materiais. Problemas de engarrafamentos, exigências legais locais e obstruções físicas podem limitar o porte das entregas ao local e quantas vezes ao dia elas podem ocorrer.

Analisaremos agora cada um dos principais materiais estruturais individualmente. Como você verá, cada material tem suas vantagens e desvantagens.

Concreto

Concreto é fabricado misturando-se ingredientes – cimento, agregados miúdos (areia), agregados graúdos (seixos e pedras britadas) e água – em proporções predeterminadas de uma maneira controlada para formar um fluido cinzento semelhante a mingau. Esse concreto fresco é transportado para o local onde se faz necessário e é derramado em "moldes" do formato e tamanho exigidos. Esses moldes, conhecidos como ***formas*** ou ***nichos***, costumam ser feitos de madeira ou de aço. Reações químicas ocorrem no concreto, que levam ao assentamento, endurecimento e ganho em resistência ao longo de um período de semanas.

A produção de concreto precisa ser cuidadosamente controlada. Em primeiro lugar, seus materiais constituintes de ocorrência natural são variáveis em qualidade. Em segundo, concreto fresco é suscetível a altas ou baixas temperaturas e precisa ser aplicado em seu destino o mais rápido possível antes da "pega" (ou seja, antes de seu endurecimento). Em terceiro lugar, um tratamento descuidado do concreto fresco – quando, por exemplo, ele é derramado de uma grande altura ou quando bate contra a forma – pode levar à segregação de seus constituintes, o que pode afetar a integridade do concreto acabado.

O concreto é resistente sob compressão (usualmente 30 – 40 N/mm^2), mas frágil sob tração (3 – 8 N/mm^2). Como vimos no Capítulo 3, qualquer elemento estrutural flexionado – como uma viga ou uma laje – experimenta tração; portanto, se um elemento for feito de concreto, ele precisa ser reforçado por barras de aço. Concreto com barras de aço é conhecido como ***concreto armado***. Na prática, todo o concreto visto em estruturas é concreto armado.

O concreto armado tem inúmeras vantagens:

- Apresenta alta resistência à compressão.
- É moldável em qualquer formato desejável.
- Por ser moldável, pode ser usado para formar elementos estruturalmente contínuos.

- É durável: não sofre corrosão nem apodrece.
- Apresenta boas propriedades anti-incêndio.
- Também tem boas propriedades de isolamento térmico e acústico.
- É relativamente barato de se produzir – embora sua colocação no local exija bastante mão de obra, o que aumenta os custos.
- Pode ser usado em composição (isto é, dois materiais atuando em conjunto) com aço estrutural.
- Pode ser amplamente usado em fundações, pilares, vigas, lajes, pontes, estradas e dormentes ferroviários.
- É adequado para estruturas de pequenos vãos em edifícios altos ou baixos.
- O concreto protendido – concreto no qual fios ou cabos protendidos são instalados – é mais resistente do que o concreto armado e, portanto, elementos mais longos e mais esbeltos podem ser obtidos. Por isso, o concreto protendido é adequado para grandes vãos e pórticos rígidos. Você lerá mais a respeito de protensão no Capítulo 25.
- Elementos feitos de concreto (vigas, pilares, etc.) podem ser produzidos em fábricas para, só então, depois de endurecidos, serem transportados para um local de construção e erigidos na posição desejada. Tais elementos são chamados de ***pré-moldados***. A construção mais usual com concreto, em que o material é derramado em formas ou nichos no local, é chamada de construção ***in situ***.

Contudo, as seguintes desvantagens do concreto armado também precisam ser levadas em consideração:

- É pesado, tanto física quanto esteticamente.
- Como indicado anteriormente, a construção usando concreto armado precisa ser cuidadosamente controlada e exige bastante mão de obra. É "bagunçada", exigindo formas, armadura, colocação e compactação do concreto.
- Depois de derramado, o concreto leva várias semanas para atingir a resistência necessária. Isso atrasa as atividades de construção subsequentes (a menos que o concreto seja pré-moldado).
- Ainda que não sofra corrosão ou apodrecimento, o concreto pode sofrer outros problemas, como esboroamento, fissuras (levando a possível corrosão da armadura) e carbonação (reação química com a atmosfera que causa deterioração).

Alvenaria

Tradicionalmente, o termo alvenaria remete à ocupação do alvenel (pedreiro). Nos tempos atuais, o termo costuma se aplicar às construções envolvendo tijolos e blocos cerâmicos ou de concreto.

Tijolos e blocos (cerâmicos ou de concreto) vêm em pequenas unidades cuboides que podem ser erguidas manualmente. Eles são dispostos em fileiras por um pedreiro para formar paredes ou pilares. Argamassa é usada para "colar" as unidades individuais umas às outras e preencher as lacunas ou quaisquer irregularidades entre as unidades.

As vantagens da alvenaria são as seguintes:

- Possui grande resistência compressiva, tornando-a ideal para paredes, pilares e arcos, todos os quais encontram-se sob compressão pura.
- É durável – nenhum acabamento é necessário.
- É feito de matérias-primas facilmente encontradas a baixo custo.
- Nenhuma planta complicada é necessária.
- Apresenta uma aparência atraente.
- Apresenta flexibilidade em termos de *design* – tijolos e blocos podem ser combinados para compor formatos complexos.
- A alvenaria apresenta boas propriedades anti-incêndio e boas propriedades térmicas/acústicas.

Figura 21.1 Uma igreja transformada em livraria.

As desvantagens da alvenaria são as seguintes:

- Possui baixíssima resistência à tração, o que significa que não pode ser usada para elementos que sofrem flexão, como vigas e lajes.
- Comparada à madeira (o outro material usado para construção doméstica de poucos pavimentos), a alvenaria é pesada; portanto, amplas fundações são necessárias, e os custos de transporte são altos.
- Gelo e ataque químico podem causar esboroamento em alvenaria.
- Eflorescência – formações de salitre de má aparência (mas inofensivas) – podem ocorrer em alvenaria após um ciclo de umedecimento e secagem.

Devido à sua durabilidade, edificações de alvenaria têm excelente potencial para novos aproveitamentos. A Figura 21.1 exibe uma igreja tradicional de pedra na cidade holandesa de Maastricht que atualmente desfruta de uma vida nova como uma livraria.

Madeira

A madeira é o único material estrutural que é usado em seu estado de ocorrência natural. O comprimento e a seção transversal de uma viga de madeira são limitados pela altura e pela espessura da árvore da qual ela é obtida.

Vigas de madeira mais longas e de maior seção transversal podem ser obtidas fatiando-se a madeira em tábuas mais finas e colando-as entre si ao longo de seus comprimentos e em suas extremidades, mas este é um processo caro raramente usado no Reino Unido. Isso é conhecido como madeira laminada colada (MLC).

São dois os tipos de madeira disponíveis:

1. as folhosas (*hardwood*), obtidas de árvores decíduas (que perdem suas folhas);
2. as coníferas (*softwood*), obtidas de árvores perenes.

As coníferas costumam ser usadas para propósitos estruturais.

A madeira é um dos materiais mais antigos usados em edificação e apresenta as seguintes vantagens estruturais:

- É leve, com uma alta razão resistência/peso.
- É fácil de cortar e moldar.
- Ao contrário do que seria de se esperar, comporta-se bem em caso de incêndio.
- Apresenta boa durabilidade química.
- Tem uma aparência agradável.
- É relativamente barata.
- Embora tenha pouca rigidez, é relativamente rígida considerando-se sua leveza.
- É adequada para estruturas de edificações baixas que sustentam cargas pequenas ou moderadas, para pórticos rígidos e para coberturas.

Mas a madeira apresenta as seguintes desvantagens:

- Devido à sua baixa resistência, seus vãos são limitados, assim como a altura de edificações de madeira.
- É difícil formar junções em certas circunstâncias.
- Como mencionado há pouco, o tamanho de uma peça de madeira está limitado ao tamanho da árvore da qual ela provém.
- A madeira é suscetível a apodrecimento e degradação se não passar por manutenção adequada.

Aço

As peças estruturais de aço são fabricadas em perfis padronizados. Elas apresentam as seguintes vantagens:

- Sua resistência é alta tanto sob tração quanto sob compressão (mas aço sob compressão pode ser um problema – veja logo adiante).
- O aço apresenta uma alta razão resistência/peso.
- Como os perfis de aço são produzidos em fábricas sob condições cuidadosamente aferidas, um alto controle de qualidade é garantido.
- A aparência do aço é elegante, com elementos esbeltos, superfícies suaves e bordas retas e agudas.
- Pré-fabricação é possível.
- O aço apresenta alta rigidez.
- O aço é um material econômico: uma pequena quantidade sustenta uma carga relativamente grande.
- O aço é indicado para edifícios baixos/altos e estruturas de telhados com quaisquer vãos.

O aço, porém, apresenta as seguintes desvantagens:

- É pesado: são necessários guindastes para levantar elementos metálicos.
- É um material de alto custo.
- Apresenta um problema de durabilidade: sofre corrosão se não receber proteção e manutenção.

Figura 21.2 Sage, Gateshead, Inglaterra.

- Apresenta baixa resistência a fogo; portanto, elementos estruturais metálicos precisam ser protegidos por outros materiais.
- Devido aos perfis esbeltos usados em elementos metálicos, eles são propensos à flambagem sob compressão. Este é um critério importante ao se projetar um elemento estrutural metálico.

O Sage, na cidade de Gateshead, norte da Inglaterra, é uma casa de espetáculos que abrange três salas de concerto separadas, envelopadas por uma casca de aço e vidro que se curva em três dimensões, o que exigiu a fabricação de elementos metálicos complexos. Seus críticos afirmam que o edifício ficou parecendo uma lesma gigante.

Alumínio

O alumínio raramente é usado como material estrutural, exceto em estruturas muito pequenas (como estufas). Suas principais propriedades são as seguintes:

- Sua resistência é aproximadamente a mesma que a do aço-carbono (*mild steel*).
- É mais rígido do que o concreto ou a madeira.
- É menos rígido do que o aço, mas é mais leve.
- Apresenta uma alta razão resistência/peso.
- Mas é caro.

Então como eu decido quais materiais usar em determinada edificação?

A discussão a seguir diz respeito a construções no Reino Unido, embora parte dela também possa se aplicar a outras partes do mundo.

Estrutura com pórtico ou sem pórtico?

A primeira decisão a ser tomada é se a estrutura terá ou não um pórtico. Em uma estrutura com pórtico, um "esqueleto" de vigas e pilares é usado para conduzir as cargas estruturais edifício abaixo, até suas fundações. O pórtico costuma ser feito de aço ou de concreto armado, mas em estruturas bem pequenas (geralmente de um único pavimento), ele pode ser feito de madeira ou de alumínio. O edifício acabado costuma apresentar também paredes externas e internas, mas elas não são estruturais e não sustentam outras cargas além de seu próprio peso.

Em uma estrutura sem pórtico, as paredes sustentam cargas e costumam ser feitas de alvenaria, mas também podem ser feitas de concreto armado.

Exemplo 21.1

Imagine o seguinte cenário:

Dependendo de sua especialização, você chefia ou um escritório de arquitetura ou uma agência de consultoria em engenharia. Um dos seus clientes, uma incorporadora, propõe construir um edifício comercial em um local específico. As dimensões do prédio planejado ainda precisam ser concluídas, mas sabe-se que ele terá dois pavimentos, com área total de 60 m × 20 m. Depois de completado, o prédio será alugado ou para uma única empresa ou, com as subdivisões apropriadas, para inúmeras empresas inquilinas de menor porte.

Na primeira reunião com a equipe responsável pelo projeto, o cliente pede seu conselho sobre a necessidade de ter ou não um pórtico estrutural. Escreva sua resposta, apresentando justificativas completas para sua escolha.

Após refletir sobre isso, sua resposta provavelmente seria de que uma estrutura com pórtico é a opção apropriada, pelos seguintes motivos:

- Está claro que o uso do prédio não foi rigidamente definido. Trata-se de um edifício de escritórios, mas pode ser ocupado por várias empresas, e as empresas inquilinas podem crescer (e consequentemente precisar de mais espaço) ou encolher (exigindo menos espaço). Empresas inquilinas podem ir e vir com o passar do tempo. Sendo assim, o espaço disponível deve ser o mais flexível possível, a fim de acomodar as necessidades variáveis dos inquilinos. O melhor é que tal flexibilidade não seja tolhida pela presença de paredes internas de sustentação de carga (paredes estruturais).
- A ausência de paredes estruturais implica que haverá mais área útil. Embora esse aumento em área útil acabe sendo relativamente pequeno, será uma boa notícia para a incorporadora cliente, que estará ávida para espremer o máximo possível de metros quadrados locáveis dentro do prédio.
- Se não houver paredes estruturais – que seriam feitas de concreto ou de alvenaria e, portanto, relativamente pesadas – o edifício como um todo será mais leve. Essa leveza relativa implicaria na atuação de cargas menores sobre as fundações, o que, por sua vez, significaria que as fundações poderiam ser menos substanciais e, portanto, mais baratas. Seu cliente ficaria encantado com qualquer economia de custos que você pudesse lhe oferecer.
- Estruturas com pórtico de aço ou de concreto armado podem ser erigidas em bem menos tempo que estruturas com cargas sustentadas por alvenaria. Isso novamente agradará seu cliente, que preferirá ver a estrutura concluída (e, assim, faturando com locações) o mais cedo possível – de preferência para ontem.

No entanto, como ocorre com a maioria dos projetos no "mundo real", as coisas não avançam assim, sem sobressaltos, e ocorre uma virada nesse enredo:

Na segunda reunião com a equipe responsável pelo projeto, o seu cliente se mostra temeroso pela possível chegada de uma recessão que causará uma diminuição drástica na demanda por ocupação de escritórios. Ele vislumbra, porém, uma demanda crescente por acomodações hoteleiras de qualidade e, por isso, acabou substituindo o projeto do edifício de escritórios pelo projeto de um hotel no mesmo local, o qual, quando concluído, será vendido para a rede hoteleira Dream Easy Inn. Devido a restrições de planejamento, a altura e as dimensões gerais do prédio continuarão as mesmas que antes.

Seu cliente lhe pergunta se essa mudança de uso alteraria seu conselho anterior a respeito da estrutura do edifício. Qual é a sua resposta? Apresente motivos.

Agora o esquema mudou totalmente. Ainda que o formato e o tamanho finais do prédio continuem os mesmos que antes, ele será usado para um fim completamente diferente. As necessidades de uma rede hoteleira (e dos hóspedes, que pagam por suas acomodações) são vastamente diferentes das demandas de uma empresa inquilina de espaço para escritório (e dos funcionários que ela emprega). Por isso, o arquiteto e o engenheiro precisam repensar o projeto.

Nesse caso, você pode muito bem decidir que a estrutura com pórtico não é apropriada, pelas seguintes razões:

- Os hóspedes de um hotel querem ter uma boa noite de sono. Por isso, é importante que o quarto de hotel esteja na temperatura certa e seja silencioso – nenhum hóspede gosta de ser perturbado por barulho do quarto vizinho ou da rua. Altos níveis de isolamento térmico e acústico são, portanto, prioridades. Faz sentido usar paredes de alvenaria estrutural, pois, corretamente especificadas, elas proporcionam um nível adequado de isolamento térmico e acústico, além de formarem parte da estrutura do edifício.
- Ao contrário do projeto envolvendo escritórios, nenhuma flexibilidade é necessária num prédio usado como hotel. É improvável que seu proprietário tenha a necessidade de alterar, no futuro, o tamanho dos quartos individuais ou a localização de determinadas paredes.
- Mais uma vez, você deve levar em consideração as necessidades do seu cliente. Como ele venderá o prédio para uma rede hoteleira depois de concluída a obra, sua principal preocupação é que o edifício acabado seja uma aquisição atraente para tal operador. Seu cliente não está preocupado com o faturamento potencial do prédio no futuro.
- Vale ressaltar que este é um edifício baixo (apenas dois andares). A decisão poderia ser diferente com um edifício alto, onde a eficiência de uma estrutura com pórtico acabaria suplantando outras considerações.

Podemos extrapolar as lições que aprendemos a partir deste exemplo específico para casos gerais da seguinte forma:

Características de estruturas com pórtico:

- flexibilidade: apto a acomodar novos usos;
- pequeno ganho de área útil;
- mais leve, exigindo fundações menores (e consequentemente mais baratas);
- mais rapidez na construção.

Características de estruturas sem pórtico:

- propriedades inerentes de isolamento térmico e acústico na alvenaria, tornando-se útil para hotéis ou prédios de apartamentos onde o isolamento é importante;
- nenhuma flexibilidade no uso do prédio – mas isso talvez nem seja uma necessidade.

A seguir temos uma lista dos materiais usados para constituintes estruturais específicos.

Paredes

- alvenaria (estruturas sem pórtico)
- alvenaria, montante de madeira, painéis de alumínio (estruturas com pórtico)

Pisos

- vigotas de madeira sustentando tábuas corridas (uso doméstico: pequenas cargas, vãos curtos)
- concreto armado *in situ* (uso industrial/comercial geral)
- concreto pré-moldado (indicado para leiautes de piso regulares e repetitivos)
- compósito: concreto *in situ* sobre chapas de aço onduladas (popular em edifícios oficiais)

Vigas

- madeira (apenas para vão curtos)
- concreto armado in situ (uso industrial/comercial geral)
- concreto pré-moldado (incomum, a não ser protendido)
- concreto protendido (indicado quando longos vãos são necessários)
- aço

Pilares

- madeira (apenas para uso doméstico e construção de pequena escala)
- concreto armado
- aço

Tesouras de telhado

- treliça de madeira ou construção com caibros/terças (uso apenas doméstico)
- treliça ou pórtico de aço (edifícios comerciais/industriais com vãos mais amplos)

Fundações

- concreto (geralmente armado, a não ser para construção doméstica)

22

Um pouco mais sobre materiais

Seleção de material para projeto estrutural

Nos capítulos anteriores deste livro, estudamos tópicos como esforço de cisalhamento, momento fletor e tensão. Aprendemos a avaliar essas coisas e, no caso do esforço de cisalhamento e do momento fletor, a desenhar diagramas de sua distribuição. Alguns leitores podem ter se perguntado sobre como essas informações são aplicadas na prática. Podemos calcular, por exemplo, que o momento fletor máximo experimentado por uma certa viga é de 45 kN.m, ou que a tensão de compressão em determinado pilar é de 25 N/mm^2, mas como fazemos uso desse conhecimento?

O processo de conversão de uma informação do tipo "momento fletor máximo = 45 kN.m" para uma viga de concreto armado ou de aço de um formato e tamanho capazes de resistir a tal momento fletor é conhecido como ***projeto estrutural***. O processo integral de projeto estrutural está além do escopo deste livro – há muitos livros-texto excelentes disponíveis sobre o tema – mas este capítulo serve como uma introdução ao projeto estrutural.

A primeira decisão que o projetista estrutural precisa tomar é qual material – ou combinação de materiais – deve ser usado em determinada situação. No Capítulo 21, analisamos os quatros principais materiais usados em projetos estruturais (aço, concreto armado, alvenaria e madeira), as vantagens e desvantagens de cada um deles e qual ou quais são indicados para cada tipo específico de elemento estrutural. Isso deve servir para lhe guiar na sua seleção de materiais. Agora, analisaremos as formas alternativas de construção de edificações que se encontram disponíveis para um projetista.

Formas alternativas de construção

Os tipos mais comuns de esquemas estruturais para edificações são descritos nas seções a seguir.

Pórticos metálicos

São pórticos estruturais que abrangem vigas e pilares de aço para sustentação de lajes. As lajes costumam ser feitas de concreto armado ou de uma combinação de aço e concreto, como o piso de aço perfilado do tipo *steel deck* nos quais concreto é derramado. As vigas que formam vãos entre pilares são chamadas de ***principais*** e elas, por sua vez, podem sustentar vigas ***secundárias*** (vimos um exemplo disso no Capítulo 5).

A estabilidade lateral da estrutura é importante, e vimos no Capítulo 11 que isso pode ser assegurado usando-se contraventamento ou projetando-se ligações viga/pilar para serem suficientemente rígidas. Tais medidas também podem ser necessárias para prevenir torção da edificação.

Figura 22.1 Edifício de escritórios com pórtico metálico em construção.

Vigas e pilares metálicos são disponibilizados por fabricantes com perfis de tamanhos padronizados, e tabelas com as propriedades estruturais desses tamanhos padronizados estão disponíveis para projetistas. Embora perfis mais altos possam ser mais resistentes e mais leves (e, portanto, em termos materiais, mais baratos) do que aqueles mais baixos, considerações de pé-direito podem levar um edifício a ficar mais alto no total se perfis com alturas maiores fossem usados. Isso, por sua vez, acarretaria em aumento de custos, pois um edifício mais alto exige um número maior de pilares, revestimentos, elevadores, etc.

A infraestrutura funcional (isto é, cabos elétricos e de telefone, tubulações de gás e de água e dutos de ventilação) precisa ser acomodada. No Capítulo 23, veremos que alguns tipos de vigas metálicas podem dar conta de tais infraestruturas melhor do que outros.

Vigas e pilares metálicos precisam se ligar uns aos outros, geralmente mediante parafusos e soldas. É preciso simplificar os detalhes de tais ligações a fim de manter os custos (de fabricação, de instalação e de material) os mais baixos possíveis. E, como já vimos, o aço é vulnerável a incêndios e a corrosões e precisa ser protegido corretamente. Como os perfis metálicos são esbeltos, também são vulneráveis à flambagem, uma consideração que precisa ser abordada na fase de preparação do projeto.

A Figura 22.1 exibe um típico edifício de escritórios com pórtico metálico em obras.

Pórticos de concreto armado

São pórticos feitos de vigas e pilares de concreto. Como vimos no Capítulo 21, o concreto estrutural sempre é reforçado internamente por barras de aço que proporcionam a resistência à tração necessária. Pórticos de concreto armado geralmente abrangem concreto *in situ*: isso quer dizer que os pilares e vigas de concreto são formados despejando-se concreto fresco em um molde (forma) localizado na posição final do pilar ou da viga em questão. A forma precisa ser sustentada por uma estrutura temporária de escoramento que, juntamente com a forma em si, precisa ser mantida em posição por vários dias até que o concreto ganhe resistência suficiente. Essa exigência pode impedir e atrasar outras atividades da obra.

Vigas de concreto armado sustentam lajes de concreto armado, que podem ser de vários tipos, como em uma direção, em cruz, nervuradas ou em grelha, ilustradas no Capítulo 3. Ao contrário das estruturas metálicas, a proteção anti-incêndio não costuma representar um problema no caso do concreto e, contanto que os fissuramentos sejam mantidos dentro de um limite aceitável, tampouco a corrosão da armadura chega a ser um problema.

A construção de edifícios de concreto armado exige mão de obra intensa: são necessários operários para produzir e instalar a forma e seus suportes, preparar as armaduras e assentar o concreto.

Pórticos de concreto pré-fabricado

Pórticos de concreto pré-fabricado abrangem vigas e pilares de concreto armado que foram produzidos em uma fábrica e depois entregues na obra em sua forma concluída. (Isso contrasta com os pórticos de concreto *in situ* analisados anteriormente, em que o concreto é formado em sua posição final já na obra.) Um maior controle de qualidade normalmente pode ser alcançado com peças pré-fabricadas, já que o ambiente da fábrica é mais controlável do que o local da obra. Além disso, como as peças pré-fabricadas já terão sua resistência integral quando chegarem à obra, não será preciso esperar e arriscar atrasos de outras atividades no local. No entanto, a construção pré-fabricada é mais indicada para estruturas que são totalmente regulares e repetitivas em sua natureza.

Pórticos de madeira

Devido à resistência limitada da madeira, estruturas de pórticos de madeira tendem a ser voltadas apenas para pequenas construções domésticas. Estruturas de madeira costumam ser usadas para telhados em tesoura. A ligação entre os elementos e a proteção da madeira contra apodrecimento e ataques de insetos também são aspectos a serem levados em consideração.

Alvenaria estrutural

A alvenaria estrutural – pedras, tijolos e blocos cerâmicos ou de concreto – é a forma preferida de construção para paredes de casas e outras estruturas sem pórtico no Reino Unido e em muitos outros lugares. A alta resistência à compressão da alvenaria a torna ideal para tais estruturas e também para outras estruturas que se encontram sob compressão pura, como os arcos, por exemplo. A construção com alvenaria se dá em pequenas unidades (como tijolos individuais) que são fáceis de lidar. Contudo, é necessária mão de obra especializada.

A alvenaria costuma ser menos tolerante a locais acidentados e a danos acidentais do que edificações com pórtico metálico ou de concreto *in situ*.

Esquemas híbridos, como pórtico metálico com pisos de concreto pré-fabricado

Trata-se de combinações dos recém analisados.

A escolha entre diferentes tipos de construção

A seleção entre tipos de construção dependerá dos fatores a seguir.

A necessidade de flexibilidade

Como vimos no Capítulo 21, a destinação futura do edifício – e se ela está propensa a mudar com o passar do tempo – pode influenciar o tipo de construção escolhido.

Os vãos necessários

Às vezes existem exigências de longos vãos inteiriços em, por exemplo, teatros e outros auditórios, estacionamentos de veículos com muitos andares, salas de exibição ou, no caso das pontes, passagem de embarcações. Em tais casos, o vão geralmente acaba ditando a forma da construção. Como regra geral, quanto mais longo o vão livre, mais cara será sua execução. Confira o Capítulo 23 para saber mais a respeito.

As condições do solo

Estas ditarão se fundações convencionais relativamente baratas podem ser usadas ou se estaqueamentos ou outros tipos de fundações mais caras serão necessários.

O acesso à obra

Se o local da obra fica isolado, vias de acesso talvez precisem ser construídas. Por outro lado, se a obra fica em meio a uma cidade grande, a entrega de materiais pode ficar limitada. Pode haver outras restrições como, por exemplo, todos os materiais precisarem ser içados por um guindaste devido a imposições do local. Um projetista experiente leva tudo isso em consideração na fase de preparação do projeto.

A experiência dos projetistas

Os projetistas podem ter grande experiência com um tipo específico de *design* que pode ser usado no projeto atual. Isso torna todo o projeto menos trabalhoso – e menos dispendioso – devido aos benefícios das lições aprendidas em projetos anteriores.

A experiência dos empreiteiros

Novamente, os empreiteiros podem ter experiência em certos tipos e técnicas de construção que, se aplicados no projeto atual, manterão os custos mais baixos.

A disponibilidade de materiais

Não vale a pena especificar materiais que se encontram ou indisponíveis ou que têm de ser importados a alto custo, quaisquer que sejam seus atributos.

Como riscos e dificuldades no processo de construção tendem a levar a um aumento nos custos, a solução escolhida deve buscar a minimização de tais empecilhos. Escolhido o material (ou a combinação de materiais) a ser utilizado, a fase de projeto pode começar.

Projeto a partir de princípios prévios e padronizações

Você pode aprender a projetar (por exemplo) uma viga de concreto armado a partir de princípios prévios. Esse processo basicamente matemático é lecionado em algumas universidades e é abordado em alguns livros-texto. Tenha em mente, porém, que você não será a primeira nem a última pessoa do mundo a tentar dimensionar uma viga de concreto armado. Ao fazê-lo, todos os problemas que você encontrar já foram encontrados antes, assim como já foram preparadas tentativas de lidar com o processo em documentos chamados de ***normas técnicas*** ou ***códigos de prática***. Ao revisar esse tema, irei pressupor que você se encontra ou no Reino Unido ou em algum lugar onde as Normas Britânicas são usadas, já que minha análise tomará como base tais códigos. Seja como for, os princípios gerais de meus comentários se aplicarão a outras normas (como as normas norte-americanas ASTM). Além do mais, você deve se familiarizar com os códigos locais de edificação do país ou local onde você se encontra, já que tais códigos prevalecem sobre as exigências baseadas em normas.

Normas Britânicas

As Normas Britânicas representam um conjunto de regras e regulamentações, documentos legais ou diretrizes de projetos? Certamente, todos os projetos devem obedecer às exigências da relevante Norma Britânica, mas até que ponto as Normas Britânicas cumprem o papel de diretrizes de projeto? Sem dúvida, uma pessoa que recebe meia hora para dimensionar uma viga de concreto armado só vai encontrar alguma utilidade na relevante Norma Britânica se tiver sido treinada para colocá-la em prática. No entanto, uma pessoa familiarizada com a norma será capaz de usá-la para dimensionar uma viga com bastante rapidez.

As Normas Britânicas mais antigas podem até ter sido guias de projeto fáceis de consultar. Com o passar dos anos, porém, elas se tornaram cada vez mais volumosas e, na minha opinião, hoje lembram mais documentos legais.

Um novato no mundo dos projetos estruturais precisa de orientação no uso das Normas Britânicas. Se sua universidade ou faculdade possui uma cadeira ou módulo chamado "projeto estrutural" (ou similar), seu professor servirá (ou deveria servir) como um guia, apresentando didaticamente as partes relevantes do código. Alguns livros-texto também cumprem bem esse papel.

A boa notícia é que o projeto de uma viga de madeira ou de um pilar metálico, digamos, representa um procedimento estanque que pode ser facilmente seguido ou aprendido – a bem da verdade, depois que você projeta uma parede de alvenaria, já projetou todas!

As Normas Britânicas relevantes e onde encontrar informações adicionais

As Normas Britânicas relevantes são as seguintes:

- BS 8110: Parte 1: 1997: Uso estrutural de concreto
- BS 5628: Parte 1: 1992: Uso estrutural de alvenaria não reforçada
- BS 5268: Parte 2: 1996: Uso estrutural de madeira
- BS 5950: Parte 1: 2000: Uso estrutural de estrutura metálica em edificações

Estou certo de que os redatores das Normas Britânicas não tiveram a menor intenção, mas você deve perceber como é fácil confundir entre si os códigos que lidam com alvenaria e com madeira (BS 5628 e BS 5268, respectivamente).

Oficialmente, os Eurocódigos substituíram as Normas Britânicas em 2010; porém, velhos hábitos são difíceis de extinguir, e é provável que as Normas Britânicas continuarão em uso ainda por algum tempo, sobretudo por sua familiaridade e facilidade de uso.

Os Eurocódigos são usados em projetos por toda a União Europeia, e espera-se que tal consistência internacional facilite o trabalho conjunto entre engenheiros de diferentes países. Cada Eurocódigo deve ser lido em conjunção com o Documento de Aplicação Nacional (DAN) relevante, o qual apresentará parâmetros que devem ser adotados em países específicos. Os Eurocódigos relevantes são listados a seguir:

- EC0 Base de projeto estrutural
- EC1 Ações em estruturas
- EC2 Projeto de estruturas de concreto
- EC3 Projeto de estruturas de aço
- EC4 Projeto de estruturas compósitas de aço e concreto
- EC5 Projeto de estruturas de madeira

- EC6 Projeto de estruturas de alvenaria
- EC7 Projeto geotécnico
- EC8 Projeto de estruturas para resistência a terremotos
- EC9 Projeto de estruturas de alumínio

Com exceção do primeiro, cada um desses Eurocódigos é dividido em diversas partes.

Normas Brasileiras

As normas técnicas brasileiras (NBRs) são publicadas pela Associação Brasileira de Normas Técnicas (ABNT). Apresentam denominações semelhantes às apresentadas pelas normas britânicas e de Eurocode, relacionadas a todos os projetos estruturais, além de outras áreas da Engenharia Civil como Topografia e Transportes, Geotecnia e Fundações, Materiais e Construção, Hidráulica e Saneamento. São elaboradas por Comitês Técnicos formados por especialistas dos campos acadêmicos - docentes e pesquisadores - e profissionais - engenheiros de estruturas, de empresas de construção e de indústrias.

As normas técnicas normalmente são revisadas e publicadas a cada década aproximadamente, buscando incorporar resultados de pesquisas, experiências, novos materiais e novas técnicas.

23

Até onde vai o meu vão?

Introdução

Qualquer pessoa envolvida no projeto conceitual de uma edificação logo precisa ponderar sobre os vãos máximos em cada situação. Não há respostas fáceis a essa questão (embora algumas regras aproximadas sejam apresentadas mais adiante), mas este capítulo explora os vários fatores envolvidos.

Estruturas com vãos longos

O que é um vão?

Você deve estar mais familiarizado com a palavra ***vão*** no contexto de pontes, mas ela também se aplica a vigas e lajes em estruturas de edificações. O vão de uma ponte (ou de uma viga, ou do que quer que seja) é a distância horizontal entre apoios.

Até onde vai o vão?

Em princípio, um vão pode ser tão longo quanto necessário. Uma verga de concreto dificilmente sofre para formar um vão de mais de 1 m sobre uma porta com ampla abertura, ao passo que as pontes suspensas modernas apresentam vãos de vários quilômetros. Na prática, quanto maior o vão, mais resistente precisa ser seu componente formador. Isso em geral significa que tal componente precisa ter um perfil mais alto, e isso pode ser difícil de acomodar fisicamente. Além disso, é inevitável que vãos mais longos impliquem em custos maiores.

No entanto, os vãos tampouco devem ser pequenos demais, pois uma quantidade excessiva de pilares ou de paredes de suporte podem interferir de forma desnecessária nas atividades que ocorrem dentro de um edifício – ninguém gosta de ver uma "floresta" de pilares. Em geral, os vãos acabam sendo tão longos quanto o razoável na prática.

Alguns aspectos que merecem destaque:

- Como alguns materiais são mais resistentes que outros, eles podem formar vãos mais longos.
- Em geral, quanto maior o vão, mais alto precisa ser o perfil do seu componente de suporte.
- Certas edificações, devido ao seu uso na prática, requerem amplos vãos inteiriços. Exemplos incluem ginásios esportivos, piscinas, teatros e salas de concerto.

À primeira vista, o toldo exibido na Figura 23.1 parece impossivelmente fino como uma panqueca em relação à distância até seu engaste. Já a Figura 23.2 mostra o perfil lateral desse mesmo toldo, revelando que ele é na verdade consideravelmente mais alto (e, portanto, mais resistente) junto a seus pilares de apoio. O projeto cuidadoso oculta esse fato de transeuntes que o observam de outro ponto de vista.

Vamos examinar os diversos materiais estruturais um a um.

Figura 23.1 Edifício com toldo em balanço (cantiléver), Berlim.

Figura 23.2 Edifício com toldo em balanço, Berlim (detalhe).

Aço

Vigas metálicas padronizadas

Vigas metálicas (vigas universais) são fabricadas em tamanhos-padrão. A Corus (que anteriormente se chamava British Steel e que agora pertence à Tata Steel) produz tabelas com esses tamanhos-padrão e suas várias dimensões e propriedades. Em muitos casos, uma edificação metálica abrange vigas (e pilares) padronizadas, selecionadas pelos projetistas de modo a acomodar os

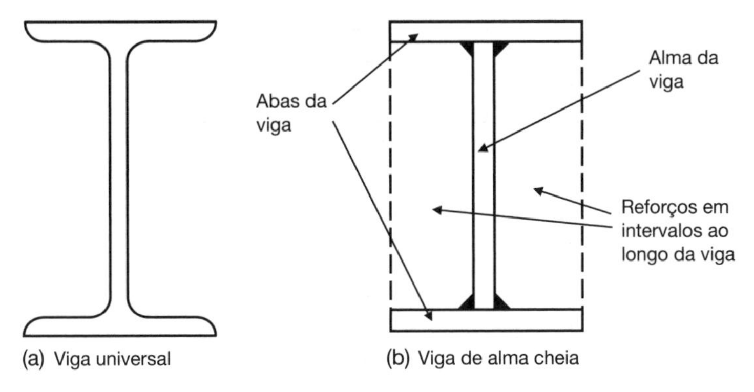

Figura 23.3 Vigas universais e vigas de alma cheia.

cálculos previstos para momentos fletores, esforços de cisalhamento e deflexões. O perfil de uma típica viga universal é mostrada na Figura 23.3a.

Vigas de alma cheia

A maior seção padronizada que a Tata produz tem um perfil de 914 mm de altura. Em situações em que nem mesmo este maior tamanho é adequado, é possível fabricar perfis mais altos soldando-se placas na configuração correta. Em outras palavras, um perfil pode ser feito "sob medida" quando nenhum perfil pré-fabricado se mostra adequado. Um típico perfil de viga de alma cheia é mostrado na Figura 23.3b.

Vigas casteladas e celulares

Essas vigas metálicas possuem grandes orifícios em suas almas (ou seja, as partes verticais) a intervalos regulares ao longo da viga. Tais orifícios são hexagonais no caso de vigas casteladas e circulares no caso de vigas celulares. As vigas celulares em especial são bastante populares em construções com pórticos metálicos de múltiplos pavimentos. Já as vigas casteladas são formadas cortando-se uma viga padronizada longitudinalmente em zigue-zague, conforme mostrado na Figura 23.4a, e depois reconectando-se as duas meias vigas conforme mostrado na Figura 23.4b, formando assim uma seção de perfil mais alto (e, portanto, mais resistente) com o mesmo peso que antes. Ademais, os orifícios em vigas casteladas e celulares também podem ser usados para acomodar elementos de infraestrutura, como cabos e tubulações.

Vigas treliçadas

Mas o que acontece quando o perfil de uma viga de alma cheia precisa ser tão grande a ponto de ser impraticável? Bem, em vez de usar uma viga de aço sólida (conforme mostrado na Figura 23.5a), uma viga treliçada pode ser usada. Como você deve lembrar, a parte de cima de uma viga sofrendo tosamento (vergada para baixo) encontra-se sob compressão, enquanto sua parte de baixo encontra-se sob tração. Uma viga treliçada compreende um banzo superior (sob compressão) e um banzo inferior (sob tração), com os dois banzos ligados entre si por elementos diagonais. Quando uma viga é formada por treliça, pode ser alcançado um perfil mais alto do que quando a viga é sólida. Isso economiza material (e confere mais leveza) e as lacunas em meio a viga podem ser usadas para outros fins (componentes de infraestrutura podem passar através delas, por exemplo). Uma típica viga treliçada é mostrada na Figura 23.5b.

As vigas treliçadas são comumente usadas nos Estados Unidos para a construção de pavimentos em edifícios comerciais. O perfil de tais vigas geralmente fica entre 300 e 400 mm de altura, e elas são espaçadas (tipicamente) de 600 em 600 mm.

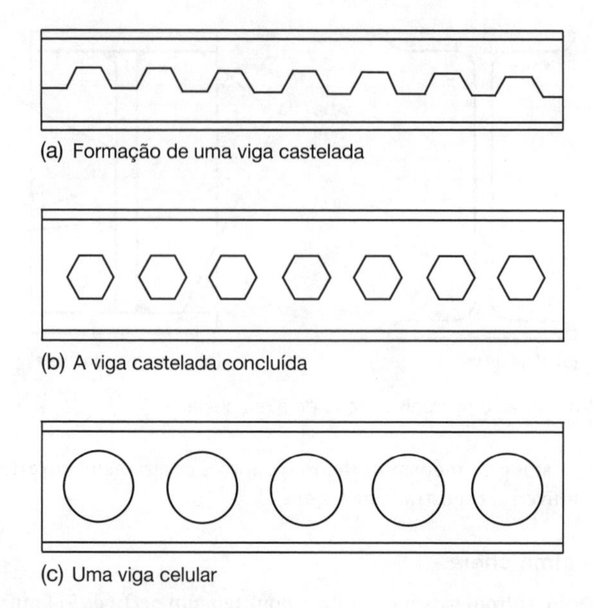

Figura 23.4 Vigas casteladas e celulares.

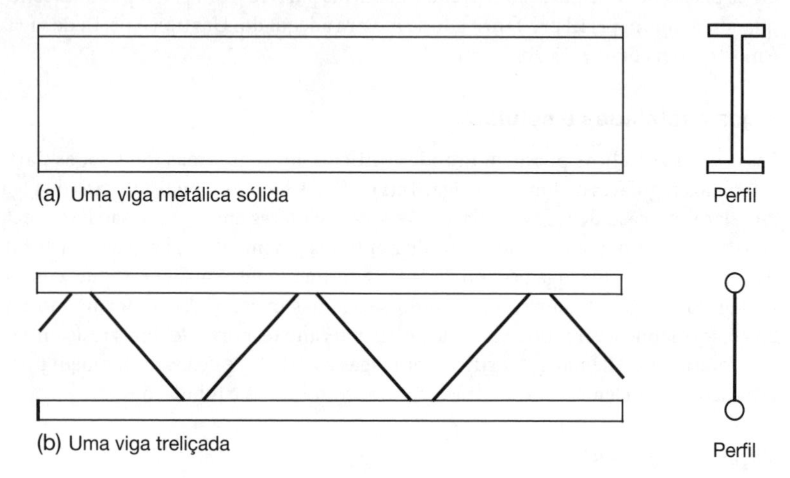

Figura 23.5 Vigas metálicas sólida e treliçada.

Vigas treliçadas quadradas

O que acontece quando o vão e as cargas planejadas aumentam ainda mais? Poderíamos continuar aumentando a altura (e, consequentemente, a resistência) da viga treliçada. Outra opção é introduzir uma segunda viga treliçada correndo em paralelo à primeira e ligada a ela por duas vigas treliçadas horizontais: uma no nível do banzo superior e outra no nível do banzo inferior. Assim, um caixote é formado pelo perfil quadrado dessa viga em treliça, conforme mostrado na Figura 23.6a. Uma variação desse tema é uma viga treliçada triangular, mostrada na Figura 23.6b. Como o aço é mais propenso à flambagem quando se encontra sob compressão, a seção transversal de aço disponível na zona de compressão é maximizada instalando-se dois banzos nessa zona e um na zona inferior (tração), conforme mostrado. A Figura 23.7 exibe treliças

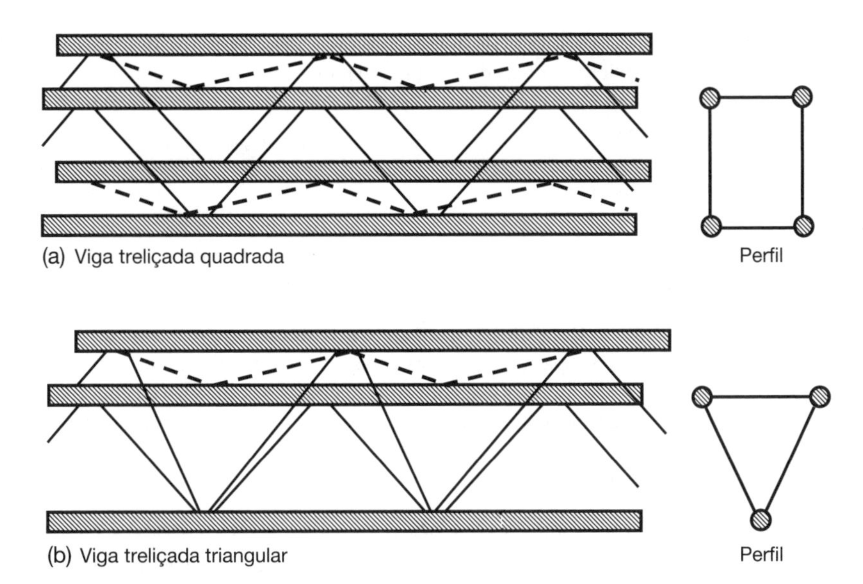

Figura 23.6 Vigas treliçadas.

Figura 23.7 Vigas treliçadas triangulares apoiando o teto do terminal, Aeroporto John Lennon, Liverpool.

metálicas triangulares, com curvatura dupla de perfil, formando o vão de um saguão de aeroporto e apoiando seu teto.

Estruturas suspensas

Vigas treliçadas quadradas podem formar vãos de comprimentos consideráveis – usualmente até 100 m quando servem de apoio para arquibancadas de futebol – mas há muitos casos em que precisamos de vãos ainda mais longos. Em tais casos, temos de usar estruturas suspensas ou estaiadas. O princípio por trás delas é que, se não for possível proporcionar apoio por baixo, pode-se proporcioná-lo por cima através de cabos que correm por sobre mastros até um ponto de ancoragem no solo.

Concreto

Concreto armado

Conforme analisado no Capítulo 21, o concreto estrutural sempre é armado – isto é, ele possui barras de aço embutidas – para fins de resistência. Infelizmente, as razões vão/altura exigidas do concreto armado não são muito adequadas aos projetistas; se uma viga de concreto armado precisar vencer um vão de grande comprimento, a altura de seu perfil será inconvenientemente grande.

Concreto protendido

Vigas de concreto protendido (isto é, aquelas contendo fios ou cabos de aço embutidos submetidos a grandes esforços de protensão) podem ser bem mais esbeltas do que vigas de concreto armado e, portanto, são uma opção popular quando longos vãos são necessários. Vigas de concreto protendido muitas vezes são visíveis em edifícios-garagem de vários andares.

Madeira

Vigas e vigotas de madeira

Os aspectos materiais da madeira foram analisados no Capítulo 21, onde vimos que as vigas de madeira não são capazes de formar grandes vãos devido à sua resistência limitada. O tamanho de sua seção transversal também fica limitado ao tamanho da árvore da qual a madeira foi obtida.

Vigas de madeira laminada colada (MLC)

Vão mais longos são possíveis com madeira quando vigas de madeira laminada colada são usadas. Conforme mencionado no Capítulo 21, tais vigas são formadas pela junção de finas fatias de madeira coladas umas às outras.

Vigas de MLC não são comuns no Reino Unido devido ao seu alto custo, mas às vezes são vistas formando coberturas de piscinas – já que a madeira é menos suscetível à ação corrosiva do cloro gasoso do que outros materiais.

Alvenaria

Conforme discutido no Capítulo 21, a alvenaria é frágil sob tração e, portanto, não é muito adequada para a construção de vãos. É por isso que os pilares dos templos gregos e egípcios encontram-se tão próximos uns dos outros: as vigas de pedra só servem para formar vãos de pequeno comprimento.

Estruturas de arco de alvenaria

A alvenaria, por resistir bem à compressão, é adequada para ser usada em estruturas em arco, que se encontram sob compressão por toda sua extensão. Arcos de alvenaria podem formar vãos de comprimento razoável, e uma série de arcos de alvenaria pode ser usada para formar um viaduto, como pode ser visto nas estruturas de aquedutos romanos (em Nîmes, no sul da França, por exemplo) e em viadutos rodoviários de tijolos da era vitoriana em muitos locais do Reino Unido e em outras partes.

Vãos e altura dos perfis: algumas regras aproximadas

Uma pergunta que os alunos de arquitetura me fazem com bastante frequência é: "qual é o vão máximo em cada caso e que altura o perfil da viga precisa ter?". Quem dera fosse assim tão fácil.

Como mencionado anteriormente, em termos gerais, quanto mais longo o vão, maior a altura do perfil. A partir daí, regras aproximadas para razões vão/altura podem ser geradas, e elas são apresentadas na Tabela 23.1. Tais regras devem ser usadas com cautela e os seguintes aspectos devem ser observados:

- Os vãos possíveis e as alturas associadas dependem das cargas às quais a viga está sujeita. As cifras na Tabela 23.1 pressupõem cargas "normais" em edifícios comerciais. Elas não se aplicam a situações envolvendo cargas mais pesadas (como maquinário industrial) ou cenários envolvendo cargas pouco convencionais.
- Tais informações são fornecidas como mera aproximação e servem apenas para propósito de orientação. Elas servem para o dimensionamento inicial de elementos estruturais em esquemas arquitetônicos ou para propósitos orçamentários.
- Para projetos de edificação na prática, o tamanho dos elementos estruturais deve ser confirmado por meio de um projeto detalhado por parte de um engenheiro estrutural qualificado.

Tabela 23.1 Alcance dos vãos e razões vão/altura do perfil

Tipo de elemento	Alcance do vão (m)	Razão vão/altura do perfil típico
Concreto		
Viga, apoio simples	Até 8	15 - 20
Viga contínua	Até 12	20 - 27
Viga em balanço	Até 5	1 - 7
Laje, uma direção, apoio simples	Até 6	20 - 30
Laje, uma direção, contínua	Até 6	20 - 30
Laje, uma direção, em balanço	Até 3	5 - 11
Laje em cruz, apoio simples	Até 6	30 - 35
Laje em cruz, contínua	Até 6	30 - 35
Piso perfilado compósito de *steel deck*/concreto	Até 6	35 - 40
Laje nervurada	Até 11	35 - 40
Laje em formato de grelha	Até 15	18 - 25
Pilar	1 andar de altura	10 - 17
Fundação em sapata corrida	0,8 - 2,0 de largura	
Fundação em sapata isolada	1,5 - 3,0 quadrado	
Madeira		
Vigotas de piso	Até 6	10 - 20
Viga de MLC	Até 30	15 - 20
Viga com alma em compensado (*ply-web*)	Até 20	10 - 15
Aço		
Vigas principais (apoiadas por pilares)	Até 12	15 - 20
Vigas secundárias (apoiadas por outras vigas)	Até 7	15 - 20
Pórtico	Até 60	35 - 40

24

Calculando essas cargas

Introdução

Nos capítulos anteriores deste livro, você aprendeu a calcular coisas como esforço de cisalhamento, momento fletor e tensões. Nos exemplos resolvidos, as cargas foram apresentadas como dados do problema. Infelizmente, os problemas estruturais da vida real não vêm assim tão "mastigados" como os exemplos que você pode encontrar em livros-texto ou em palestras universitárias. Você precisa calcular as cargas por conta própria. Este capítulo lhe ensina como.

Conforme você aprendeu no Capítulo 5, existem dois tipos de cargas:

1. cargas mortas (ou permanentes)
2. cargas vivas (ou impostas)

Discutiremos como se calcula cada uma delas e, em seguida, veremos alguns exemplos.

Carga morta (permanente)

Os pesos unitários comuns de materiais de construção são apresentados no Apêndice 1. (A Norma Britânica BS 648 apresenta os pesos unitários de uma gama muito mais ampla de materiais.) Essas cargas são expressas em kN/m^3 e representam o peso por metro cúbico do material. O peso unitário do concreto armado, por exemplo, é 24 kN/m^3, o que significa que um metro cúbico de concreto pesa 24 kN. Isso é quase duas vezes e meia o peso da água. Assim, se nos estágios iniciais da sua carreira você precisar carregar baldes cheios de concreto fresco a curtas distâncias em canteiros de obras (como eu mesmo fiz), perceberá que eles são consideravelmente mais pesados do que os baldes d'água que você usa para lavar o carro!

Se você quiser calcular o peso de uma viga de concreto armado que tem 200 mm (ou 0,2 m) de largura, 400 mm (ou 0,4 m) de altura e 6 m de comprimento, você precisa, antes de mais nada, calcular o volume da viga, para então multiplicá-lo pelo peso unitário e obter o peso total.

$$\begin{aligned}\text{Volume da viga} &= \text{Comprimento} \times \text{largura} \times \text{altura}\\ &= 6\ \text{m} \times 0{,}2\ \text{m} \times 0{,}4\ \text{m}\\ &= 0{,}48\ \text{m}^3\end{aligned}$$

$$\begin{aligned}\text{Peso total da viga} &= \text{Volume} \times \text{peso unitário}\\ &= 0{,}48\ \text{m}^3 \times 24\ \text{kN/m}^3\\ &= 11{,}52\ \text{kN}\end{aligned}$$

Carga viva (sobrecarga de utilização)

Como você deve lembrar do Capítulo 5, estas são cargas advindas de pessoas e móveis. Por sua própria natureza, elas são variáveis. Para simplificar as coisas, certos valores são atribuídos às cargas vivas (sobrecargas de utilização) dependendo do uso final da edificação ou da área em questão. Tais sobrecargas são expressas em kN/m^2 e geralmente ficam na faixa entre 1,5 e 5,0 kN/m^2. Os valores de alguns casos comuns são apresentados no Apêndice 1.

A sobrecarga de utilização relevante para, por exemplo, salas de aula é de 3,0 kN/m^2. Assim, para uma sala de aula com área útil de 10 m × 10 m:

Sobrecarga total = 10 m × 10 m × 3,0 kN/m^2
= 300 kN

Exemplo 24.1: carga sobre uma viga de concreto armado

Uma viga de concreto armado forma um vão de 6 m entre dois pilares de apoio. A viga tem 250 mm de largura, 450 mm de altura e sustenta uma porção de 5 m de largura de laje com 175 mm de altura. Há uma camada de revestimento de concreto de 40 mm recobrindo a laje. O andar abriga escritórios. Diretamente acima da viga também há uma parede de alvenaria (feita de blocos de concreto) que não apoia carga alguma e que corre na mesma linha da viga. Essa parede de alvenaria tem 2,5 m de altura, 200 mm de espessura e tem acabamento em gesso em ambos os lados de peso 0,5 kN/m^2. Veja a Figura 24.1.

Calcule a carga total sobre a viga de concreto por metro de comprimento. (Obs.: não se esqueça de incluir o peso da própria viga.)

Solução

Peso unitário do concreto = 24 kN/m^3 (Apêndice 1)

Peso unitário dos blocos da parede = 22 kN/m^3 (Apêndice 1)

Sobrecarga de utilização devido aos escritórios = 2,5 kN/m^2 (Apêndice 1)

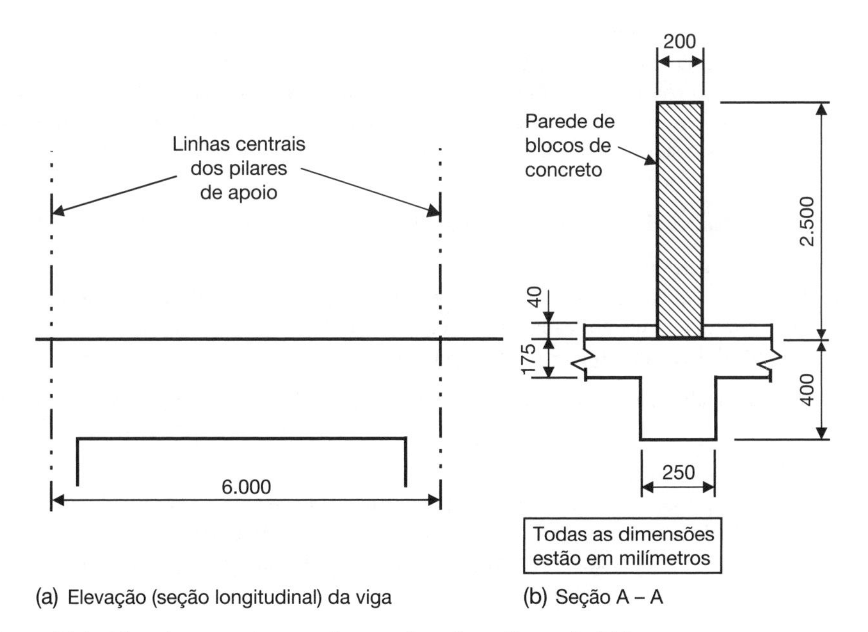

Figura 24.1 Viga de concreto armado mencionada no Exemplo 24.1.

Observe que o enunciado lhe pede para calcular a carga total por metro de comprimento da viga de concreto. São diversas as contribuições para essa carga total. Elas provêm da parede de alvenaria, do gesso nela, da camada superior acima da laje, da laje propriamente dita, do peso da própria viga e da sobrecarga de utilização (advinda de pessoas e móveis) sobre a laje. Um dos equívocos básicos que os estudantes cometem com esse tipo de cálculo é esquecer de uma ou mais dessas contribuições.

Consideremos essas contribuições uma a uma:

Parede de alvenaria:
Aqui é uma mera questão de multiplicar o volume da parede (comprimento × largura × altura) por seu peso unitário:

$$\text{Carga advinda da parede de alvenaria} = 2{,}5\text{ m} \times 0{,}2\text{ m} \times 1{,}0\text{ m} \times 22\text{ kN/m}^3 = 11\text{kN}$$

Gesso na parede de alvenaria:
O peso unitário do gesso foi expresso em unidades de kN/m^2 – em outras palavras, carga por área unitária. Isso significa que precisamos calcular a área de gesso total por metro de comprimento de parede e multiplicar essa área pelo peso unitário do gesso informado no enunciado. Lembre-se: a parede é forrada de gesso em ambos os lados, então o número 2 no cálculo a seguir representa dois lados:

$$\text{Carga advinda do gesso} = 2 \times 2{,}5\text{ m} \times 1\text{ m} \times 0{,}5\text{ kN/m}^2 = 2{,}5\text{ kN}$$

Laje de concreto:
Assim como fizemos para a parede de alvenaria, multiplicamos o volume da laje (por metro de comprimento da viga) pelo peso unitário do concreto armado. Lembre-se: a viga está sustentando uma porção de 5 m de largura da laje.

$$\text{Carga advinda da laje de concreto armado} = 5\text{ m} \times 0{,}175\text{ m} \times 1\text{ m} \times 24\text{ kN/m}^3 = 21\text{ kN}$$

Revestimento superior:
É razoável pressupor que o peso unitário da camada de revestimento superior é o mesmo que aquele do concreto armado estrutural. Assim como fizemos para a laje propriamente dita, multiplicamos o volume do revestimento superior pelo peso unitário. Para facilitar o cálculo, fingiremos que o revestimento continua abaixo da parede de alvenaria – ainda que isso não seja verdade. Isso significa que nosso cálculo será ligeiramente conservador (isto é, acabaremos superestimando a força total).

$$\text{Carga advinda do revestimento superior} = 5\text{ m} \times 0{,}04\text{ m} \times 1\text{ m} \times 24\text{ kN/m}^3 = 4{,}8\text{ kN}$$

Viga de concreto:
Já levamos em consideração a parte superior da viga (isto é, os 175 mm superiores da altura da viga) quando estávamos calculando a carga advinda da laje. Agora precisamos calcular a carga advinda dos 225 mm inferiores da viga (isto é, 400 – 175).

$$\text{Carga advinda da viga de concreto armado} = 0{,}225\text{ m} \times 0{,}250\text{ m} \times 1\text{ m} \times 24\text{ kN/m}^3 = 1{,}35\text{ kN}$$

Sobrecarga de utilização:
Isso foi expresso acima como uma carga por unidade de área da laje ($2{,}5\text{ kN/m}^2$). Novamente, para simplificar, iremos ignorar a presença da parede de alvenaria ao calcularmos essa carga. A sobrecarga de utilização será dada pela área superficial da laje multiplicada pela carga por área unitária, da seguinte forma:

Sobrecarga de utilização = 5 m × 1 m × 2,5 kN/m^2 = 12,5 kN

Então:

Carga permanente total = (11 + 2,5 + 21 + 4,8 + 1,35) = 40,65 kN
Sobrecarga de utilização total = 12,5 kN

Isso resulta numa carga total de 53,15 kN/m de comprimento da viga.

Exemplo 24.2: carga na base de um pilar

Um edifício de quatro pavimentos com pórtico de concreto armado possui uma área planar de 18 m × 25 m. Pilares de apoio estão dispostos segundo uma grade de 6 m × 5 m, conforme mostrado na Figura 24.2. Em cada andar, as lajes apresentam vãos de 5 m entre as vigas, que por sua vez apresentam vãos de 6 m entre os pilares. A viga com vão de 6 m, considerada no Exemplo 24.1, é uma típica viga de apoio.

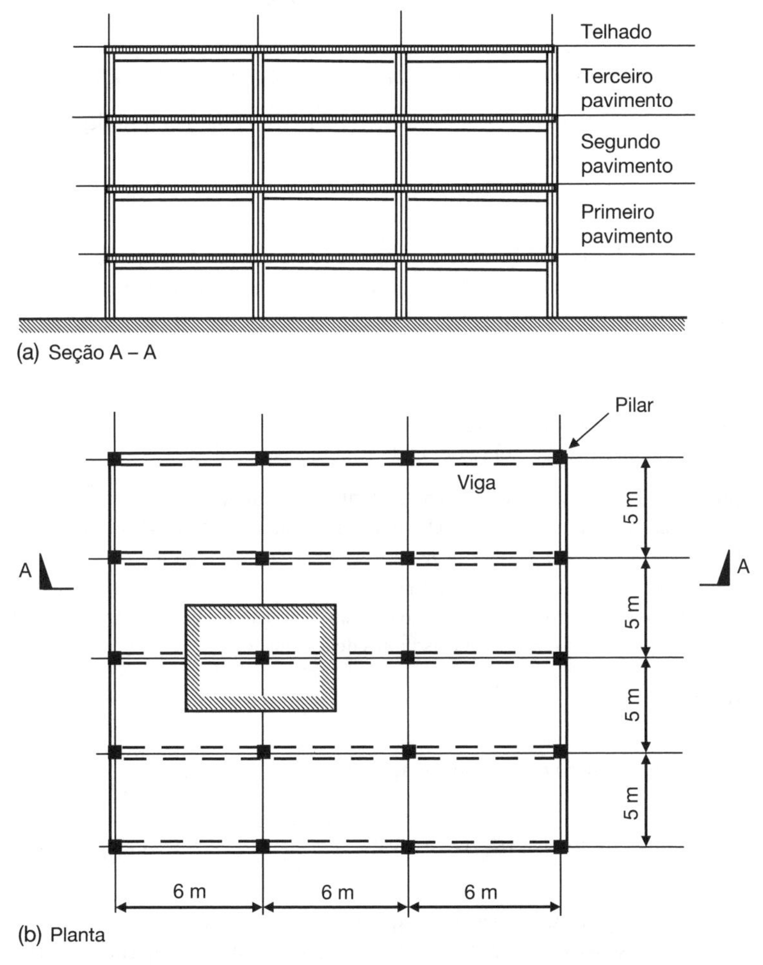

Figura 24.2 Disposição geral de um edifício de escritórios de quatro pavimentos.

Se a laje do andar térreo está apoiada sobre o solo (em outras palavras, está sendo sustentada diretamente pelo solo abaixo dela) e a sobrecarga de utilização sobre o telhado plano é a mesma que sobre os pavimentos, calcule a carga total na base de um típico pilar interno de apoio se os pilares têm 400 mm × 400 em sua seção planar.

Solução

A cada andar, um pilar interno típico deve sustentar uma área de viga e laje conforme mostrada pela zona hachurada na Figura 24.2. No Exemplo 24.1, já calculamos a carga total sobre uma típica viga de 1 m de comprimento; portanto, se multiplicarmos esse valor por 6 m, teremos a carga total sustentada por um típico pilar a cada pavimento. Em seguida, precisaremos multiplicar o resultado por 4 para representar os quatro pavimentos (excluindo a laje sustentada pelo solo no andar térreo, mas incluindo a laje do telhado).

Carga total sobre pilar típico advinda de vigas = 53,15 kN/m × 6 × 4 andares
= 1.275,6 kN

Agora precisamos adicionar a isso o peso do pilar. Se a altura total do edifício (e, consequentemente, do pilar) é de 14 m, o peso do pilar é:

Peso do próprio pilar = 14 m × 0,4 m × 0,4 m × 24 kN/m^2 = 53,8 kN

(Novamente, isso é obtido calculando-se o volume do pilar e multiplicando-se tal volume pelo peso unitário do concreto.) Então:

Carga total na base de um típico pilar interno é: 1.275,6 + 53,8 = 1.329,4 kN

Exemplo 24.3: dimensionando sapatas isoladas de fundação

Tipicamente, o pilar de um edifício é sustentado por uma sapata isolada. A função de uma sapata – ou, enfim, de qualquer tipo de fundação – é transmitir as cargas advindas da superestrutura do edifício (ou seja, a parte acima do térreo) com segurança para o solo abaixo.

A fim de determinar o tamanho da fundação, duas coisas precisam ser conhecidas:

1. a carga total sobre a fundação
2. a pressão permissível sobre o solo de sustentação

A pressão permissível sobre o solo de sustentação – em outras palavras, a pressão máxima que o solo é capaz de sustentar sem se deformar – só pode ser determinada a partir de uma investigação do terreno no local da obra proposta.

Se uma investigação do terreno já foi realizada no local do edifício discutido no Exemplo 24.2 e a pressão permissível sobre o solo de sustentação foi determinada em 200 kN/m^2, calcule o tamanho necessário das sapatas isoladas de fundação.

Solução

$$\text{Tamanho mínimo necessário da sapata} = \frac{\text{Carga total no pilar}}{\text{Pressão permissível sobre o solo de sustentação}}$$

$$\text{Tamanho mínimo necessário da sapata} = \frac{1.329{,}4\ \text{kN}}{200\,\text{kN/m}^2} = 6{,}65\ \text{m}^2$$

Normalmente, as sapatas isoladas são quadradas, exceto quando restrições práticas – como, por exemplo, a presença de obstruções – obrigam que elas sejam retangulares. Assim, se uma sapata quadrada precisa ter uma área planar mínima de 6,65 m^2, o comprimento mínimo de um de seus lados é a raiz quadrada de 6,65, ou seja, 2,58 m.

Podemos arredondar esse valor para 2,7 m pelo seguinte motivo. O próprio peso da base também atua sobre o solo, é claro. Mas só podemos calcular o peso da base depois de conhecermos seu tamanho. Ao arredondarmos o comprimento do lado da base para 2,7 m estamos aumentando o tamanho da base de forma a permitir a carga extra advinda da base em si. Vamos supor que a altura da fundação é de 0,5 m. Precisamos conferir, então, se a pressão resultante sobre o solo é inferior a 200 kN/m^2:

Carga total no pilar = 1.329,4 kN (calculado anteriormente)
Peso da base quadrada com 2,7 de lado = 24 $kN/m^3 \times 0{,}5\ m \times 2{,}7\ m \times 2{,}7\ m$
= 87,5 kN

Carga total = 1.329,4 + 87,5 = 1.417 kN

Então:

$$\text{Pressão resultante sobre o solo} = \frac{\text{Carga}}{\text{Área da base}} = \frac{1.417\ kN}{2{,}7\ m \times 2{,}7\ m} = 194{,}3\ kN/m^2$$

Como isso é menor que 200 kN/m^2, uma sapata de fundação com dimensões planares de 2,7 m × 2,7 m é satisfatória.

Exemplo 24.4: cargas sobre piso de vigotas de madeira

Devido à sua resistência relativamente baixa, pisos de madeira tendem a ser usados em construções domésticas quando as cargas são leves e os vãos comparativamente curtos. Pisos de madeira abrangem vigas de madeira (ou vigotas, como costumam ser conhecidas) cujos centros se encontram bem próximos entre si (tipicamente 400, 450 ou 600 mm).

Se um piso de madeira abrange, por exemplo, vigotas de madeira de 50 × 200 (largura × altura do perfil, em milímetros), espaçadas a intervalos de 400 mm, e sustenta tabuões de madeira com 10 mm de espessura, a carga sobre cada metro de comprimento de vigota (veja a Figura 24.3a) é calculada da seguinte forma. Suponha uma carga imposta de 1,5 kN/m^2 (normal em construção doméstica) e que o peso unitário das coníferas (*softwood*) seja de 5,9 kN/m^3 (veja o Apêndice 1).

Peso da própria vigota por metro de comprimento = (0,05 m × 0,2 m × 1,0 m × 5,9 kN/m^3)
= 0,059 kN

Peso do próprio tabuão por metro de vigota = (1,0 m × 0,4 m × 0,01 m × 5,9 kN/m^3)
= 0,024 kN

Sobrecarga de utilização por metro de comprimento de vigota = (1,0 m × 0,4 m × 1,5 kN/m^2)
= 0,6 kN

Então:

Carga total por metro de comprimento de vigota = (0,059 + 0,024 + 0,6) = 0,683 kN

Vamos supor agora que quiséssemos calcular a carga por metro quadrado de piso. Um metro quadrado de piso com vigotas espaçadas por 400 mm conterá 1/0,4 = 2,5 m de vigota de madeira (veja a Figura 24.3b). A carga total por metro quadrado de piso é calculada da seguinte forma:

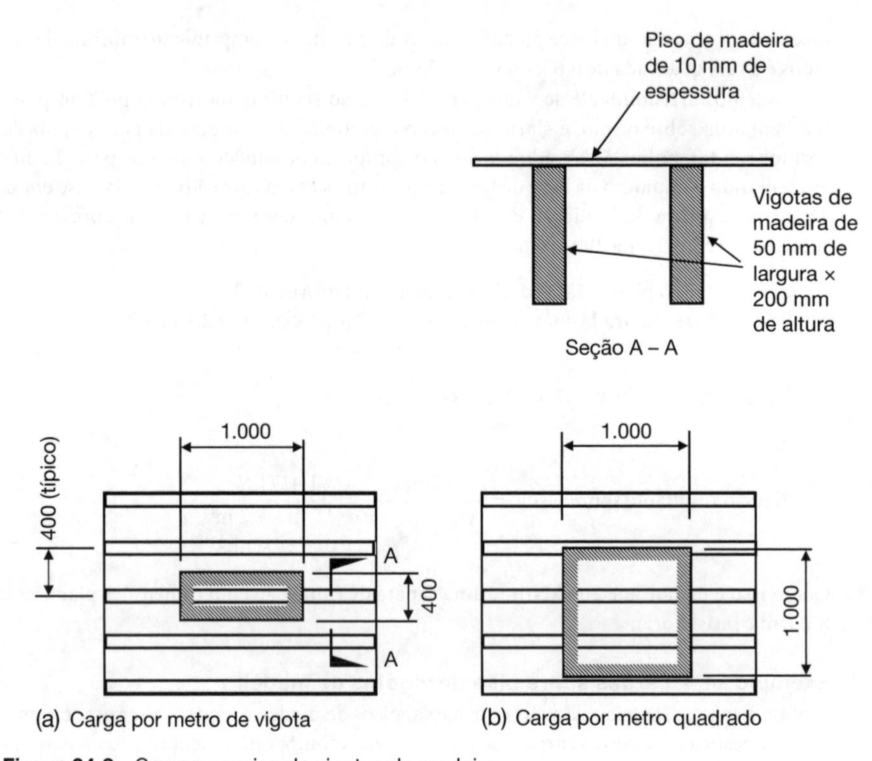

Figura 24.3 Cargas em piso de vigotas de madeira.

Próprio peso de 2,5 m de vigota = (0,05 m × 0,2 m × 2,5 m × 5,9 kN/m^3)
= 0,148 kN

Próprio peso de um metro quadrado de tabuão = (1,0 m × 1,0 m × 0,01 m × 5,9 kN/m^3)
= 0,059 kN

Sobrecarga de utilização sobre um metro quadrado de tabuão = 1,5 kN

Portanto:

Carga total por metro quadrado de piso de madeira = (0,148 + 0,059 + 1,5) = 1,71 kN

Mediante inspeção, pode-se ver que a carga permanente sobre o piso de madeira geralmente é bem menor do que a sobrecarga associada.

A parte de carga permanente do cálculo anterior é (0,148 + 0,059) = 0,207 kN/m^2.

Em geral, uma carga permanente total de 0,25 kN/m^2 é um valor conveniente a ser usado ao fazer cálculos envolvendo pisos de madeira.

Exemplo 24.5: cargas advindas de vigas metálicas

Vigas metálicas estruturais vêm em vários tamanhos, cada um dos quais é designado por três valores multiplicados entre si. O primeiro valor é a altura nominal, o segundo valor é a largura nominal do perfil e o terceiro valor é o próprio peso da viga metálica expresso em kg/m de comprimento.

A viga universal de perfil designado por 203 × 133 × 23, por exemplo, tem uma altura de aproximadamente 203 mm, uma largura de aproximadamente 133 mm e cada metro dela pesa 23 kg. Sendo assim, se soubermos qual viga metálica específica está sendo usada em determinada situação, conhecemos seu próprio peso em kg/m – o que pode ser convertido para kN/m dividindo-se por 100. Por exemplo: 23 kg/m = 0,23 kN/m.

Se não conhecemos o tamanho específico da viga que está sendo usada em determinada situação, podemos estimar seu próprio peso usando as seguintes regras aproximadas:

- Para vigas metálicas com até 360 mm de altura, seu próprio peso (em kg/m) é cerca de um sexto da altura (p. ex., uma viga de 203 mm de altura pesa 203/6 = 34 kg/m).
- Para vigas metálicas entre 360 e 800 mm de altura, seu próprio peso (em kg/m) é cerca de um quarto da altura (p. ex., uma viga de 533 mm de altura pesa 533/4 = 133 kg/m).
- Para vigas metálicas com altura acima de 800 mm, seu próprio peso (em kg/m) é cerca de metade da altura (p. ex., uma viga de 914 mm de altura pesa 914/2 = 457 kg/m).

Exemplo 24.6: cargas sobre os apoios de piso de vigotas de madeira

Um piso de madeira abrange vigotas de madeira de 50 × 200 formando vãos de 4 m entre a viga de apoio central e as paredes de sustentação de carga em cada lado, conforme mostrado na Figura 24.4. A viga de apoio central, denominada "Viga A", é metálica, tem altura de 203 mm e está apoiada por pilares metálicos – denominados "Pilar B" – em cada exterminada de seu vão de 6 m. Se a carga permanente do piso de madeira é de 0,25 kN/m^2 e a sobrecarga é de 1,5 kN/m^2, calcule:

- a carga total por metro de comprimento da viga A
- a carga total sobre cada um dos dois pilares B

Como o vão do piso é de 4,0 m, metade desse vão (isto é, 2 m) é sustentado pela viga A. Mas trata-se de 2 m *em cada lado* da viga, então a porção total de piso sustentada pela viga = 2 × 2 m = 4 m.

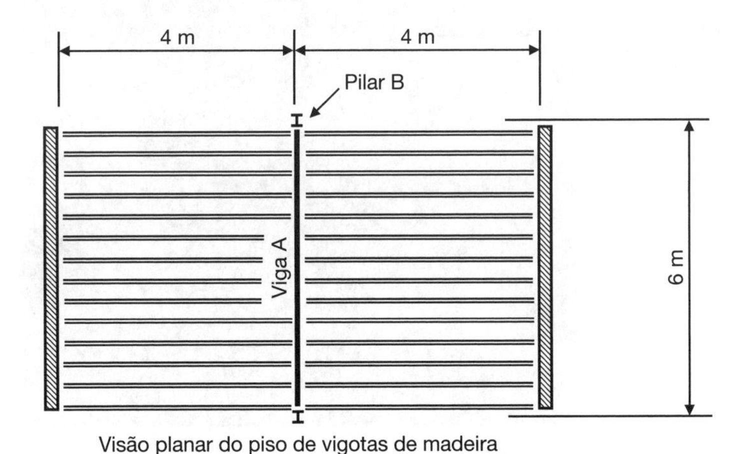

Figura 24.4 Cargas sobre apoios de piso de vigotas de madeira.

Carga total por metro quadrado de piso = (0,25 + 1,5) = 1,75 kN/m^2

Peso próprio estimado de viga metálica com 203 mm de altura (ver o Exemplo 24.5 anterior)
= 203/6 = 34 kg/m
= 0,34 kN/m

Carga total sobre a viga A (por metro) advinda do piso = (4 m × 1 m × 1,75 kN/m^2)
= 7,0 kN

Peso próprio da viga A por metro = 0,34 kN

Portanto:

Carga total por metro de comprimento da viga A = (7,0 + 0,34) = 7,34 kN

$$\text{Carga total sobre cada pilar de apoio} = \frac{7{,}34\,\text{kN} \times 6\,\text{m}}{2} = 22\,\text{kN}$$

A Figura 24.5 mostra um átrio. Átrios estão ficando cada vez mais comuns e incluem grandes áreas envidraçadas (que podem ser horizontais, verticais ou inclinadas). O vidro precisa ser sustentado e a estrutura de sustentação pode ser substancial.

Figura 24.5 Átrio, Euston Road, Londres.

Figura 24.6 Casas cúbicas, Roterdã.

A Figura 24.6 exibe os icônicos edifícios cúbicos de Roterdã. Quais problemas você pode vir a encontrar se as paredes da sua casa não forem verticais?

25

Uma introdução à engenharia de estruturas

Geral

A grande vantagem de estudar engenharia civil e engenharia de estruturas é que os exemplos encontram-se à nossa volta, sobretudo em grandes cidades modernas. O mundo inteiro é um laboratório de engenharias civil e estrutural em escala real. Quando você está viajando de trem, por exemplo, ou de carro por uma rodovia, você se depara com diferentes estilos de pontes e pode refletir sobre o motivo de cada estilo específico ter sido escolhido para cada respectiva localização. Ao caminhar por um vilarejo ou cidade, você encontrará muitos tipos diferentes de edificações. Como já discutimos, nenhum material de construção é o ideal para todas as situações; por isso, você encontrará uma mescla de materiais de construção, bem como uma mescla de épocas de construção.

Sempre que você tiver algum tempo livre em uma área urbana – enquanto aguarda, por exemplo, num ponto de ônibus, ou enquanto toma uma bebida na área externa de um bar ou cafeteria – aproveite o momento para estudar as edificações ao seu redor; tente descobrir por que aquele material e aquela forma de construção específicos foram escolhidos, pense em eventuais problemas de construção que podem ter surgido e reflita sobre como aquele prédio se relaciona com outros em suas cercanias. Discuta isso com seus amigos e incomode seus parentes – ora, por que não?!

O tópico projeto estrutural geralmente é ministrado a partir do terceiro semestre dos cursos universitários, e este capítulo serve como uma introdução a esse processo. Há muitos livros-texto sobre projeto estrutural. Alguns examinam o projeto como um conceito, dando pouca atenção ao processo projetual propriamente dito de edificações reais; outros soterram o leitor com calhamaços de cálculos com graus variáveis de complexidade e compreensibilidade. Neste capítulo, busco alcançar um meio-termo: discorrerei sobre o processo do projeto estrutural mostrando a você como isso é feito; ao mesmo tempo, evitarei o uso de cálculos e tentarei manter uma quantidade mínima de símbolos e jargões. Na prática, o projeto estrutural é desenvolvido usando-se normas técnicas, que no Reino Unido são as Normas Britânicas e os Eurocódigos (conforme mencionado no Capítulo 22), mas tentarei manter a análise generalizada, evitando, o máximo possível, a referência a códigos específicos.

Se você leu a parte precedente deste livro, já deve ter percebido que componentes estruturais comuns comportam-se de diferentes formas. Vigas e lajes, por exemplo, formam vãos horizontais entre apoios e experimentam flexão – e vimos em capítulos anteriores que isso gera tração em uma das faces (talvez a face inferior) e compressão na face oposta (talvez a superior). Pilares, que são "colunas" de apoio vertical, experimentam compressão axial em casos simples, mas se a carga sobre o pilar for excêntrica, então a compressão axial é combinada com flexão em torno de um ou de ambos eixos. As fundações, em contraste, não foram discutidas em grande profundidade até aqui neste livro, mas elas normalmente experimentam flexão, conforme será analisado mais adiante. Veja alguns esboços na Figura 25.1.

O projeto estrutural envolve a determinação de cargas, depois a análise dos esforços e das tensões – que podem ser tracionais, compressivas, de cisalhamento ou fletoras – e a determinação

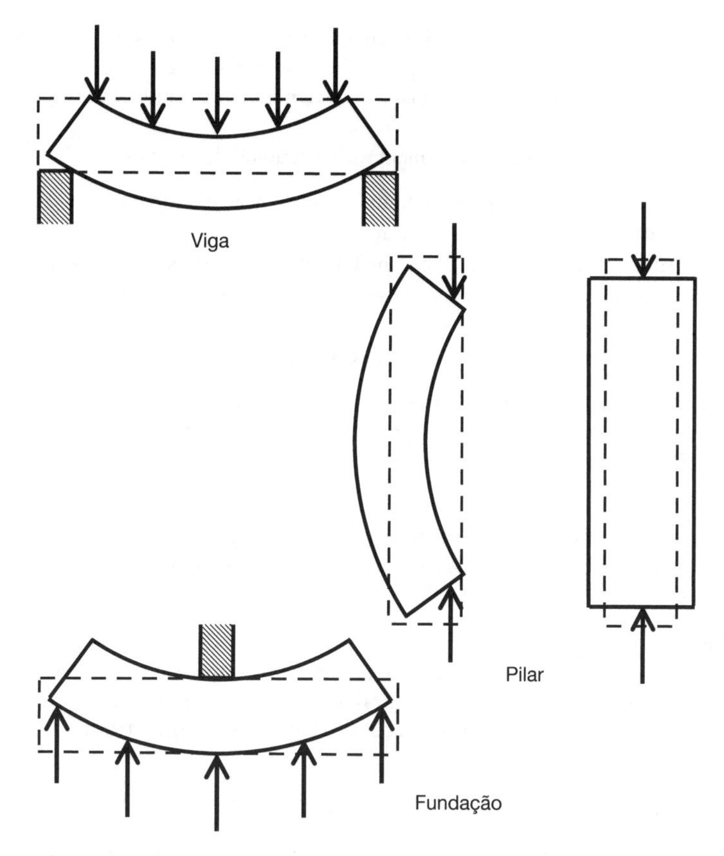

Figura 25.1 Comportamento estrutural de vigas, pilares e fundações.

das dimensões do componente estrutural em um material específico que seja capaz de suportar tais esforços e tensões.

Escolha de material

Capítulos anteriores ofereceram orientações sobre a escolha de material. Em estruturas com pórtico, a escolha costuma ficar entre aço e concreto armado.

Dimensões típicas dos componentes estruturais

Em alguns casos a seguir, será apresentada uma dimensão "típica" de viga (ou de pilar ou o que for) para o material em questão. Isso deve servir apenas como informação geral e orientação; não quer dizer que tal dimensão específica seria apropriada em todas (ou mesmo em quaisquer) situações.

Uma palavra sobre sustentabilidade

Este é um livro sobre estruturas; não vou me envolver no debate atual sobre aquecimento global/ mudança climática. No entanto, faz sentido conservar o máximo possível os recursos do planeta, e os engenheiros de estruturas – como todo mundo – devem se conscientizar sobre a sustentabilidade e projetar suas estruturas para serem o mais sustentáveis que puderem.

De acordo com uma certa definição, o desenvolvimento sustentável atende às necessidades do presente sem comprometer a capacidade de desenvolvimentos futuros de atender a suas próprias necessidades. A implicação disso é que danos ao meio ambiente e esgotamento de recursos devem ser minimizados.

Dentre outras maneiras de aumentar a sustentabilidade estão:

- reduzir o consumo de energia (tanto na construção quanto na operação de edificações);
- estender a vida útil de uma edificação;
- reutilizar componentes e reciclar materiais quando não são mais necessários;
- obter materiais de tal forma que os impactos ambientais sejam minimizados;
- reduzir os dejetos de demolições;
- fazer bom uso de outros produtos descartados.

Dois exemplos específicos de como a sustentabilidade no projeto estrutural pode ser melhorada são o uso de vãos mais longos e a preferência por vigas chatas ou invertidas, ao invés de vigas comuns que vão por baixo das lajes.

Vãos longos

Vãos longos criam espaços bem mais amplos entre pilares e podem ser usados com mais flexibilidade. Em outras palavras, a relativa ausência de pilares proporciona maior escopo para qualquer adaptação futura do edifício para um uso diferente.

Vigas por baixo da laje

A presença de vigas por baixo da laje (*downstand*) impede o fluxo de ar assim como parte de qualquer sistema de refrigeração natural no prédio. Sofitos planos ajudam nesse aspecto e também facilitam a instalação e a adaptação de elementos de infraestrutura.

Cargas

Já falamos sobre os diferentes tipos de carga (ou ações, segundo o vocabulário dos Eurocódigos) no Capítulo 5 deste livro, e alguns cálculos de carga foram apresentados no Capítulo 24. Se você está incerto quanto aos significados dos termos *carga morta* (ou carga permanente) e *carga viva* (ou sobrecarga de utilização), você deve retornar a tais capítulos e ler sobre eles.

Coeficientes de segurança

Imagine que você foi contratado para projetar uma laje que sustentará uma sala de aula de uma escola que, quando repleta, acomodará 50 estudantes. Você poderia estimar a carga gerada por 50 estudantes (mais um professor e, possivelmente, um visitante). Você também precisaria estimar as cargas geradas pelas mobílias e o peso da própria laje, mais os acabamentos. É bem provável que você, na condição de engenheiro qualificado, poderia produzir um projeto competente, mas você não quer que seu projeto seja "apertado" demais a ponto de o piso desabar caso o 51º aluno resolva entrar na sala de aula concluída. Para dar conta de incertezas dessa natureza, as cargas costumam ser deliberadamente superestimadas, sendo multiplicadas por coeficientes de segurança que giram em torno de 1,5. Veja a Tabela 25.1 para conferir os valores reais usados em certas normas técnicas. Coeficientes de segurança também são aplicados a resistência de materiais, para dar conta de incertezas nas propriedades e nas qualidades de materiais; um projeto claramente será mais seguro se a resistência dos materiais tiver sido subestimada, da mesma forma que o projeto será mais seguro se as cargas forem superestimadas.

Tabela 25.1 Valores-padrão de coeficientes de segurança para cargas

	Carga permanente	Sobrecarga de utilização
Norma Britânica	1,4	1,6
Eurocódigo	1,35	1,5

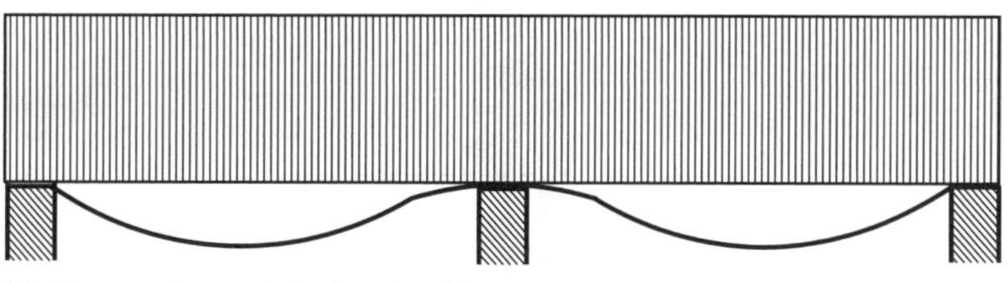

(a) Livros ao longo de toda extensão

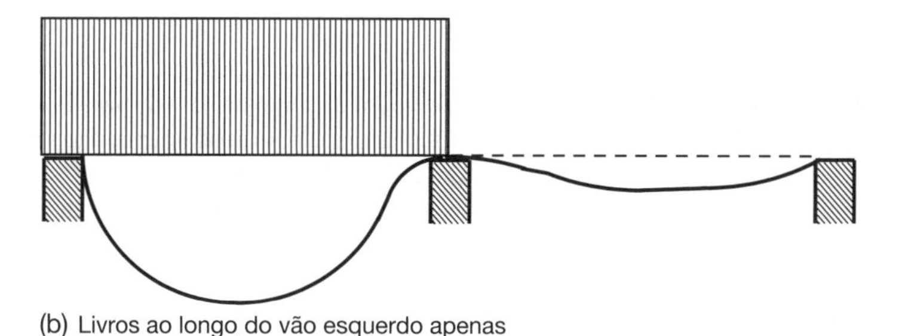

(b) Livros ao longo do vão esquerdo apenas

Figura 25.2 Prateleiras de madeira carregadas de livros.

Combinações de carga

A carga máxima não é necessariamente a pior das hipóteses em termos de carregamentos. Esse é um conceito que geralmente é mal-entendido entre os estudantes. Os Exemplos 25.1 e 25.2 podem elucidar a questão.

Exemplo 25.1: prateleira de livros

Imagine uma tábua de madeira usada como uma prateleira de livros. A prateleira está apoiada em sua parte central e em suas duas extremidades por suportes metálicos que estão afixados na parede.

Como você sabe pela experiência, livros são pesados. Se for preenchida ao longo de toda sua extensão por livros grandes e pesados, a prateleira de madeira pode muito bem sofrer deflexão sob tamanha carga, como mostrada na Figura 25.2a. (Observe que a deflexão foi bastante exagerada para fins de clareza.)

Se os livros forem agora removidos da metade direita da prateleira – ou seja, do vão direito entre os suportes metálicos – a deflexão da prateleira ficará conforme indicada na Figura 25.2b.

Comparando as Figuras 25.2a e b, pode-se perceber que a deflexão é maior no vão da esquerda quando apenas tal vão é carregado de livros. Em outras palavras, a pior das hipóteses ocorre quando a carga não é a maior possível.

Exemplo 25.2: homem sobre o muro de um jardim

Um homem (carga viva) encontra-se parado de pé sobre o muro de um jardim (carga morta). O dia está ventoso e o vento (carga eólica) está soprando horizontalmente contra o muro e o homem.

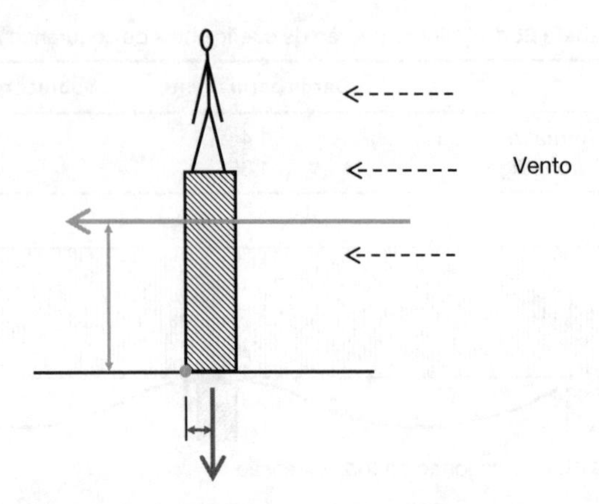

Figura 25.3 Homem em pé sobre um muro.

A Figura 25.3 mostra as linhas de ação dessas várias cargas, que produzem momentos de tombamento e de estabilização em torno do ponto frontal da base da parede. O vento está tentando derrubar o muro mas o peso do próprio muro e o peso do homem estão servindo para resistir a esse efeito de tombamento. Se o homem pulasse fora do muro, o muro ficaria mais propenso a ser derrubado pelo vento. Mais uma vez, portanto, a carga máxima (morta + viva + eólica) não é a que gera a pior das hipóteses.

Por esse motivo, combinações apropriadas de cargas precisam ser levadas em consideração na fase de projeto. Você aprenderá mais a esse respeito quando estudar um módulo de projeto estrutural como parte de seu curso.

Cálculo do esforço cortante e dos momentos fletores máximos

Se você leu o Capítulo 16, deve saber como traçar diagramas de esforço cortante e de momento fletor. Você precisa fazer isso antes de tentar qualquer projeto estrutural, já que é importante conhecer o esforço cortante e o momento fletor máximos em qualquer situação a fim de criar um projeto que resista a eles. Às vezes, o caso com que você está lidando é um caso-padrão e pode ser abordado usando-se alguns dos resultados padronizados analisados no Capítulo 16.

Cisalhamentos e momentos aplicados, e momentos de resistência

Normalmente, o projeto estrutural envolve o cálculo do momento fletor resistente (em outras palavras, o momento fletor máximo que pode ser suportado sem colapso) de, digamos, uma viga e, então, a conferência de que o momento máximo aplicado (que é o momento fletor máximo que ela jamais experimentará na prática) não ultrapasse esse valor. Se, por exemplo, um projeto exige uma viga capaz de resistir a um momento fletor máximo aplicado de 400 kN.m, e o perfil da viga padronizada escolhida é projetado para ter um momento fletor resistente de 420 kN.m, então está tudo certo.

O mesmo princípio se aplica ao esforço cortante: para que um projeto seja seguro, o esforço cortante resistente de uma viga deve exceder o esforço cortante máximo que ela está propensa a experimentar.

Concreto

O concreto é um material extremamente versátil: por sua própria natureza, ele pode ser moldado em qualquer formato ou forma, levando-o a ser amplamente usado em construções. O concreto é usado em vigas, lajes, pilares e fundações. Veja a Figura 25.4.

Armadura

Conforme já mencionado anteriormente, o concreto é resistente à compressão mas frágil à tração, o que restringe bastante sua utilidade em qualquer componente estrutural que experimenta flexão. Por isso, barras de aço são colocadas em meio ao concreto. Essas barras de aço são denominadas ***barras de armação***, ou ***armadura***, e por serem resistentes a esforços axiais de tração, tais barras de aço ajudam o concreto a resistir à tração. O projeto estrutural de componentes de concreto armado concentra-se especialmente na determinação do número, dimensão, tipo e localização das barras de armadura, já que tais fatores são cruciais.

Classes de resistência do concreto

O concreto é produzido em várias classes de resistência; os valores costumam girar entre 30 e 40 N/mm^2. Sempre que concreto fresco é entregue em um canteiro de obras, amostras de concreto são selecionadas. Testes de abatimento (*slump tests*) são conduzidos ali mesmo no local: esse teste envolve o preenchimento de uma forma de aço (em formato de cone) com concreto fresco sob condições cuidadosamente controladas, seguido da remoção da forma e da medição da distância vertical pela qual o cone de concreto se deforma, ou de seu "abatimento"; isso indica o grau de trabalhabilidade do concreto. Outras amostras do concreto são colocadas dentro de um molde cúbico de aço de tamanho padronizado (cilindros de aço são usados em outras partes da Europa e no Brasil) e deixadas para secar e ganhar resistência; em seguida, os cubos endurecidos (também denominados corpos de prova) são testados numa máquina de teste de compressão certos dias após o molde do concreto – geralmente 7 e 28 dias.

Figura 25.4 Edifício de estrutura metálica sendo construído em volta de um núcleo de concreto. O núcleo proporciona estabilidade geral para o edifício.

As classes de resistência do concreto baseiam-se naquilo que é denominado a resistência ***característica*** do concreto. Sabe-se que, se um grande número de cubos do mesmo concreto forem testados, nem todos os corpos de prova romperiam sob exatamente a mesma força aplicada; muitos seriam rompidos sob valores ligeiramente mais altos ou mais baixos. A resistência característica é um valor derivado estatisticamente, abaixo do qual no máximo 5% das amostras romperiam.

Por diversos motivos, a mesma leva de concreto acaba tendo diferentes resistências aparentes se testada na forma de cubos e se testada na forma de cilindros. A resistência cilíndrica sempre é inferior à resistência cúbica (entre 75 e 85% do valor, aproximadamente) e, nos Eurocódigos, as classes de resistência incorporam ambos os valores – por exemplo, a classe de resistência C30/37 apresenta uma resistência cilíndrica de 30 N/mm^2 e uma resistência cúbica de 37 N/mm^2.

Tipos de armadura

Existem dois tipos de armadura: o aço-carbono e o aço de alta resistência. Como é possível inferir a partir dos nomes, o aço de alta resistência é mais forte do que o aço-carbono. O aço-carbono apresenta uma resistência ao escoamento de 250 N/mm^2, enquanto o aço de alta resistência apresenta uma resistência ao escoamento de 500 N/mm^2.

Barras de aço-carbono são perfeitamente circulares com uma superfície suave, ao passo que barras de aço de alta resistência são "deformadas", o que significa que suas superfícies são nervuradas. Como mencionado, a armadura é incluída para assumir as tensões de tração no concreto, mas ela só pode fazer isso se houver um meio eficiente de transferir tais tensões do concreto para o aço. Uma boa (mas não perfeita) analogia é um pneu de carro. Sulcos adequados no pneu de um carro proporcionam uma alta fricção entre o carro e a estrada, o que significa que o carro parará com eficiência quando os freios forem aplicados. Em contraste, um pneu careca (sem sulco algum) garantirá pouca ou nenhuma fricção entre o carro e a estrada, tornando a frenagem pouquíssimo eficiente. Da mesma forma, as nervuras em barras de armadura aumentam a fricção entre o concreto e a barra, implicando que as tensões de tração podem ser transferidas com mais eficiência entre os dois materiais.

Barras de armadura são produzidas em diâmetros padronizados. No Reino Unido e no Brasil, seus diâmetros são de 6, 8, 10, 12, 16, 20, 25, 32 e 40 mm.

Comportamentos elástico e plástico

Ao receberem uma certa carga, a maioria dos materiais exibe aquilo que se chama de comportamento ***elástico***. Nessa situação, como a carga é proporcional à extensão, um gráfico de carga × extensão (ou de tensão × deformação) é uma linha reta. Além disso, comportamento elástico significa que, se a carga for removida, o material voltará ao seu formato original – isso é facilmente demonstrado esticando-se uma tira de borracha e depois soltando-a. (Veja a parte inicial do Capítulo 18 para revisar esse tópico.)

A partir de um certo ponto (o ***ponto de escoamento***), o material começa a escoar. Isso geralmente é caracterizado por uma extensão bastante aumentada mediante um aumento relativamente pequeno na carga. O material agora está experimentando comportamento ***plástico***. Nessa situação, a carga deixa de ser proporcional à extensão e a tensão deixa de ser proporcional à deformação; portanto, o diagrama de tensão × deformação deixa de ser uma linha reta. O material também experimenta deformação permanente. Cedo ou tarde, o material irá apresentar uma fratura, ou seja, ocorrerá uma falha.

O projeto elástico, que é o projeto partindo-se do princípio de que o material não escoará sob as cargas às quais está propenso a ser submetido, claramente sempre será seguro. No entanto, o projeto plástico, dentro de certos limites, pode ser justificado sob a lógica de que ele leva a um projeto mais econômico (já que o material está sendo usado de forma mais eficiente) e de que o colapso não tem como ocorrer devido ao uso de coeficientes de segurança.

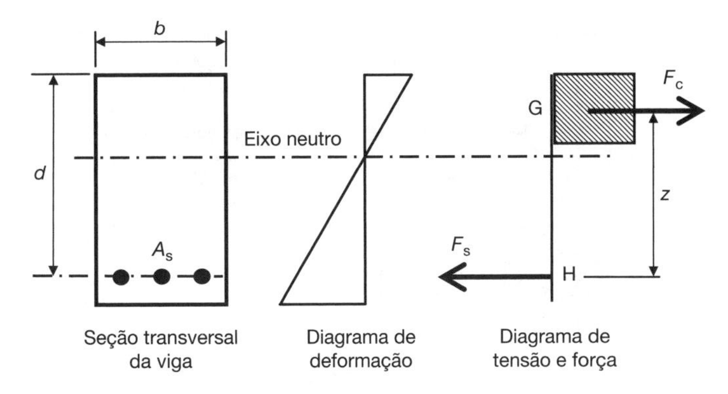

Figura 25.5 Tensões e forças em vigas de concreto armado.

A Figura 25.5 ilustra o princípio do projeto plástico do concreto armado e a base sobre a qual o projeto estrutural de vigas é desenvolvido. Uma descrição completa, acompanhada de derivações matemáticas, pode ser encontrada em qualquer livro-texto sobre projeto de concreto armado, mas um breve esboço é apresentado a seguir. A intenção é de apenas lhe dar uma ideia de como isso é feito; sendo assim, se seu dia for especialmente longo hoje, sinta-se à vontade para pular os próximos parágrafos.

Quando uma viga de concreto armado recebe uma carga, ela experimenta flexão e, consequentemente, um momento fletor. Precisamos calcular o momento fletor que uma determinada viga é capaz de suportar, então podemos conferir se esse momento (o momento fletor resistente) é maior do que o momento fletor máximo que será aplicado sobre ela.

Como aprendemos anteriormente neste livro, quando uma viga sofre tosamento (vergando para baixo), ela experimenta compressão na sua parte de cima e tração na sua parte de baixo. No diagrama de deformação mostrado na Figura 25.5, a viga experimenta uma deformação por compressão na parte de cima e deformação por tração na parte de baixo. O nível de deformação zero, indicado na figura por uma linha pontilhada em forma de corrente, é o eixo neutro. Como vimos no Capítulo 19, o eixo neutro encontra-se na metade da altura do perfil quando a viga é simétrica e feita de um único material; porém, como no concreto armado existem dois materiais (concreto e armadura), o eixo neutro normalmente não se situará na metade da seção transversal.

No projeto elástico, o formato do diagrama de tensão seria o mesmo que o do diagrama de deformação. No entanto, estamos nos concentrando no projeto plástico, e o formato do diagrama de tensão na parte sob compressão da seção transversal (isto é, a parte de cima) pode se aproximar a um bloco retangular, conforme mostrado na Figura 25.5. Como o concreto se sai mal sob tração, assumimos que ele não recebe tensão de tração alguma e, portanto, todas as tensões de tração são suportadas pela armadura de flexão.

Lembre-se: tensão = força/área e, portanto, força = tensão × área.

A força no concreto, F_c, pode ser determinada multiplicando-se a tensão no concreto (que é a resistência do concreto multiplicada por vários "coeficientes de ajuste") pela área do concreto (que será *b*, a largura da seção transversal, multiplicado pela altura do bloco comprimido).

De modo similar, F_s será a resistência (ajustada) do aço da armadura de flexão multiplicada pela área da seção transversal das barras.

Momento em torno de G = $F_s.z$
Momento em torno de H = $F_c.z$

Para que haja equilíbrio horizontal, é preciso que $F_s = F_c$; portanto, os dois momentos devem ser equivalentes. Se conhecermos o momento fletor máximo que será aplicado na viga, poderemos então calcular a área de armadura necessária para resistir a tal momento fletor.

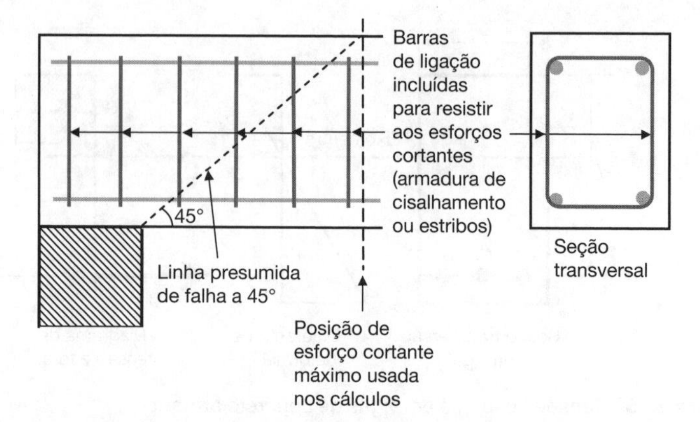

Figura 25.6 Típica armadura de cisalhamento numa viga de concreto armado.

Vigas de concreto armado

O projeto de vigas de concreto armado envolve a pressuposição de uma dimensão para a viga (com base na experiência e em regras aproximadas) e o subsequente uso de equações a partir de um padrão de projeto (que são derivadas a partir de uma abordagem similar àquela mostrada na Figura 25.5) a fim de determinar a área necessária de armadura de flexão, em mm^2. Usando tabelas pré-calculadas de área das barras, o engenheiro de estruturas pode determinar quantas barras padronizadas de certas dimensões são necessárias.

Fórmulas adicionais podem ser usadas para determinar a quantidade de armadura de cisalhamento (proporcionada na forma de armadura transversal ou estribos) para resistir ao cisalhamento, e uma conferência de deflexão pode ser realizada. Veja a Figura 25.6.

- dimensão típica de viga de concreto armado: 200 mm de largura × 400 mm de altura
- diâmetros típicos de barras de armadura em vigas: 16, 20 ou 25 mm para barras principais de flexão, longitudinais; 8, 10 ou 12 mm para barras de armadura de cisalhamento, transversais

Lajes de concreto armado

Lajes de concreto armado são projetadas segundo as mesmas bases que as vigas; elas costumam ser tratadas como uma série de vigas, lado a lado, cada qual com 1 m de largura. O cisalhamento normalmente não chega a ser um problema em lajes convencionais, mas sempre é necessário conferir os valores. Veja a Figura 25.7.

- altura típica de laje de concreto armado: 150 a 200 mm
- diâmetros típicos de barras de armadura em lajes: 10, 12 ou 16 mm
- espaçamento típico das barras de armadura: 100–200 mm

Pilares de concreto armado

Normalmente, um pilar recebe quatro barras de aço longitudinais, uma em cada vértice. O projeto básico de pilares é bastante simples, mas pode ser complicado por quaisquer das três possibilidades a seguir:

1. A coluna ser esbelta.
2. A edificação não possuir contraventamentos; neste caso, os pilares são aproveitados para ajudarem a resistir a cargas eólicas.
3. A carga sobre o pilar não ser puramente axial.

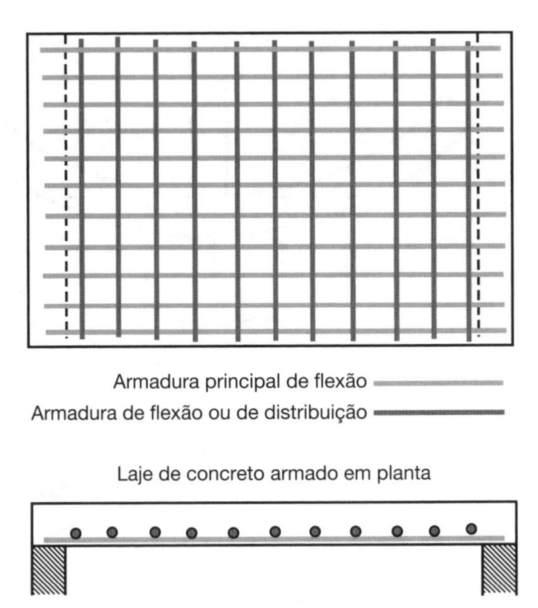

Figura 25.7 Uma laje de concreto armado.

As armaduras transversais são importantes e são determinadas usando-se especificações encontradas nas normas técnicas de projeto estrutural.

- dimensões típicas da seção transversal de um pilar: 300 m × 300 m ou 400 m × 400 mm
- diâmetros típicos das armaduras longitudinais nos pilares: 25, 32 ou 40 mm
- diâmetros típicos das armaduras transversais: 12 mm ou 16 mm

Fundações de concreto armado

Os vários tipos de fundação de concreto – corrida, isolada, *radier*, estaqueada – foram introduzidos no Capítulo 3. As dimensões das três primeiras são calculadas levando-se em consideração que elas transferem para o solo a carga advinda da superestrutura e, de tal modo, a capacidade de sustentação do solo (ou seja, a pressão máxima que o solo é capaz de suportar) não deve ser excedida.

Fundações em sapata corrida muitas vezes não são armadas, mas, caso precisem sê-lo, então a armação é projetada da mesma forma que para sapatas isoladas.

As sapatas isoladas são projetadas partindo-se do princípio de que as abas de sua base serão flexionadas como lajes em balanço sob a pressão para cima gerada pelo solo, conforme mostradas na Figura 25.8a. Isso pode ser considerado o mesmo que a atuação de uma carga sobre a sacada de um edifício de apartamentos, só que de cabeça para baixo – veja a Figura 25.8b.

Fundações em forma de *radier* são projetadas segundo os mesmos pressupostos que vigas contínuas viradas de cabeça para baixo. Veja a Figura 25.9. Em termos gerais, fundações estaqueadas são projetadas segundo os mesmos pressupostos, mas o leitor deve consultar livros-texto especializados para mais informações a esse respeito.

Desenhos de detalhamento de concreto armado

Como você já deve ter entendido a essa altura, a armação do concreto não é uma questão de incorporar algumas barras de aço ao concreto de um modo qualquer. Na verdade, a quantidade

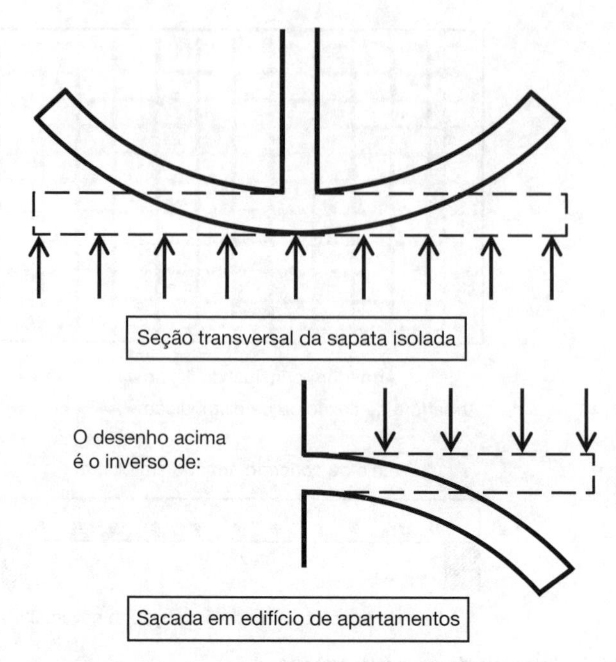

Figura 25.8 Fundações em sapata isolada – princípios de projeto.

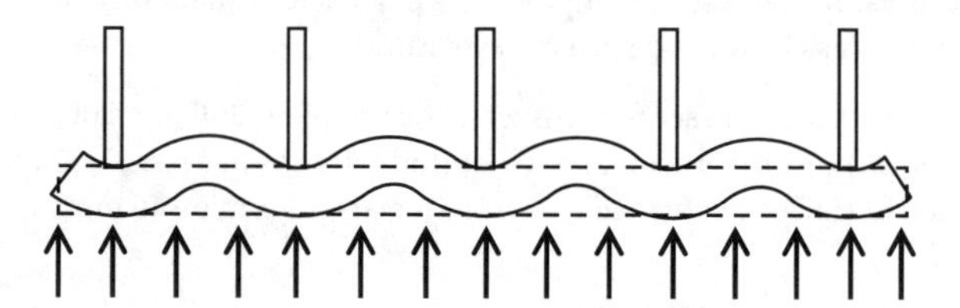

Figura 25.9 Fundações em *radier* – princípios de projeto.

e o posicionamento exato das barras de armadura de flexão são cruciais e, portanto, o projeto e o desenho da armação são uma ciência exata. Assim, você deve reconhecer que tentar transmitir por meio de desenhos o posicionamento exato de um arranjo complexo de barras de armadura de flexão é uma tarefa bastante árdua. Mesmo que você não produza os desenhos por conta própria, na condição de engenheiro você certamente precisa compreender as convenções usadas em tais desenhos e deverá estar capacitado a interpretar as informações contidas neles. Um exemplo bem simples de desenho de concreto armado é apresentado na Figura 25.10.

Além dos desenhos de concreto armado, com o detalhamento de armadura de flexão e de cisalhamento, ***tabelas de armaduras*** precisam ser produzidas. Trata-se de inventários tabulados da quantidade e do comprimento de cada tipo barra necessária em um projeto específico ou parte das obras.

Concreto protendido

Você sem dúvida deve estar familiarizado com o ato de remover um livro de uma prateleira de livros. Funcionários de bibliotecas e livrarias às vezes precisam remover diversos livros adjacentes de uma só vez para que as prateleiras sejam organizadas, ou quando um estoque é introduzido ou transferido em conjunto. Obviamente, é possível remover, digamos, meia dúzia de livros

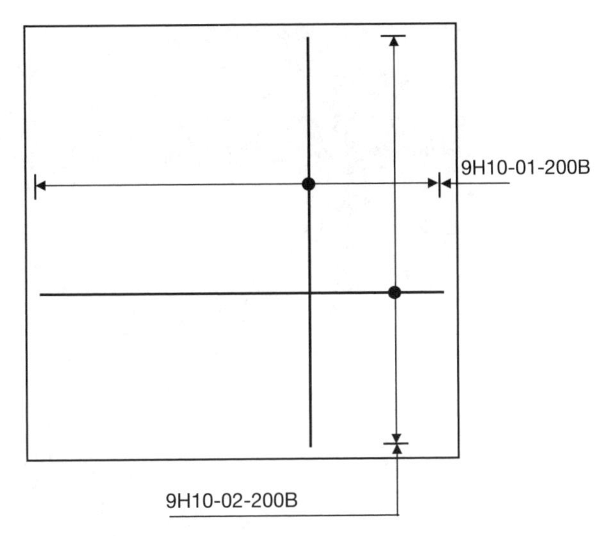

Legenda: 9 = número de barras na faixa
H = tipo de armadura (alta tração)
10 = diâmetro da barra (10 mm)
01 e 02 = marcador da barra (um número específico de referência)
200 = espaçamento das barras (200 mm)
B = parte de baixo (*bottom*) do concreto

Figura 25.10 Desenho simples de detalhamento de concreto armado.

individualmente, mas pouparia bastante tempo se todos os seis pudessem ser movimentados em conjunto. Isso pode ser feito usando ambas as mãos para espremer os livros uns contra os outros, aplicando, assim, compressão no bloco de livros. Essa ação compressiva mantém os seis livros lado a lado como uma unidade enquanto são movimentados – veja a Figura 25.11. Isso fica ainda mais fácil se os seis livros forem de tamanhos e formatos similares. Quanto maiores e mais pesados forem os livros, maior será a força compressiva necessária para movimentá-los em conjunto sem que os do meio caiam no chão. Tal movimentação em conjunto pode ser difícil ou mesmo impossível com certos livros (como tomos bem pesados de enciclopédias), mas com alguns volumes de capa mole isso se revela relativamente fácil.

Considere agora uma alternativa. Em vez de depender das mãos do bibliotecário para aplicar força de compressão externa sobre os livros, imagine que a força de compressão é aplicada por um meio interno. Deixando de lado os aspectos práticos do exemplo de uma livraria, seria possível perfurar um orifício através dos centros dos seis livros e passar um cabo de aço através deles. O cabo de aço poderia ser bem esticado e afixado em suas extremidades por duas grandes placas de aço pressionadas contra as faces externas dos livros. Tal sistema também proporcionaria uma força de compressão sobre o conjunto de livros e os manteria juntos, conforme mostrado na Figura 25.12.

Essa é uma representação grosseira de um sistema de protensão. Lembre-se da referência anterior a enciclopédias pesadas. A força de compressão sobre o bloco de livros está incorporando – e, em certa medida, contrabalançando – a força para baixo (devido à gravidade) gerada pelos livros pesados.

Esse conceito agora pode ser estendido a uma viga de concreto. Assim como fizemos com os livros, um cabo de aço pode ser atravessado por um orifício longitudinal por dentro do concreto e esticado firmemente, transmitindo então uma força de compressão ao concreto e permitindo que a viga suporte cargas pesadas.

Observe que, embora o concreto esteja sujeito a forças *de compressão*, o cabo de aço que torna isso possível encontra-se sob *tração*. (Quando eu estava cursando minha graduação, levei algum

Figura 25.11 Livros sendo transportados “em bloco” com as mãos.

Figura 25.12 Um simples sistema de protensão envolvendo livros.

tempo para compreender esse conceito básico.) Assim como qualquer sistema em equilíbrio, as forças de tração e de compressão serão iguais e opostas e, portanto, cancelarão uma à outra.

Como a série de diagramas na Figura 25.13 mostra, as tensões de tração induzidas na parte de baixo de uma viga fletida podem ser reduzidas (ou eliminadas por inteiro) pelas tensões de compressão induzidas pela protensão. Por isso, vigas protendidas são mais “resistentes” do que vigas não protendidas; sendo assim, elas podem ser menores e mais esbeltas em sua seção transversal e capazes de vencer vão maiores. Conforme mencionado no Capítulo 23, isso faz das vigas protendidas uma opção popular em situações em que longos vãos são necessários ou desejáveis, como em edifícios-garagem, teatros e outros auditórios e ginásios esportivos.

Existem dois sistemas de protensão: o ***pré-tracionamento*** e o ***pós-tracionamento***. Como os nomes sugerem, a distinção entre eles está na ordem em que o concreto é moldado e a protensão é providenciada. No pré-tracionamento, as forças de tração são aplicadas nos cabos antes do concreto ser derramado sobre eles. Já no pós-tracionamento, o concreto é moldado em torno de dutos através dos quais cabos de aço são inseridos posteriormente; os cabos são então tracionados e ancorados em suas extremidades por blocos e placas de ancoragem que mantêm a força de protensão.

(Vale ressaltar que não existe algo chamado "pós-tensionamento": a palavra simplesmente não tem significado algum. Se você ouvir uma pessoa usando a palavra pós-tensionamento, é provável que ela queira dizer pós-*tracionamento*, que é o tipo mais comum de protensão.)

Concreto pré-moldado

O termo *concreto pré-moldado* diz respeito menos ao tipo de concreto e mais ao instante e ao local em que o componente de concreto foi construído – ou seja, com antecedência, longe do canteiro de obras.

Os componentes mais comuns de se encontrar feitos de concreto pré-moldado são as lajes, mas as vigas e os pilares também podem ser pré-moldados. As vantagens e desvantagens da pré--moldagem foram analisadas no Capítulo 22.

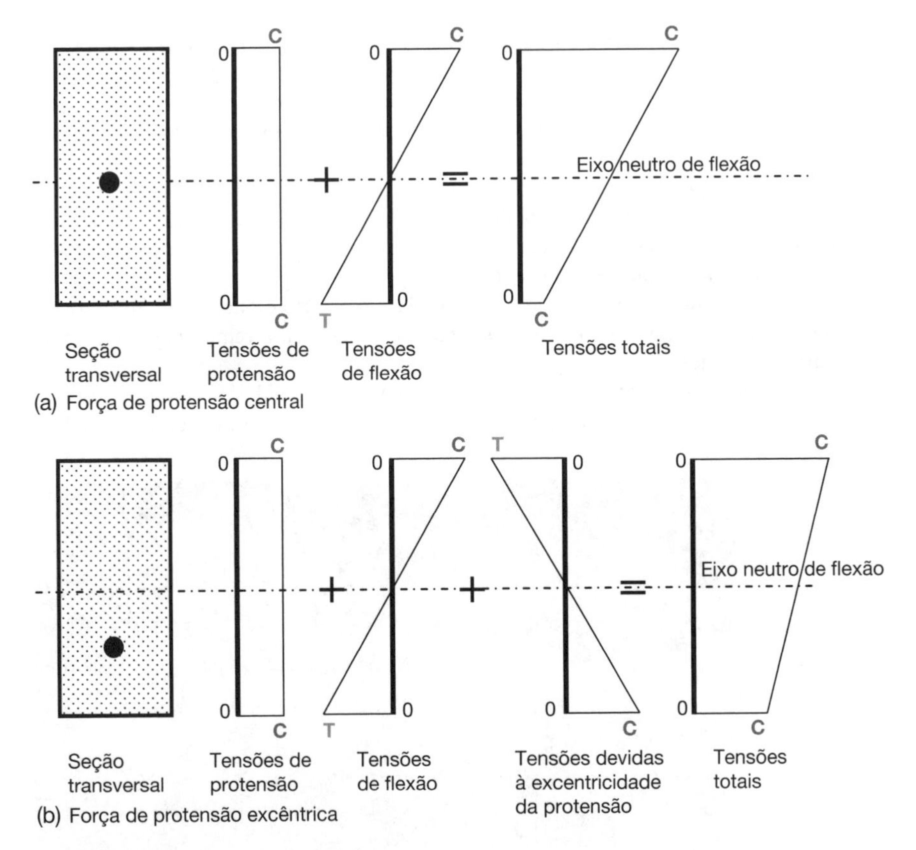

Figura 25.13 Princípios da protensão.

Alvenaria

A palavra "alvenaria" remete à ocupação do alvenel, ou seja, o pedreiro, que tradicionalmente costumava lidar com pedras. Não há nada de novo em usar pedras como material de construção; elas vêm sendo usadas por milhares de anos, como manifestado nos templos, tumbas e outras edificações construídas pelos antigos gregos, egípcios e romanos até 4.000 anos atrás. (Somos colocados em nosso lugar quando pensamos em quão poucas das edificações atuais seguirão de pé daqui a 4.000 anos.) Muitos castelos e catedrais medievais foram construídos em pedra muitos séculos atrás e continuam de pé hoje em dia. A pedra, portanto, é um material de construção aprovado pelo teste do tempo.

O significado da palavra "alvenaria" se expandiu em épocas mais recentes, passando a abranger construções com tijolos e blocos, que apresentam características similares às pedras.

A alvenaria é um material bastante comum em estruturas domésticas graças, em grande parte, a sua pronta disponibilidade. As pedras são extraídas de pedreiras, ao passo que os tijolos são obtidos da argila queimada em olarias e submetida a vitrificação – a mudança de estado da argila mole e moldável a tijolos cerâmicos duros e quebradiços. Certas regiões do Reino Unido e arredores são conhecidas pelo tipo característico de pedra local usada como material de construção, tal como Bath, Cotswolds, o Distrito dos Lagos, Harrogate, Glasglow, Aberdeen e Paris. Falando nisso, existe um bom motivo para as pedras serem quase sempre aproveitadas apenas em sua região original de ocorrência: elas são pesadas e, portanto, difíceis de serem transportadas. Veja as Figuras 25.14 e 25.15.

Assim como o concreto, todas as formas de alvenaria são resistentes à compressão, mas frágeis sob tração. Ao contrário do concreto, porém, a alvenaria não pode ser reforçada – ainda que tenha havido pesquisas nessa linha, a ideia não deu certo. Sendo assim, a alvenaria não pode ser usada em situações em que pode ocorrer tração, embora possa tolerar um pequeno nível de tração que é induzida em paredes e pilares que sustentam cargas excêntricas. Portanto, a alvenaria não pode ser usada para vigas e lajes, já que tais componentes experimentam flexão e, consequentemente, tração; mas pode ser usada em componentes sob compressão, como paredes e pilares – veja a Figura 25.16. A alvenaria também é um material adequado para arcos, que encontram-se sob compressão por toda sua extensão.

Neste capítulo, não iremos nos aprofundar no projeto ou na análise de arcos de alvenaria, que são tecnicamente complexos. Em vez disso, nos concentraremos na principal forma de alvenaria: as paredes.

No Reino Unido, as paredes externas de prédios construídos nos últimos 80 anos, aproximadamente, são do tipo alvenaria oca (*cavity wall*), abrangendo duas paredes, ou folhas, separadas

Figura 25.14 Construções de pedra no Royal Crescent, Bath.

Figura 25.15 Habitações modernas de tijolos.

Figura 25.16 Pilares espaçados a curtas distâncias.
Os romanos perceberam que as pedras, por serem frágeis sob tração, não suportavam grandes vãos e, por isso, esse prédio sobrevivente da era romana em Nîmes, na França, é típico da arquitetura clássica, visto que seus pilares de sustentação encontram-se espaçados a pequenos intervalos.

por uma lacuna estreita. A folha externa costuma ser feita de tijolo, com cerca de 100 mm de espessura. Já a folha interna é feita de blocos, com espessura típica de 100, 140 ou 200 mm. As duas folhas são separadas por uma lacuna de 50 mm (às vezes de 75 mm) que pode ser preenchida com material isolante, ainda que o próprio ar já seja um isolante altamente eficiente. As duas folhas são conectadas por junções de aço a intervalos apropriados na vertical e na horizontal.

Em paredes de alvenaria oca, é a folha interna (feita de blocos) que sustenta todas as cargas verticais (advindas do telhado do prédio, dos pavimentos superiores, etc.), enquanto a folha externa (feita de tijolos) sustenta apenas o seu próprio peso, embora também fique sujeita, é claro, a cargas eólicas.

As paredes internas de sustentação de cargas em prédios são tipicamente feitas de tijolos ou blocos, cerâmicos ou de concreto.

A alvenaria abrange dois componentes principais: tijolos, blocos ou pedras propriamente ditos e a argamassa que serve de "cola" entre eles. Existem inúmeros fatores que afetam o projeto de alvenaria. Eles são ilustrados na Figura 25.17, que retrata a parede traseira de tijolos de uma típica garagem doméstica, e estão listados a seguir:

- *A resistência do tijolo, do bloco ou da pedra individual.* Tais resistências variam de acordo com o tipo de pedra ou tijolo.
- *A resistência da argamassa.* A relevante Norma Britânica lista quatro designações (classes) de argamassa, juntamente com a composição de cada uma delas. Existe uma relação inversamente proporcional entre a resistência da argamassa e sua capacidade de acomodar movimento. A argamassa mais resistente é a menos apta a acomodar movimento, ao passo que a mais frágil das quatro consegue lidar bem com isso.
- *A espessura da parede de alvenaria.* Quando consideramos uma parece de alvenaria oca, que possui duas espessuras de alvenaria, as normas técnicas especificam uma espessura efetiva (isto é, uma espessura equivalente a de uma parede única) para fins de cálculo.
- *A altura da parede.* Trata-se da distância vertical entre aquilo que se denomina ***restrições laterais efetivas***. Uma restrição lateral efetiva impede que a parede se movimente horizontalmente; exemplos típicos são os pisos, telhados e fundações. Normas técnicas também especificam uma altura efetiva, que é um múltiplo da altura da parede dependendo do grau de rigidez (ou fragilidade) da restrição lateral. Vigotas de madeira, por exemplo, proporcionam menos resistência a movimento lateral do que uma laje de concreto proporcionaria.
- *A largura, ou o comprimento, da parede.* Trata-se da distância horizontal entre restrições laterais efetivas que, nesse caso, geralmente dizem respeito a paredes a ângulos retos em relação à parede em questão. Novamente, uma largura (ou um comprimento) efetiva pode ser

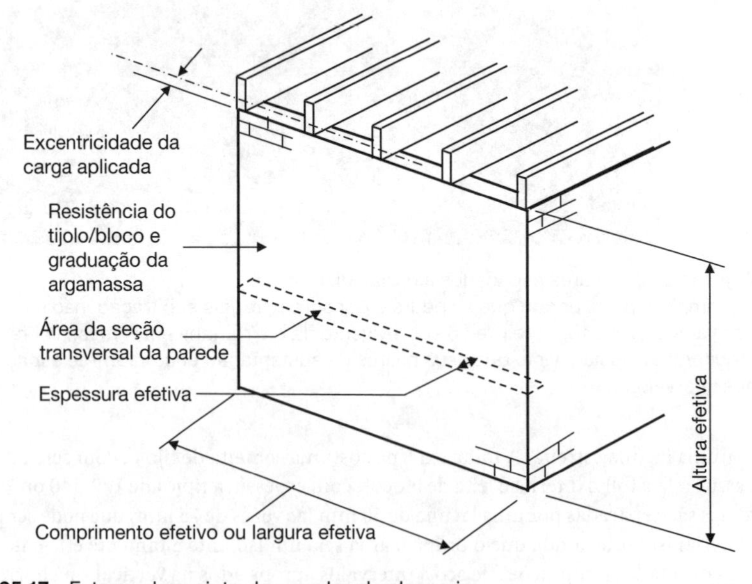

Figura 25.17 Fatores de projeto de paredes de alvenaria.

calculada, o que varia de acordo com o grau de restrição proporcionado. Há, por exemplo, outra parede ligada à parede sendo considerada?

- *Excentricidade da carga aplicada.* A carga que a parede está sustentando atua para baixo sobre a linha central da parede? Normas técnicas oferecem orientações a esse respeito. Geralmente, uma parede sustenta diversas cargas com diferentes linhas de ação; por isso, uma excentricidade geral (em milímetros) precisa ser calculada. A excentricidade pode levar à flexão da parede: quanto maior a excentricidade, maior a flexão.
- *A esbeltez da parede.* Trata-se da razão entre a altura e a espessura da parede ou, mais precisamente, da razão entre sua altura efetiva e sua espessura efetiva. Quanto mais "alta e esguia" é a parede, maior o seu potencial de flexão.
- *Fator de redução de capacidade.* Trata-se de uma função da excentricidade da carga aplicada sobre a parede e de sua esbeltez, ambos recém explicados. Quanto maior a excentricidade e maior a esbeltez, menos carga a parede é capaz de suportar e, portanto, menor o fator de redução de capacidade. O fator de redução de capacidade é um valor menor do que 1, que é multiplicado pela capacidade aparente de sustentação de carga de uma parede para obter-se sua verdadeira capacidade de sustentação de carga. Uma parede cuja capacidade de sustentação de carga inicial é de, digamos, 1.000 kN/m de comprimento será capaz de sustentar uma carga de apenas 240 kN/m se seu fator de redução de capacidade (devido à excentricidade e à esbeltez) for determinado como 0,24.

Outros fatores

A resistência de uma parede de tijolos é bem menor do que a resistência de um tijolo individual.

Como professor universitário, já conduzi muitas visitas ao laboratório durante as quais várias amostras de tijolo e de argamassa são testadas até a ruptura em um aparato de ensaio de compressão. Para começar, um cubo de argamassa sólida é testado, com dimensão lateral de 70 mm. Conforme esperado, ele não é lá muito resistente e sofre ruptura sob uma tensão de compressão de 2 N/mm^2. Em seguida, um único tijolo é testado e, como se poderia esperar, ele é bem mais resistente do que o cubo de argamassa. Se um tijolo de engenharia for usado, a resistência à compressão registrada pode ocasionalmente superar os 100 N/mm^2, mas um valor típico é o de 80 N/mm^2. Por fim, um prisma de tijolos é testado sob compressão. Tal prisma abrange três tijolos empilhados um sobre o outro, com argamassa entre eles; em outras palavras, trata-se de uma simples parede de tijolos. Novamente, os resultados podem variar, mas um valor típico é de 30 N/mm^2 para a resistência à compressão de uma parede de tijolos. Sendo assim, descobrimos que a resistência de uma parede de tijolos (30 N/mm^2) é consideravelmente menor do que a resistência de um tijolo individual do qual ela é feita (80 N/mm^2). Isso demonstra o perigo de projetar uma parede de tijolos tomando por base a resistência de um tijolo individual.

A propósito, o tijolo é um material cerâmico quebradiço e seu modo de ruptura é tão imprevisível quanto o de um prato de porcelana jogado em um piso de superfície dura.

As normas técnicas também incorporam o que se costuma chamar de fatores gama (γ), que são coeficientes de segurança baseados no grau de especialização da mão de obra e no nível de supervisão das operações de assentamento de tijolos. Como você pode imaginar, eles são um tanto subjetivos, e o valor-padrão é geralmente assumido como 3,5.

Projeto para cargas verticais

Paredes de alvenaria costumam apresentar um ponto crítico identificável. Ele geralmente se encontra na parte bem inferior do prédio (para carga máxima) e imediatamente abaixo do piso (para maximizar a excentricidade). Um ponto popular encontra-se imediatamente abaixo do primeiro pavimento do prédio sendo projetado.

A carga vertical total atuando no ponto em questão é calculada. Como esse total pode ser composto por cargas com diferentes linhas de ação, então uma força resultante, em uma linha de ação resultante calculada, é determinada.

A excentricidade (ou seja, a distância horizontal entre a linha de ação da força resultante e a linha central da parede) é calculada.

O índice de esbeltez (ou seja, a altura efetiva dividida pela espessura efetiva) é calculado.

Usando-se tabelas de normas técnicas, o fator de redução de capacidade é determinado e, assim, a resistência à compressão exigida da parede é calculada.

Uma combinação de resistência de tijolos ou de blocos e de classe de argamassa é escolhida de forma a exceder a resistência à compressão exigida.

Piers

Nos casos em que as paredes são longas e sem apoios laterais frequentes (como as paredes de um ginásio esportivo), elas podem ser reforçadas em intervalos regulares por *piers* de tijolos. O efeito do reforço varia de acordo com o espaçamento dos *piers* e também com as dimensões em planta dos *piers* em relação àquelas da parede; tais fatores influenciam o projeto da parede que, afora isso, é similar ao procedimento projetual explicado antes.

Projeto para cargas laterais (como vento, por exemplo)

Quando sujeita a cargas laterais, uma parede de alvenaria é projetada como uma viga ou laje vertical que pode ser considerada por um vão em um único sentido (de cima a baixo) ou por vãos em dois sentidos (de cima a baixo e de um lado a outro).

Madeira

Apesar do desmatamento desenfreado em certas partes do mundo, ainda há muitas árvores por aí, o que é bom, já que a madeira é um excelente material de construção. Ao contrário de outros materiais, que só podem ser convertidos em uma forma aproveitável mediante processos às vezes caros, a madeira pode ser usada em sua forma natural.

O caule de uma árvore é comprimido por todo o peso do vegetal acima dele e também resiste a breves rajadas de vento em dias tempestuosos. Sendo assim, um pedaço de madeira apresenta boas propriedades de compressão axial, o que o torna apropriado para o uso em pilares, e também é resistente à flexão, o que o torna apropriado para vigas.

A madeira é amplamente utilizada no Reino Unido em construção de pisos domésticos, onde as vigotas – vigas de madeira retangulares cuja altura geralmente é maior do que a largura – sustentam tábuas corridas e costumam ficar espaçadas entre 400 e 600 mm umas das outras. Algumas modernas habitações britânicas possuem um pórtico de madeira, que é um tipo de construção que abrange vigotas de madeira sustentadas por pilares de madeira com pequeno espaçamento entre si. Pilares mais tradicionais de madeira às vezes podem ser vistos em prédios baixos mais antigos. Como seria de se esperar, construções em madeira são comuns em partes do mundo com abundância de árvores como, por exemplo, a Escandinávia, a Rússia e a América do Norte. Observe as Figuras 25.18 e 25.19 para ver dois usos imaginativos da madeira.

O principal problema da madeira é que ela não é muito resistente, seja sob tração ou sob compressão; por isso, ela só pode ser usada em estruturas de cargas leves com pequenos vãos, como em habitações. A exceção a isso é a madeira laminada colada, que é discutida mais adiante.

Em sua maioria, as madeiras usadas estruturalmente são denominadas coníferas (*softwood*). Elas são provenientes de árvores perenes, que não perdem suas folhas no inverno. As coníferas crescem rapidamente e possuem caules longos e retilíneos, o que os tornam ideais para serem cortados em longas vigas. Já as folhosas (*hardwood*) podem ser subdivididas em temperadas e tropicais, dependendo do clima da parte do mundo em que são encontradas. As folhosas temperadas são árvores decíduas de folhas largas, como carvalhos e plátanos, que tendem a ser caras

Figura 25.18 Pilares de madeira em forma de árvore sustentam o telhado deste shopping center em Maastricht, Holanda.

demais para a maioria dos usos em construção, embora apresentem uma resistência natural contra a degradação superior às coníferas. As folhosas tropicais estão escasseando, mas devido à sua durabilidade natural elas são usadas em ambientes exigentes, como em aplicações externas e marinhas.

Como a umidade contida na madeira pode afetar bastante sua resistência e sua durabilidade, as peças de madeira são secadas, seja de forma natural ou artificial. Tal processo é chamado de ***secagem***. Normas técnicas, que classificam a madeira conforme sua faixa de umidade contida, são determinadas pelo ambiente em que a madeira se encontra (como em prédios com ou sem calefação).

Quando examinamos de perto um pedaço de madeira, enxergamos um padrão granular: um sistema de linhas na madeira que são produzidas pelo ciclo de crescimento anual da árvore viva. A madeira é um material anisotrópico, o que significa que suas propriedades variam dependendo da orientação da granulação.

Figura 25.19 Efeito marola – um telhado de madeira formando casca em grelha (*gridshell*). Este telhado ondulado do Savill Building, no Windsor Great Park, abrange vigas de madeira formando uma estrutura em grelha quadriculada.

Qualquer pedaço de madeira está propenso a conter defeitos que podem ocorrer naturalmente (como nós e bordas rústicas) ou como resultado da secagem (como empenamento). Tais defeitos precisam ser levados em consideração em qualquer avaliação da integridade estrutural da madeira. Essa avaliação deve ser conduzida visualmente por um profissional capacitado, ou a madeira pode ser testada ao ser flexionada por uma máquina a fim de determinar o valor de seu módulo de Young (E), o que oferece uma boa indicação da resistência da madeira.

Como a madeira é um material natural e não um produto manufaturado, ela não é uniforme ou consistente em qualidade estrutural; portanto, para fins estruturais, ela é agrupada em categorias separadas de acordo com sua resistência. Existe uma grande quantidade de espécies diferentes de madeira e de qualidades variáveis entre peças individuais de madeira (devido à presença de defeitos, mencionada anteriormente); por isso, as normas técnicas de projeto estrutural as subdividem em classes de resistência. Nas Normas Britânicas e nos Eurocódigos, as classes de resistência são designadas como C (de árvores coníferas) ou D (de árvores decíduas), seguido de um número que representa a resistência da madeira à flexão. As classes mais comuns de resistência, C16 e C24, por exemplo, representam árvores coníferas com resistência à flexão de 16 N/mm^2 e 24 N/mm^2, respectivamente.

Em termos gerais, o procedimento da Norma Britânica envolve o cálculo de uma tensão real a partir de princípios mecânicos estruturais para, então, se calcular uma tensão admissível e comparar ambos resultados. Se a tensão admissível for maior do que a tensão real, o projeto é seguro. As tensões admissíveis são obtidas multiplicando-se uma tensão de referência (ou "tensão básica") pelos chamados ***fatores K***.

As normas técnicas incluem diversos fatores K, mas apenas alguns deles são necessários para a maioria dos cálculos. Os fatores K dizem respeito a:

- *Duração da aplicação de carga*. Reconhece que um telhado de madeira pode ser sujeito a cargas de neve que podem se manter por dias ou mesmo semanas, enquanto um piso de madeira dentro de uma edificação não experimentará tais cargas.
- *Altura da vigota*. Normas técnicas pressupõem uma certa altura para vigotas de madeira (como 300 mm), então um fator de conversão é necessário para outras alturas.

- *Partilha de carga.* Se você está parado de pé dentro de um quarto no segundo andar da sua casa - que, no Reino Unido, provavelmente é formado por vigotas de madeira sustentando tábuas corridas - é improvável que as vigotas imediatamente sob seus pés sustentem toda a sua carga. Na prática, a carga será partilhada entre inúmeras vigotas. Por isso, as normas técnicas pressupõem que, se o espaçamento das vigotas for inferior a certo valor (como 600 mm), então a partilha de carga acaba ocorrendo, e um fator de partilha de carga (geralmente 1,1) é usado nos cálculos. Se as vigotas estiverem mais espaçadas do que isso entre si, não haverá partilha de carga e o fator de partilha de carga será 1. A partilha de carga pode ser encarada, portanto, como um "botão liga-desliga"; ou ela ocorre ou não ocorre de todo.

Normalmente, a dimensão de uma viga (ou pilar) de madeira é limitada pelo tamanho do caule da árvore da qual ela foi cortada, mas há uma exceção. Laminados - finas fatias de madeira com dimensões típicas de 100 mm de largura × 40 mm de altura - podem ser colados entre si para produzir vigas de altura considerável - 1 m ou mais - e suas extremidades podem ser coladas umas às outras para produzir vigas de madeira para amplos vãos. Esse tipo de madeira compósita é chamada de madeira laminada colada.

Elementos estruturais em madeira

A madeira pode ser usada para formar vigas (vigotas para pisos), pilares e treliças usadas em sistemas de telhados.

Produtos de madeira laminada colada (MLC) incluem vigas e lajes, estas últimas na forma de sistemas de pisos laminados cruzados (que os arquitetos adoram!), que também podem ser usados para formar paredes de madeira. Como mencionado anteriormente, vigas de MLC alcançam vãos mais longos e conseguem suportar cargas mais pesadas, mas são caras e, por isso, raramente usadas no Reino Unido. Como a madeira é quimicamente inerte, vigas de MLC são uma boa opção para formar vãos sobre piscinas, já que não são atacadas quimicamente pelo cloro em tais ambientes. Outros materiais que também usam cola são as vigas de *ply-web* e *ply-box*, discutidas detalhadamente a seguir.

As ligações de madeira são complicadas, caras e estão além do escopo deste livro.

Vigotas de madeira

As tensões reais são calculadas em termos de flexão, cisalhamento, deflexão e estabilidade lateral, e tais aspectos são comparados com as tensões admissíveis para cada caso. Contanto que a tensão admissível seja superior à tensão real, o projeto é aceitável.

- dimensão típica de vigota de madeira: 50 mm de largura × 200 mm de altura
- espaçamento típico de vigotas de madeira: entre 400 e 600 mm

Pilares de madeira

Assim como em outros materiais, a esbeltez é um fator importante, assim como o comprimento efetivo do pilar. A tensão de compressão real (= força/área) é comparada à tensão admissível derivada de fatores K.

Vigas de MLC

O procedimento é similar ao usado para as vigotas de madeira, embora haja um fator K extra para levar em conta o número de laminações (camadas individuais de madeira) na viga.

Vigas de *ply-web* e *ply-box*

Ambas incorporam madeira sólida e compensado, colados entre si. Em ambos os casos, o compensado forma a(s) alma(s) vertical(ais), e a madeira forma as abas horizontais. A *ply-web* é um

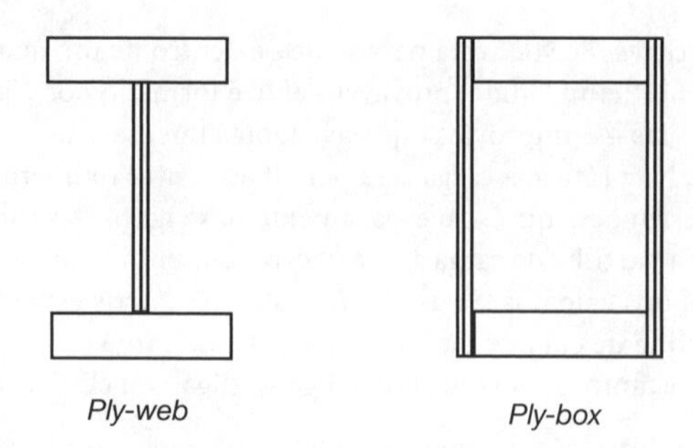

Figura 25.20 Vigas de *ply-web* e *ply-box*.

perfil em I, enquanto a *ply-box* é um perfil em forma de caixa. Elas raramente são usadas em situações cuja a aparência é importante, já que a cola entre os elementos fica aparente e o acabamento exige custos extras. Veja a Figura 25.20.

Os cálculos para esses tipos de viga se concentram em demonstrar que as tensões de tração e de compressão admissíveis tanto nas abas de madeira quanto nas almas de compensado são maiores do que as tensões reais máximas na viga.

Aço

O aço é um material estrutural extremamente útil e cumpre algum papel na maioria das edificações cuja escala é maior do que a doméstica. O aço é resistente tanto à tração quanto à compressão, sendo adequado para estruturas de arranha-céus e pórticos de prédios baixos, para galpões (amplos) de um único pavimento e para estruturas de telhados com amplos vãos. Edificações cuja estrutura principal é feita de outro material (como concreto ou alvenaria) muitas vezes apresentam estruturas de telhado em tesoura feitas de aço. Para estruturas com vãos mais amplos, como pontes suspensas ou estádios esportivos, o aço é muitas vezes a única opção viável. Veja as Figuras 25.21–25.24 para exemplos.

O aço é vulnerável a incêndio e corrosão, a menos que a proteção apropriada seja providenciada e mantida, mas o principal problema do aço do ponto de vista do projeto estrutural é a possibilidade de flambagem.

Ao contrário do concreto, o elemento metálico é, por sua própria natureza, pré-fabricado e chega aos canteiros de obras como um produto acabado, pronto para ser erigido como parte de uma estrutura. Os elementos metálicos são fabricados em formas de tipos padronizados nas seguintes categorias:

- *Viga universal (VU).* Apresenta o formato da letra I em sua seção transversal e, como o nome sugere, geralmente é usado como viga.
- *Pilar universal (PU).* Apresenta o formato da letra H em sua seção transversal e é usado em pilares; às vezes também para vigas, especialmente se uma restrição de pé-direito for um problema.
- *Cantoneiras (iguais ou desiguais).* Estes perfis apresentam o formato da letra L em sua seção transversal; as partes horizontal e vertical do L podem ter comprimentos iguais (cantoneiras de abas iguais) ou comprimentos diferentes (cantoneiras de abas desiguais).
- *Perfil T.* Este perfil apresenta o formato da letra T em sua seção transversal e geralmente é criado cortando-se um perfil em I longitudinalmente pela metade em sua altura.
- *Perfis circulares ocos (PCO).* Perfis ocos são essencialmente tubos. Eles são apreciados pelos arquitetos porque, quando usados em ligações soldadas, linhas visualmente limpas podem

Figura 25.21 Estação St. Pancras, Londres.

Figura 25.22 Estação ferroviária de Leeds, após a reforma de 2002.

ser alcançadas. Costumam ser usados como componentes de treliças planas ou espaciais em estruturas de telhados.

- *Perfis quadrados ocos (PQO).* São tubos com a seção transversal em quadrado.
- *Perfis retangulares ocos (PRO).* São tubos com a seção transversal em retângulo.

A parte vertical de uma seção transversal de viga metálica é chamada de ***alma*** e a parte horizontal é chamada de ***mesa*** (ou flange), formada por abas, conforme ilustradas pela Figura 25.25.

Figura 25.23 Fazendo a conexão.
Uma ligação metálica particular no aeroporto de Heathrow, Terminal 5.

Figura 25.24 Ponte estaiada, Dublin.

Cada um desses tipos de componente metálico tem dimensões padronizadas. No Reino Unido, a fabricação dessas peças metálicas é desenvolvida pela Tata (anteriormente Corus e, antes ainda, British Steel), que publica tabelas com as propriedades de cada perfil padronizado para uso em projeto estrutural.

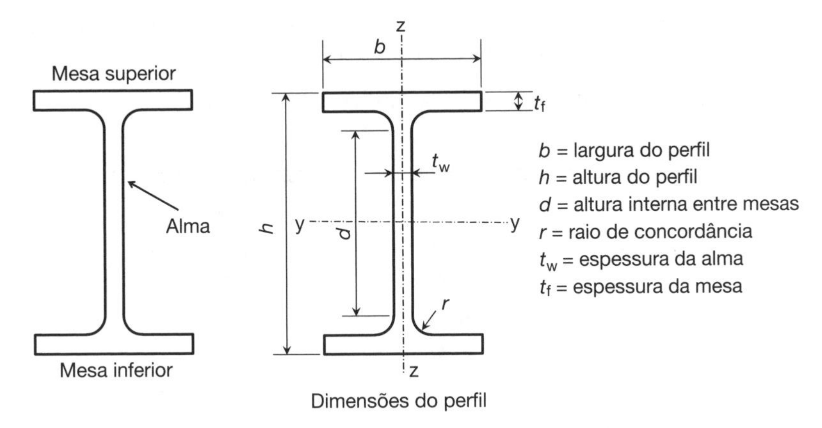

Figura 25.25 Um típico perfil metálico.

Designação de perfis metálicos

Vigas universais são designadas na forma de $A \times B \times C$, onde

A é a altura nominal da seção transversal
B é a largura nominal da seção transversal
C é a massa do perfil em kg/m

Por exemplo, uma viga 203 × 133 × 25 apresenta uma altura aproximada de 203 mm, uma largura de aproximadamente 133 mm e uma massa (às vezes chamada de peso) de 25 kg/m.

Ligações metálicas

Os componentes estruturais metálicos recém listados precisam ser unidos entre si para formarem uma estrutura. Tais junções são denominadas ***ligações***. O projeto de ligações é praticamente uma arte (e uma ciência) em si, e os custos de fabricação de ligações complexas podem ser consideráveis.

Existem essencialmente três tipos de ligação:

1. Ligações ***rebitadas*** envolvem o uso de rebites, um tipo de conector de aço que atualmente está obsoleto. Rebites são hastes circulares de aço que são forçadas em orifícios pré-formados sob alta pressão. Como parte do processo, cabeças apropriadas são formadas nos rebites. Apesar de sua obsolescência, são muitas as estruturas existentes que possuem ligações rebitadas - muitas pontes ferroviárias no Reino Unido, por exemplo - e conhecimentos sobre estruturas rebitadas são essenciais para qualquer engenheiro envolvido na manutenção, inspeção ou alteração de tais estruturas.
2. Ligações ***parafusadas*** envolvem o uso de porcas e parafusos para conectar duas ou mais peças de metal entre si. Tais ligações podem ser feitas facilmente no próprio canteiro de obras.
3. Ligações ***soldadas*** envolvem o uso de soldas, que unem duas superfícies de aço por fusão ou pressão, ou ambos. Quando realizadas corretamente, tais ligações são bastante resistentes e geram continuidade completa entre as duas peças de metal que foram soldadas uma à outra. A soldagem é um processo de precisão que é mais fácil de executar em uma fábrica ou em um ambiente apropriado. A soldagem no próprio canteiro de obras deve ser evitada, a menos que

seja absolutamente necessária, só podendo ser realizada por soldadores qualificados (e certificados) no tipo de soldagem a ser executada.

Alguns tipos comuns de ligações são mostrados na Figura 25.26.

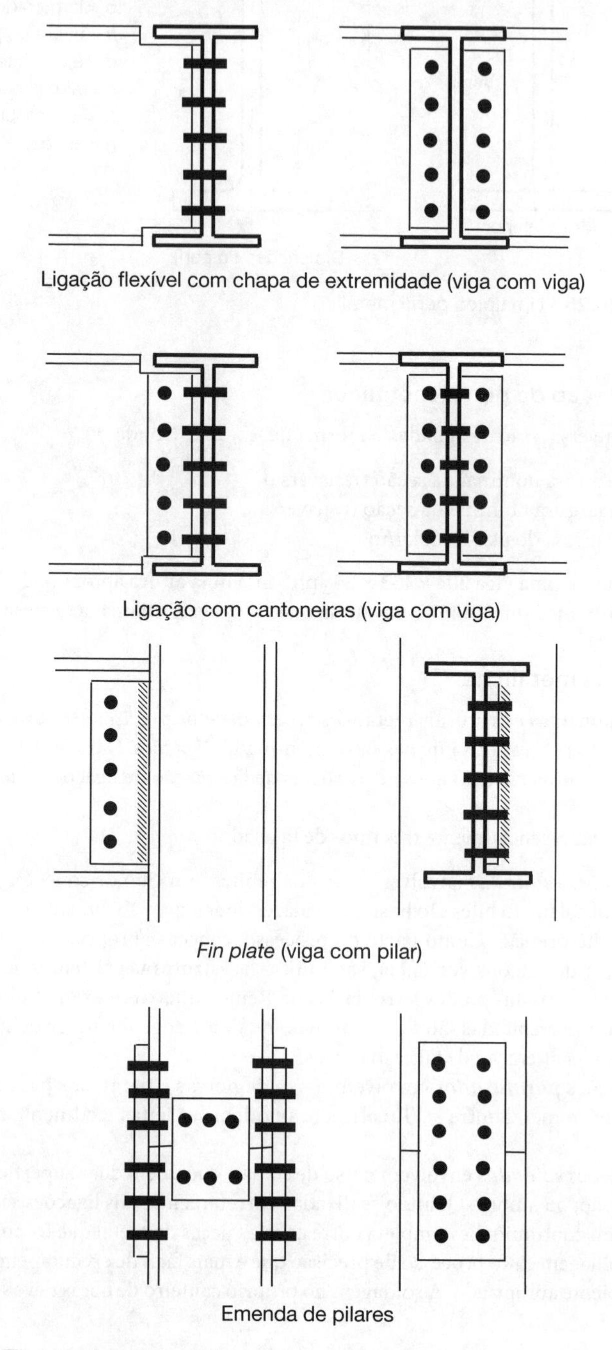

Figura 25.26 Tipos de ligação metálica.

Flambagem

Conforme mencionado anteriormente, evitar flambagem é um fator importante no projeto de estruturas metálicas. Já vimos que a esbeltez de um elemento estrutural (como um pilar) é a razão entre o comprimento e a espessura do elemento; quanto maior essa razão, maior a esbeltez. Quanto maior a esbeltez de um elemento estrutural, maior a probabilidade de flambagem.

> Tome, por exemplo, um objeto cotidiano que você provavelmente deve ter sobre sua mesa nesse instante: uma régua de plástico. Se você segurar as duas extremidades da régua e tentar puxá-las em sentido contrário (isto é, aplicar tração), você não irá quebrar a régua, a menos que tenha força sobre-humana. O plástico é bastante resistente sob tração. No entanto, se você empurrar as duas extremidades da régua uma contra a outra, você estará aplicando compressão, e agora a história é diferente. Você só precisa aplicar uma pequena força de compressão para que a régua comece a sofrer flexão, ou flambagem, devido à sua esbeltez. Essa propensão à flambagem sob pequenas forças de compressão limita a utilidade de uma régua de plástico sob compressão. Veja a Figura 25.27.
>
> Isso não vale dizer, porém, que o plástico é frágil sob compressão. Você não pode esperar realisticamente esmagar uma régua de plástico com suas próprias mãos. Se houvesse restrições físicas impedindo que a régua sofresse qualquer grau de flexão, a régua não sofreria flambagem e, em teoria, a verdadeira resistência à compressão da régua de plástico seria realizada.

Há dois tipos de flambagem de elementos estruturais metálicos:

Flambagem local

Você já sabe que pilares esbeltos (de qualquer material) são propensos à flambagem, e quanto mais esbelto o pilar, maior sua chance de sofrer flambagem. Pilares metálicos tendem a ser mais esbeltos do que aqueles feitos de outros materiais; por isso, a possibilidade de flambagem é uma importante consideração de projeto quando se usa aço. No entanto, a possibilidade de flambagem não se restringe aos pilares; isso também pode ocorrer com as almas e as mesas de perfis estruturais individuais quando esbeltas.

Figura 25.27 Uma régua de plástico sob compressão.

No caso dos pilares, já vimos que sua esbeltez é a razão entre sua altura e sua espessura. A partir da Figura 25.28, você pode ver que as razões correspondentes para abas e almas são c/t_f e d/t_w, respectivamente. Se tais quocientes excederem um certo valor, é possível que flambagem local da mesa e/ou da alma venha a ocorrer.

Quando a parte distal (aba) de uma mesa é esbelta demais (ou seja, quando o comprimento da parte distal é longo demais comparado à espessura da aba), então pode ocorrer flambagem local da mesa, conforme mostrado na Figura 25.29.

Quando uma alma é esbelta demais (ou seja, quando a distância entre as mesas é longa demais comparada à espessura da alma), então pode ocorrer flambagem local da alma, conforme mostrado na Figura 25.30.

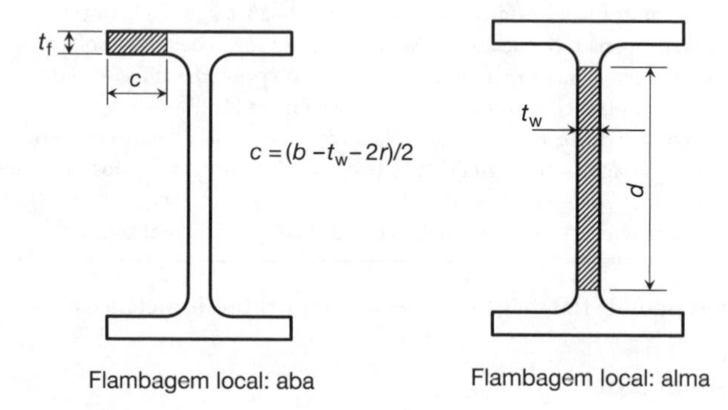

Figura 25.28 Dimensões para flambagem local.

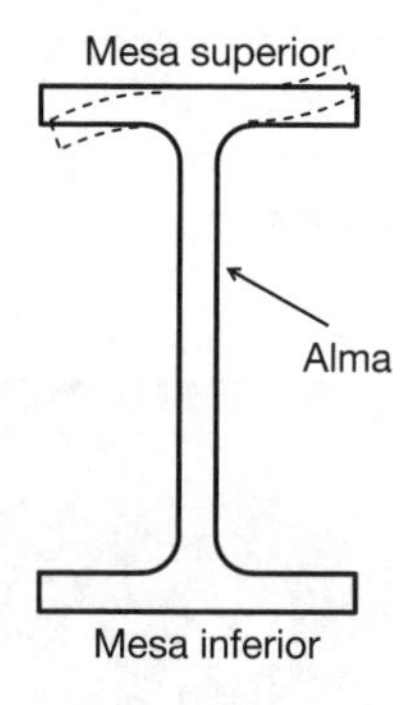

Figura 25.29 Flambagem local de mesa.

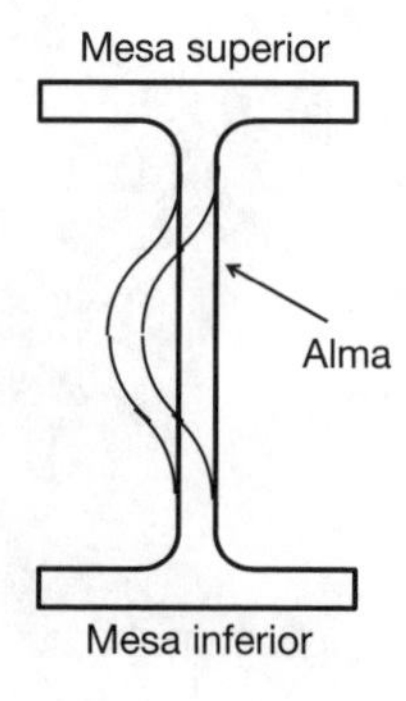

Figura 25.30 Flambagem local de alma.

Com base na possibilidade (ou impossibilidade) de ocorrência de flambagem local, perfis metálicos padronizados são divididos em quatro classificações distintas (listadas mais adiante neste capítulo).

Flambagem lateral com torção (FLT)

Se um perfil estrutural metálico receber uma carga pontual centralizada, uma deflexão vertical ocorrerá, como poderia ser esperado. Se o perfil for esbelto demais, então uma deflexão horizontal também acabará ocorrendo, acompanhada de uma rotação da seção transversal. Essa combinação de movimento de vergar e de rotacionar é conhecida como ***flambagem lateral com torção***, às vezes abreviada como FLT. Veja a Figura 25.31.

Você pode demonstrar a flambagem lateral com torção por conta própria se pegar aquela régua de plástico mais uma vez. Segure a régua firmemente por uma das extremidades; o comprimento da régua deve estar na horizontal, mas orientada de tal modo que a parte plana da régua esteja na vertical. Usando o dedo, aplique uma carga pontual sobre a extremidade livre (isto é, sem apoio) da régua. Você perceberá que a régua vergará para baixo, mas também para o lado, e haverá alguma rotação.

Claramente, a flambagem lateral com torção é indesejável. Discorreremos mais sobre como ela pode ser controlada ou eliminada.

O comportamento do aço sob tração

Se uma barra de aço-carbono for sujeita a um teste de tração no laboratório, a amostra acabará sendo esticada, ou estendida, em alguma medida. A princípio, o valor dessa extensão é modesto, e é proporcional à carga aplicada; em outras palavras, o gráfico de carga × extensão seria inicialmente uma linha reta. Nessa fase inicial, a amostra está exibindo comportamento elástico e dizemos que ela se encontra na ***zona elástica***. Cedo ou tarde, chegará um ponto em que a amostra cederá; seu comportamento deixará de ser elástico, e extensões bem maiores são alcançadas com

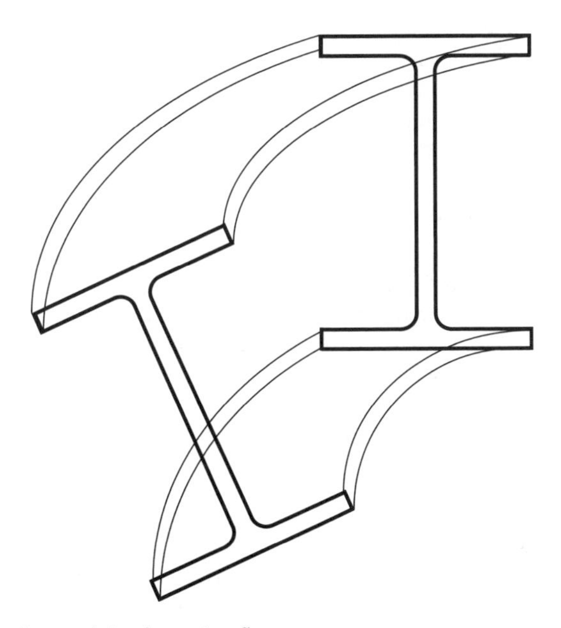

Figura 25.31 Flambagem lateral com torção.

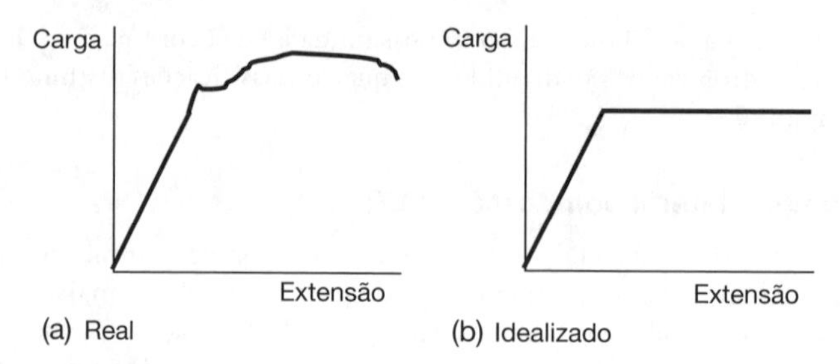

Figura 25.32 Gráfico de carga × extensão para o aço.

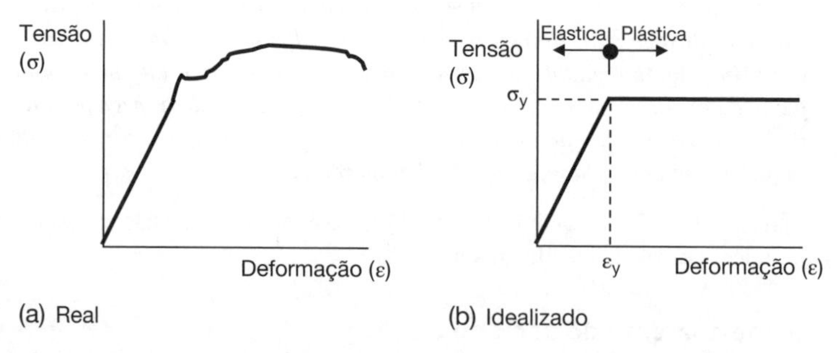

Figura 25.33 Gráfico de tensão × deformação para o aço.

apenas pequenos aumentos na carga. A partir de então, a amostra encontra-se na ***zona plástica***, e as extensões agora são permanentes e irreversíveis. Mais cedo ou mais tarde, a amostra apresentará ruptura, ou quebra, com um estalo bem ruidoso. Descobriu-se experimentalmente que a ruptura ocorre depois que a amostra se estende por 33% de seu comprimento original. A Figura 25.32 exibe o gráfico de carga × extensão (a) na realidade e (b) em versão ideal simplificada. Se você ler o Capítulo 18, sobre tensão e deformação, perceberá que a carga pode ser convertida em tensão dividindo-se os valores de carga pela área da seção transversal da amostra e que a extensão pode ser convertida em deformação dividindo-se pelo comprimento original da amostra. A Figura 25.33 mostra os gráficos de tensão × deformação correspondentes, que apresentam o mesmo formato que os gráficos correspondentes de carga × extensão.

Introdução ao projeto plástico

A maioria dos materiais exibe comportamento elástico até certo ponto. Isso significa que a tensão é proporcional à deformação nessa zona elástica, e o gráfico de tensão *versus* deformação apresenta uma linha reta inclinada. Tal comportamento elástico é interrompido assim que a tensão e a deformação alcançam o limite de proporcionalidade; a partir de então, o material cede (escoa) e continua a se deformar sem qualquer aumento correspondente na tensão. Assim que o material é deformado além da deformação limitante, ε_y, ele passa a exibir comportamento plástico com uma tensão constante (tensão de escoamento, σ_y) conforme as deformações aumentam. Veja a Figura 25.33 novamente.

Quando parte ou toda a viga ou outro componente estrutural deformou-se além do ponto de escoamento, a estrutura começará a entrar em colapso. Seus diagramas de distribuição de tensão são mostrados na Figura 25.34.

Quando a viga se encontra na faixa elástica de aplicação de carga, haverá uma variação uniforme de tensão por toda a altura da viga, conforme mostrado no diagrama (a) da Figura 25.34. Como as tensões máximas ocorrem nas fibras superiores e inferiores da viga sob flexão (tensão

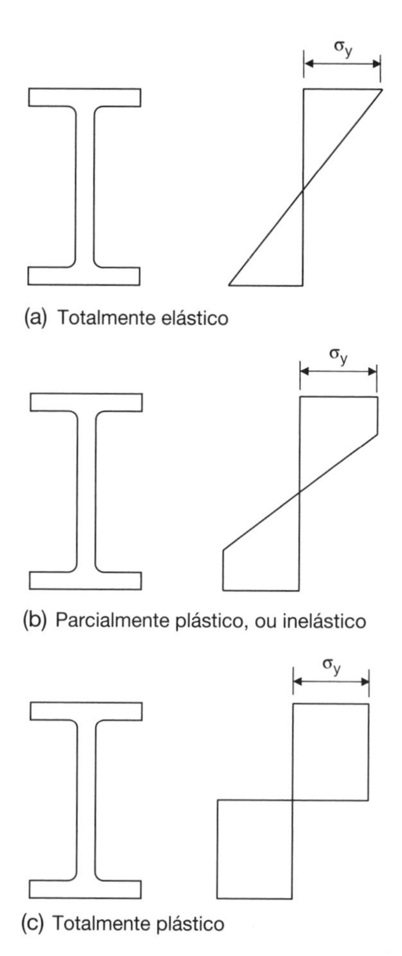

Figura 25.34 Diagramas de tensão para comportamento elástico e inelástico de perfis metálicos.

de tração máxima na parte de baixo, tensão de compressão máxima na parte de cima), serão essas as fibras que acabarão cedendo primeiro à medida que a tensão ultrapassar a tensão de escoamento.

Conforme a carga sobre a viga é aumentada, as deformações ao longo do perfil serão exacerbadas, e a zona plástica avançará internamente a partir do alto e de baixo, conforme mostrado na Figura 25.34b. Observe que a tensão não pode exceder a tensão de escoamento σ_y.

Se a carga for aumentada ainda mais, a zona plástica se expandirá até que o perfil inteiro encontre-se plástico, conforme mostrado na Figura 25.34c. A viga atingiu agora sua capacidade máxima de momento, uma "rótula plástica" é formada, e a viga estará prestes a entrar em colapso.

Observação: Como coeficientes de segurança são usados nos cálculos, o uso de projeto plástico não deve levar ao colapso propriamente dito de um elemento estrutural projetado em uso.

Classes de resistência

Existem atualmente quatro classes de resistência para aço estrutural: graduações S235, S275, S355 e S450. O número representa a resistência de escoamento em N/mm^2, e o S é abreviação de *structural* (estrutural). A graduação mais comumente usada na prática é a S275, que é equivalente à graduação historicamente conhecida como "Graduação 43".

O módulo de Young (E) do aço deve ser considerado como 210 kN/mm^2.

O processo de projeto estrutural metálico baseia-se na equação de flexão ($\sigma = M/z$), que encontramos anteriormente no Capítulo 19. Como explicado ali, essa equação é a base de todo o projeto estrutural.

Seleção de um perfil padronizado a ser experimentado

Uma adaptação da equação anterior é:

Módulo plástico = momento fletor máximo/resistência do aço

Como já especificamos a resistência do aço e já calculamos o momento fletor máximo, podemos usar essa equação para calcular o módulo plástico mínimo exigido em unidades de mm^3. Dividindo-se esse valor por 1.000, o módulo plástico é apresentado em cm^3.

Usando tabelas padronizadas de propriedades de perfis metálicos (produzidas pela Tata, que as disponibiliza gratuitamente, e que também são reproduzidas em muitos livros-texto de projeto estrutural), podemos selecionar uma viga universal com perfil padronizado cujo módulo plástico é igual, ou ligeiramente superior, ao mínimo exigido, e podemos avançar nossos cálculos usando tal perfil padronizado.

Classificação

Os perfis são classificados de acordo com sua esbeltez e, consequentemente, sua suscetibilidade à flambagem local. Há quatro classificações, listadas a seguir:

Classe 1 ("plástico"): os componentes são dimensionados de modo a não haver tendência à flambagem local; portanto, o perfil é capaz de desenvolver seu momento plástico integral. Além disso, o perfil plástico apresenta capacidade rotacional suficiente para desenvolver a formação de rótula plástica. O projeto usando teoria plástica é, portanto, possível.

Classe 2 ("compacto"): assim como os perfis de Classe 1, o perfil de Classe 2 é capaz de desenvolver seu momento plástico integral, mas a capacidade rotacional é insuficiente para o uso da teoria plástica.

Classe 3 ("semicompacto"): este perfil é capaz de atingir a tensão de escoamento em suas fibras mais exteriores, mas só é capaz de sustentar uma distribuição de tensão elástica antes que a flambagem local ocorra.

Classe 4 ("esbelto"): a tendência à flambagem local é tamanha que uma tensão reduzida de projeto se faz necessária.

Um perfil de Classe 1 (plástico) é o mais desejável, porque nenhuma flambagem local ocorre, e a resistência integral do perfil é realizada. Em contraste, um perfil de Classe 4 (esbelto) é o menos desejável, pois, como a nossa régua de plástico, basta uma pequena quantidade de carga para que ocorra o fenômeno de flambagem; dessa forma, seu potencial integral não chega a ser realizado.

Vigas com restrições

Conforme examinado anteriormente, a flambagem de vigas metálicas é algo a ser evitado. A flambagem local não ocorrerá se escolhermos um perfil de Classe 1 (plástico). A flambagem lateral com torção não acontecerá se a viga for fisicamente restrita de se mover lateralmente.

Se a viga metálica estiver apoiando diretamente uma laje de concreto ao longo de toda sua extensão – uma situação comum na prática – a fricção entre o alto da viga metálica e a face inferior da laje de concreto impedirá que a viga se mova para os lados e, portanto, não poderá ocorrer flambagem lateral com torção. Dizemos que a viga está totalmente restrita lateralmente. Veja a Figura 25.35.

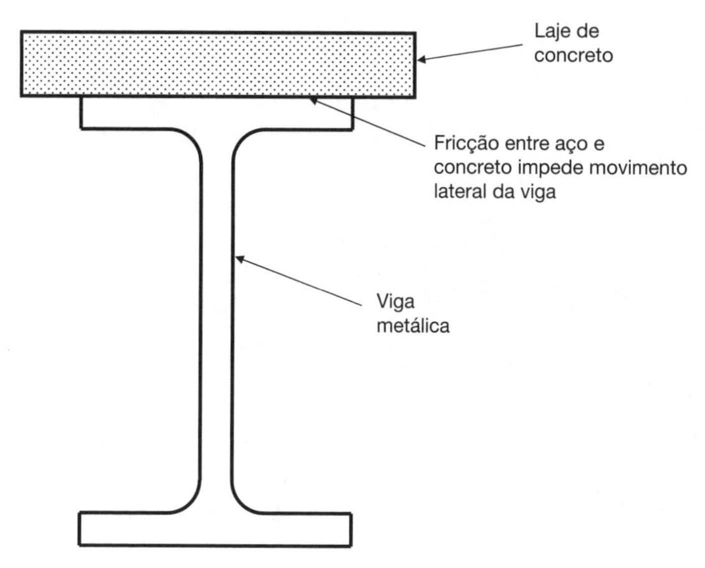

Figura 25.35 Uma viga metálica totalmente restrita lateralmente.

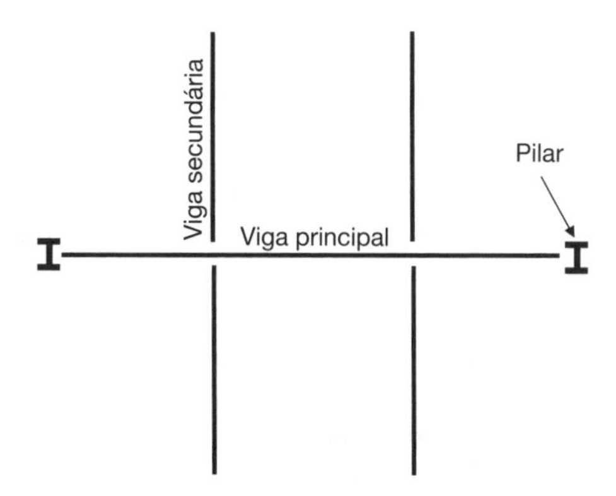

Figura 25.36 Uma viga metálica parcialmente restrita lateralmente (em planta).

Nenhuma restrição desse tipo será proporcionada se a viga metálica não estiver apoiando diretamente uma laje. Na prática, porém, uma viga metálica normalmente encontra-se restrita em suas extremidades por pilares de apoio e pode ser impedida de se mover para os lados em certos pontos ao longo de sua extensão pela presença de vigas metálicas secundárias, que normalmente ficam orientadas a ângulos retos em relação à viga principal – veja a Figura 25.36. Tais vigas apresentam restrições laterais parciais, mas vale ressaltar que não se encontram restritas entre tais pontos de restrição; tal ausência de restrição deve ser levada em consideração no projeto.

Projeto de vigas metálicas (se totalmente restritas)

Precisamos distinguir entre vigas restritas (ou seja, aquelas que se encontram fisicamente restritas de se moverem lateralmente) e vigas irrestritas. O texto a seguir apresenta uma instrução para o projeto de vigas restritas. O projeto de vigas irrestritas está além do escopo deste livro.

Figura 25.37 Píer oeste de Brighton.
Fechado nos anos 70, este píer foi abandonado para se decompor; a foto mostra o que restava dele em 2009.

Analise as cargas e determine o esforço cortante máximo, o momento fletor máximo e a deflexão máxima.

1. Selecione um perfil padronizado a ser experimentado (conforme discutido anteriormente).
2. Determine a classificação (Classe 1, 2, 3 ou 4) do perfil escolhido.
3. Calcule o momento fletor resistente do perfil e confira se ele é maior do que o momento fletor máximo aplicado.
4. Calcule o esforço cortante resistente e confira se ele é maior do que o esforço cortante máximo aplicado .
5. Calcule a máxima deflexão permitida (geralmente um múltiplo do vão) e confira se ela é maior do que a deflexão máxima real.

Projeto de pilares metálicos (se axialmente carregados)

1. Calcule a carga axial máxima aplicada no pilar.
2. Determine o comprimento efetivo do pilar.
3. Selecione um perfil a ser experimentado.
4. Calcule o índice de esbeltez (= comprimento efetivo/raio de giração).
5. Obtenha a tensão resistente à compressão do aço do pilar a partir das normas técnicas.
6. Calcule o esforço axial resistente à compressão do pilar a partir da expressão (= área de seção transversal × tensão resistente).
7. Por fim, confira se o esforço axial resistente à compressão é igual ou maior do que a carga axial máxima.

Acima de tudo, todas as edificações e estruturas precisam receber manutenção ao longo de sua existência. A Figura 25.37 mostra o que acontece quando não recebem.

Vidro estrutural

Introdução

Muitas experiências com vidro na infância envolvem uma janela quebrada acidentalmente por uma bola chutada sem direção. Tradicionalmente, o vidro em janelas domésticas é frágil e barato, ainda que possa parecer caro quando você precisa desembolsar seu próprio dinheiro para pagar sua substituição!

Nas duas últimas décadas, o vidro vem cumprindo um papel bem mais amplo na construção comercial. Estão na moda os grandes átrios, nos quais vastas paredes e telhados de vidro tornaram-se características cada vez mais comuns.

No entanto, tais estufas superdimensionadas não são o que geralmente se quer dizer por vidro estrutural. Em átrios e estruturas similares, o vidro é invariavelmente apoiado por grandes estruturas de alumínio e aço; as únicas cargas que o vidro em si tem que suportar dizem respeito à carga eólica exercida sobre uma área relativamente pequena.

O conceito de vidro estrutural está relacionado a edificações cujos elementos estruturais propriamente ditos (vigas, pilares, etc.) são feitos de vidro. Exemplos contemporâneos incluem anexos domésticos de um único pavimento, feitos inteiramente de vidro, e escadarias também feitas inteiramente de vidro, exceto as ligações metálicas. Há problemas a serem superados com o uso de vidro como um material estrutural. Ele é caro se comparado a construções com materiais mais tradicionais, mas estruturas de vidro bem projetadas podem ganhar um visual espetacular, e o fator "uau" é considerável.

Vidro em geral

O vidro é um material cotidiano comum. Suas aplicações incluem janelas domésticas, portas de pátio que se abrem para vastos átrios, utensílios como vasos, taças de vinho e canecas de cerveja, e óculos (lentes de vidro). Talvez paradoxalmente, o vidro já foi descrito como "o último material por descobrir".

Propriedades do vidro

O vidro é transparente, ou pelo menos translúcido, e a maioria de suas aplicações se dão justamente por essa transparência ou pela transmissão da luz. Ele protege das intempéries o interior das edificações e não é tão marcável quanto o plástico. Além disso, proporciona uma barreira física e pode ser moldado em formatos complexos para copos de vidro, vasos, etc.

O vidro pode ser usado para distorcer ou "corrigir" imagens em binóculos, câmeras ou óculos. Trata-se de um material rígido e quebradiço e pode ser resistente – ou pode ser frágil. Ele intensifica a luz solar, o que ajuda no crescimento de plantas e vegetais em estufas.

O vidro também é usado em espelhos e pode ser tingindo e gravado para vários propósitos.

Contudo, o vidro também tem propriedades desvantajosas. Por se quebrar repentinamente e sem sinais prévios, ele pode ser perigoso quando usado estruturalmente, a não ser que seja projetado com precisão. Ele é incapaz de sustentar cargas de impacto, é quebradiço, intensifica o calor e pode trincar como resultado de mudanças bruscas de temperatura.

Desvantagens de se usar vidro demais numa edificação

Amplas superfícies vítreas em prédios podem levar a problemas como:

- Falta de privacidade.
- Aquecimento excessivo do prédio em dias quentes de verão.

- Impacto de aves contra o prédio, que não conseguem enxergar a presença do vidro.
- Se usado em pisos ou em amplas paredes em prédios altos, os usuários podem se sentir psicologicamente desconfortáveis se tiverem medo de altura.

A história do vidro

O vidro foi descoberto milhares de anos atrás, aparentemente por acidente. Reza a lenda que certa noite navegadores fenícios acamparam em uma praia, apoiaram suas panelas sobre blocos de salitre e descobriram, na manhã seguinte, que o calor do fogo fundira a areia e o salitre, formando vidro. Os egípcios antigos, e posteriormente os romanos, fabricavam vasilhas de vidro moldado desde 1.500 a.C.; a técnica de vidro soprado foi desenvolvida no séc. I a.C.

A natureza química do vidro

O vidro é uma substância amorfa e não cristalina. Ele não é nem sólido nem líquido, existindo, isso sim, em um estado vítreo. Quando ele resfria, seus átomos permanecem no mesmo arranjo aleatório que em estado líquido, mas com coesão suficiente para produzir rigidez. Esta é a razão para sua transparência. Ele às vezes é denominado como um líquido super-resfriado. O vidro derretido pode ser moldado por meio de diversas técnicas, sobretudo por sopro e flutuação (veja mais adiante).

Tipos de vidro

O *vidro recozido* é o vidro barato comum usado em janelas domésticas. Ele pode ser cortado riscando-se sua superfície com o cortador e destacando-se as partes. O vidro recozido se quebra em grandes fragmentos pontudos (ou cacos) de vidro, que são extremamente perigosos.

O *vidro float* também é vidro ordinário, e o termo muitas vezes se confunde com o vidro recozido. O termo "*float*" (flutuar) diz respeito ao processo de fabricação usado para produzir folhas de vidro (veja mais adiante).

O *vidro reforçado por calor* é mais resistente que o vidro recozido, mas se quebra da mesma maneira. Não deve ser confundido com o vidro temperado (veja a seguir).

O *vidro temperado* é mais resistente que o vidro recozido e parte-se em pequenos fragmentos quando quebrado. Ele é produzido aquecendo-se o vidro acima de seu ponto de amolecimento e depois gelando-o rapidamente. A superfície do vidro resfria no ato, mas o interior do vidro resfria mais lentamente. Ele tenta se encolher, mas a superfície externa já assumiu sua forma permanente. Assim, o encolhimento na parte interna puxa a parte externa enrijecida. Isso causa ***compressão*** na superfície externa e, portanto, ***tração*** no interior. (Como você aprendeu anteriormente neste livro, todos os objetos estacionários devem estar em equilíbrio.) A compressão da superfície faz com que qualquer arranhão ou fissura seja espremido, e o mesmo ocorre com quaisquer novos arranhões. Isso significa que o crescimento de fissuras (que pode levar à quebra do vidro) é inibido. O vidro temperado vem em painéis de dimensões máximas 3,5 m × 2,5 m e com espessuras padronizadas de 12, 15, 19 ou 25 mm.

O *vidro laminado* compreende duas ou mais folhas de vidro separadas e unidas por camadas intermediárias. A vantagem é que, se uma folha quebrar, as demais permanecem intactas e podem manter no lugar os fragmentos da folha quebrada. A camada intermediária costuma ser composta de um plástico fino e transparente chamado PVB (*polyvinyl butyrate*, ou polivinil butiral), mas resina também pode ser usada.

Fabricação de vidro

Os ingredientes químicos do vidro incluem:

- Dióxido de silício (areia) – o principal ingrediente
- Carbonato de sódio (soda) (plantas marinhas, ervas), que diminui o ponto de fusão
- Carbonato de cálcio (calcário) (conchas marinhas), que torna o produto rígido e durável

Quimicamente, a molécula básica do vidro é o tetróxido de silício (SiO_4).

Os ingredientes são aquecidos em um forno ou fornalha para produzir vidro derretido. Objetos de vidro – como vasos, copos, etc. – podem ser produzidos por um profissional habilidoso que sopra o vidro derretido através de um longo soprador até alcançar seu formato desejado. A produção em massa de vidro chato, o chamado vidro *float*, é possível ao se derramar o vidro derretido em um molde de estanho. Desse modo, é possível fazer um painel de vidro com duas superfícies perfeitamente lisas, uma resultante da superfície perfeitamente plana do estanho e a outra, acima, formada pela gravidade que achata a superfície do vidro derretido.

O uso do vidro em construção e estruturas

Em *tetos de vidro e átrios*, o vidro é geralmente não estrutural e é apoiado por uma estrutura de vigas, pilares e treliças de aço.

Balaustradas de vidro são painéis de vidro verticais de até 1,5 m de altura. Vidro temperado com espessura entre 12 e 19 mm, dependendo da aplicação, costuma ser usado. Em sua borda inferior, o vidro é aparafusado a apoios angulados de aço, aos quais é afixado o mais firmemente possível a fim de evitar concentrações de tensão em torno dos orifícios. (Gaxetas de fibra são usadas como interface: aço e vidro *nunca* devem estar em contato direto entre si.)

O vidro às vezes é usado como *piso* de mezaninos em apartamentos ou em arranjos de escritórios. Alguns aspectos a serem ressaltados:

- O vidro é escorregadio quando molhado (mas não quando seco); por isso, uma superfície áspera pode ser recomendável quando ele for usado em situações externas.
- **Durabilidade**: com o uso intenso, o vidro acaba ficando riscado e arranhado, então talvez precise ser substituído (por motivos estéticos) depois de muitos anos.
- **Segurança**: deve ser usado vidro laminado, projetado de tal forma que, se uma das folhas de vidro quebrar, as demais folhas ainda sejam resistentes o bastante para suportar as cargas necessárias. Pelo menos duas folhas de vidro devem ser usadas, e ao menos uma delas deve ser de vidro temperado.
- **Aflição**: caminhar sobre um piso de vidro pode ser assustador, especialmente quando bem alto acima do solo. Esse aspecto do vidro às vezes é usado para oferecer uma atração a visitantes, como na passarela de vidro sobre o Grand Canyon, nos Estados Unidos.
- **Recato**: mulheres de saia podem se sentir temerosas de serem vistas por baixo.

Vigas de vidro podem ser usadas para sustentar telhados de vidro em anexos domésticos "estilosos". Como medida de segurança, é usado vidro laminado, geralmente com pelo menos três folhas de vidro temperado com 12 mm de espessura, e a altura da viga deve ser de no mínimo 275 mm (para impedir arqueamento).

Escadas inteiras de vidro (banzos, pisadas e espelhos) podem ser feitas de vidro, mas £50 mil (aproximadamente R$210 mil) por uma escada doméstica não é uma opção barata! Outro método é construir pisadas de vidro individuais engastadas na parede de um dos lados da escada. As pisadas podem ser apoiadas por um detalhe de aço incorporando parafusos e almofadas de neoprene, o que pode ser ocultado dentro da parede.

Pilares de vidro e até mesmo *treliças* de vidro já foram usadas.

Grafeno

Atualmente celebrado como "o novo supermaterial", o grafeno é formado a partir de uma malha hexagonal de carbono de apenas um átomo de espessura. Suas propriedades incluem:

- mais duro que o diamante
- melhor condutividade elétrica do que o cobre
- ultraeficiente na transmissão de calor
- flexível
- leve

Pesquisadores usaram fita adesiva para descascar camadas de carbono de um bloco de grafite, produzindo um material com apenas algumas camadas de espessura.

As aplicações potenciais do material incluem:

- asas leves para aeronaves;
- coletes à prova de balas;
- baterias de alta capacidade;
- produtos eletrônicos.

26

Mais a respeito de tipos e formas estruturais

Neste capítulo, faremos um breve passeio pelos vários tipos de estruturas e formas que foram projetadas e usadas ao longo dos anos – e, em alguns casos, ao longo dos séculos. A intenção disso é servir de motivação a você. Espero que sirva. Os componentes estruturais mais convencionais, encontrados na maioria das edificações "comuns" – vigas de várias espécies, lajes, fundações, etc. – já foram analisadas nos Capítulos 3 e 23. Agora passaremos a alguns tipos mais exóticos. Em cada um dos casos, mencionarei alguns exemplos famosos da forma, mas isso não quer dizer que outros exemplos menos conhecidos não existam – inclusive na sua cidade, talvez. Como já foi dito, observe as diversas edificações a seu redor encontradas ao longo de seus trajetos e de seus deslocamentos cotidianos.

Antes de ler este capítulo, é preciso que você esteja familiarizado com os conceitos de tração, compressão, flexão e cisalhamento, pois eles serão usados para explicar como cada tipo de estrutura funciona. Releia o Capítulo 3 se restar alguma dúvida.

Algumas estruturas não são o que parecem. O Millennium Dome, em Londres, por exemplo, não é, tecnicamente, um domo em si – é uma estrutura estaiada em forma de membrana. De modo similar, alguns "arcos" não são realmente arcos – confira o texto mais adiante. E também há alguns casos em que as fronteiras não ficam muito claras, como entre abóbadas, domos e cascas.

Os tipos de estrutura que iremos estudar neste capítulo são os seguintes:

- placas dobradas
- arcos
- abóbadas
- domos
- cascas
- estruturas em cabos
- estruturas infláveis
- estruturas espaciais
- pontes
- represas
- túneis

Vale ressaltar que este capítulo é simplesmente uma introdução a tais tipos de estruturas. Sugestões de leituras complementares são apresentadas na bibliografia ao final deste livro.

Estruturas em placas dobradas

Pegue uma folha de papel A4 e tente usá-la para formar um vão (ao comprido) entre dois apoios a cerca de 250 mm um do outro e você descobrirá que o papel simplesmente arqueia e cai entre os dois apoios, como mostrado na Figura 26.1a. Agora pegue a folha de papel e dobre-a como uma

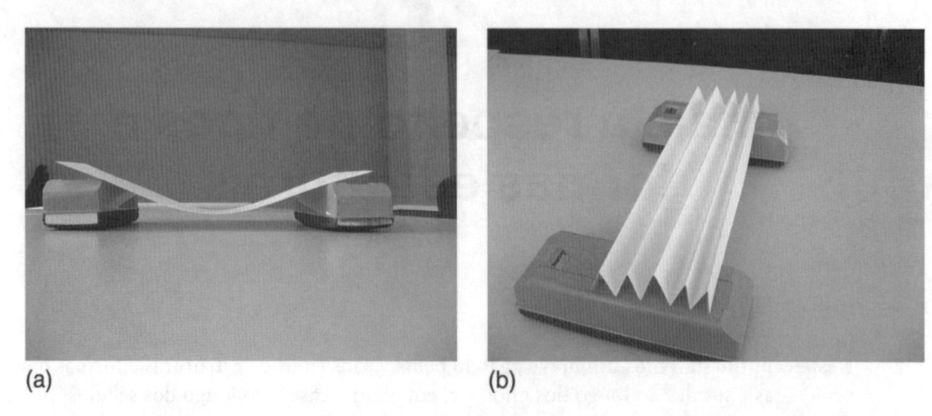

(a) (b)

Figura 26.1 (a) Folha de papel formando vão entre apoios. (b) Princípio de uma estrutura em forma de placa dobrada.

Figura 26.2 Um telhado em folhas dobradas.
Green Sports Hall, Leeds Beckett University.

sanfona com uma série de dobraduras espaçadas a cada 25 mm aproximadamente, conforme mostrado na Figura 26.1b; novamente use-a para formar um vão entre os dois apoios. Dessa vez, você descobrirá que a folha de papel (dobrada) formará o vão de 250 mm de distância sem dificuldade e será capaz até mesmo de sustentar uma carga leve como uma ou duas canetas – embora qualquer coisa mais pesada, uma tesoura ou um molho de chaves, por exemplo, acabará distorcendo-a e fazendo-a desabar.

A folha de papel dobrada poderia ganhar ainda mais resistência se tivesse cada uma de suas extremidades colada a uma placa vertical rígida.

Esse princípio é usado para transformar estruturas que apresentam pouca rigidez (como nossa folha de papel A4) em algo mais rígido e, portanto, estruturalmente aproveitável. Um exemplo comum é o ferro ou o aço ondulado. As chapas de aço não são especialmente resistentes, mas sua resistência é aumentada formando-se nelas um perfil de ondas senoidais e usando-as em telhados e cercas. Outro exemplo – mais moderno – é o aço perfilado do tipo *steel deck*, sobre o qual concreto é derramado para formar lajes.

Em uma escala mais ampla, telhados de concreto dobrado são uma característica peculiar da arquitetura dos anos 60 no Reino Unido; eles foram usados para formar telhados de amplos vãos sobre supermercados e mercados públicos, e também podem ser encontrados em algumas áreas de descanso antigas às margens de rodovias. Um exemplo é exibido na Figura 26.2.

Algumas estruturas foram construídas com sistemas mais complexos de dobraduras: imagine origamis em larga escala!

Arcos

Estamos familiarizados com um arco de certo formato particular, mas em termos estruturais a palavra "arco" diz respeito a um tipo específico de comportamento estrutural. Por isso, aquilo que às vezes vem a ser um arco, estritamente falando, não lembra em nada um arco.

Imagine uma corda ou um cabo esticado horizontalmente entre dois pontos fixos. Se um equilibrista caminhasse pela corda, o perfil da corda ficaria parecido com aquele mostrado na Figura 26.3a e b, dependendo da posição do equilibrista (representada por uma seta) ao longo da extensão da corda. Imagine agora um varal repleto de roupas recém lavadas estendidas para secar: o perfil do varal carregado poderia se parecer com aquele mostrado na Figura 26.3c. Como você deve ter percebido, a corda-bamba (ou o varal) encontra-se sob tração por toda sua extensão.

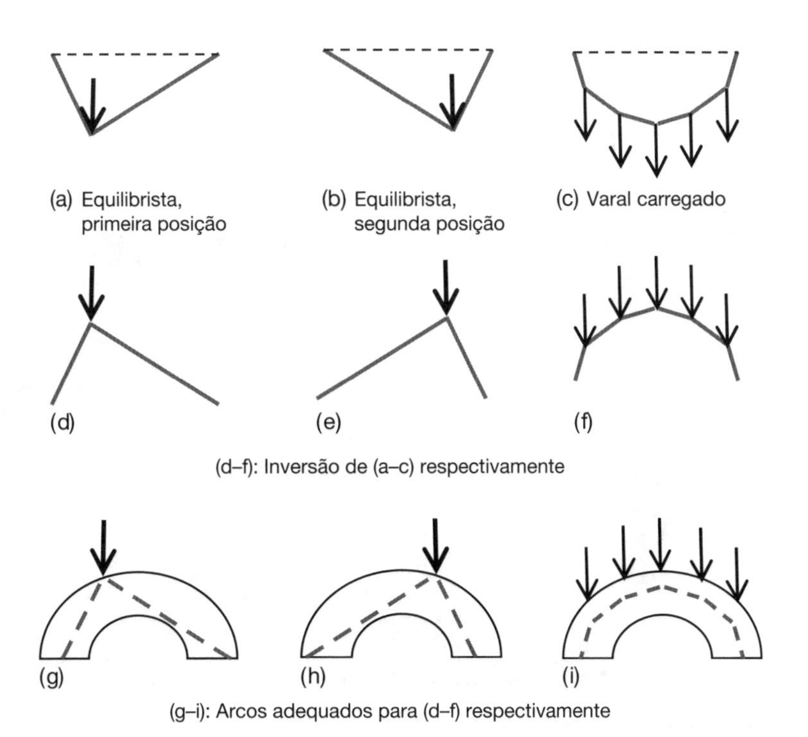

Figura 26.3 Cabos e arcos.

Agora vamos refletir esses diagramas no eixo horizontal que passa através das extremidades da corda, de tal modo que o diagrama aparece agora acima da linha horizontal como uma imagem especular do que antes se encontrava abaixo da linha. Os perfis resultantes serão como os mostrados na Figura 26.3d-f. Se imaginarmos agora que a "corda" é feita de algo mais substancial que possui resistência à compressão, cada um desses perfis representaria um arco.

Mais precisamente, cada um desses perfis representa a linha de ação das forças sobre um arco que resultaria das cargas mostradas. Tais forças são todas de compressão e essa é uma das principais características de um arco: *um arco encontra-se sob compressão por toda sua extensão.*

Os arcos físicos que são capazes de sustentar as forças mostradas na Figura 26.3d-f são mostrados na Figura 26.3g-i. Repare que a linha de ação das forças encontra-se sempre dentro da zona do arco. Isso é absolutamente essencial. Se as forças internas passarem por fora do perfil do arco, seja onde for, o arco desabará.

Agora pegue uma folha de papel A4 e, usando ambas as mãos, forme um arco com ela, conforme mostrado na Figura 26.4. No instante em que você remover as mãos, o arco de papel desabará. Isso ocorre porque suas mãos, antes de você removê-las, estavam proporcionando uma restrição horizontal, e no momento em que tal restrição foi removida, a folha de papel ficou livre para se mover horizontalmente, levando-a a desabar.

Isso vale para todos os arcos. Todo arco precisa ter algum tipo de restrição em suas duas extremidades de apoio (os ***suportes***) para impedi-lo de se deformar e desabar. Essa restrição pode assumir a forma de blocos rochosos naturais no caso de uma ponte em arco ou algum tipo de contraforte maciço. No caso do novo estádio Wembley, mostrado em construção na Figura 26.5, a restrição é proporcionada pelos próprios cabos que ele está suportando. Alguns arcos de pontes usam o tabuleiro da ponte como um elemento de tração que une as duas extremidades do arco entre si e, assim, os impede de se movimentarem para fora; um exemplo disso é mostrado na Figura 26.6.

Arcos de diversos materiais são amplamente usados na construção de pontes (veja o texto a seguir para mais detalhes a esse respeito). Às vezes, eles também são usados em prédios – um exemplo importante são as catedrais medievais, onde contrafortes gigantescos muitas vezes são usados para resistir a forças horizontais para fora na base do arco. Os elementos angulados de pedra exibidos na Figura 26.7 – uma fotografia da catedral de York – são os chamados arcobotantes. Embora pareçam ser ornamentais, seu propósito é puramente funcional, para resistir

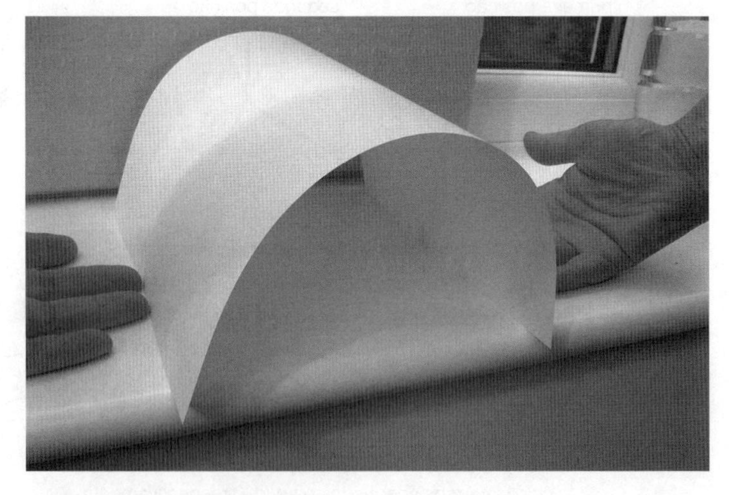

Figura 26.4 Folha de papel como um arco.

Figura 26.5 Novo estádio Wembley em construção.

Figura 26.6 Tyne Bridge, Newcastle.

às forças que atuam para fora desde o telhado da parte principal da catedral, que se encontra do lado direito da fotografia. Os pináculos mostrados no lado esquerdo da fotografia têm a função de proporcionar uma força para baixo pelo seu próprio peso, a fim de manter a estrutura em equilíbrio. Caso os pináculos fossem removidos, a estrutura inteira poderia desabar.

Assim, para resumir, algumas das principais características de um arco são que:

- as linhas de empuxo geradas pelas forças devem ser fisicamente contidas dentro do próprio arco, caso contrário ele entrará em colapso;
- um arco encontra-se sob compressão por toda sua extensão;
- arcos devem ser projetados para resistir aos empuxos horizontais nas suas duas extremidades.

Figura 26.7 Catedral de York.

Abóbadas

A palavra "abóbada" pode remeter à imagem da abóbada celeste, mas em termos estruturais ela simplesmente diz respeito a um arco que é bastante amplo. Uma série deles pode ser usada para formar a estrutura de um telhado. Quando hemisféricas, são chamadas muitas vezes de abóbadas de berço. Assim como os arcos, estruturas abobadadas precisam ser restringidas por contrafortes para dar conta das forças horizontais. Dentre as adaptações à abóbada convencional estão a abóbada de aresta, que é apoiada somente em seus quatro cantos, e a abóbada de ogivas.

Domos

Um domo tem um formato "hemisférico". Por que as aspas? Bem, em sua maioria, os domos não são verdadeiros hemisférios, geometricamente falando. Alguns são hemisférios achatados, alguns são hemisférios espichados, e alguns simplesmente não são hemisférios; eles são esféricos, ou quase esféricos, em seu formato.

Comecemos considerando os domos quase hemisféricos encontrados em construções históricas para fins religiosos ou governamentais. Exemplos incluem a Catedral de St. Paul (veja a Fig. 26.8), em Londres, a Basílica de São Pedro, em Roma, o Panteão, também em Roma, a Mesquita Hagia Sophia, em Istambul, a Marmorkirken, em Copenhague (veja a Fig. 26.9), o prédio do Capitólio, em Washington DC, além da maioria das sedes governamentais em capitais estaduais norte-americanas. Embora os domos possam formar em seus vãos grandes espaços circulares, eles não são uma maneira eficiente de fazer isso e geralmente estão presentes para formar uma peça central impressionante em uma grandiosa obra arquitetônica.

Estruturalmente, os domos podem ser encarados como arcos tridimensionais, mas a analogia tem suas limitações. Como já vimos, um arco encontra-se em compressão por toda sua extensão, ao passo que um domo pode experimentar – e geralmente experimenta – tração, e essa

Figura 26.8 Catedral de St. Paul, Londres.

Figura 26.9 Marmorkirken, Copenhague.

tração é a causa de muitos dos problemas estruturais associados aos domos. Em termos construtivos, um arco não pode funcionar até que esteja completo; por isso, trabalhos temporários substanciais são por vezes necessários para a construção de um arco. Em contraste, um domo parcialmente construído pode ser estável.

Imagine a metade da laranja como a representação de um domo, conforme mostrada na Figura 26.10a. As partes inferiores da laranja irão vergar para fora quando aplicarmos carga

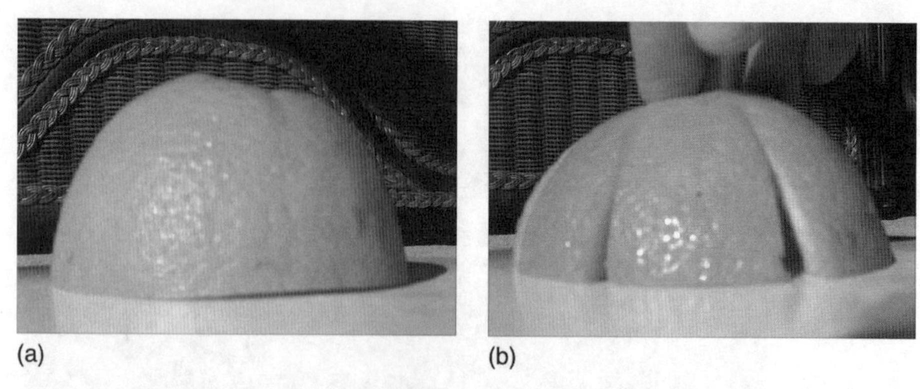
(a) (b)

Figura 26.10 Comportamento estrutural de um domo.

Figura 26.11 Interior da Catedral de São Paulo, Mdina, Malta.

sobre ela. Se fizermos cortes na base da laranja hemisférica, tais cortes se rasgarão cada vez mais para cima sob a aplicação de uma carga, conforme mostrado na Figura 26.10b. Isso demonstra que, enquanto as tensões ao longo das linhas que irradiam do ápice do domo até sua base (vamos chamá-las de meridianos) encontram-se em compressão – como ocorre em um arco – as tensões ao longo das linhas circunferenciais em torno do domo (os paralelos) são de compressão na parte de cima, mas de tração na parte de baixo.

Tais forças de tração podem levar a rachaduras radiais em domos reais, ainda que tais rachaduras possam ser limitadas ou eliminadas por completo caso haja restrição de movimento lateral na sua base.

As paredes que sustentam um domo podem ser circulares em sua seção planar para acompanharem o rastro do domo. Contudo, o mais comum é que sejam quadradas ou octogonais no plano, fazendo com que o domo não possa jazer diretamente sobre elas, o que pode exigir o uso de uma estrutura (chamada pendente). Veja a Figura 26.11.

Figura 26.12 Shopping center Cabot Circus, Bristol.

Domos esféricos já foram usados em estruturas modernas, como os domos da feira mundial Expo'68, em Montreal, e do Epcot Center, na Flórida, e, mais recentemente, o domo do Shopping Centre Victoria, em Belfast, Irlanda do Norte. O saguão oeste da estação King's Cross, em Londres, é um domo pela metade.

Tais domos compreendem um padrão de meridianos de aço ou de plástico sustentando painéis de vidro ou de plástico transparente. Os meridianos são dispostos em um padrão repetitivo de formatos geométricos, sendo o triângulo, o losango e o hexágono os mais comuns. Domos diamáticos (*diamatic*), lamelares (*lamella*) e geodésicos são tipos de domo com diferentes padrões de meridianos. A Figura 26.12 exibe um domo moderno.

Cascas

Estruturas em casca se parecem com arcos curvados em duas dimensões e, como tais, são muitas vezes chamadas de abóbadas ou domos, dependendo do seu formato. Elas costumam ser feitas de concreto armado moldado em formatos apropriados.

Uma variação disso é a estrutura monocoque ou do tipo *stress-skinned*. A estrutura de um carro, de um navio ou de um avião compreende um esqueleto revestido por finos painéis externos e curvados. Ocasionalmente, esse tipo de estrutura acaba sendo empregada na engenharia civil; um exemplo moderno é o Centro de Mídia no campo de críquete Lord's, em Londres, mostrado na Figura 26.13.

Estruturas em cabos

Você já acampou alguma vez? Se sim, e se montou (ou ajudou a montar) uma tenda ou barraca, já possui algum conhecimento sobre esse tipo de estrutura. As tendas vêm em vários tipos e tamanhos, mas uma simples barraca canadense (por exemplo) compreende duas varas principais que

Figura 26.13 Centro de mídia do campo de críquete Lord's, Londres.

Figura 26.14 O2 Arena, Londres (rede cabeada/membrana).
Apesar de seu formato e seu nome original de Millenium Dome, esta estrutura não é tecnicamente um domo em si; a bem da verdade, trata-se de uma tenda gigantesca – a membrana que forma o telhado encontra-se suspensa por cabos provenientes de mastros inclinados.

sustentam o tecido da barraca ao mantê-lo a uma altura fixa do solo. Essas varas encontram-se sob compressão. Para tornar a barraca ajustável, cordas esticadoras são presas ao alto das varas e afixadas no chão usando espeques em vários pontos por fora do sobreteto da barraca. Essas cordas encontram-se sob tração.

Em essência, estruturas em cabos são como tendas gigantescas; compreendem cabos em tração que sustentam a estrutura de um prédio ou ponte a partir de cima. Os cabos, por sua vez, são sustentados por mastros verticais ou inclinados. O Millenium Dome (atualmente O2 Arena) em North Greenwich, Londres, não chega a ser um domo, e sim uma estrutura de rede de cabos e membrana. Vejas as Figuras 26.14 e 26.15.

Figura 26.15 Estação (estaiada) Wembley Park, Londres.
Para proporcionar um amplo saguão livre de pilares, o telhado da extensão desta estação ferroviária é apoiado por cabos suspensos a partir de um mastro.

Estruturas infláveis

Você deve ter encontrado estruturas infláveis na infância. Exemplos incluem colchões de ar (camas infláveis usadas para dormir em barracas, ou para boiar na água), piscinas de ar e diversos objetos infláveis em que se pode sentar para serem puxados por uma lancha e usados em esportes aquáticos. Bons tempos!

É possível fazer uma estrutura inteira de elementos infláveis, como, por exemplo, os castelos infláveis encontrados em parques infantis. Alternativamente, a estrutura como um todo pode ser um peça inflável.

Imagine um balão. O balão pode ser inflado soprando-se seu bocal. Quando o balão fica cheio de ar e um nó é atado em sua ponta, o ar dentro dele encontra-se sob compressão. Como você sabe, para haver equilíbrio, tal força compressiva precisa ser contrabalançada por uma força de tração, e tal força de tração ocorre na superfície de borracha do balão. Você deve saber por experiência própria que, se tentar encher demais um balão, a borracha acabará esticando além de sua resistência à tração e ele acabará estourando – geralmente com um estouro bem alto. Se o balão for enchido com um gás como o hélio, que é mais leve que o ar, ele sairá flutuando pelos ares, a menos que seja afixado ao solo ou a um objeto sólido – e a cordinha presa a ele estará sob tração.

Estruturas infláveis geralmente são estruturas temporárias usadas para exibições ou seminários. Sua grande vantagem sobre as estruturas temporárias convencionais é a facilidade no transporte, na montagem e na desmontagem. A estrutura precisa ser mantida inflada por um suprimento contínuo de ar comprimido, e entradas duplas na estrutura precisam atuar como válvulas de ar para impedir (ou pelo menos limitar) a saída de ar comprimido da estrutura. Além do mais, a estrutura precisa ser ancorada por objetos pesados ou por cordas presas ao solo para evitar que seja levada por ventos fortes.

Telhados pneumáticos também já foram usados em estruturas de grande porte, como estádios esportivos.

Figura 26.16 Telhado de um saguão, Gare Du Sud, Nice, França.

Estruturas espaciais

Trata-se de treliças tridimensionais projetadas para formar longos vãos em suas direções. Elas muitas vezes suportam vidraças e, portanto, conseguem permitir a entrada de bastante luz vinda de cima no prédio. Veja a Figura 26.16.

Pontes

Na verdade, as pontes exigem um livro inteiro dedicado a elas (veja a seção "Leituras complementares" para encontrar alguns livros a respeito de pontes), mas há três tipos principais:

1. em viga
2. em arco
3. suspensas

As ***pontes em viga*** incluem vigas formando vãos entre apoios verticais (ou piers). As vigas podem ser feitas de madeira, aço ou concreto, e podem ser sólidas ou com alma aberta, como as treliçadas. Veja a Figura 26.17. Os piers de apoio geralmente são feitos de concreto ou alvenaria. Uma variação é a ponte tipo cantiléver, na qual o tabuleiro é construído a partir de apoios centrais. A Ponte Ferroviária do Rio Forth, na Escócia, é um exemplo famoso de uma ponte em cantiléver.

Já em uma ***ponte em arco***, um arco, ou uma série de arcos, é o principal componente estrutural. Veja a Figura 26.18. Os princípios estruturais associados aos arcos já foram discutidos anteriormente. Muitas vezes os arcos são feitos de alvenaria (tijolo ou pedra), mas também podem ser de aço ou concreto. Uma distinção tem de ser feita entre pontes em que o tabuleiro fica acima

Figura 26.17 Ponte A59, Bolton Abbey, North Yorkshire.

Figura 26.18 Uma tradicional ponte em arco.

do arco (nas quais os empuxos horizontais nos apoios precisam ser resistidos por contrafortes) e pontes em que o tabuleiro fica abaixo do arco (nas quais os empuxos horizontais podem ser acomodados por tração no tabuleiro da ponte, como na Figura 26.6). Nos casos em que um amplo vale precisa ser atravessado a uma grande altura, é construído um viaduto abrangendo uma série de arcos, conforme mostrado na Figura 26.19.

As ***pontes suspensas*** são essenciais para se vencer os vão mais longos. Elas compreendem duas torres de apoio (feitas de aço ou concreto) sobre as quais passam cabos de aço. O tabuleiro da ponte (de aço ou concreto) fica suspenso por esses cabos. Os cabos de aço encontram-se sob tração e suportam a enorme carga gerada pela ponte inteira. Essa carga precisa ser sustentada por gigantescos blocos de ancoragem nas duas extremidades da ponte. A Ponte Suspensa de

Figura 26.19 Viaduto Ribblehead, North Yorkshire – uma série clássica de arcos de tijolo.

Figura 26.20 Ponte suspensa de Clifton, Bristol.

Clifton, em Bristol, (Fig. 26.20) é um exemplo antigo; e uma rudimentar ponte suspensa num ambiente rural é mostrada na Figura 26.21.

Pontes estaiadas são parecidas com pontes suspensas. O tabuleiro é sustentado por cabos sob tração que, por sua vez, são sustentados pelas torres da ponte. Uma ponte estaiada simples é mostrada na Figura 26.22, e a mais complexa Gateshead Millenium Bridge é mostrada na Figura 26.23.

Figura 26.21 Ponte suspensa para pedestres perto de Addingham, West Yorkshire.

Figura 26.22 Ponte estaiada para pedestres, Melbourne Airport, Austrália.

Partes de algumas pontes precisam ser móveis para permitir a passagem de barcos e navios por baixo delas. Um exemplo bem conhecido é a Tower Bridge, de Londres, mostrada na Figura 26.24.

Veja a Figura 26.25 para ilustrações desses tipos de ponte.

Figura 26.23 Gateshead Millenium Bridge.
Uma passarela de pedestres curvada no plano é suspensa por cabos a partir de um arco elevado de aço; para permitir a passagem de embarcações, a estrutura inteira roda até um ângulo de 45° em relação à vertical, imitando assim a abertura e o fechamento de uma pálpebra humana.

Figura 26.24 Tower Bridge, Londres.
Um exemplo mais antigo de ponte basculante, em que as duas metades do tabuleiro principal se erguem empinando para cima; enormes contrapesos auxiliam nesse processo.

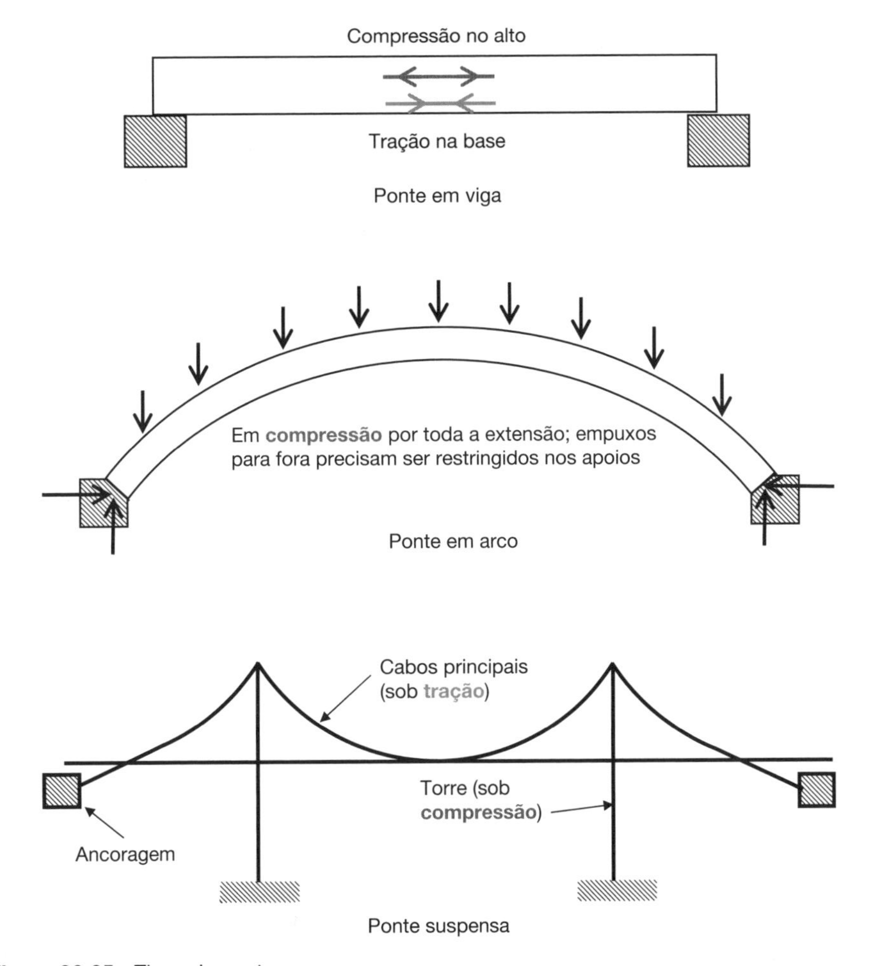

Figura 26.25 Tipos de ponte.

Represas

Uma represa ou barragem é uma barreira construída através de um vale para formar um lago artificial como um reservatório d'água. Além de retenção de água, represas são muitas vezes usadas para a produção de energia hidrelétrica.

Existem vários tipos de represa. A ***represa de aterro*** abrange uma grande barreira de terra e pedras com algum tipo de membrana à prova d'água e, como as ***represas de concreto por gravidade***, dependem de seu próprio peso morto para resistir ao momento gerado pela imensa pressão da água retida.

O nome ***represa em arco*** pode gerar confusão até que se perceba que o arco se dá no plano. A represa atua como um arco formando um vão horizontal entre os lados do vale, o qual resiste aos empuxos horizontais gerados pela pressão d'água. Uma represa em arco pode ser de uma ou duas curvaturas, com este último tipo apresentando curvatura tanto na sua seção planar quanto na sua seção transversal. Represas em curva são adequadas para vales estreitos com paredes de rocha sólida.

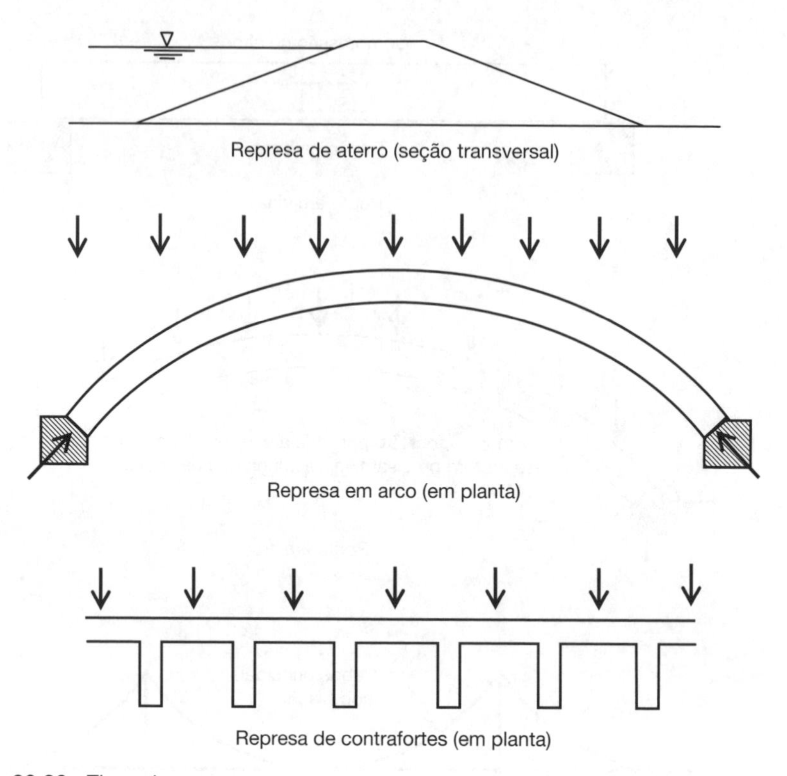

Figura 26.26 Tipos de represa.

Em ***represas de contrafortes*** a principal resistência é proporcionada por componentes verticais de enrijecimento na forma de grandes contrafortes de concreto ou alvenaria ao longo do comprimento da represa, com lajes de concreto armado entre tais contrafortes. Uma variação disso é a represa de contrafortes em arco, que envolve arcos horizontais formando vãos entre os contrafortes. Veja a Figura 26.26 para uma ilustração de todos esses tipos de represas.

Túneis

Existem diversos tipos diferentes de túneis, geralmente identificados pela técnica de escavação utilizada. O uso de ***tuneladoras*** (ou "tatuzão") costuma ser a única opção para a perfuração de túneis profundos, com tais máquinas cortando progressivamente através da rocha. Os túneis são revestidos por segmentos pré-moldados de concreto que, quando instalados, formam uma série de anéis que se encontram sob compressão.

Túneis mais rasos que não passam debaixo d'água podem ser construídos pela técnica ***cut and cover*** ("cortar e cobrir"), que funciona exatamente como o nome sugere. Uma vala ampla e profunda é escavada, o túnel é construído dentro da vala (geralmente usando-se concreto *in situ* com seção transversal retangular) e a terra é recolocada ao redor e acima do túnel já pronto.

Túneis de tubo submerso costumam ser depositados sobre o leito de, tipicamente, estuários. Tais túneis são construídos em outro lugar, geralmente em um dique seco próximo, em

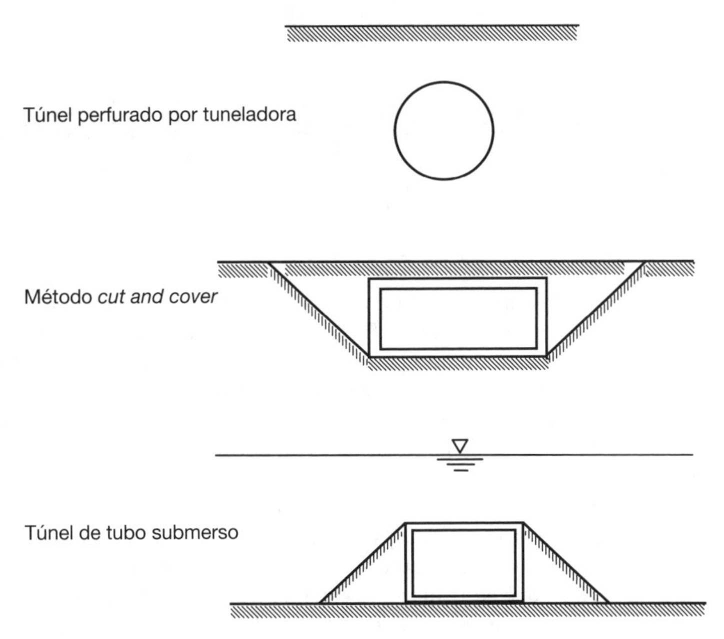

Figura 26.27 Tipos de túneis.

segmentos. Depois de completos, os segmentos são colocados na água para flutuar e rebocados até o local do túnel, sendo então afundados até a posição desejada. Exemplos de túneis construídos por esse método incluem o novo Tyne Tunnel, no nordeste da Inglaterra.

A Figura 26.27 apresenta ilustrações de todos esses tipos de túneis.

27

Uma introdução à deflexão

O termo ***deflexão*** já foi mencionado diversas vezes neste livro. Quando uma carga é aplicada a uma viga ou a uma laje, esta sofre uma flexão e, portanto, uma deflexão. A deflexão é a distância vertical que a viga ou laje se move a partir de sua posição horizontal original (conforme mostrada na Figura 27.1) e geralmente é medida em milímetros.

Como sugerido anteriormente, é essencial que as deflexões sejam minimizadas. Deflexões excessivas de pisos são alarmantes e deflexões excessivas de vergas de portas podem levar à distorção dos marcos, dificultando a abertura e o fechamento apropriados da porta. No projeto de lajes de concreto armado, a deflexão é um quesito crucial.

Sendo assim, é importante ser capaz de calcular a deflexão. O cálculo da deflexão costuma ser lecionado em um nível mais avançado dos cursos de graduação em engenharia civil e está, portanto, além do escopo deste livro. No entanto, recentemente me espantei com a dificuldade que um grupo de competentes estudantes do segundo ano estava enfrentando para compreender as deflexões. Daí a inclusão deste capítulo.

Existem diversos métodos diferentes para calcular a deflexão. Aquele que ensinarei a você neste capítulo é o método de Macaulay e é não apenas o mais fácil de entender como o mais aplicável universalmente. Antes de entrarmos no assunto, você precisa se certificar de que entende cálculo básico. Se entende, sinta-se à vontade para pular a próxima seção.

Cálculo básico: uma revisão

Nos seus estudos de matemática, você já deve ter encontrado duas formas de cálculo: ***diferenciação*** e ***integração***. Um é o inverso do outro.

A diferenciação diz respeito à ***taxa de mudança***, e o símbolo d é usado para representar "mudança em". A velocidade (v), por exemplo, é a mudança em distância avançada durante uma certa mudança no tempo e pode ser expressa do seguinte modo:

$$\frac{\mathrm{d}\,(\text{distância})}{\mathrm{d}t}$$

onde t representa o tempo. Essa expressão é conhecida como ***coeficiente diferencial*** ou ***derivada***. A relação entre a distância e o tempo é refletida nas unidades de velocidade: quilômetros por hora ou metros por segundo.

A ***aceleração*** diz respeito à taxa de mudança da velocidade em relação ao tempo. Se v representa velocidade, então a aceleração pode ser expressa do seguinte modo:

$$\frac{\mathrm{d}v}{\mathrm{d}t}$$

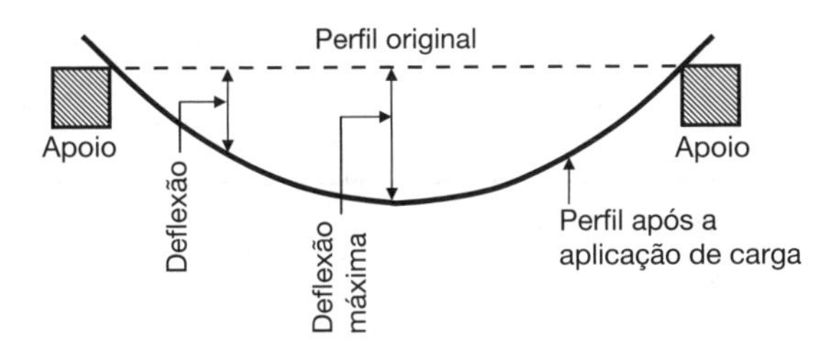

Figura 27.1 Deflexão de uma viga.

A aceleração é então mudança na mudança na distância em relação ao tempo, o que pode ser expresso da seguinte forma:

$$\frac{d^2(\text{distância})}{dt^2}$$

que é a ***derivada segunda*** da distância com relação ao tempo.

Quando x é uma variável desconhecida e y é uma função de x – f(x) na terminologia matemática – o coeficiente diferencial, ou derivada, é representado como dy/dx. A regra geral é:

$$\text{Se } y = x^n, \text{ então } \frac{dy}{dx} = nx^{n-1}$$

$$\text{Então se } y = x^3, \text{ então } \frac{dy}{dx} = 3x^2$$

Quaisquer constantes (ou números puros) desaparecem mediante o processo de diferenciação porque eles não sofrem mudança.

Então, se $y = 2x^5 + 47$, $dy/dx = 10x^4$; observe que o 47, sendo uma constante, desapareceu.

A integração é o inverso da diferenciação e é usada para encontrar áreas abaixo de curvas, etc. A regra geral com a integração é: *aumente a potência em 1 e divida pela nova potência:*

$$\int x^n.dx = \frac{x^{n+1}}{n+1} + C$$

onde dx significa "em relação a x", e C é uma constante (isto é, um número) gerado pelo processo de integração.

Mais alguns exemplos:

$$\int x^6.dx = \frac{x^7}{7} + C$$

$$\int 10x^4.dx = \frac{10x^5}{5} + C = 2x^5 + C$$

Equações de momento fletor

Agora vamos usar nossos conhecimentos de como calcular momentos fletores. Se você precisa revisar esse tema, consulte novamente o Capítulo 16.

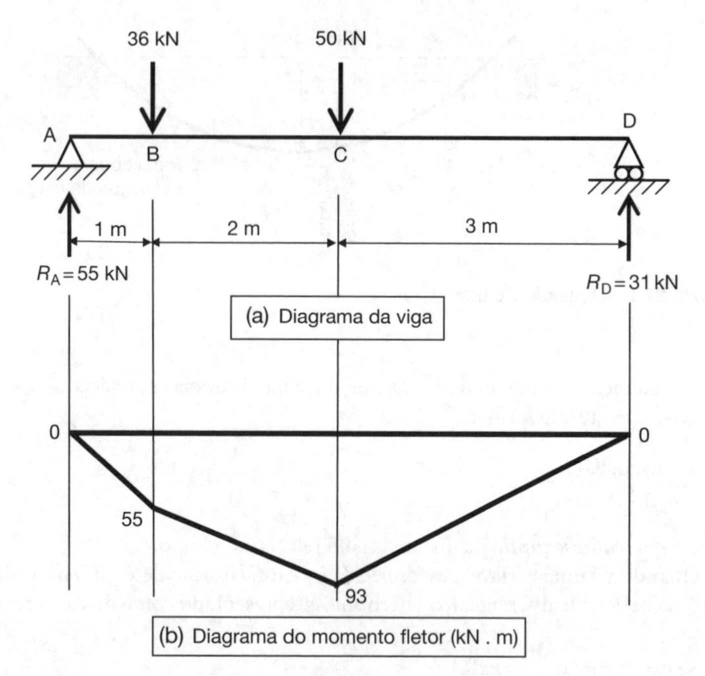

Figura 27.2 Exemplo usado no cálculo de deflexão.

Observe a viga mostrada na Figura 27.2, que forma um vão entre os apoios A e D em suas extremidades e que sustenta cargas pontuais de 36 e 50 kN nos pontos B e C. Você deve ser capaz de calcular as reações (se não for, leia o Capítulo 9 novamente) e descobrir que a reação em A (R_A) é 55 kN e que a reação em D (R_D) é 31 kN.

Agora você pode calcular os momentos fletores nos pontos A, B, C e D. Os momentos em A e D são zero. Os momentos em B e C são calculados da seguinte forma:

$M_B = (55\ \text{kN} \times 1\ \text{m}) = 55\ \text{kN.m}$

$M_C = (55\ \text{kN} \times 3\ \text{m}) - (36\ \text{kN} \times 2\ \text{m}) = 93\ \text{kN.m}$

O diagrama do momento fletor é mostrado na Figura 27.2. Se lhe restaram quaisquer dúvidas a respeito desses cálculos, consulte o Capítulo 16.

Agora vamos tentar derivar uma equação para o momento fletor em qualquer ponto ao longo do comprimento da viga. Expressaremos o momento fletor em termos de x, onde x é a distância (em metros) ao longo da viga a partir de sua extremidade esquerda. Retornando aos princípios prévios, lembre-se que o momento em qualquer ponto é a soma dos momentos em sentido horário à esquerda do ponto em questão menos a soma dos momentos em sentido anti-horário à esquerda do ponto em questão.

Entre A e B, $M = 55x$ (veja a Figura 27.3a).

Entre B e C, $M = 55x - 36(x - 1)$ (veja a Figura 27.3b).

Entre C e D, $M = 55x - 36(x - 1) - 50(x - 3)$ (veja a Figura 27.3c).

Assim, acabamos de gerar três equações separadas para o momento fletor, dependendo da parte da viga para a qual queremos encontrar o momento. Isso está um tanto bagunçado. Ficaria muito

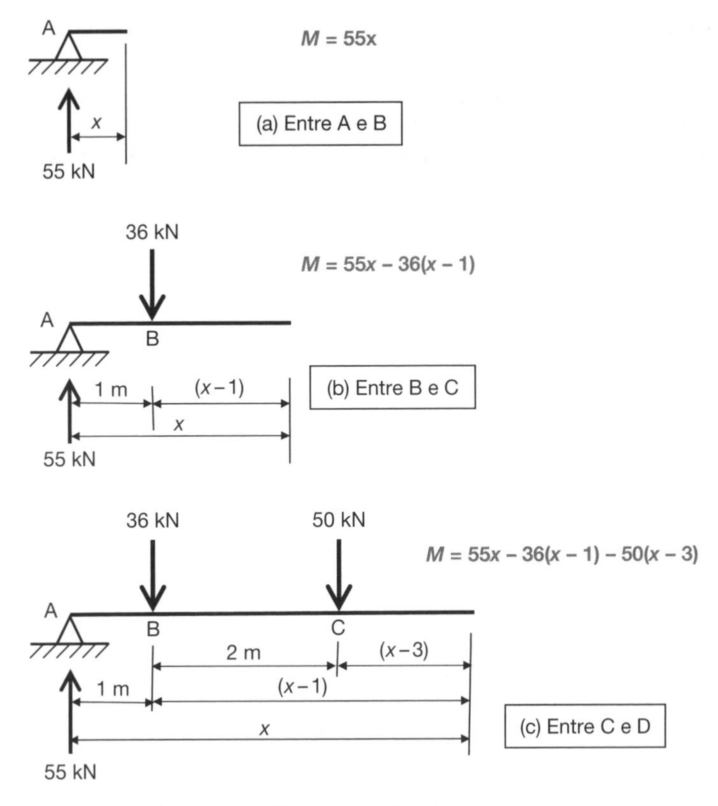

Figura 27.3 Momentos fletores em diferentes partes de uma viga.

mais organizado se pudéssemos derivar apenas uma equação capaz de produzir o momento em qualquer ponto ao longo da viga inteira.

Não somos, é claro, os primeiros a enfrentar esse problema. Alguns séculos atrás, um homem chamado Macaulay estudou-o por um tempo e encontrou uma solução devastadora em sua simplicidade. Ela se baseia no uso daquilo que atualmente chamamos de ***colchetes de Macaulay***, que possuem um significado específico.

As notações para os colchetes de Macaulay variam. Quando eu era estudante (muitos anos atrás) eram usados colchetes curvados {}, alguns livros usam colchetes angulados <>, mas agora colchetes em chave [] tendem a ser usados. Quando você vir colchetes em chave nesse contexto, lembre-se de que eles possuem um significado específico.

O significado específico dos colchetes de Macaulay [] é o seguinte:

- Se o valor dentro dos colchetes de Macaulay for negativo, ignore-o.
- Se o valor dentro dos colchetes de Macaulay for zero ou positivo, inclua-o.

Usando os colchetes de Macaulay, a equação para o momento fletor em qualquer ponto da viga é:

$$M = 55x - 36[x - 1] - 50[x - 3]$$

Confira essa equação para $x = 0$, $x = 1$, $x = 3$ e $x = 6$ para assegurar que ela produz os mesmos valores que os do diagrama de momento fletor (Figura 27.2).

Deflexão em vigas

Então, o que cobrimos até aqui neste capítulo? Duas coisas, essencialmente. Revisamos nosso conhecimento sobre cálculo e derivamos uma equação para o momento fletor em qualquer ponto ao longo de uma viga – com uma ajudinha do Sr. Macaulay. Aonde tudo isso vai chegar? Vai chegar a deflexões em vigas.

Pode-se demonstrar que:

$$M = -EI\frac{d^2v}{dx^2}$$

onde

M = momento fletor
E = módulo de Young
I = segundo momento de área
x = distância ao longo da viga medida a partir da sua extremidade esquerda
v = deflexão da viga no ponto x

A equação pode ser reorganizada para ficar:

$$\frac{d^2v}{dx^2} = -\frac{M}{EI}$$

Essa equação é a chave para calcularmos deflexões usando o método de Macaulay. No exemplo anterior, derivamos uma equação para o momento em qualquer ponto ao longo da viga em termos de x. Podemos colocá-la no lugar de M na equação anterior para obtermos uma equação para d^2v/dx^2 em termos de x e EI. Integrando a equação uma vez, obteríamos uma expressão para dv/dx, e integrando uma segunda vez, obteríamos uma expressão para a deflexão v em termos de x e EI. Assim, se conhecemos E e I, podemos calcular a deflexão, em milímetros, em qualquer ponto ao longo da viga.

Apliquemos isso ao exemplo anterior.

Vimos anteriormente que o momento M em qualquer ponto da viga mostrada na Figura 27.2 é:

$$M = 55x - 36[x-1] - 50[x-3]$$

Substituindo isso na equação

$$\frac{d^2v}{dx^2} = -\frac{M}{EI}$$

obtém-se

$$\frac{d^2v}{dx^2} = -\frac{1}{EI}\{55x - 36[x-1] - 50[x-3]\}$$

Agora vamos integrar essa expressão, tratando os termos dentro das chaves como um único termo (não expanda o termo dentro de chaves):

$$\frac{dv}{dx} = -\frac{1}{EI}\left\{\frac{55x^2}{2} - \frac{36[x-1]^2}{2} - \frac{50[x-3]^2}{2} + A\right\}$$

onde A é uma constante gerada pelo processo de integração. Iremos determinar o valor de A mais adiante.

Agora, vamos integrar a expressão mais uma vez:

$$v = -\frac{1}{EI}\left\{\frac{55x^3}{6} - \frac{36[x-1]^3}{6} - \frac{50[x-3]^3}{6} + Ax + B\right\}$$

onde B é mais uma constante de integração. Simplificando a expressão anterior, obtemos:

$$v = -\frac{1}{EI}\{9{,}167x^3 - 6[x-1]^3 - 8{,}33[x-3]^3 + Ax + B\}$$

Essa, então, é uma expressão para a deflexão (v) em qualquer ponto x ao longo da viga. Porém, ainda não conhecemos os valores de A e B, e a equação não tem proveito para nós enquanto não os encontrarmos. Eis como.

Por acaso já conhecemos a deflexão em algum ponto específico ao longo da viga? Sim, conhecemos. Nos apoios A e D (onde $x = 0$ e $x = 6$ m, respectivamente), sabemos que a deflexão é zero. Isso porque a viga não pode se mover para baixo em um apoio. Tais valores conhecidos são chamados de ***condições de contorno***.

Podemos substituir esses valores na equação anterior da seguinte forma:

No ponto A, quando $x = 0$, $v = 0$:

$$0 = -\frac{1}{EI}\{0 - 0 - 0 + 0 + B\}$$

Portanto, $B = 0$.

No ponto B, quando $x = 6$, $v = 0$:

$$0 = -\frac{1}{EI}\{(9{,}167 \times 6^3) - (6 \times 5^3) - (8{,}33 \times 3^3) + 6A\}$$

$$0 = -\frac{1}{EI}\{1.980 - 750 - 224{,}9 + 6A\}$$

Como os termos nos colchetes curvados devem somar zero, $A = -167{,}5$.

Sendo assim, a equação de deflexão para este problema agora é:

$$v = -\frac{1}{EI}\{9{,}167x^3 - 6[x-1]^3 - 8{,}33[x-3]^3 - 167{,}5x\}$$

Podemos usar essa expressão para calcular a deflexão em qualquer ponto na viga em termos de EI. Como a deflexão real em qualquer viga depende do material de que ela é feita (representado pelo módulo de Young E) e de sua geometria seccional (representada pelo segundo momento de área I), então podemos determinar a deflexão em milímetros somente se conhecermos os valores de E e I.

Determinação da deflexão máxima

Normalmente estamos interessados em determinar a deflexão *máxima* em qualquer viga. Antes de podermos fazer isso, temos de saber *onde* a deflexão máxima ocorre. Se a viga jaz em apoio simples e a carga é simétrica, então a deflexão máxima ocorrerá bem na metade da viga. Se a carga atuante não for simétrica (como neste caso), então, antes de mais nada, precisamos determinar a *posição* da deflexão máxima antes de podermos calcular seu valor.

(Observação: a posição de deflexão máxima não necessariamente é a mesma que a posição de momento fletor máximo.)

O termo dv/dx representa a "mudança na deflexão (isto é, distância vertical) dividida pela distância horizontal"; em outras palavras, significa o *gradiente* da forma defletida em qualquer ponto. (Como analogia, imagine um aclive de 1 para 4 na estrada, o que significa que a estrada sobe 1 metro para 4 metros percorridos na horizontal.) Na posição de deflexão máxima, a inclinação de uma tangente em relação à forma defletida da viga é horizontal e, portanto, ela não possui gradiente e dv/dx é zero. Para identificar esse ponto, precisamos encontrar o valor de x que faz com que a equação anterior dv/dx tenha o valor zero. Uma simplificação dessa equação é:

$$\frac{dv}{dx} = -\frac{1}{EI}\left\{27{,}5x^2 - 18[x-1]^2 - 25[x-3]^2 - 167{,}5\right\}$$

$$\text{Se } \frac{dv}{dx} = 0\text{, então } 27{,}5x^2 - 18[x-1]^2 - 25[x-3]^2 - 167{,}5 = 0$$

Neste caso, é possível resolver essa equação desenvolvendo a multiplicação dos termos entre chaves, reduzindo tudo a uma equação quadrática e resolvendo-a usando a fórmula de Bhaskara. Em alguns casos, isso não é tão fácil, então uma abordagem alternativa (especialmente se você não entendeu a última frase!) seria tentar uma abordagem de tentativa e erro. Em outras palavras, insira certos valores para x na equação e calcule o resultado.

$$\text{Quando } x = 1, \frac{dv}{dx} = -140$$

$$\text{Quando } x = 3, \frac{dv}{dx} = +8$$

Como esses dois resultados possuem sinais diferentes (ou seja, um é negativo e o outro é positivo), eles representam partes com inclinação em declive e aclive na viga, respectivamente. Veja a Figura 27.4. Sendo assim, a posição de deflexão máxima jaz em algum lugar entre esses dois pontos e está aparentemente próxima a $x = 3$ m.

$$\text{Quando } x = 2{,}95, \frac{dv}{dx} = +3{,}4$$

$$\text{Quando } x = 2{,}90, \frac{dv}{dx} = -1{,}2$$

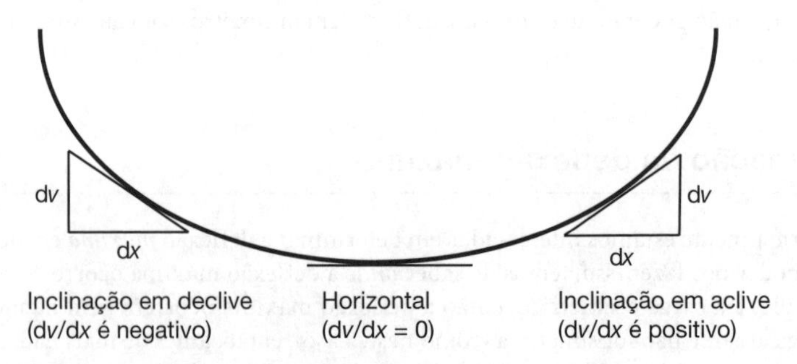

Figura 27.4 Inclinação de uma viga defletida.

Portanto, o ponto de deflexão máxima jaz em algum lugar entre x = 2,90 m e 2,95 m, e uma investigação mais aprofundada identificará o ponto de deflexão máxima como x = 2,91 m. Podemos substituir esse valor na equação de deflexão para obtermos o valor de deflexão máxima:

$$v = -\frac{1}{EI}\{9{,}167x^3 - 6[x-1]^3 - 8{,}33[x-3]^3 - 167{,}5x\}$$

$$v = -\frac{1}{EI}\{(9{,}167 \times 2{,}91^3) - (6 \times 1{,}91^3) - 0 - (167{,}5 \times 2{,}91)\}$$

que pode ser simplificada como:

$$v = \frac{303}{EI}$$

Agora se uma viga com designação 305 × 165 × 40 for usada (sujeita a conferência de que pode sustentar os momentos fletores e os esforços cortantes aplicados sobre ela), tabelas de propriedades de perfis produzidas pela Tata mostram que o valor do segundo momento de área para o perfil padronizado é I = 8.503 cm^4 = 8.503 × 10^{-8} m^4. Se o módulo de Young do aço é E = 210 kN/mm^2, que é 210 × 10^6 kN/m^2, então o valor de EI pode ser calculado do seguinte modo:

$$EI = 210 \times 10^6 \times 8.503 \times 10^{-8}$$

$$EI = 17.856{,}3\,\text{kN/m}^2$$

(EI sempre deve ser expresso em unidades de kN.m^2 para manter a consistência.)
Então a deflexão máxima real, v, é calculada da seguinte forma:

$$v = \frac{303}{EI} = \frac{303}{17.856{,}3} = 0{,}0169\,\text{m} = 16{,}9\,\text{mm}$$

Códigos de prática profissional atualmente ordenam que a deflexão não deve exceder o valor de vão/350. Então, neste caso, a deflexão máxima permissível = 6.000/350 = 17,1 mm. Nossa deflexão máxima de 16,9 mm é inferior a isso e, portanto, admissível.

Resumo do uso do método de Macaulay

1. Derive uma equação para o momento fletor (M) em qualquer ponto ao longo da viga em termos de x.
2. Substitua essa equação em (d^2v/dx^2) = - (M/EI).
3. Integre duas vezes para obter uma expressão para a deflexão v.
4. Substitua as condições de contorno para encontrar as constantes A e B.
5. Encontre a *posição* da deflexão máxima igualando a zero a equação dv/dx, e então resolvendo para x.
6. Encontre o valor da deflexão máxima substituindo tal valor de x na equação de deflexão (v).
7. Se E e I forem conhecidos, use seus valores para calcular a deflexão máxima real da viga em milímetros.

Deflexão máxima para casos-padrão

Agora iremos usar o método de Macaulay para calcular a deflexão máxima para os dois casos a seguir:

1. viga com carga pontual centralizada;
2. viga com carga distribuída uniformemente ao longo de seu comprimento inteiro.

Devido à simetria, sabemos que a deflexão máxima para cada um desses dois casos ocorrerá bem na metade da viga.

Caso 1: carga pontual centralizada

Uma viga com apoios simples de comprimento L é sujeita a uma carga pontual centralizada P, conforme mostrado na Figura 27.5a. O diagrama de momento fletor é mostrado na Figura 27.5b; veja o Capítulo 16 se precisar se recordar de como isso foi obtido.

Usando a notação de Macaulay, o momento em qualquer ponto x é:

$$M = \frac{Px}{2} - P\left[x - \frac{L}{2}\right]$$

Como $\dfrac{d^2v}{dx^2} = -\dfrac{M}{EI}$:

$$\frac{d^2v}{dx^2} = -\frac{1}{EI}\left\{\frac{Px}{2} - P\left[x - \frac{L}{2}\right]\right\}$$

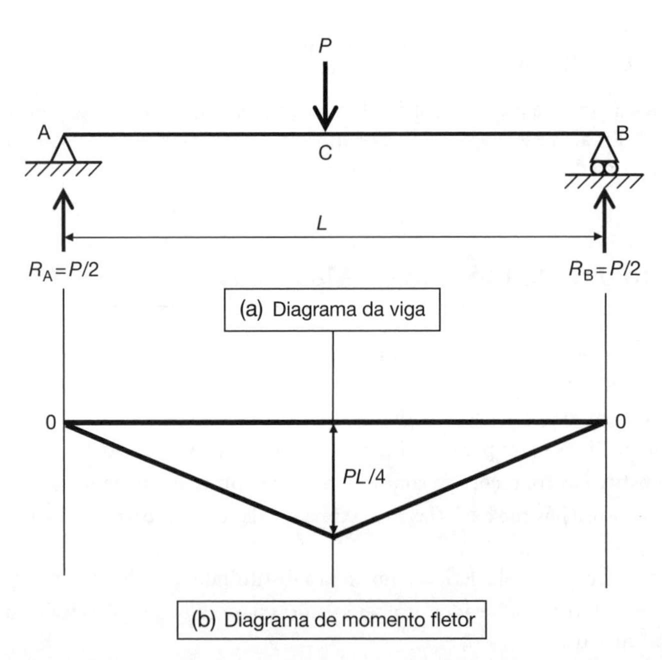

Figura 27.5 Diagrama de momento fletor para uma viga que sustenta uma carga pontual centralizada.

$$\frac{dv}{dx} = -\frac{1}{EI}\left\{\frac{Px^2}{4} - \frac{P}{2}\left[x - \frac{L}{2}\right]^2 + A\right\}$$

$$v = -\frac{1}{EI}\left\{\frac{Px^3}{12} - \frac{P}{6}\left[x - \frac{L}{2}\right]^3 + Ax + B\right\}$$

Condições de contorno: quando $x = 0$, $v = 0$. Substituindo esse valor na equação anterior, obtemos $B = 0$.

Quando $x = L$, $v = 0$. Substituindo esse valor na equação acima obtemos $A = -(PL^2/16)$.

A equação de deflexão agora fica:

$$v = -\frac{1}{EI}\left\{\frac{Px^3}{12} - \frac{P}{6}\left[x - \frac{L}{2}\right]^3 - \frac{PL^2x}{16}\right\}$$

Mediante inspeção, a deflexão máxima ocorre no meio do vão, isto é, $x = L/2$. Substituindo esse valor na equação acima, obtemos:

$$\text{Deflexão máxima} = \frac{PL^3}{48EI}.$$

Caso 2: CUD ao longo de todo o comprimento da viga

Uma viga com apoios simples de comprimento L está sujeita a uma carga uniformemente distribuída de w por metro, conforme mostrada na Figura 27.6a. O diagrama de momento fletor é mostrado na Figura 27.6b; mais uma vez, veja o Capítulo 16 se precisar revisar como isso foi obtido.

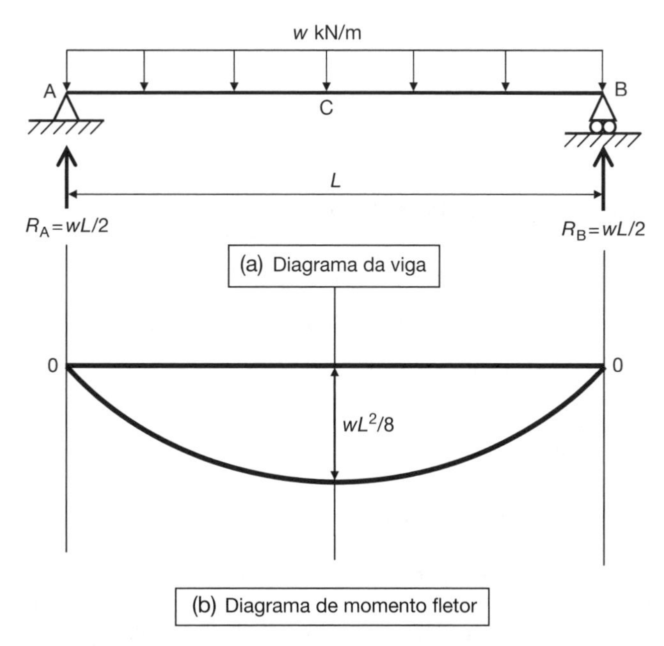

Figura 27.6 Diagrama de momento fletor para uma viga que sustenta uma carga uniformemente distribuída.

Usando a notação de Macaulay, o momento em qualquer ponto x é:

$$M = \frac{wLx}{2} - \frac{wx^2}{2}$$

Como $\frac{d^2v}{dx^2} = -\frac{M}{EI}$:

$$\frac{d^2v}{dx^2} = -\frac{1}{EI}\left\{\frac{wLx}{2} - \frac{wx^2}{2}\right\}$$

$$\frac{dv}{dx} = -\frac{w}{2EI}\left\{\frac{Lx^2}{2} - \frac{x^3}{3} + A\right\}$$

$$v = -\frac{w}{2EI}\left\{\frac{Lx^3}{6} - \frac{x^4}{12} + Ax + B\right\}$$

Condições de contorno: quando $x = 0$, $v = 0$. Substituindo esse valor na equação anterior, obtemos $B = 0$.

Quando $x = L$, $v = 0$. Substituindo esse valor na equação acima, obtemos $A = L^3/12$.

A equação de deflexão agora fica:

$$v = -\frac{w}{2EI}\left\{\frac{Lx^3}{6} - \frac{x^4}{12} - \frac{L^3x}{12}\right\}$$

Mediante inspeção, a deflexão máxima ocorre no meio do vão, isto é, $x = L/2$. Substituindo esse valor na equação acima, obtemos:

$$\text{Deflexão máxima} = \frac{5wL^4}{384EI}$$

Exemplo numérico envolvendo uma CUD

Encontre a posição e o valor da deflexão máxima da viga mostrada na Figura 27.7a.

Carga total sobre a viga = 90 kN + (24 kN/m × 4 m) = 186 kN.

As reações nas extremidades são:

$R_A = 110{,}4$ kN
$R_E = 75{,}6$ kN

(Revise o Capítulo 9 para aprender a calcular reações.)

Precisamos agora produzir uma equação para o momento fletor M em qualquer ponto ao longo da viga, mas você perceberá que não será capaz de fazer isso para o modo como este problema se apresenta (tente e verá por quê). A fim de contornar essa dificuldade, a "manha matemática" é estender a CUD até a extremidade direita da viga e depois contrabalanceá-la colocando uma carga equivalente para cima no comprimento estendido, conforme mostrado na Figura 27.7b.

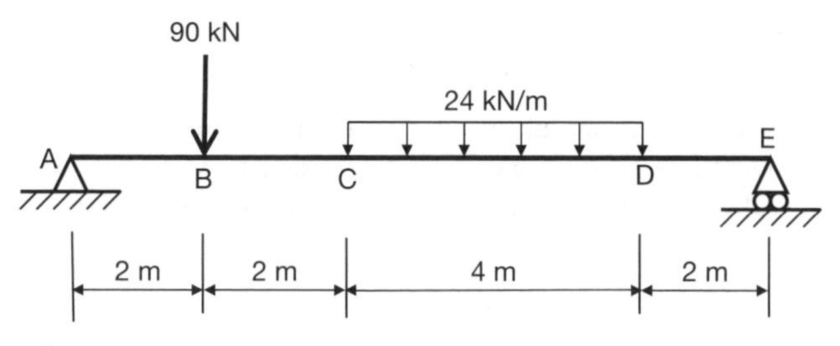

(a) Exemplo original

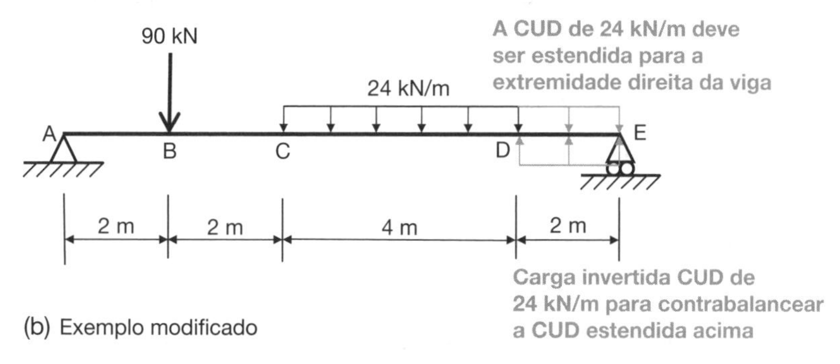

(b) Exemplo modificado

Figura 27.7 Exemplo de deflexão com carga uniformemente distribuída.

O momento fletor na distância x ao longo da viga pode ser determinado a partir da seguinte equação:

$$M = 110{,}4x - 90[x-2] - \frac{24}{2}[x-4]^2 + \frac{24}{2}[x-8]^2$$

Substituindo isso na equação

$$\frac{\mathrm{d}^2 v}{\mathrm{d}x^2} = -\frac{M}{EI}$$

e integrando, obtemos:

$$\frac{\mathrm{d}v}{\mathrm{d}x} = -\frac{1}{EI}\left\{\frac{110{,}4x^2}{2} - \frac{90}{2}[x-2]^2 - \frac{12}{3}[x-4]^3 + \frac{12}{3}[x-8]^3 + A\right\}$$

Integrando uma segunda vez, obtemos:

$$v = -\frac{1}{EI}\left\{\frac{110{,}4x^3}{6} - \frac{90}{6}[x-2]^3 - [x-4]^4 + [x-8]^4 + Ax + B\right\}$$

A viga está apoiada em A (onde $x = 0$) e E (onde $x = 10$ m), então $v = 0$ em cada um desses pontos (já que não pode haver deflexão junto a um apoio).

Substituindo $v = 0$ e $x = 0$ na equação anterior: $B = 0$.
Substituindo $v = 0$ e $x = 10$ na equação anterior: $B = -944$.

Esses valores de A e B podem ser substituídos nas equações anteriores.

Agora temos de identificar o ponto onde ocorre a deflexão máxima. Como isso ocorre quando $dv/dx = 0$, basta substituir isso na equação dv/dx anterior para encontrar o valor correspondente de x.

$$55{,}2x^2 - 45[x-2]^2 - 4[x-4]^3 + 4[x-8]^3 - 944 = 0$$

A menos que você seja um matemático tarimbado, o jeito mais fácil de resolver isso é pelo método da tentativa e erro explicado no exemplo anterior; ou seja, experimente vários valores razoáveis de x para ver qual valor de dv/dx eles produzem.

$$\text{Quando } x = 4, \frac{dv}{dx} = -240{,}8$$

$$\text{Quando } x = 5, \frac{dv}{dx} = +27$$

$$\text{Quando } x = 4{,}90, \frac{dv}{dx} = +0{,}034$$

Sendo assim, a deflexão máxima ocorre quando $\times = 4{,}9$ m.

Substituindo isso na equação de deflexão, obtemos a deflexão máxima:

$$v = -\frac{2.827}{EI}$$

Se a viga for feita de uma graduação de aço cujo módulo de Young é $(E) = 200$ kN/mm^2, e seu segundo momento de área $(I) = 20.000$ cm^4, então:

$$EI = (200 \times 10^6) \times (20.000 \times 10^{-8}) = 400.000 \text{ kN.m}^2$$

$$v = \frac{2.827}{40.000} = 0{,}071 \text{ m} = 71 \text{ mm}$$

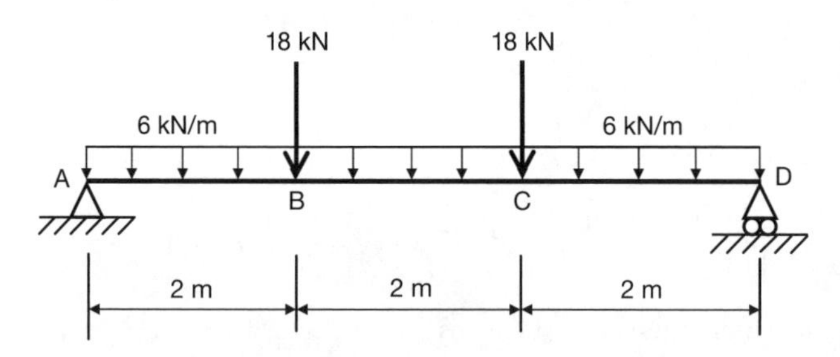

Figura 27.8 Exercício 1.

Exercícios

1. Use o método de Macaulay para calcular a deflexão vertical máxima da viga mostrada na Figura 27.8 sob a carga indicada. Expresse sua resposta em termos de EI. (Dica: repare na simetria da viga e da carga atuante sobre ela.)
2. Use o método de Macaulay para calcular a deflexão vertical máxima de uma viga em balanço de comprimento L sujeita a uma carga pontual P na sua extremidade livre.

Respostas

1. $v = 239{,}25/EI$; constantes de integração: $A = -126$, $B = 0$
2. $v = PL^3/3EI$; constantes de integração: $A = B = 0$

28

Tensão de cisalhamento

Já encontramos a tensão de cisalhamento no Capítulo 18. Assim como a tensão direta é definida como força dividida pela área, o que também foi visto no Capítulo 18, a tensão de cisalhamento é força de cisalhamento dividida pela área. Agora que iremos examinar a tensão de cisalhamento em detalhes, temos de defini-la com maior rigor, da seguinte forma:

$$\text{Tensão de cisalhamento média} = \frac{\text{Força de cisalhamento}}{\text{Área}}$$

Vejamos alguns exemplos. Lá atrás no Capítulo 3, onde o conceito de cisalhamento foi introduzido, examinamos duas placas de aço sobrepostas conectadas entre si por um parafuso atravessado na parte sobreposta. As duas placas são puxadas em sentidos opostos e, quando a força se torna forte o bastante, o parafuso acaba apresentando ruptura por cisalhamento. Veja a Figura 28.1.

Se a força puxando o parafuso é P e o parafuso possui seção transversal circular, a tensão de cisalhamento média no parafuso pode ser calculada do seguinte modo:

$$\text{Tensão de cisalhamento média} = \frac{P}{\pi D^2/4} = \frac{4P}{\pi D^2}$$

Então, P = (tensão de cisalhamento média) × $\pi D^2/4$.

Como exemplo, calcule a resistência de um único parafuso de aço com diâmetro de 16 mm se a tensão de cisalhamento média é de 75 N/mm^2.

Resistência do parafuso $P = (75 \times \pi \times 16^2)/4 = 15.080$ N = 15,08 kN

Tensão de cisalhamento complementar

Boa parte da análise estrutural avançada envolve observar um componente típico extremamente pequeno de um elemento estrutural (como uma viga), analisar seu comportamento matematicamente e então resumir o efeito de um grande número dessas partículas extremamente pequenas de viga para determinar o comportamento do objeto como um todo. Este tipo de análise matemática não tomará grande parte deste livro, mas vale a pena aplicá-la no contexto da tensão de cisalhamento para gerar um conceito importante.

A Figura 28.2a mostra uma pequena parte retangular de uma viga, com x de largura e y de altura. A terceira dimensão, medida na ortogonal da página (por assim dizer), é a espessura do pedaço, t. Todas as dimensões (x, y e t) são bem pequenas.

Uma viga típica sustenta cargas verticais, o que gera esforços de cisalhamento no interior da viga, conforme vimos no Capítulo 16. Tais esforços de cisalhamento produzirão tensões de cisalhamento, que também atuam no plano da seção transversal da viga. A tensão de cisalhamento é simbolizada pela letra grega τ (pronunciada "tau").

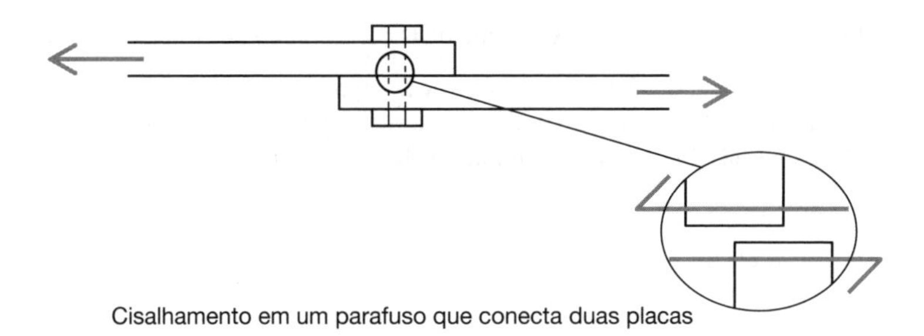

Figura 28.1 Cisalhamento em parafusos.

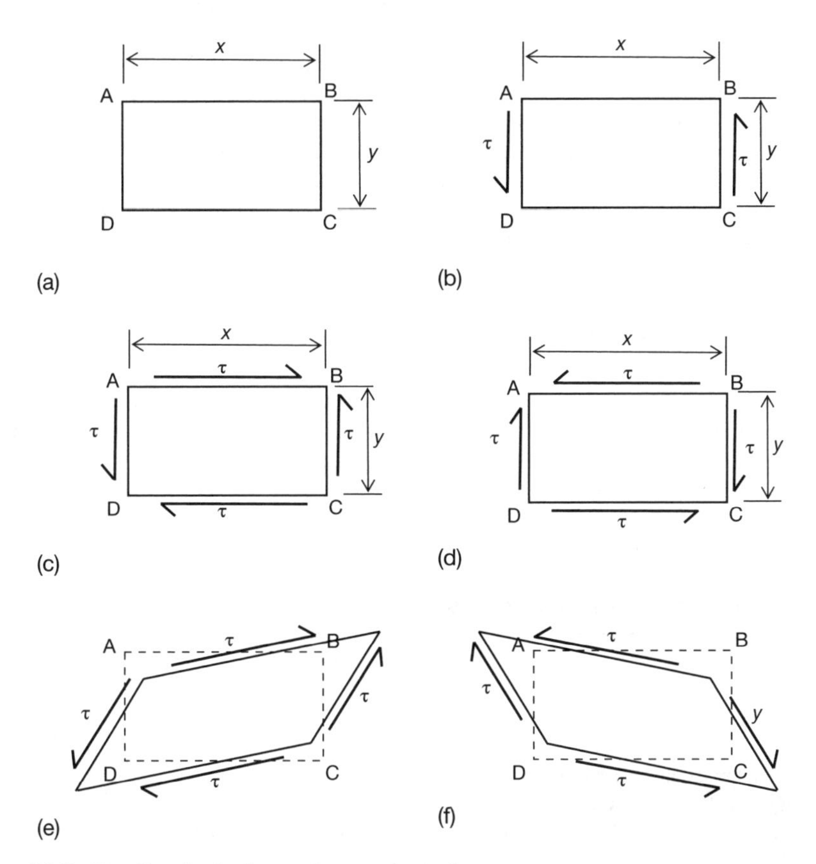

Figura 28.2 Tensões de cisalhamento complementares.

Quando a tensão de cisalhamento atua para baixo sobre a superfície AD, então, para que haja equilíbrio, uma tensão de cisalhamento equivalente deve atuar para cima no plano BC, conforme mostrado na Figura 28.2b.

O próximo passo parece um contrassenso, mas mostraremos que também é preciso haver tensões de cisalhamento tanto na superfície horizontal AB quanto na CD. Chamemos a tensão de cisalhamento experimentada pela superfície AB de τ_1.

Examinando os momentos em torno de D e lembrando que força = tensão × área:

Momento em sentido horário em torno de D = momento em sentido anti-horário em torno de D.
Força horizontal na plano AB × y = força vertical no plano BC × x.
(Tensão de cisalhamento horizontal no plano AB × área AB) × y = (tensão de cisalhamento vertical no plano BC × área BC) × x

$\tau_1.(xt)y = \tau.(yt)x$

Portanto, $\tau_1 = \tau$.

As tensões de cisalhamento experimentadas nos planos horizontais são as *tensões de cisalhamento complementares* àquelas nos planos verticais. Acabamos de mostrar que as magnitudes dessas tensões de cisalhamento complementares são as mesmas que as das tensões de cisalhamento vertical (τ).

Conclui-se daí que o padrão de tensões de cisalhamento nas bordas de nosso minúsculo pedaço da viga será como o mostrado ou na Figura 28.2c ou na Figura 28.2d, e todas elas terão o valor τ.

Examinando a Figura 28.2c e d, podemos ver que as setas de cisalhamento em bordas adjacentes se encontram ou "nariz com nariz" ou "cauda com cauda". Na Figura 28.2c, os narizes se encontram em B e D, o que significa que o efeito das tensões de cisalhamento seria o de distorcer o formato para fora nesses pontos, conforme mostrado na Figura 28.2e. De modo similar, a Figura 28.2f exibe o formato distorcido da Figura 28.2d.

Módulo de cisalhamento

Assim como o módulo de Young é a razão entre tensão direta e deformação direta, o módulo de cisalhamento é a razão entre a tensão de cisalhamento e a deformação de cisalhamento.

$$\text{Módulo de cisalhamento} = \frac{\text{Tensão de cisalhamento } (\tau)}{\text{Deformação de cisalhamento } (\gamma)}$$

Tensão de cisalhamento em vigas

Expressão geral:

$$\tau = \frac{QA\bar{y}}{Ib}$$

τ é a tensão de cisalhamento.
Q é o esforço de cisalhamento atuante na seção transversal.
A é a área do perfil acima ou abaixo do nível em que a tensão de cisalhamento está sendo calculada (isto é, a área mais distante do eixo neutro).
$\bar{y}$ é a distância até o centroide da área A medida a partir do eixo neutro da seção transversal.
I é o segundo momento de área da seção transversal inteira em torno do eixo neutro.
b é a largura da seção transversal no nível em que a tensão de cisalhamento está sendo calculada.

Perfis retangulares

Pode-se demonstrar que, para um perfil retangular, a tensão de cisalhamento máxima ocorre bem na metade da altura do perfil.

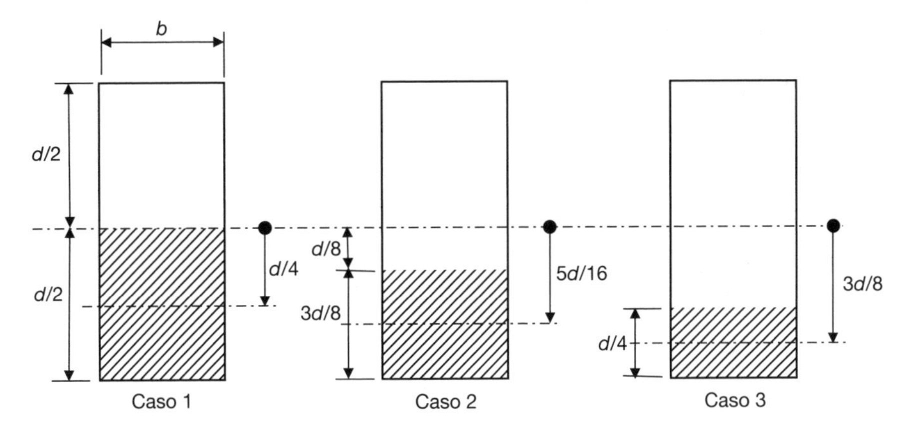

Figura 28.3 Exemplos de seção transversal para o Exemplo 28.1.

Exemplo 28.1

Em termos de tensão de cisalhamento média ($=V/bd$), calcule a tensão de cisalhamento (a) na metade da altura da seção transversal, (b) a cinco oitavos da altura da seção transversal e (c) a três quartos da altura da seção transversal. Veja a Figura 28.3.

Solução

Nos três casos,

$Q = V$, o esforço de cisalhamento na seção transversal em questão ao longo do comprimento da viga.
$I = bd^3/12$ (segundo momento de área da seção transversal inteira).
Largura da viga $= b$.
A é a área sombreada a partir da parte relevante da Figura 28.3.
$\bar{y}$ é a distância até o centro da área sombreada a partir do centroide do perfil inteiro. Essas dimensões estão indicadas na Figura 28.3.

Caso (a): na metade da altura da seção transversal

$$A = \frac{bd}{2}$$

$$\bar{y} = \frac{d}{4}$$

$$\tau = \frac{QA\bar{y}}{Ib}$$

$$\tau = \frac{V \times (bd/2) \times (d/4)}{(bd^3/12) \times b}$$

$$\tau = \frac{V \times (bd^2/8)}{(b^2d^3/12)}$$

$$\tau = \left(\frac{V}{bd}\right) \times \left(\frac{12}{8}\right) = 1,5\left(\frac{V}{bd}\right)$$

Então a tensão de cisalhamento na metade da altura da seção transversal é de 1,5 × a tensão de cisalhamento média.

Caso (b): a cinco oitavos da altura da seção transversal

$$A = \frac{3bd}{8}$$

$$\bar{y} = \frac{5d}{16}$$

$$\tau = \frac{QA\bar{y}}{Ib}$$

$$\tau = \frac{V \times (3bd/8) \times (5d/16)}{(bd^3/12) \times b}$$

$$\tau = \frac{V \times (15bd^2/128)}{b^2d^3/12}$$

$$\tau = \left(\frac{V}{bd}\right) \times \left(\frac{15 \times 12}{128}\right) = 1{,}4\left(\frac{V}{bd}\right)$$

Então a tensão de cisalhamento a cinco oitavos da altura da seção transversal é de 1,4 × a tensão de cisalhamento média.

Caso (c): a três quartos da altura da seção transversal

$$A = \frac{bd}{4}$$

$$\bar{y} = \frac{3d}{8}$$

$$\tau = \frac{QA\bar{y}}{Ib}$$

$$\tau = \frac{V \times (bd/4) \times (3d/8)}{(bd^3/12) \times b}$$

$$\tau = \frac{V \times (3bd^2/32)}{b^2d^3/12}$$

$$\tau = \left(\frac{V}{bd}\right) \times \left(\frac{3 \times 12}{32}\right) = 1{,}125\left(\frac{V}{bd}\right)$$

Então a tensão de cisalhamento a três quartos da altura da seção transversal é de 1,125 × a tensão de cisalhamento média.

Como pode ser visto a partir da Figura 28.4, a distribuição da tensão de cisalhamento descendo pela altura de uma seção transversal retangular é parabólica, com valores de zero no alto e na base da seção, e 1,5 × a tensão de cisalhamento média na metade da altura.

Perfis em forma de I

Examinaremos agora a distribuição de tensão de cisalhamento ao longo da altura de uma seção transversal em forma de I.

Exemplo 28.2

A viga em *I* mostrada na Figura 28.5 está sujeita a um esforço de cisalhamento máximo de 500 kN. Calcule a tensão de cisalhamento nas seguintes posições:

1. No alto da mesa superior
2. Na parte de baixo da mesa superior

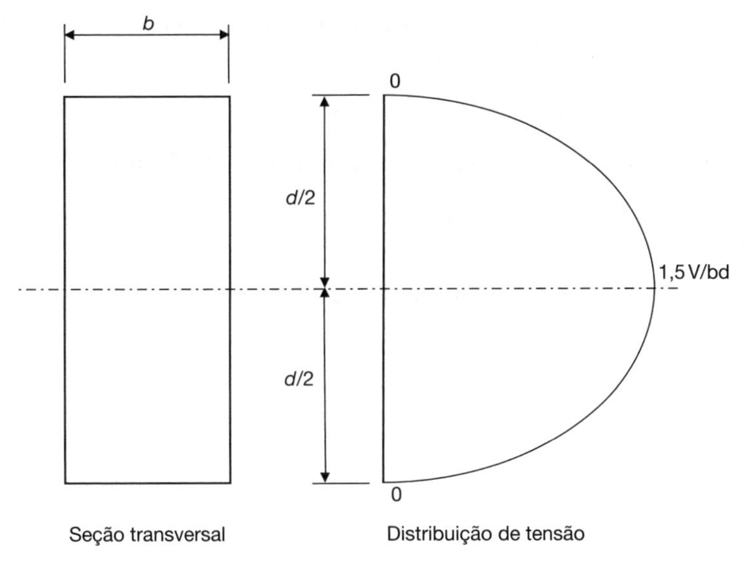

Figura 28.4 Distribuição de tensão numa seção transversal retangular.

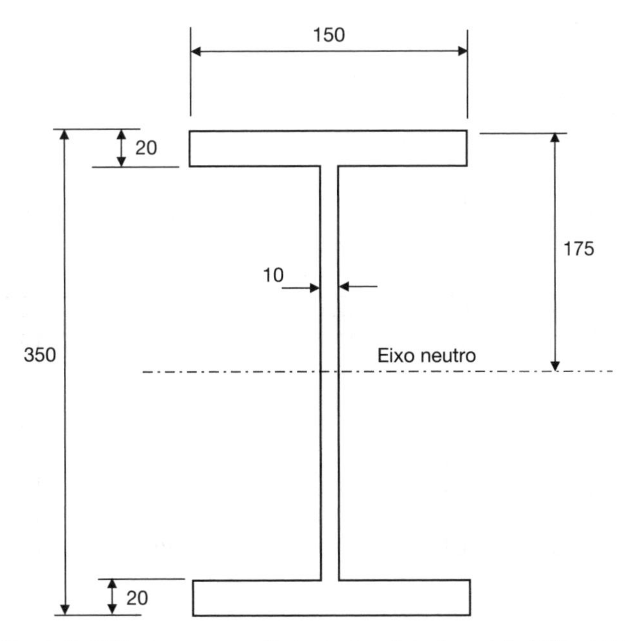

Figura 28.5 Exemplo 28.2: viga com seção transversal em forma de *I* (dimensões em mm).

3. No alto da alma
4. No eixo neutro

Aplicaremos a equação anterior, que é:

$$\tau = \frac{QA\bar{y}}{Ib}$$

Primeiro, calculamos o segundo momento de área I usando o método da "diferença" para perfis simétricos, explicado no Capítulo 19.

$$I = \left(\frac{150 \times 350^3}{12}\right) - \left(\frac{140 \times 310^3}{12}\right) = 188 \times 10^6 \text{ mm}^4$$

Q = esforço de cisalhamento atuando na seção transversal = 500.000 N.

Caso 1: no alto da mesa superior

Por inspeção, A = 0, então $\tau = 0$.

Caso 2: na parte de baixo da mesa superior

A partir da Figura 28.6:

$A = 150 \times 20 = 3.000 \text{ mm}^2$

$\bar{y} = 165$ mm

$b = 150$ mm

$$\tau = \frac{500.000 \times 3.000 \times 165}{188 \times 10^6 \times 150} = 8{,}78 \text{ N/mm}^2$$

Caso 3: no alto da alma

A partir da Figura 28.6:

$A = 150 \times 20 = 3.000 \text{ mm}^2$ (como no Caso 2)

$\bar{y} = 165$ mm (como no Caso 2)

$b = 10$ mm

$$\tau = \frac{500.000 \times 3.000 \times 165}{188 \times 10^6 \times 10} = 131{,}6 \text{ N/mm}^2$$

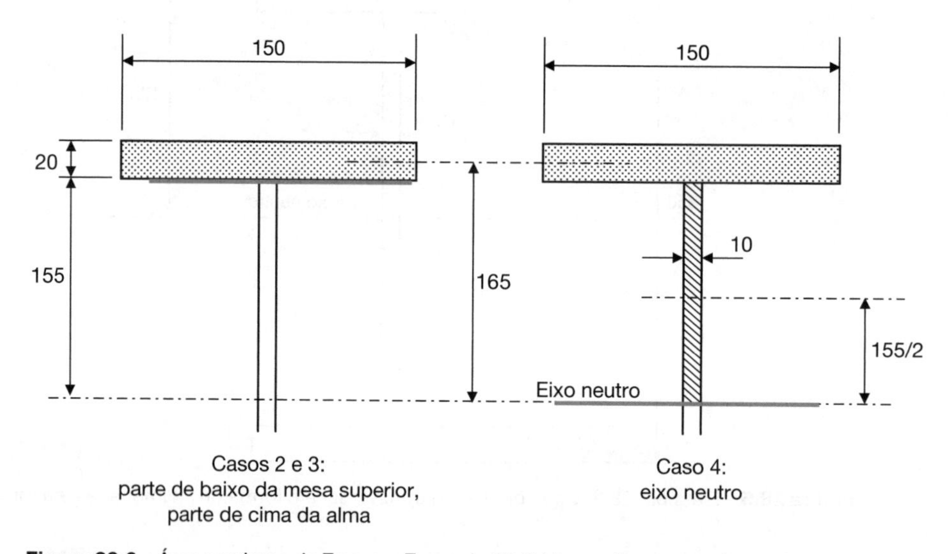

Figura 28.6 Área e valores de $\bar{y}$ para o Exemplo 28.2 (dimensões em mm).

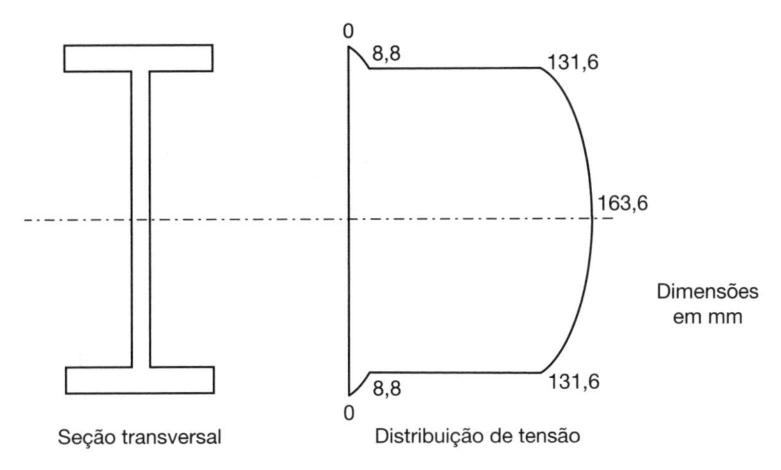

Figura 28.7 Distribuição de tensão de cisalhamento em uma viga de perfil (Exemplo 28.2).

Caso 4: no eixo neutro

A partir da Figura 28.6:

$$A\bar{y} = [(150 \times 20) \times 165] + [(10 \times 155) \times 155/2] = 615.125 \text{ mm}^3$$
$$b = 10 \text{ mm}$$

$$\tau = \frac{500.000 \times 615.125}{188 \times 10^6 \times 10} = 163{,}6 \text{ N/mm}^2$$

A distribuição de tensão é mostrada na Figura 28.7. Como se pode ver, quase todo o esforço de cisalhamento (cerca de 95%) é suportado pela alma e apenas uma pequena fração pelas mesas.

Sendo assim, a pressuposição usual no projeto estrutural é de que a alma suporta todo o esforço de cisalhamento e as mesas, todo o momento fletor.

Exercício

Calcule a tensão de cisalhamento em cada um dos níveis a seguir no perfil em I de paredes finas mostrado na Figura 28.8, sujeito ao esforço de cisalhamento de 20 kN:

a. Debaixo da mesa superior
b. No alto da alma
c. No eixo neutro

Resposta

τ = 0,74; 17,8 e 21,2 N/mm^2

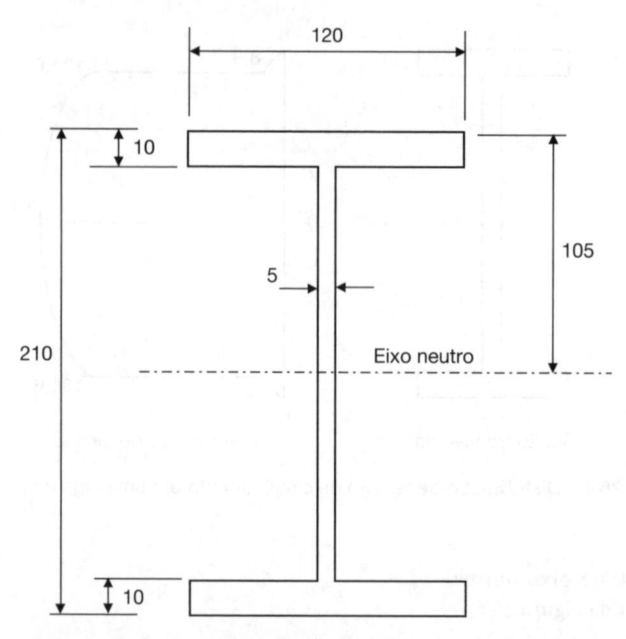

Figura 28.8 Exercício 1 (dimensões em mm).

Figura 28.9 Pilares nem sempre são verticais!

Os pilares normalmente são verticais, mas o prédio da cidade de Nova York exibido na Figura 28.9 demonstra que não precisam ser.

29

Flambagem e torção

Flambagem

Imagine um pilar sob compressão. A partir do que foi estudado até aqui, sabemos que, se a carga axial sobre o pilar foi conhecida e a área da seção transversal do pilar também for conhecida, a tensão de compressão em qualquer ponto do pilar pode ser facilmente calculada a partir da equação *tensão = força/área*, encontrada pela primeira vez no Capítulo 18. Contanto que essa tensão de compressão seja inferior à resistência à compressão do material que compõe o pilar, então parece que qualquer ruptura é improvável - mas será mesmo?

Um pilar feito de uma graduação específica de aço apresenta uma tensão resistente de escoamento de 275 N/mm². Se a carga sobre o pilar (P) é de 1.500 kN e a área da seção transversal (A) do pilar é de 7.640 mm², então a tensão sobre o pilar é de (1.500 × 10³ N)/7.640 mm² = 196 N/mm². Como a tensão real sobre o pilar (196 N/mm²) é consideravelmente inferior à resistência do aço (275 N/mm²), o pilar parece estar seguro. Podemos inclusive decidir, para fins de economia, por um pilar com área de seção transversal ligeiramente menor, a fim de elevar a tensão real para um valor mais próximo da resistência do aço - mas precisamos ter cuidado, conforme mostrará a discussão a seguir.

Pilares esbeltos são propensos à *flambagem*. A flambagem diz respeito à deflexão lateral de um pilar sob cargas relativamente pequenas. O efeito da flambagem foi demonstrado - usando uma régua de plástico - na Figura 25.27. A flambagem pode limitar drasticamente a capacidade de sustentação de carga de um pilar.

É relativamente fácil calcular o valor da carga que acabaria causando falha por flambagem. Isso é conhecido como a *carga de flambagem de Euler* (P_E), batizada em homenagem ao matemático que derivou a seguinte equação:

$$P_E = \frac{\pi^2 EI}{L^2}$$

Como se pode ver a partir da equação, a carga de flambagem depende do módulo de Young (E), do segundo momento de área (I) e do comprimento efetivo do pilar (L). Como seria de se esperar, a carga de flambagem é maior (diminuindo, portanto, a chance de flambagem) quando o pilar é feito de um material mais resistente, apresenta uma ampla área em sua seção transversal e pouca extensão em seu comprimento.

Dois outros fatores têm de ser levados em consideração nessa análise sobre flambagem. Uma é a *esbeltez*, e o outro é o *grau de restrição* no alto e na base do pilar.

Esbeltez

Estamos acostumados a aplicar o termo "esbelto" no contexto dos atributos físicos em nós mesmos e em outros seres humanos. Quando queremos descrever para um amigo alguém que ele ainda não conhece, às vezes dizemos "ele é alto e magro" ou "ela é baixa e..." (insira aqui o seu eufemismo preferido para "gorda", como "cheinha", "fofinha" ou "reforçada"). O que estamos fazendo nesse caso, provavelmente de forma subconsciente, é expressar a razão entre a altura e a largura da pessoa.

Ser bastante esbelto é algo normalmente considerado como uma propriedade esteticamente desejável tanto em pessoas quanto em componentes de edificações. Porém, em termos estruturais, alta esbeltez é indesejável, pois quanto mais esbelto um componente, mais suscetível ele estará à flambagem e, consequentemente, menos carga será capaz de sustentar.

Como o grau de esbeltez é medido? Ele pode ser encarado simplesmente como a razão entre a altura (de um pilar ou parede) e a espessura, ou a razão entre o comprimento e a largura, ou a razão entre sua dimensão mais longa e sua dimensão transversa. Isso é adequado para seções transversais retangulares, como paredes de alvenaria e pilares de concreto, mas um tanto rudimentar para seções transversais mais complexas, como os perfis em forma de *I* tipicamente encontradas em construções de aço. Para tais perfis, o índice de esbeltez (λ) é definido como o comprimento (l) do pilar dividido por seu raio de giração (r), onde r é definido como a raiz quadrada do segundo momento de área dividido por sua área.

$$\text{Índice de esbeltez } \lambda = \frac{L}{r}$$

e

$$\text{Raio de giração } r = \sqrt{\frac{I}{A}}$$

Essa definição de raio de giração tem suas origens na matemática usada para obter a equação de Euler. Para uma seção retangular de largura b e altura d, pode-se demonstrar que $r = 0{,}289d$; em outras palavras, o raio de giração é uma função exclusiva de sua altura para tais seções transversais.

Grau de restrição

Isso diz respeito ao nível de firmeza com que o pilar está afixado em sua parte superior e inferior quando cargas são aplicadas. Você pode demonstrar isso por conta própria usando uma régua de plástico. Escolha uma de 30 cm (300 mm), e não aquelas de 15 cm (150 mm), que parecem ser as únicas que meus alunos possuem.

Posicione a régua de plástico na vertical e aplique uma força de compressão usando seus dedos indicadores. Como você está permitindo que a régua gire em suas extremidades, perceberá que basta uma pequena força para flambá-la. Agora faça a mesma coisa, mas dessa vez segure ambas extremidades da régua firmemente com seus punhos. Dessa vez, você perceberá que é preciso aplicar muito mais força para que a régua apresente flambagem.

O efeito dessas diferentes condições de extremidade é levado em consideração usando-se o conceito de comprimento efetivo, que é obtido multiplicando-se o comprimento real por um fator de comprimento efetivo (ou coeficiente de flambagem). Quando ambas as extremidades do pilar são rotuladas (isto é, afixadas em juntas articuladas livres para rotacionar), o fator de comprimento efetivo é 1, então o comprimento efetivo é igual ao comprimento real. Quando o pilar está totalmente engastado em ambas extremidades, (o equivalente a segurar com firmeza a régua de plástico com seus punhos), o fator de comprimento efetivo é 0,7 e, portanto, o comprimento efetivo é apenas 70% do comprimento real (ou seja, consideravelmente menor).

Isso ocorre porque pilares mais curtos são bem menos propensos à flambagem do que pilares mais longos. Pode-se demonstrar a partir da equação de flambagem de Euler que, se o comprimento de um pilar for cortado pela metade (colocando-se algum apoio lateral intermediário), a carga de flambagem de Euler é aumentada por um fator de 4.

Tensão sob a carga de flambagem de Euler

Usando-se a abordagem usual de tensão = força/área, conclui-se que a tensão no aço sob a carga de flambagem de Euler, σ_E, pode ser definida como:

$$\sigma_E = \frac{P_E}{A}$$

onde A é a área de seção transversal do perfil.

Relação entre a tensão de Euler e o índice de esbeltez

Essa relação é mostrada no gráfico da Figura 29.1, a partir do qual inúmeras observações podem ser feitas.

Como já foi examinado, quando a flambagem não chega a ser um problema, o pilar pode realizar toda sua resistência à compressão: 275 N/mm^2 no caso de um pilar de aço. No entanto, assim que o índice de esbeltez λ ultrapassa um certo valor (cerca de 85, no caso do aço), o pilar deixa de ser "curto" e começa a se tornar esbelto; a flambagem agora torna-se um problema. Como se pode ver a partir do gráfico, quanto maior a esbeltez, menor a carga de flambagem de Euler – em outras palavras, o pilar fica cada vez menos capaz de sustentar carga. A partir de um índice de esbeltez na casa de 300, esse gráfico fica achatado.

Contudo, até mesmo essa carga pode ser otimista. A carga de flambagem de Euler depende de condições ideais: ela pressupõe um pilar totalmente reto e uma carga perfeitamente axial, sem qualquer excentricidade. Isso é improvável de acontecer, já que um pilar real jamais ficaria perfeitamente retilíneo. A "curva de projeto" na Figura 29.1 mostra quanta carga um pilar é capaz de sustentar realisticamente. Para exemplificar com alguns valores, um pilar que em teoria é capaz de sustentar 1.000 kN antes que a flambagem se torne um problema pode ter uma carga de flambagem de Euler de cerca de 450 kN e uma carga de ruptura "de projeto" (realista) de 300 kN.

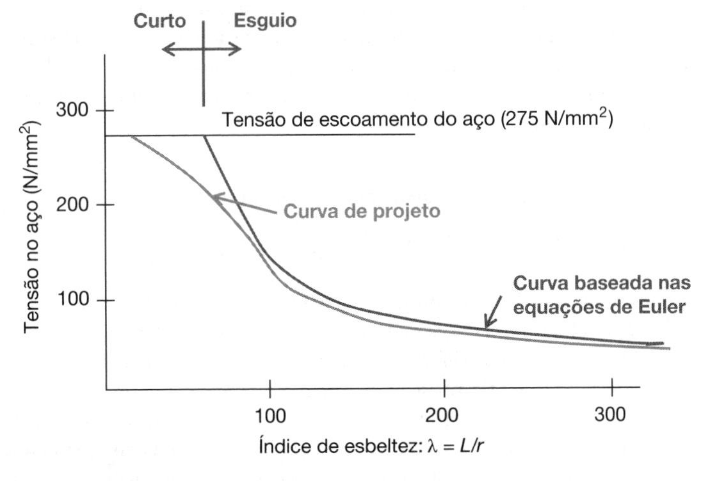

Figura 29.1 Curvas de flambagem.

Exemplo 29.1

Um pilar padronizado específico possui uma área de seção transversal (A) de 2.900 mm^2 e um segundo momento de área (I) de 4.000.000 mm^4. Seu comprimento entre o térreo e o primeiro pavimento de um prédio é de 4 m, e ele pode ser considerado como articulado em ambas as extremidades. O módulo de Young (E) do aço é 210.000 N/mm^2, e sua tensão de escoamento é de 275 N/mm^2.

a. Calcule a carga que o pilar seria capaz de sustentar se a flambagem não fosse problema.
b. Calcule a carga de flambagem de Euler (P_E) do pilar.
c. Comente sobre a sensatez de projetar o pilar tomando por base os resultados obtidos em (a) e (b).
d. O arquiteto do projeto agora deseja instalar um andar em mezanino entre o térreo e o primeiro pavimento. Como o mezanino cobrirá apenas parte da área planar do prédio, os pilares que não sustentarão o mezanino terão o dobro do comprimento dos demais, alcançando 8 m de extensão. Calcule a carga de flambagem de Euler para esses pilares mais longos, e depois calcule a carga de flambagem de Euler revisada se as extremidades dos pilares forem engastadas em vez de articuladas.
e. Comente a respeito das opções abertas a um engenheiro de estruturas se a carga aplicada sobre um pilar ultrapassar a carga de flambagem de Euler.

Solução

Parte (a)

Como tensão = força/área, então força = tensão × área:

$$P = \sigma A = 275\ \text{N/mm}^2 \times 2\,900\ \text{mm}^2 = 797\,500\ \text{N} = 797{,}5\ \text{kN}$$

Parte (b)

$$P_E = \frac{\pi^2 EI}{L^2} = \frac{\pi^2 \times 210\,000 \times 4\,000\,000}{4\,000^2} = 518\,154\ \text{N} = 518\ \text{kN}$$

Parte (c)

Seria extremamente insensato projetar o pilar tomando por base o resultado da parte (a), que sugere que o pilar seria capaz de sustentar uma carga axial de até 797,5 kN, já que o resultado da parte (b) nos informa que o pilar poderia sustentar apenas uma carga de 518 kN. Porém, até mesmo esse valor seria otimista demais, pois pressupõe que o pilar é perfeitamente retilíneo e a carga é perfeitamente axial, e ambas essas pressuposições dificilmente se confirmariam na prática. Sendo assim, a carga que o pilar é verdadeiramente capaz de suportar deve ficar um pouco abaixo de 518 kN. Normas técnicas para materiais específicos (tal como o aço) oferecem orientação a esse respeito, o que depende de fatores como o tipo de seção transversal usado e outras questões geométricas.

Parte (d)

Aqui, a única diferença em relação à parte (b) é que L = 8 m.

$$P_E = \frac{\pi^2 EI}{L^2} = \frac{\pi^2 \times 210\,000 \times 4\,000\,000}{8\,000^2} = 129\,539\ \text{N} = 129{,}5\ \text{kN}$$

Isso é um quarto do valor obtido na parte (b), o que mostra que ao dobrarmos o comprimento efetivo reduzimos a carga de flambagem de Euler (P_E) por um fator de 4. Em contrapartida, quando o comprimento efetivo é reduzido pela metade pela instalação de um apoio lateral intermediário, a carga de flambagem de Euler aumenta em 4 vezes.

O engaste de ambas extremidades do pilar reduz o fator de comprimento efetivo (ou coeficiente de flambagem) de 1 (para o caso articulado) para 0,7. O comprimento efetivo, portanto, torna-se (0,7 × 8 m) = 5,6 = 5.600 mm. Assim, a carga de flambagem de Euler revisada fica:

$$P_E = \frac{\pi^2 EI}{L^2} = \frac{\pi^2 \times 210\,000 \times 4\,000\,000}{5\,600^2} = 264\,364\ \text{N} = 264{,}4\ \text{kN}$$

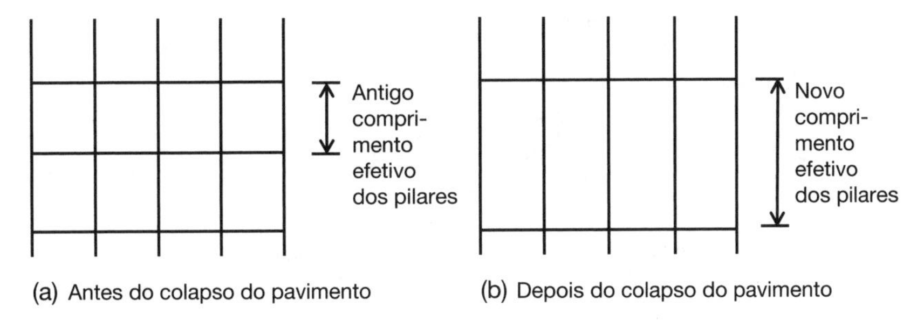

Figura 29.2 Flambagem no colapso do World Trade Center.

Isso mostra que a simples fixação dos apoios faz uma grande diferença, mais do que dobrando a carga de flambagem de Euler.

Parte (e)

Nem todas as opções seguintes seriam práticas em qualquer situação, mas as viáveis incluem:

- Reduzir o comprimento do pilar.
- Reduzir o comprimento efetivo do pilar ao alterar a fixação das extremidades.
- Reduzir a carga aplicada.
- Usar um material mais resistente.
- Usar um perfil com maior área transversal e maior módulo de Young.

Onze de setembro

O atual World Trade Center Building, no distrito financeiro de Lower Manhattan, Nova York, foi finalizado em 2015. Seu predecessor, que compreendia duas torres gêmeas com 110 andares cada, foi construído em 1971 e surpreendentemente destruído em 2001, quando terroristas colidiram um avião comercial de grande porte e repleto de combustível em cada torre. Nos Estados Unidos, o incidente é conhecido como 9/11, segundo a representação norte-americana da data dos ataques: 11 de setembro de 2001.

Muitos ficaram surpresos por ambas as torres terem desabado quase que na vertical, sobre suas próprias fundações, ao estilo de uma implosão controlada. Não existe um consenso definitivo entre engenheiros sobre o modo de colapso, mas é quase certo que a teoria da flambagem cumpriu um papel nos colapsos.

As torres gêmeas eram edifícios com estruturas de aço. O desempenho do aço não é nada bom em meio a um incêndio. O calor intenso das explosões deve ter destruído rapidamente o revestimento isolante em torno do aço e então as vigas metálicas nesse andar devem ter entrado em modo de flambagem e colapso. Depois que as vigas metálicas se foram, os pilares devem ter ficado sem quaisquer restrições entre o pavimento de baixo e o de cima, levando seu comprimento efetivo e sua esbeltez a dobrarem de valor (veja a Figura 29.2). Conforme vimos no Exemplo 29.1, esse aumento repentino no comprimento efetivo deve ter levado a uma redução igualmente repentina na carga de flambagem, levando ao colapso dos pilares e ao colapso progressivo da estrutura inteira.

Até aqui, nossa análise sobre a flambagem concentrou-se nos pilares, mas é claro que outros tipos de elementos podem se encontrar em compressão. Anteriormente, no livro (Capítulos 13 – 15), investigamos a análise de reticulados de nós articulados. Você deve recordar que alguns elementos de um reticulado de nós articulados encontram-se sob tração, outros sob compressão e outro ainda – em teoria, pelo menos – encontram-se livre de tensões.

Exemplo 29.2

A Figura 29.3 mostra um reticulado de nós articulados de três elementos, já analisado anteriormente no Capítulo 13 (ver Fig. 13.17). A partir do diagrama, pode-se perceber que dois dos três

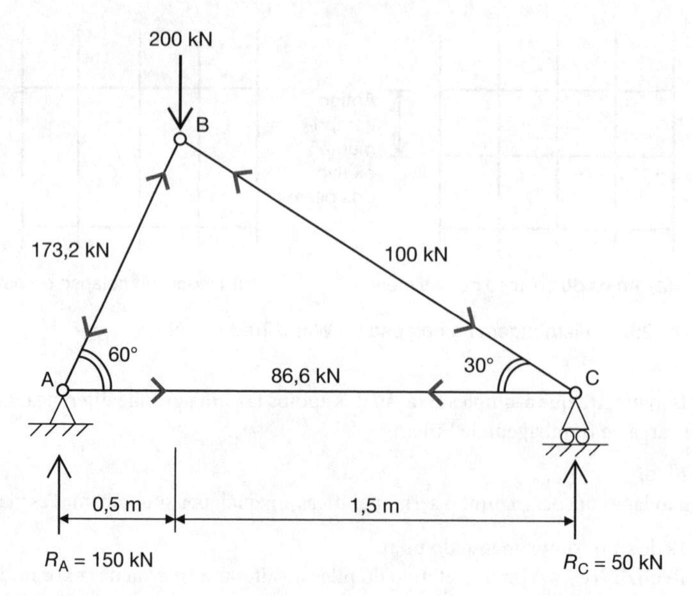

Figura 29.3 Reticulado do Exemplo 29.2.

elementos encontram-se sob compressão: o elemento AB sustenta um esforço axial de compressão de 173,2 kN, enquanto o elemento BC experimenta um esforço axial de 100 kN. Claramente, esses elementos em compressão encontram-se sob risco de flambagem caso sejam mal projetados. Suponha que a estrutura é feita de aço e que, por motivos estéticos, perfis circulares ocos (PCOs) – ou seja, tubos redondos – sejam usados.

a. Determine o valor mínimo do segundo momento de área (I) necessário para resistir ao esforço axial de compressão no elemento BC.
b. Selecione um perfil padronizado capaz de proporcionar um segundo momento de área pelo menos tão grande quanto aquele exigido na parte (a).
c. Calcule a carga de flambagem de Euler (P_E) no elemento BC usando o perfil circular selecionado na parte (b). Será que o elemento BC apresentará flambagem?
d. Se a mesma seção transversal de perfil circular for usada para o elemento AB, calcule a carga de flambagem de Euler neste elemento. O elemento BC apresentará flambagem?

Solução

Parte (a)

Usando trigonometria, o comprimento do elemento BC = 1,5/cos 30° = 1,73 m.

Como o membro apresenta nó articulado em ambas extremidades, o fator de comprimento efetivo = 1.

Comprimento efetivo do elemento BC: L = 1.730 mm.

Módulo de Young do aço E = 210.000 N/mm^2.

O elemento alcançará sua maior eficiência estrutural quando estiver quase a ponto de flambagem sob o esforço axial de compressão de 100 kN. Então, assuma que P_E = 100 kN e reorganize a equação de flambagem a fim de calcular o valor necessário de I:

$$P_E = \frac{\pi^2 EI}{L^2}, \text{ então } I_{\text{necessário}} = \frac{P_E L^2}{\pi^2 E} = \frac{100 \times 10^3 \times 1730^2}{\pi^2 \times 210\,000} = 144.402 \text{ mm}^4$$

Parte (b)

A partir das tabelas de perfis padronizados, uma SOC com 48,3 mm de diâmetro e com paredes de 5 mm de espessura irá proporcionar um segundo momento de área de 162.000 mm^4, o que é mais do que o necessário.

Parte (c)

$$P_E = \frac{\pi^2 EI}{L^2} = \frac{\pi^2 \times 210\,000 \times 162\,000}{1\,730^2} = 112\,187\,\text{N} = 112{,}2\,\text{kN}$$

Como a carga de flambagem de Euler do elemento BC (112,2 kN) é maior do que o esforço axial efetivo sobre o elemento BC (100 kN), o elemento não apresentará flambagem se for geometricamente perfeito.

Parte (d)

Usando trigonometria, o comprimento do elemento AB = 0,5/cos 60° = 1 m.

Como o membro apresenta nó articulado em ambas as extremidades, o fator de comprimento efetivo = 1.

Comprimento efetivo do elemento AB: L = 1.000 mm.

Módulo de Young do aço E = 210.000 N/mm^2.

$$P_E = \frac{\pi^2 EI}{L^2} = \frac{\pi^2 \times 210\,000 \times 162\,000}{1\,000^2} = 335\,764\,\text{N} = 335{,}7\,\text{kN}$$

Como a carga de flambagem de Euler do elemento AB (335,7 kN) é maior do que o esforço axial efetivo sobre o elemento AB (173,2 kN), o elemento não apresentará flambagem se for geometricamente perfeito.

Torção

Torção é *rotação*. Trata-se de um fenômeno de maior importância (e, consequentemente, de maior interesse) para os engenheiros mecânicos – como, por exemplo, os eixos de transmissão nos carros, que dependem de rotação para transferir potência – mas também pode ser um fator decisivo para os engenheiros civis.

Quando uma viga sustenta uma carga excêntrica em relação à sua largura, ela experimenta torção, e até mesmo cargas centralizadas podem levar a torção de seções transversais esbeltas – já vimos a ação de flambagem lateral com torção no Capítulo 25. Sendo assim, é importante compreender o conceito de torção no contexto do projeto estrutural. Veja a ilustração da Figura 29.4.

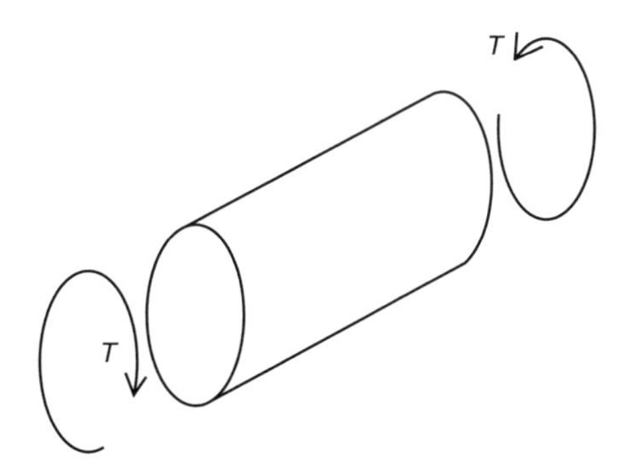

Figura 29.4 Torção em eixos sólidos.

A principal equação da torção é a seguinte:

$$\frac{\tau}{r} = \frac{T}{J} = \frac{G\theta}{L}$$

onde

τ = tensão de cisalhamento (N/mm^2)
r = raio no qual a tensão de cisalhamento está sendo calculada (mm)
T = momento torcional aplicado (Nmm)
J = segundo momento de área polar (mm^4)
G = módulo de cisalhamento (N/mm^2) = tensão de cisalhamento (τ)/ deformação de cisalhamento (γ)
θ = ângulo de rotação (radianos)
L = comprimento do elemento (mm)

Se lhe servir de ajuda (o que talvez não ocorra), isso é análogo à equação de flexão dos engenheiros encontrada no Capítulo 19.

O segundo momento de área polar (J) é uma propriedade geométrica da seção transversal. Para uma seção transversal circular sólida de raio R, o segundo momento de área polar é o seguinte:

$$J = \frac{\pi R^4}{2}$$

Para um eixo circular oco de raio externo R e raio interno r:

$$J = \frac{\pi(R^4 - r^4)}{2}$$

Resistência torcional

A resistência torcional de um eixo de transmissão é o torque máximo que ele é capaz de transmitir sem que a tensão de cisalhamento admissível seja excedida.

Potência

$$\text{Potência} = \frac{\text{Trabalho realizado}}{\text{Tempo levado}} = \frac{\text{Torque} \times \text{ângulo rotacionado}}{\text{Tempo levado}}$$

$$\text{Potência} = \text{Torque} \times \text{velocidade angular}$$

$$P = Tw$$

A unidade de P é watts, a unidade de T é N . m e a unidade de w é radianos por segundo.

Exemplo 29.3

Calcule a tensão de cisalhamento máxima em um parafuso de 6 mm de diâmetro quando atarraxado por uma força de 40 N na extremidade de uma chave-inglesa 150 mm longa. Qual seria a tensão correspondente em um parafuso de 10 mm de diâmetro?

Solução

$$\frac{\tau}{r} = \frac{T}{J}$$

$$\tau = \frac{Tr}{J} = \frac{(40 \times 150) \times 3}{\pi \times 3^4/2} = 141{,}5\,\text{N/mm}^2$$

$$\tau = \frac{Tr}{J} = \frac{(40 \times 150) \times 5}{\pi \times 5^4/2} = 30{,}6\,\text{N/mm}^2$$

Exemplo 29.4

Uma haste oca de aço é usada para perfurar um orifício de 3.000 m de profundidade na rocha. A potência exercida é de 175 kwatts e a velocidade de rotação é de 60 revoluções por minuto. Se os diâmetros interno e externo são de 150 e 175 mm, respectivamente, calcule o seguinte:

a. A tensão de cisalhamento máxima na haste.
b. O ângulo de rotação de uma extremidade em relação à outra, em revoluções.

Suponha que o módulo de cisalhamento G é de 80 kN/mm².

Solução

Parte (a)

$$P = Tw, \text{ então } T = \frac{P}{w} = \frac{175 \times 1000}{2\pi} = 27\,852\,\text{N}\cdot\text{m}$$

$$\frac{\tau}{r} = \frac{T}{J}$$

$$\tau = \frac{Tr}{J} = \frac{27\,852 \times 10^3 \times 87{,}5}{\pi(87{,}5^4 - 75^4)/2} = 57{,}5\,\text{N/mm}^2$$

Parte (b)

$$\frac{T}{J} = \frac{G\theta}{L}, \text{ então, reorganizando } \theta = \frac{TL}{GJ} = \frac{27\,852 \times 10^3 \times 3000 \times 10^3}{80 \times 10^3 \times \frac{\pi}{2}(87{,}5^4 - 75^4) \times 2\pi} = 3{,}92\text{ revs}$$

O que você deve recordar deste capítulo

- A possibilidade de flambagem diminui a resistência de qualquer elemento que se encontre em compressão.
- A carga de flambagem de Euler é o máximo esforço axial de compressão que o elemento é capaz de suportar sem flambagem.
- Se, como costuma ocorrer, o elemento apresentar imperfeições, então a carga máxima que o elemento será capaz de sustentar é menor do que a carga de flambagem de Euler.
- Torção é rotação – um mecanismo muitas vezes usado para transmitir potência.

As estruturas das edificações costumam ficar ocultas por trás de revestimentos, mas o prédio de Nova York mostrado na Figura 29.5 se destaca por seus elementos em diagonal.

Figura 29.5 Uma estrutura exposta em edifício no High Line, em Nova York.

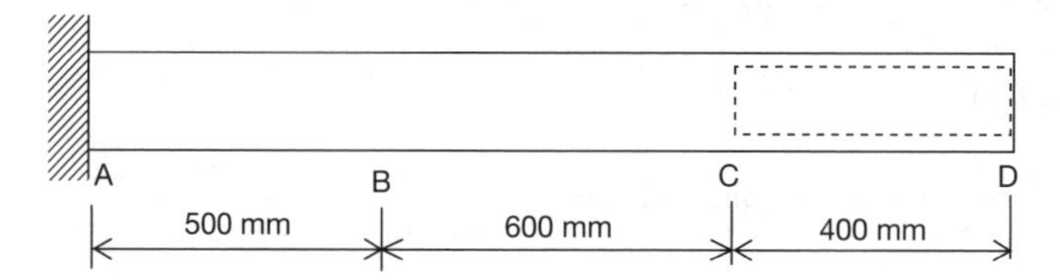

Figura 29.6 Diagrama para o exercício 3.

Exercícios

1. A Figura 29.7 mostra um reticulado de nós articulados, analisado anteriormente no Capítulo 13. Os esforços axiais nos elementos são aqueles ali apresentados, usando os símbolos convencionais para tração e compressão. $E = 210.000$ N/mm^2.
   a) Determine o valor mínimo necessário do segundo momento de área (I) para que o elemento EF (que é o elemento sustentando o maior esforço de compressão, 38 kN) resista ao esforço de compressão.
   b) Determine o valor mínimo necessário do segundo momento de área (I) para que o elemento AB (que é o elemento sustentando o segundo maior esforço de compressão, 12 kN) resista ao esforço de compressão.
   c) Discorra sobre as vantagens e desvantagens de (i) usar a mesma seção transversal em todos os elementos tomando por base aquela necessária para o elemento EF e (ii) usar uma seção transversal para EF e uma seção transversal diferente para os outros elementos.

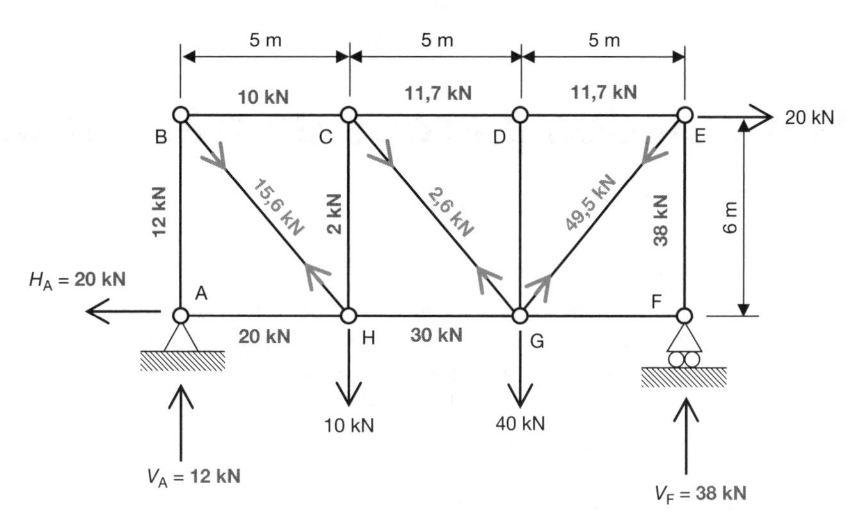

Figura 29.7 Reticulado para os exercícios 1 e 2.

2. O projetista da estrutura mostrada na Questão 1 opta por usar um perfil circular oco (PCO) de 76,1 mm de diâmetro para o elemento EF e um PCO de 60,3 mm de diâmetro para todos os outros elementos. As propriedades dos perfis (consultadas em tabelas) são as seguintes:

- Designação do perfil: 76,1 mm de diâmetro × 5,0 mm de espessura de parede
- Segundo momento de área: $I = 70,9\ cm^4 = 709.000\ mm^4$
- Área da seção transversal $A = 11,2\ cm^2 = 1.120\ mm^2$
- Designação do perfil: 60,3 mm de diâmetro × 3,2 mm de espessura de parede
- Segundo momento de área: $I = 23,5\ cm^4 = 235.000\ mm^4$
- Área da seção transversal $A = 5,74\ cm^2 = 574\ mm^2$

Calcule o raio de giração (r) e também o índice de esbeltez (λ) dos elementos EF e AB.

Mostre que o PCO de 60,3 mm de diâmetro é uma escolha satisfatória para o elemento tracionado EG.

3. A haste engastada de 60 mm de diâmetro mostrada na Figura 29.6 está totalmente fixa em A. O comprimento ABC é sólido e o comprimento CD é oco, com diâmetro interno de 50 mm. Suponha que o módulo de cisalhamento G é de 60 kN/mm². Quando visualizada a partir da extremidade D, momentos torcionais em sentido horário de 0,5 kN . m e 1,2 kNm são aplicados em D e C, respectivamente, e um momento torcional em sentido anti-horário de 3,5 kN . m é aplicado em B. Calcule:

a) O ângulo de rotação em B (θ_B)
b) O ângulo de rotação em D (θ_D)
c) A tensão de cisalhamento máxima τ

4. Um eixo de transmissão usado em um motor tem 50 mm de diâmetro, e sua tensão de cisalhamento admissível é de 100 N/mm². Encontre a resistência torcional do eixo de transmissão. Se o eixo é oco e apresenta um orifício concêntrico de 25 mm de diâmetro por sua extensão, calcule a redução percentual na (a) resistência e (b) no peso.

Respostas

1. a) 660.035 mm⁴; b) 208.432 mm⁴
2. EF: $r = 25,2$ mm; $\lambda = 238$; AB: $r = 20,2$ mm; $\lambda = 297$
3. a) 11,8 milirradianos; b) 6,7 milirradianos; c) 42,4 N/mm²
4. 2,45 kN . m; a) 6,1%; b) 25%

30

Reticulados e arcos de três rótulas

Neste capítulo, analisaremos arcos e reticulados em que alguns dos nós são reticulados e alguns são rígidos. Iremos calcular as reações nas extremidades e desenhar diagramas de esforço cortante e de momento fletor, além de diagramas de esforço axial. As diferenças-chave entre reticulados rígidos e os reticulados com que trabalhamos anteriormente são as seguintes:

1. Os elementos de um reticulado rígido não costumam ser horizontais (mas alguns podem ser), como as vigas.
2. Em reticulados rígidos, os momentos nos nós não são zero.

Antes de embarcarmos na análise de reticulados rígidos, examinaremos um exemplo simples envolvendo uma escada escorada contra uma parede. O objetivo disso é (i) ganhar alguma prática na análise de um objeto que não é uma viga convencional, (ii) calcular as reações nos apoios e (iii) desenhar diagramas de esforço axial, esforço cortante e momento fletor.

Exemplo 30.1

A Figura 30.1 mostra uma escada escorada contra uma parede. Supondo que a parede é perfeitamente lisa no ponto onde o alto da escada está encostado – ponto B – então esse ponto pode ser representado como um apoio deslizante. Sendo assim, não pode haver reação vertical alguma em B. Haverá, porém, uma reação horizontal em B (H_B), e haverá tanto uma reação horizontal (H_A) quanto uma reação vertical (V_A) na base da escada – ponto A – que, portanto, pode ser representado como um apoio rotulado.

Um homem está parado bem na metade da escada, no ponto C, e seu peso é de 1 kN.

Como ocorre com todos os problemas dessa natureza, a primeira tarefa é calcular as reações nos apoios. Contanto que você entenda as regras para fazer isso, trata-se de uma tarefa mais fácil do que parece.

Antes de mais nada, precisamos calcular a distância vertical entre A e B. Usando trigonometria e percebendo que a distância horizontal entre A e B é de 2 m, essa distância vertical é $(2 \times \tan 70°) = 5{,}49$ m.

Calculando os momentos em torno de A: $(1 \text{ kN} \times 1 \text{ m}) = (H_B \times 5{,}49 \text{ m})$.

Portanto, $H_B = 1/5{,}49 = 0{,}182$ kN.

Para que haja equilíbrio horizontal, $H_A = H_B = 0{,}182$ kN.

Para que haja equilíbrio vertical, $V_A = 1$ kN.

Essas reações são mostradas (em preto) na Figura 30.2.

A próxima tarefa é converter essas reações verticais e horizontais em esforços (a) ao longo da linha da escada (os esforços *axiais*) e (b) perpendiculares à linha da escada (os esforços de *cisalhamento*).

Na Figura 30.2, os esforços axiais nos pontos A e B estão em cinza como A_A e A_B, respectivamente. Os esforços de cisalhamento nesses pontos são mostrados como S_A e S_B, respectivamente.

Para calcular os valores desses esforços axiais e de cisalhamento, vamos substituir as forças por componentes, conforme abordado anteriormente no Capítulo 7. Nesse caso, em vez de serem

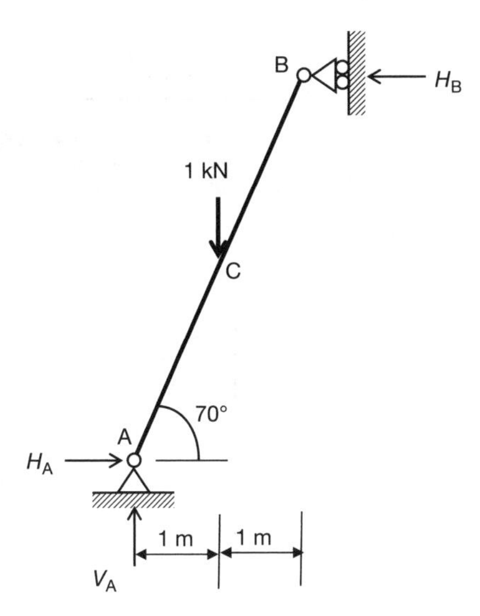

Figura 30.1 Exemplo 30.1: a escada.

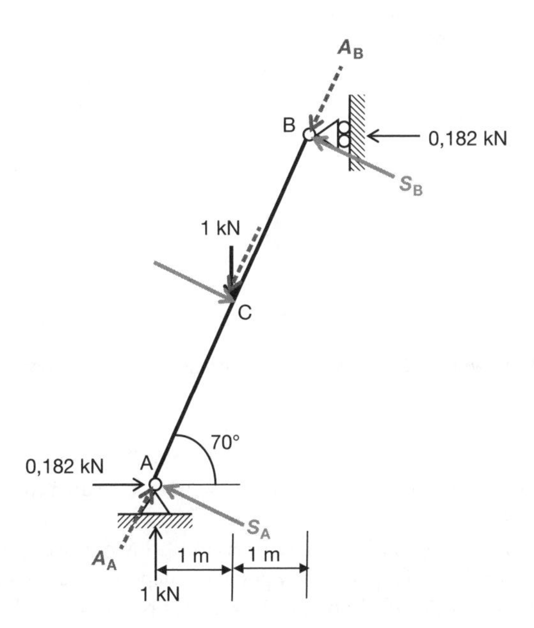

Figura 30.2 Exemplo 30.1: a escada com esforços axiais e de cisalhamento.

horizontais e verticais, essas componentes estarão alinhadas com a escada e em ângulos retos com essa linha. Observe a Figura 30.3.

No alto da escada (Nó B), a força horizontal de 0,182 kN pode ser distribuída em uma componente axial A_B = 0,182 sen 20° = 0,062 kN e uma componente transversal S_B = 0,182 cos 20° = 0,171 kN.

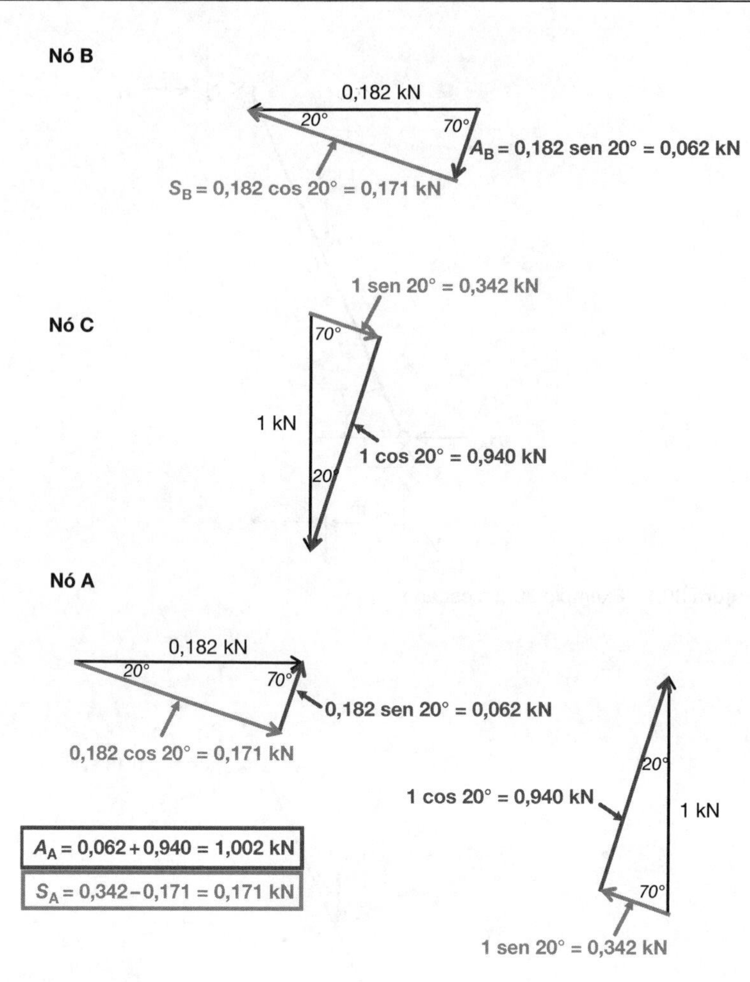

Figura 30.3 Exemplo 30.1: a escada: conversão para forças axiais e transversais.

Bem na metade do comprimento da escada (Nó C), a carga vertical de 1 kN pode ser distribuída em uma componente axial de 1 cos 20° = 0,940 kN e uma componente transversal de 1 sen 20° = 0,342 kN.

Na base da escada (Nó A), há duas forças (0,182 kN para a direita e 1 kN para cima). Substituindo cada uma dessas forças em componentes, depois somando os resultados conforme mostrado na Figura 30.3, descobrimos que A_A = 1,002 kN e S_A = 0,171 kN.

Usando esses resultados, os diagramas de esforço de cisalhamento e esforço axial podem ser plotados, conforme mostrados na Figura 30.4.

Para desenhar o diagrama de momento fletor, sabemos que os momentos fletores devem ser zero em A e B e um máximo em C.

$$\begin{aligned}\text{Momento em C} &= (1\text{ kN} \times 1\text{ m}) - (0{,}182\text{ kN} \times 5{,}49\text{ m}/2)\\ &= 1 - 0{,}5\\ &= 0{,}5\text{ kN . m}\end{aligned}$$

Sendo assim, o diagrama de momento fletor também pode ser plotado, conforme mostrado na Figura 30.4.

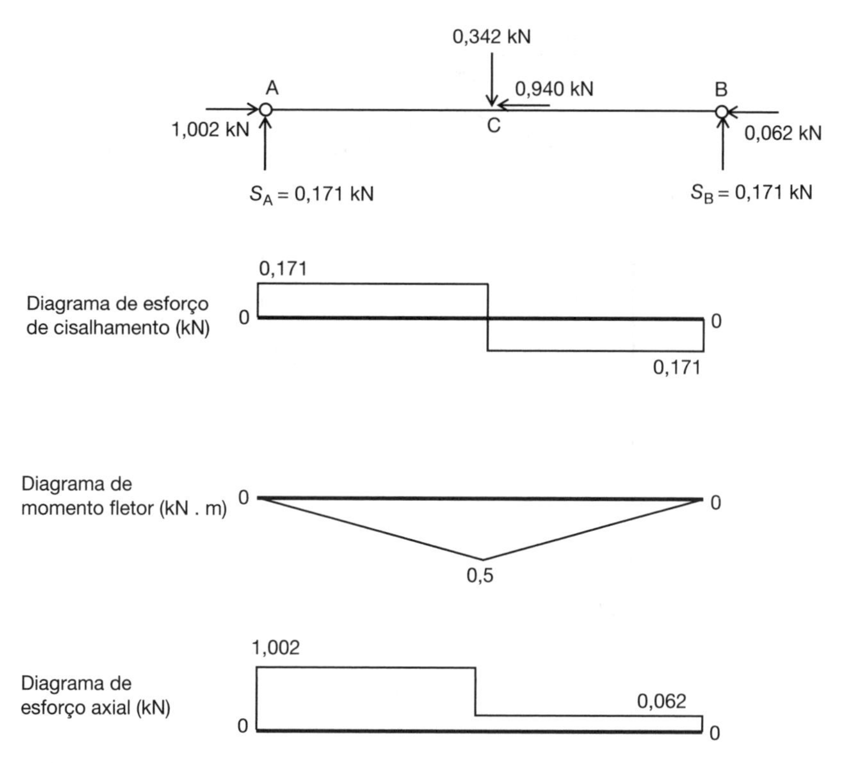

Figura 30.4 Exemplo 30.1: a escada: diagramas de esforço axial, esforço de cisalhamento e momento fletor.

Agora avançaremos para o exame de um verdadeiro reticulado rígido. O procedimento é o seguinte:

- Calcule as reações nos apoios usando equilíbrio (a) para a estrutura inteira e (b) para parte da estrutura, partindo do princípio que uma rótula é incapaz de transmitir um momento fletor.
- Divida o reticulado em elementos individuais e use o princípio do equilíbrio para calcular os momentos e as forças nas extremidades de cada elemento.
- Plote diagramas de (a) esforço axial, (b) esforço de cisalhamento e (c) momento fletor.

Exemplo 30.2

A Figura 30.5 mostra uma estrutura em forma de pórtico apoiada em A e B. Ela sustenta uma carga (vertical) uniformemente distribuída (CUD) de 36 kN/m entre D e C e uma carga pontual horizontal de 8 kN à direita do ponto E. O nó C é rotulado, assim como os dois apoios, mas os nós D e E são rígidos. As dimensões são aquelas exibidas na figura. Desenhe diagramas de esforço de cisalhamento, esforço axial e momento fletor para tal reticulado.

Como de costume, precisamos, antes de mais nada, calcular as reações. Como ambos os apoios são rotulados, haverá reações verticais e horizontais tanto em A quanto e B. Tendo lido o Capítulo 10, você pode concluir que esse reticulado é estaticamente indeterminado, já que há quatro restrições, mas nesse caso a existência de uma rótula em C determina que podemos sim calcular as reações.

Como você sabe, uma rótula é incapaz de transmitir um momento fletor, então onde existe uma rótula o momento fletor deve ser zero. Como C é uma rótula, o momento fletor em C deve ser zero (Fig. 30.6).

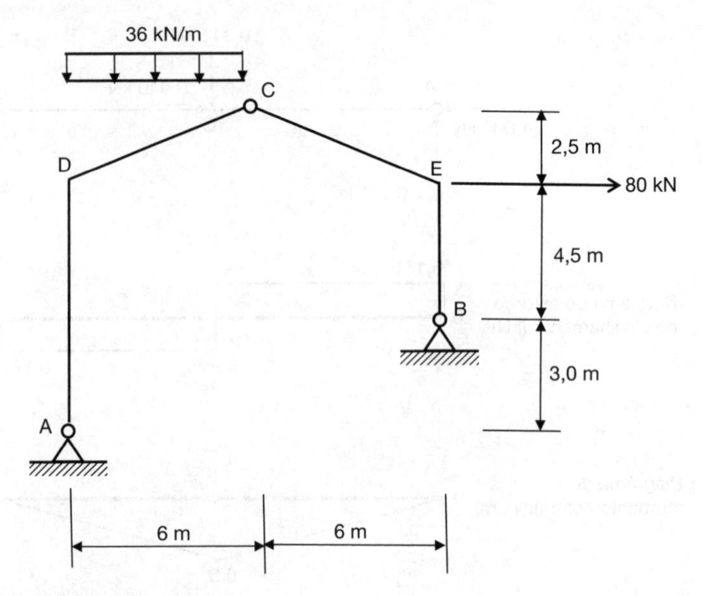

Figura 30.5 Exemplo 30.2: pórtico.

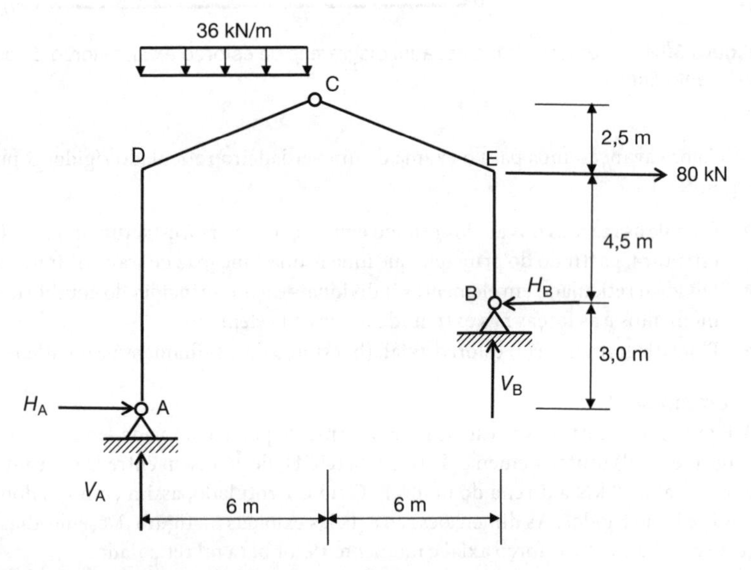

Figura 30.6 Exemplo 30.2: pórtico, com reações.

Equilíbrio vertical:

$$V_A + V_B = (36 \text{ kN} \times 6 \text{ m}) = 216 \text{ kN}. \quad (30.1)$$

Equilíbrio horizontal:

$$H_A - H_B = -80 \text{ kN} \tag{30.2}$$

Calculando os momentos em torno de C para a parte do reticulado à esquerda de C,

$$6V_A = 10H_A + \left(36 \times 6^2/2\right)$$

Dividindo ambos os lados da equação por 2,

$$3V_A = 5H_A + 324 \tag{30.3}$$

Calculando os momentos em torno de B para o reticulado inteiro,

$$12V_A + (80 \text{ kN} \times 4{,}5 \text{ m}) = 3H_A + (36 \text{ kN/m} \times 6 \text{ m} \times 9 \text{ m})$$

Dividindo ambos os lados da equação por 3,

$$4V_A + 120 = H_A + 648.$$

$$H_A = 4V_A - 528 \tag{30.4}$$

Substituindo a Equação 30.4 na Equação 30.3,

$$3V_A = 5(4V_A - 528) + 324$$

$$V_A = 136{,}2 \text{ kN}.$$

Substituindo na equação 30.1,

$$136{,}2 + V_B = 216 \text{ kN}$$

$$V_B = 79{,}8 \text{ kN}$$

Substituindo na Equação 30.4,

$$H_A = (4 \times 136{,}2) - 528 = 16{,}8 \text{ kN}.$$

Substituindo na Equação 30.2,

$$H_B = H_A + 80 = 16{,}8 + 80 = 96{,}8 \text{ kN}.$$

Em resumo,

- $H_A = 16{,}8$ kN
- $V_A = 136{,}2$ kN
- $H_B = 96{,}8$ kN
- $V_B = 79{,}8$ kN

Esses resultados podem ser conferidos calculando-se os momentos em torno de C para o lado direito.

Agora vamos dividir o reticulado em seções discretas para análise.

Elemento AD

Observe o elemento vertical AD. Como há uma força de 16,8 kN atuando para a direita e uma força de 136,2 kN atuando para cima em A, para que haja equilíbrio, elas devem ser contrabalançadas por uma força de 16,8 kN atuando para a esquerda em D e uma força de 136,2 kN atuando para baixo, também em D. Estas últimas forças são mostradas na cor cinza na Figura 30.7a.

A força de 16,8 kN em A produz um momento em sentido anti-horário em torno de D de (16,8 kN × 7,5 m) = 126 kN . m. Para que haja equilíbrio, isso deve ser contrabalançado por um momento em sentido *horário* de 126 kN . m em torno de D. Esse momento também está indicado em cinza na Figura 30.7a.

Elemento BE

Observe agora o elemento vertical BE, conforme mostrado na Figura 30.7b. A força de 96,8 kN atuando para a esquerda em B deve ser contrabalançada por uma força de 16,8 kN atuando

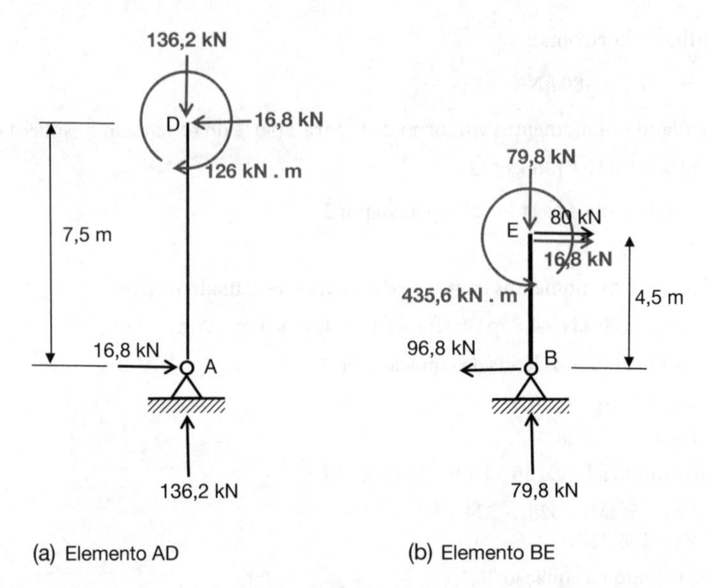

Figura 30.7 Exemplo 30.2: pórtico, elementos AD e BE.

para a direita em E (a qual se soma à força de 80 kN já presente ali). De modo similar, a força de 79,8 kN para cima em B deve ser oposta por uma força de 79,8 kN para baixo em E.

A força de 96,8 kN em B produz um momento em sentido horário em torno de E de (96,8 kN × 4,5 m) = 435,6 kN . m. Para que haja equilíbrio, isso deve ser contrabalançado por um momento em sentido *anti-horário* de 435,6 kN . m em torno de E. Esse momento também está indicado em cinza na Figura 30.7b.

Elemento CE

Passemos agora para o elemento CE, que é uma viga inclinada, ou um "caibro", como costuma ser chamada no contexto de reticulados de nós articulados.

Para que haja equilíbrio no reticulado inteiro, a força de 79,8 kN para baixo em E no elemento BE (veja o texto anterior) deve ser contrabalançada por uma força de 79,8 kN para cima em E no elemento CE. Como não há carga alguma no elemento CE, para que haja equilíbrio, a força de 79,8 kN para cima em E deve ser contrabalançada por uma força de 79,8 kN para baixo em C.

Por um argumento similar, a força de 16,8 kN para a direita em E no elemento BE (veja o texto anterior) deve ser contrabalançada por uma força de 16,8 kN para a esquerda em E no elemento CE. Como não há carga alguma no elemento CE, para que haja equilíbrio, a força de 16,8 kN para a esquerda em E deve ser contrabalançada por uma força de 16,8 kN para a direita em C.

Além disso, um momento em sentido anti-horário de 435,6 kN . m em E no elemento BE deve ser contrabalançado por um momento em sentido horário do mesmo valor em E no elemento CE. Veja a Figura 30.8.

A Figura 30.8 também mostra as reações no elemento CE convertidas em forças axiais e transversais, da mesma maneira como a escada foi analisada anteriormente no Exemplo 30.1. Os cálculos para o nó C estão ilustrados na Figura 30.9.

Elemento DC

Assim como CE, este elemento é uma viga inclinada, ou caibro, mas ao contrário de CE, o elemento DC experimenta uma CUD de 36 kN/m.

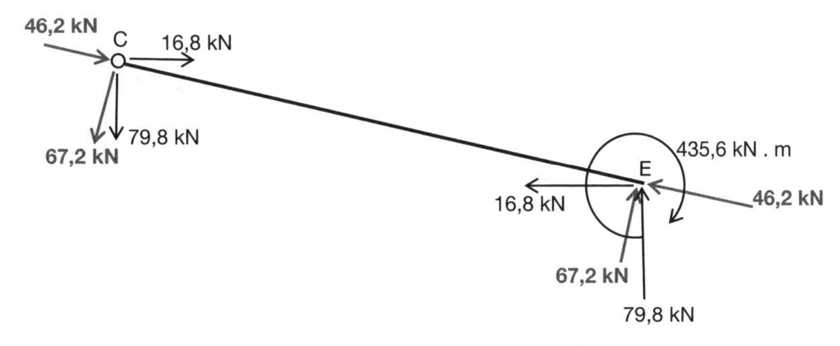

Figura 30.8 Exemplo 30.2: pórtico, elemento CE.

Usando trigonometria, o ângulo do elemento CE: $\theta = \tan^{-1}(2{,}5/6) = 22{,}6°$.

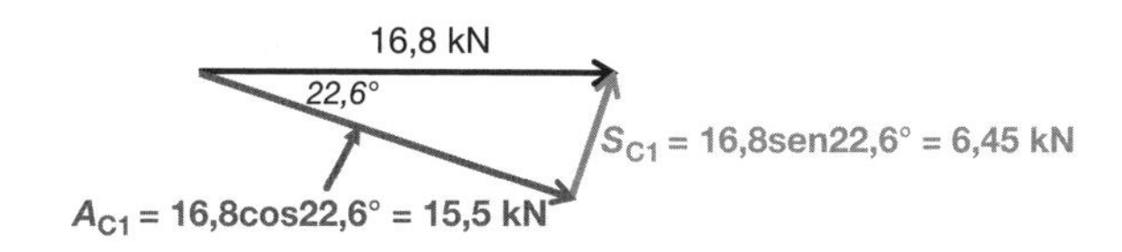

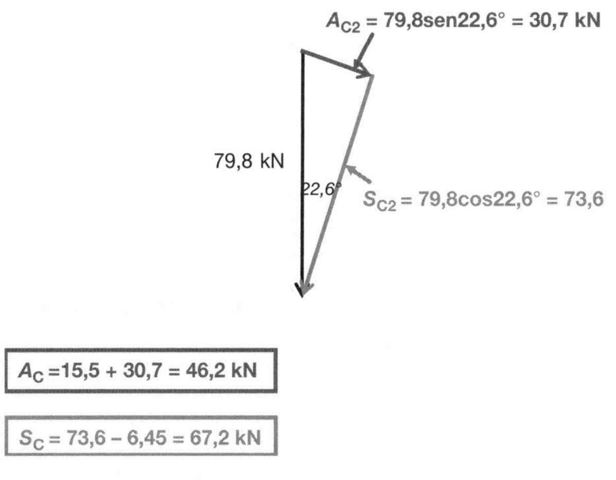

Figura 30.9 Exemplo 30.2: elemento CE: conversão para esforços axiais e de cisalhamento.

Para que haja equilíbrio no reticulado inteiro, a força de 136,2 kN para baixo em D no elemento AD (veja a Figura 30.7a) deve ser contrabalançada por uma força de 136,2 kN para cima em D no elemento CD. A força de 79,8 kN para baixo em C no elemento CE deve ser contrabalançada por uma força de 79,8 kN para cima em C no elemento DC. Vale ressaltar que a soma das forças para cima nas duas extremidades do elemento DC equivalem à força total para baixo no mesmo elemento. Ou seja, 136,2 + 79,8 = 216 kN = (36 kN . m × 6 m).

Por um argumento similar, a força de 16,8 kN para a esquerda em D no elemento AD (veja a Figura 30.7a) deve ser contrabalançada por uma força de 16,8 kN para a direita em D no elemento DC. Como não há carga alguma no elemento DC, para que haja equilíbrio do elemento, a força de 16,8 kN para a direita em D deve ser contrabalançada por uma força de 16,8 kN para

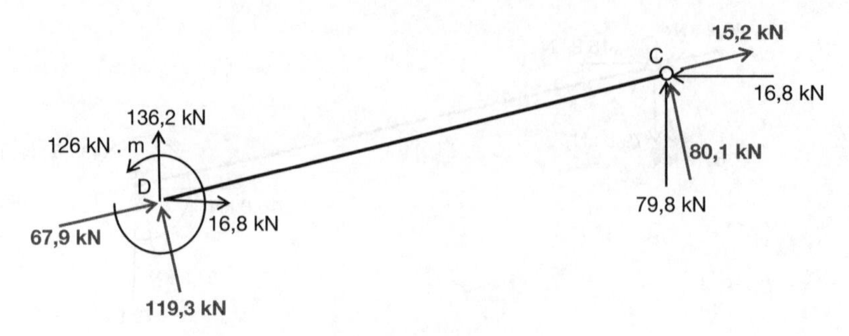

Figura 30.10 Exemplo 30.2: pórtico, elemento DC.

Usando trigonometria, o ângulo do elemento DC: $\theta = \tan^{-1}(2{,}5/6) = 22{,}6°$.

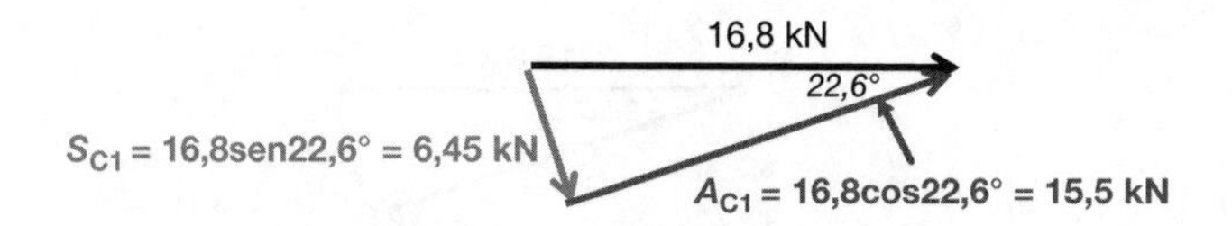

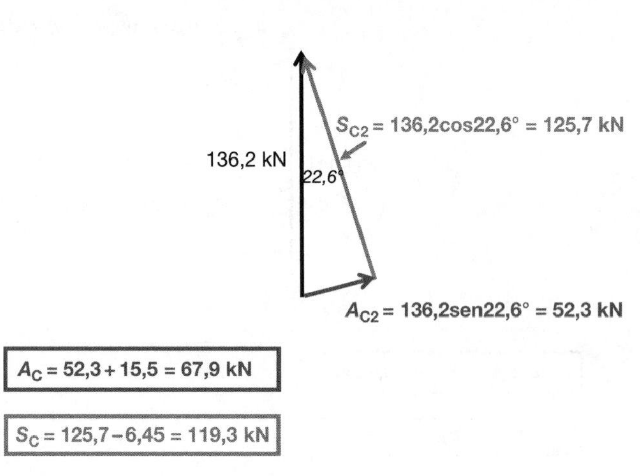

Figura 30.11 Exemplo 30.2: nó D no elemento DC: conversão para esforços axiais e de cisalhamento.

a esquerda em C. (Convenientemente, isso contrabalança a força de 16,8 kN para a direita no elemento CE em C.)

Em termos de momentos, não pode haver momento em C (porque este nó é rotulado). O momento em D será de (36 kN/m × 6m/2) – (16,8 kN × 2,5 m) – (79,8 kN × 6 m) = 127,2 kN . m em sentido anti-horário, o que é aproximadamente o mesmo que o momento em sentido anti--horário de 126 kN . m calculado anteriormente em D no elemento AD. Veja a Figura 30.10.

A Figura 30.10 também mostra as reações no elemento DC convertidas em esforços axiais e de cisalhamento, da mesma maneira como a escada foi analisada anteriormente no Exemplo 30.1. Os cálculos estão ilustrados na Figura 30.11 para o nó D e na Figura 30.12 para o nó C.

Usando trigonometria, o ângulo do elemento DC: $\theta = \tan^{-1}(2,5/6) = 22,6°$.

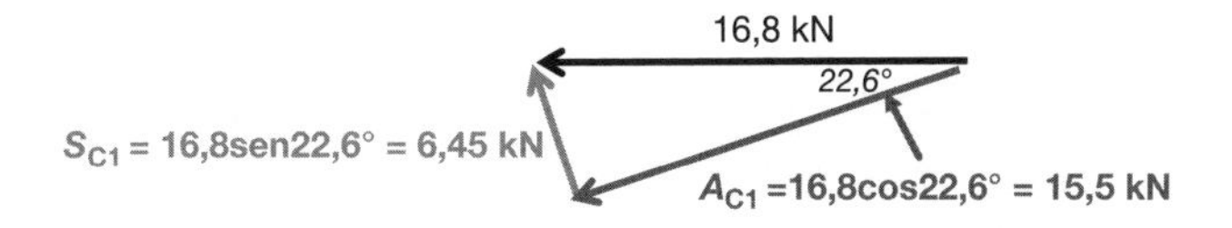

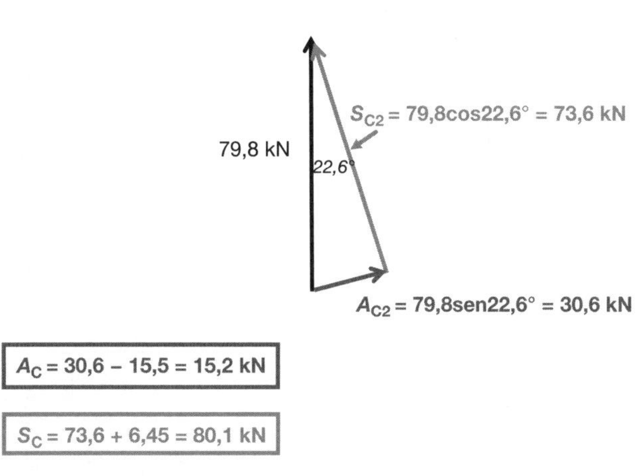

Figura 30.12 Exemplo 30.2: nó C no elemento DC: conversão para esforços axiais e de cisalhamento.

Diagramas de esforços axiais, esforços de cisalhamento e de momento fletor

Agora estamos prontos para desenhar o diagrama de esforços axiais, o diagrama de esforços de cisalhamento e o diagrama de momento fletor para o reticulado inteiro. Eles são mostrados nas Figuras 30.13, 30.14 e 30.15, respectivamente.

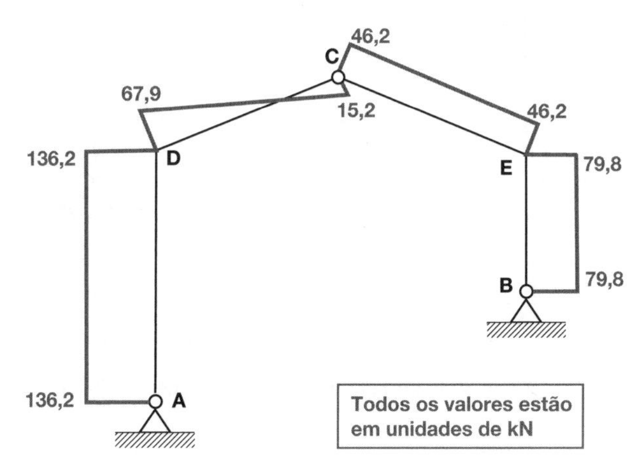

Figura 30.13 Exemplo 30.2: pórtico: diagrama de esforços axiais.

Não tente isso em casa! O prédio exibido na Figura 30.6, no distrito portuário de Roterdã, está mais em balanço do que se poderia esperar.

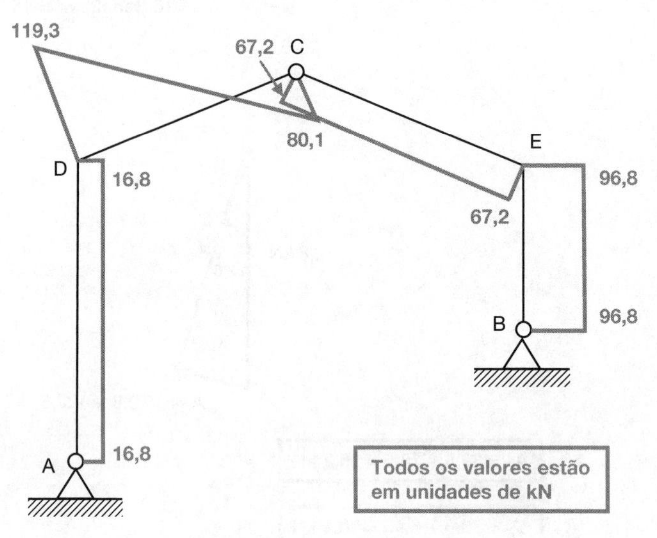

Figura 30.14 Exemplo 30.2: pórtico: diagrama de esforços de cisalhamento.

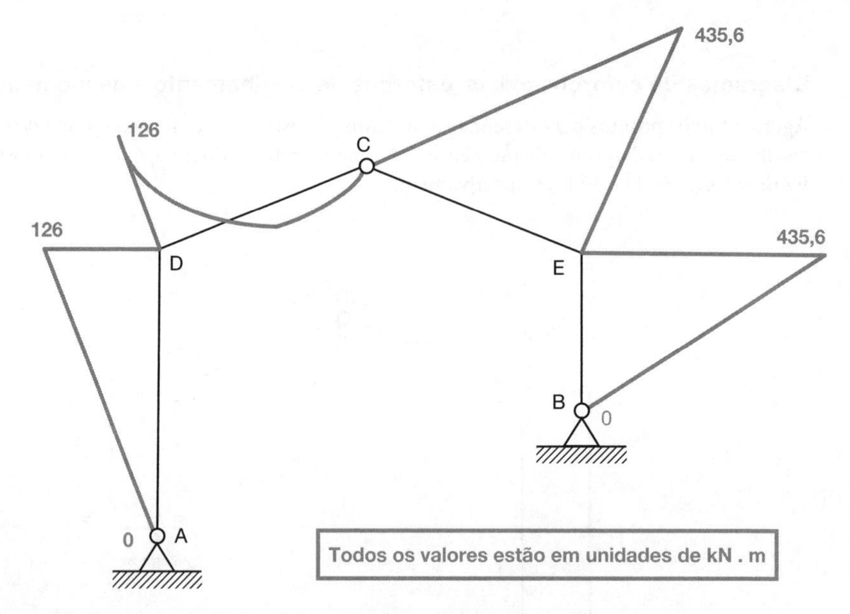

Figura 30.15 Exemplo 30.2: pórtico: diagrama de momentos fletores.

Figura 30.16 Edifício em balanço acentuado em Roterdã.

31

Trabalho Virtual

Em termos de facilidade de compreensão, o conceito de Trabalho Virtual se equipara à ideia de tempo e espaço infinitos que todos nós tentamos – mas não conseguimos – entender quando éramos pequenos. Trata-se de um conceito difícil de entrar na cabeça – e traz em si uma certa aura de mágica. No entanto, exemplos numéricos envolvendo Trabalho Virtual são relativamente fáceis de entender.

O que você entende pela palavra "trabalho"? Você poderia responder que está trabalhando agora ao ler este livro, especialmente se ele está lhe ajudando a obter seu diploma ou outra certificação. (Continue lendo...)

Mas neste capítulo estamos interessados em trabalho num sentido mais físico. Por exemplo: quando você empurra para baixo uma régua de plástico apoiada em suas duas extremidades, ela sofre deflexão. Ao empurrar a régua para baixo, você está aplicando uma força externa – isto é, externa à régua. Você está realizando trabalho a fim de aplicar uma força externa. Quanto mais trabalho você realiza, maior será a força externa aplicada e maior será o movimento, ou deflexão, da régua.

Trabalho externo realizado = Força × distância percorrida no sentido da força

Esse trabalho externo realizado por você resulta em movimento da própria régua, que pode ser encarado como trabalho interno.

Esse trabalho interno pode se manifestar de diversas maneiras, dependendo da natureza da estrutura em questão.

No caso de um reticulado de nós articulados, cada elemento experimentará um esforço de tração ou de compressão, o que fará o elemento se estender ou se encurtar.

Para um reticulado de nós articulados:

Trabalho interno realizado = Soma de (esforços nos elementos × extensões dos elementos)

No caso de uma viga, momentos fletores serão criados juntamente com rotação nas extremidades da viga.

Para uma viga:

Trabalho interno realizado = Soma de (momentos fletores × rotações)

Para que haja equilíbrio, conservação de energia, etc., pode-se afirmar que:

Trabalho externo realizado = Trabalho interno realizado

Isso significa que o trabalho externo exercido por todas as forças sobre a estrutura (o produto da força pelo deslocamento) é igual à soma dos efeitos internos na própria estrutura; ou seja, os produtos do esforço axial pela extensão ou do momento fletor pela rotação, conforme apropriado.

Sendo assim:

$$\Sigma(W\delta) = \Sigma(Pe) \tag{31.1}$$

W e *P* representam as forças e os esforços axiais, respectivamente, e δ e *e* representam movimentos (deslocamentos e extensões, respectivamente).

O lado esquerdo da equação representa forças externas e deslocamentos, enquanto o lado direito representa esforços axiais e extensões.

W = uma força externa
δ = deslocamento do nó associado à força externa
P = um esforço axial
e = extensão (ou encurtamento) do elemento

O Princípio do Trabalho Virtual aplicado a um reticulado de nós nos diz que *se o reticulado encontra-se em equilíbrio sob a ação de cargas externas e está sujeito a deslocamentos virtuais, então o Trabalho Virtual realizado pelas cargas externas deve equivaler ao Trabalho Virtual realizado pelos esforços.*

Isso suscita a pergunta: o que a palavra "virtual" quer dizer nesse contexto? No dicionário, a definição dessa palavra sugere algo que não é real, ou que não existe fisicamente como tal. Nesse contexto, forças virtuais são irreais no sentido de não fazerem parte do problema efetivo que estamos tentando resolver – na verdade, elas são forças *alternativas.*

Os pontos a seguir devem ser observados ao se usar a Equação 31.1:

1. A(s) carga(s) externa(s) deve(m) estar em equilíbrio com os esforços *P*.
2. Os deslocamentos dos nós δ devem ser compatíveis com as extensões dos elementos *e*.
3. Porém, os deslocamentos e as extensões *não* precisam ser deslocamentos ou extensões reais, ou efetivos, da estrutura sob a ação de um determinado conjunto de cargas. Na verdade, *qualquer* conjunto de deslocamentos que sejam *geometricamente* compatíveis satisfará o Princípio de Trabalho Virtual.

A Equação 31.1 pode ser reescrita da seguinte forma:

Soma de [(Cargas externas virtuais) × (deslocamentos reais)]
= Soma de [(Esforços virtuais) × (extensões reais)]

Como nossa carga externa virtual pode ter qualquer valor, tomemos o caso mais simples: temos apenas uma carga externa, de valor 1 unidade. Isso simplifica a Equação 31.1 para:

$$\text{Deslocamento real} = \Sigma[(\text{Esforços virtuais}) \times (\text{extensões reais})] \tag{31.2}$$

No Capítulo 18, aprendemos que a extensão (ou contração) de um elemento em um reticulado de nós articulados pode ser calculada do seguinte modo:

$$\delta L = \frac{PL}{AE}$$

Portanto, a Equação 31.2 pode ser reescrita como:

$$\text{Deslocamento real} = \Sigma\left[\frac{(\text{Esforços virtuais}) \times (\text{Esforços reais}) \times L}{AE}\right]$$

Ou, em símbolos:

$$\delta = \sum\left(\frac{P_V \times P_R \times L}{AE}\right), \tag{31.3}$$

onde

δ = deslocamento (real)
P_V = um esforço virtual sobre o elemento
P_R = um esforço real sobre o elemento
L = comprimento do elemento
E = módulo de Young
A = área da seção transversal do elemento

Essa equação pode ser usada para resolver problemas.

Suponha que queremos calcular o deslocamento vertical do ponto B de um certo reticulado de nós articulados sob a atuação de determinadas cargas. As etapas para solucionar o problema são as seguintes:

1. Calcule os esforços em cada um dos elementos sob as cargas efetivas ("reais"). Esses são os valores de P_R.
2. Reanalise o mesmo reticulado sob uma única carga, com magnitude de 1 unidade, atuando no sentido do deslocamento necessário. (No exemplo anterior, a carga única de magnitude 1 atuaria verticalmente para baixo no ponto B, já que esse é o ponto no qual desejamos calcular o deslocamento vertical.) Esta é a carga virtual.
3. Calcule os esforços em cada um dos elementos sob a carga virtual recém descrita. Esses são os valores de P_V.
4. Tabule os valores de P_V, P_R, L, E e A para cada um dos elementos, multiplique essas cinco cifras entre si para cada elemento, depois some esses produtos entre si para obter uma deflexão total em milímetros.

Vamos examinar agora um exemplo real.

Exemplo 31.1

Use o Princípio do Trabalho Virtual para calcular o deslocamento vertical do nó D no reticulado na Figura 31.1 sob as cargas atuantes mostradas. O módulo de Young $E = 200$ kN/mm^2 para

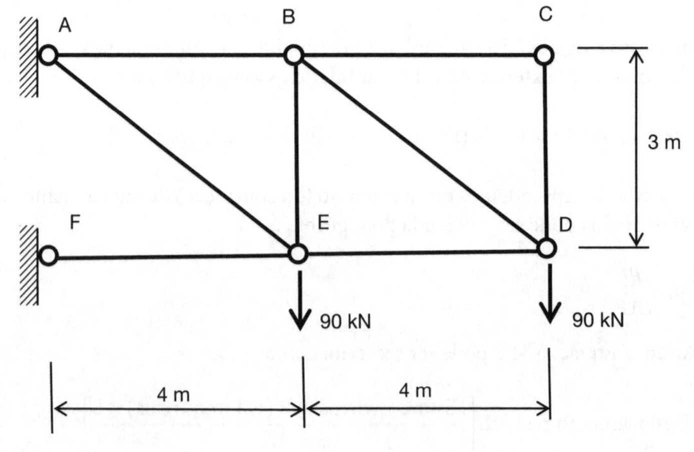

Figura 31.1 Exemplo 31.1.

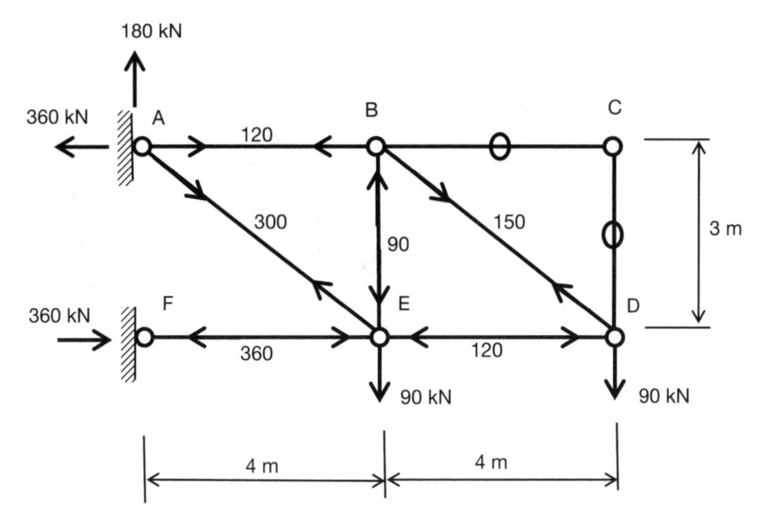

Figura 31.2 Exemplo 31.1: esforços reais nos elementos: valores de P_R.

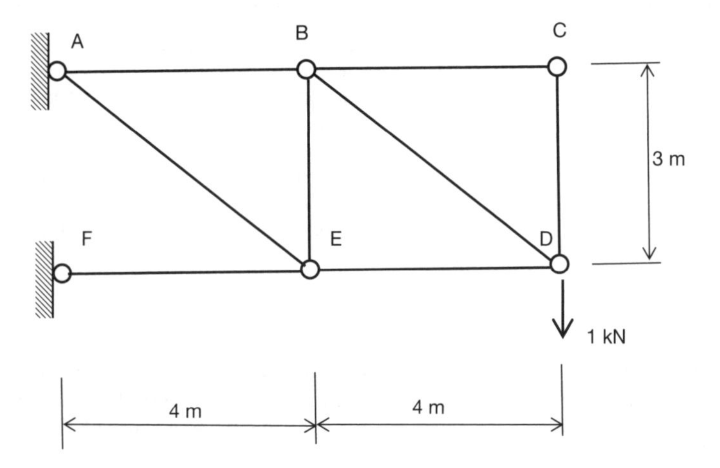

Figura 31.3 Exemplo 31.1 carga virtual.

todos os elementos. A área de seção transversal A é de 2.000 mm^2 para os elementos AE e EF e de 1.000 mm^2 para todos os outros elementos.

Antes de mais nada, precisamos usar o método de resolução nos nós para calcular os esforços em cada um dos elementos. Revise o Capítulo 13 se você não sabe como fazer isso. Os resultados estão mostrados na Figura 31.2. Esses esforços são os valores de P_R.

Em seguida, precisamos substituir as cargas externas no problema original por uma única carga de 1 kN atuando no nó D (que é o nó cujo deslocamento queremos determinar) para baixo (porque é no deslocamento vertical para baixo que estamos interessados). Essa é a carga virtual, conforme ilustrado na Figura 31.3.

Agora temos de usar o método de resolução nos nós para calcular os esforços em cada elemento sob a carga virtual representada na Figura 31.3. Os resultados são os valores de P_V e estão apresentados na Figura 31.4.

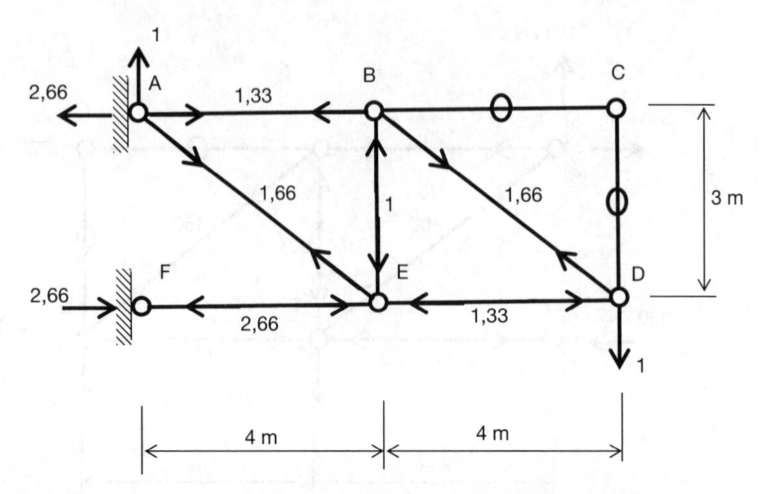

Figura 31.4 Exemplo 31.1: esforços virtuais nos elementos: valores de P_V.

Tabela 31.1 Resultados do Exemplo 31.1

Elemento	P_R (kN)	P_V	L (mm)	E	A (mm²)	$P_V P_R L/AE$ (mm)
AB	+ 120	+ 1,33	4.000	200	1.000	3,2
BC	0	0	4.000	kN/mm²	1.000	0
CD	0	0	3.000		1.000	0
DE	− 120	− 1,33	4.000		1.000	3,2
EF	− 360	− 2,66	4.000		2.000	9,6
AE	+ 300	+ 1,66	5.000		2.000	6,25
BE	− 90	− 1	3.000		1.000	1,35
BD	+ 150	+ 1,66	5.000		1.000	6,25

Σ = 29,9 mm

Por fim, vamos tabular os valores na Tabela 31.1. Observe que o comprimento de cada elemento horizontal é de 4 m, ou 4.000 mm; o comprimento de cada elemento vertical é de 3.000 mm e, pelo teorema de Pitágoras, o comprimento de cada um dos dois elementos diagonais é de 5.000 mm.

Podemos aplicar a Equação 31.3 somando entre si todos os valores da coluna mais à direita na Tabela 31.1, o que resulta em um valor de 29,9 mm para a deflexão vertical em D.

Além de calcular deflexões em reticulados de nós articulados, o Princípio do Trabalho Virtual também pode ser usado para calcular deflexões e rotações em vigas estaticamente determinadas, mas isso está além do escopo deste breve capítulo introdutório.

Exercícios

1. Encontre (a) a deflexão vertical (para baixo) em E e (b) a deflexão horizontal (para a direita) em B no reticulado de nós articulados mostrado na Figura 31.5. Assuma que L/AE = 0,3 mm/kN para todos os elementos.

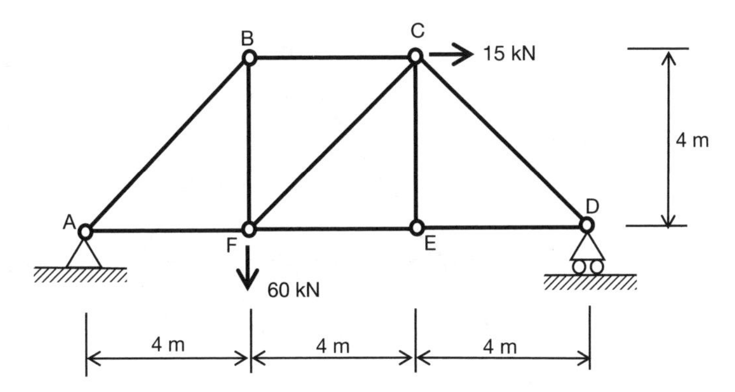

Figura 31.5 Exercício 1.

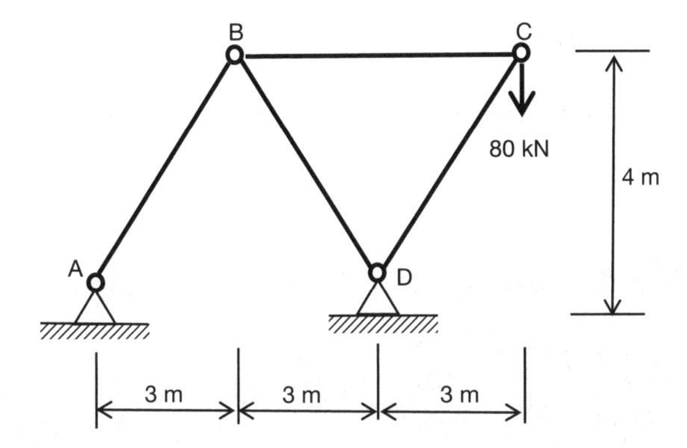

Figura 31.6 Exercício 2.

2. Encontre a deflexão horizontal (para a direita) no ponto C no reticulado mostrado na Figura 31.6 se $E = 200$ kN/mm². Assuma a área de seção transversal A como 900 mm² para os elementos BC e CD e 600 mm² para os elementos AB e BD.
3. Encontre a deflexão vertical (para baixo) no ponto E no reticulado mostrado na Figura 31.7. Assuma que $L/AE = 0{,}1$ mm/kN para todos os elementos.

Respostas

1. $D(v) = 34$ mm; $D(h) = 21{,}5$ mm
2. $D(h) = 5{,}48$ mm
3. $D(v) = 37$ mm

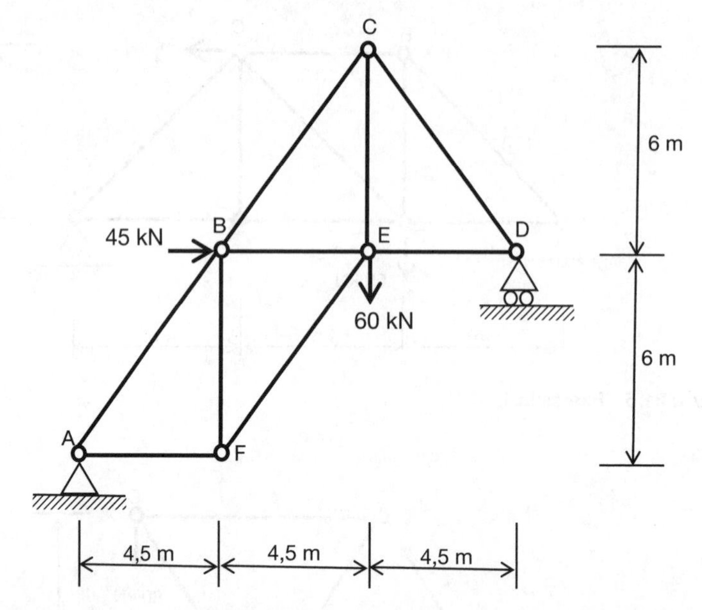

Figura 31.7 Exercício 3.

Figura 31.8 Ligações robustas são necessárias quando os pilares não se alinham.

É obviamente uma boa prática que os pilares se alinhem na vertical. A Figura 31.8 exibe as medidas necessárias quando isso não acontece.

32

Quadrados e círculos de tensão: uma introdução ao círculo de Mohr

Este capítulo aborda a combinação de diferentes tipos de tensão que encontramos mais cedo no livro. É uma história sobre quadrados e círculos: "quadrados de tensão" - um termo inventado por mim - e o Círculo de Mohr, o trabalho de um engenheiro do século XIX.

Até aqui neste livro, já examinamos vários tipos de tensão. No Capítulo 18, encontramos a tensão direta e, no Capítulo 19, examinamos a tensão por flexão. A tensão de cisalhamento foi analisada em detalhe no Capítulo 28 e, por fim, a tensão torcional foi investigada no Capítulo 29. Começaremos abordando um exemplo simples de cada e, em seguida, passaremos a tratar combinações de tensões.

Exemplo 32.1: tensão direta

Um pilar de concreto de seção transversal retangular 300 mm × 250 mm experimenta um esforço de compressão axial de 750 kN (veja a Figura 32.1). Calcule a tensão direta (σ).

Tensão (de compressão) direta:

$$\sigma = \frac{P}{A} = \frac{750 \times 10^3}{300 \times 250} = 12{,}5\,\text{N/mm}^2$$

Assume-se que essa tensão apresenta o mesmo valor em qualquer ponto na seção transversal e em qualquer seção ao longo do comprimento do pilar.

Revise o Capítulo 18 se tiver dúvidas a esse respeito.

Exemplo 32.2: tensão por flexão

Uma viga de aço de apoios simples forma um vão de 10 m e suporta uma carga (incluindo seu próprio peso) de 5 kN/m. Calcule a tensão de tração na parte de baixo da viga bem no meio do vão se o módulo do perfil z é 300.000 mm³. Veja a Figura 32.2.

A tensão por flexão varia ao longo do comprimento da viga de acordo com o momento fletor variável e também varia de cima a baixo pela altura da viga.

O momento fletor máximo ocorre no meio do vão:

$$M_{max} = \frac{wL^2}{8} = \frac{5 \times 10^2}{8} = 62{,}5\,\text{kN}\cdot\text{m}$$

A tensão por flexão (tracional) máxima ocorre na parte mais de baixo da viga:

$$\sigma = \frac{M}{z} = \frac{62{,}5 \times 10^6}{300.000} = 208\,\text{N/mm}^2$$

Consulte o Capítulo 19 se lhe restam dúvidas quanto a isso.

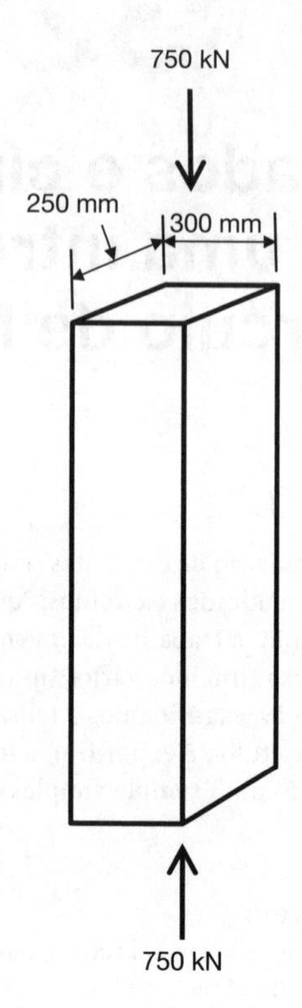

Figura 32.1 Exemplo 32.1: tensão de compressão direta.

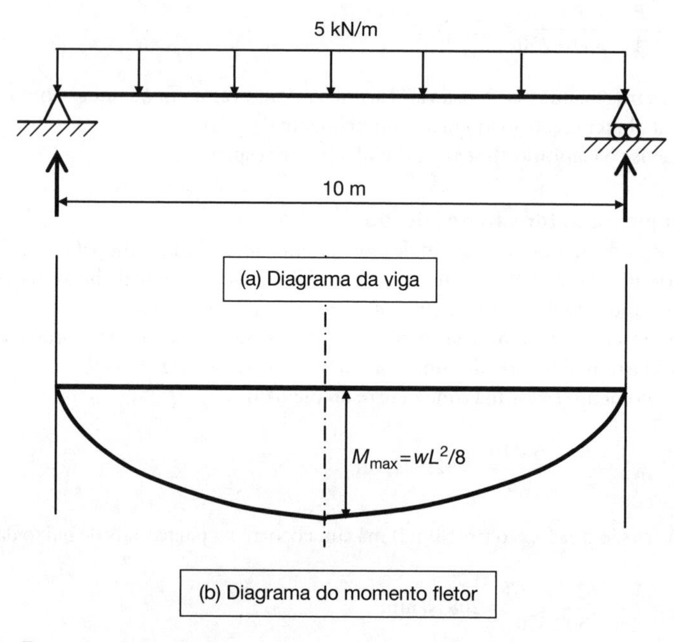

Figura 32.2 Exemplo 32.2: tensão por flexão.

Exemplo 32.3: tensão de cisalhamento

Uma vigota de madeira (viga) retangular tem 50 mm de largura e 200 mm de altura. Se o esforço cortante numa certa seção transversal próxima à extremidade da direita é de 15 kN, calcule a tensão de cisalhamento (τ) em um nível 125 mm abaixo da face superior da viga. Veja a Figura 32.3.

A tensão de cisalhamento varia ao longo de uma viga de acordo com o padrão de atuação do esforço cortante e também varia de cima a baixo pela altura da viga.

Como vimos no Capítulo 28, a tensão de cisalhamento em um nível específico da viga é dada pela seguinte expressão:

$$\tau = \frac{QA\bar{y}}{Ib}$$

$Q = 15\ \text{kN} = 15 \times 10^3\ \text{N}$

$A = 75 \times 50 = 3.750\ \text{mm}^2$ (isto é, a área sombreada na Figura 32.3)

$\bar{y} = 62{,}5$ mm (a distância até o centroide da área sombreada medida verticalmente a partir do eixo neutro)

$$I = \frac{bd^3}{12} = \frac{50 \times 200^3}{12} = 33{,}33 \times 10^6\ \text{mm}^4$$

$$b = 50\ \text{mm}$$

$$\tau = \frac{15 \times 10^3 \times 3.750 \times 62{,}5}{33{,}33 \times 10^6 \times 50} = 2{,}11\ \text{N/mm}^2$$

Esse tópico foi abordado no Capítulo 28, o qual você deve consultar novamente se precisar de algum auxílio.

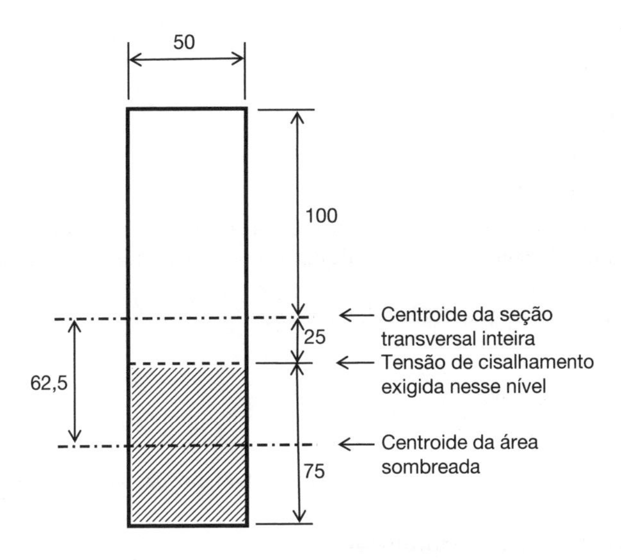

Figura 32.3 Exemplo 32.3: tensão de cisalhamento.

Exemplo 32.4: tensão por flexão e tensão de cisalhamento conjuntas

Ainda que nos Exemplos 32.2 e 32.3 tenhamos considerado as tensões por flexão e de cisalhamento em separado, na prática elas coexistem. Neste exemplo, iremos calcular a tensão por flexão e a tensão de cisalhamento no mesmo ponto em uma viga específica. Veja a Figura 32.4.

Uma viga de apoios simples tem 100 mm de largura e 200 mm de altura e forma um vão de 4 m. Se a viga suporta uma carga uniformemente distribuída (incluindo seu próprio peso) de 3 kN/m, calcule (a) a tensão por flexão e (b) a tensão de cisalhamento em uma seção situada a 1 m do apoio esquerdo da viga e a um nível 150 mm da face superior da viga.

Parte (a): tensão por flexão

Momento fletor a 1 m do apoio esquerdo,

$$M = \frac{3 \times 4 \times 1}{2} - \frac{3 \times 1^2}{2} = 4{,}5\,\text{kN.m}$$

Lembre-se: o momento fletor em qualquer ponto transversal ao longo da viga é calculado como o momento total em sentido horário à esquerda da seção em questão menos o momento total em sentido anti-horário à esquerda da seção em questão. Veja a Figura 32.4a e revise o Capítulo 16 se lhe restam dúvidas a esse respeito.

Segundo momento de área:

$$I = \frac{bd^3}{12} = \frac{100 \times 200^3}{12} = 66{,}66 \times 10^6\,\text{mm}^4$$

$y = 50$ mm (distância vertical até o nível de interesse a partir do ponto neutro).

Tensão por flexão nesse nível:

$$\sigma = \frac{My}{I} = \frac{4{,}5 \times 10^6 \times 50}{66{,}66 \times 10^6} = 3{,}37\,\text{N/mm}^2$$

Como esse nível encontra-se abaixo do eixo neutro e a viga está em tosamento (vergando para baixo), essa tensão será de tração. Revise o Capítulo 19 se lhe restam dúvidas a esse respeito.

Parte (b): tensão de cisalhamento

$$\tau = \frac{QA\bar{y}}{Ib}$$

$Q = 3$ kN $= 3 \times 10^3$ N

$A = 100 \times 50 = 5.000$ mm^2 (isto é, a área sombreada na Figura 32.4b)

$\bar{y} = 75$ mm (a distância até o centroide da área sombreada medida verticalmente a partir do eixo neutro)

$I = 66{,}66 \times 10^6$ mm^4 (calculado acima)

$b = 100$ mm

$$\tau = \frac{3 \times 10^3 \times 5.000 \times 75}{66{,}66 \times 10^6 \times 100} = 0{,}17\,\text{N/mm}^2$$

Novamente, revise o Capítulo 28 se lhe restam dúvidas a esse respeito.

Exemplo 32.5: tensão torcional

Um elemento encontra-se em torção ao longo de seu comprimento, dando origem a distorção e a uma tensão de cisalhamento torcional.

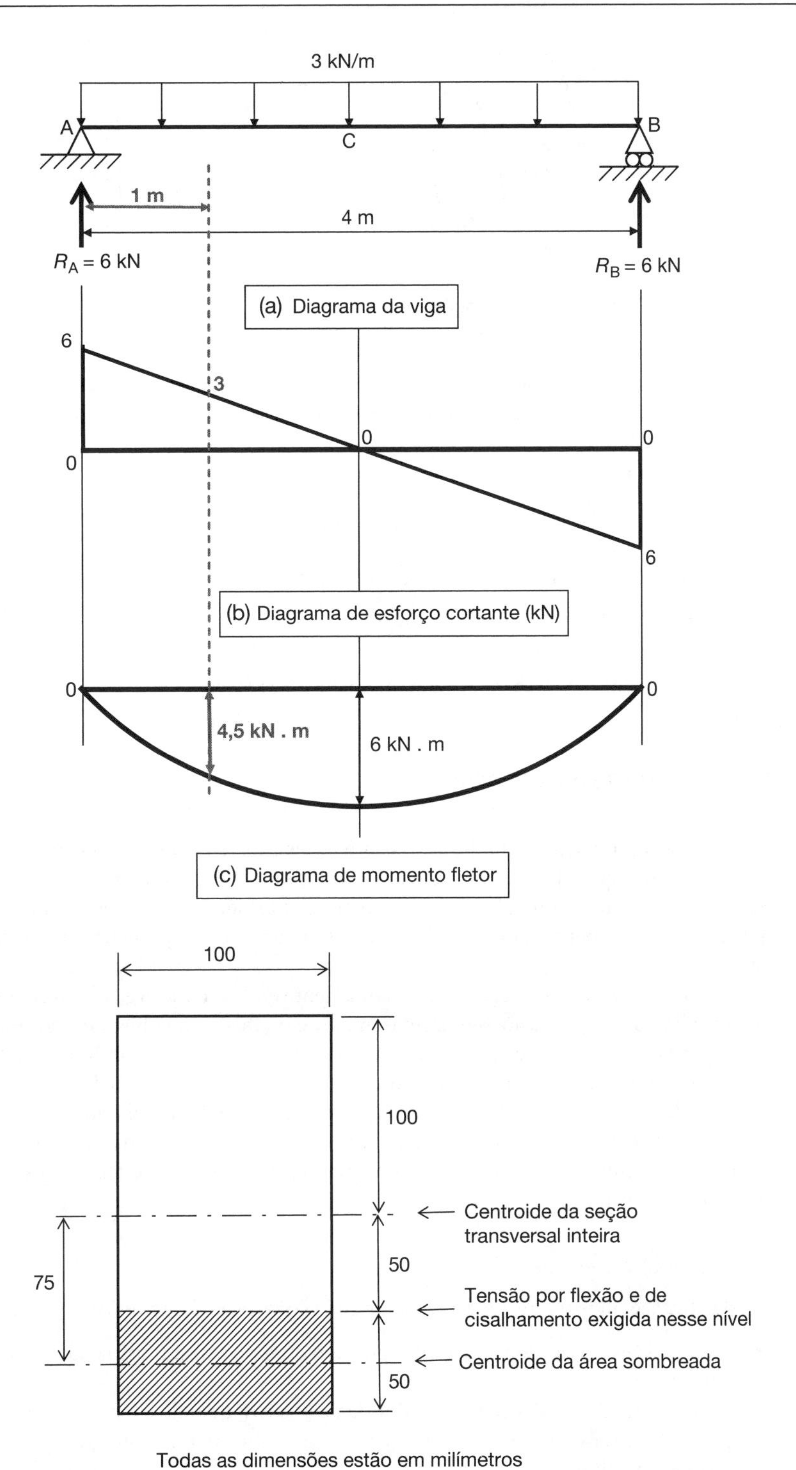

Figura 32.4 Exemplo 32.4: combinação de tensão por flexão e tensão de cisalhamento.

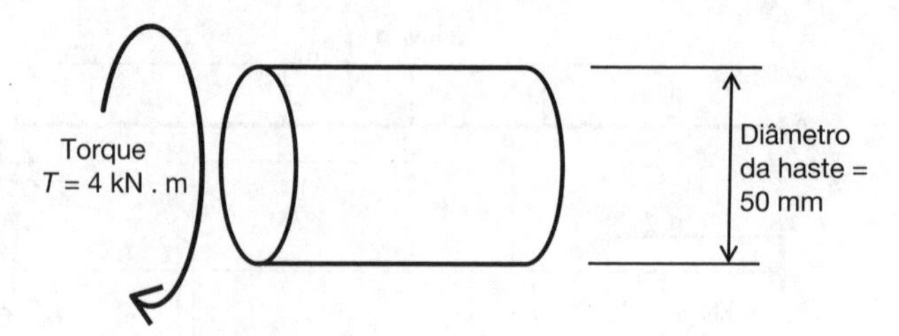

Figura 32.5 Exemplo 32.5: tensão torcional.

Uma haste sólida de aço com 50 mm de diâmetro e seção transversal circular é sujeita a um torque em sentido horário de 4 kN . m. Calcule as tensões de cisalhamento na superfície da haste. Veja a Figura 32.5.

Segundo momento de área polar:

$$J = \frac{\pi d^4}{32} = \frac{\pi \times 50^4}{32} = 613.592\,\text{mm}^4 = 0{,}61 \times 10^6\,\text{mm}^4$$

A tensão de cisalhamento induzida por torção é:

$$\tau = \frac{Tr}{J} = \frac{4 \times 10^6 \times 25}{0{,}61 \times 10^6} = 164\,\text{N/mm}^2$$

Revise o Capítulo 29 se lhe restam dúvidas a esse respeito.

Combinação dessas tensões

Na prática, combinações complexas dessas tensões ocorrem com frequência. Uma das mais comuns acontece quando tensões diretas e de cisalhamento atuam em conjunto, e isso é o que estudaremos neste capítulo. Veremos como calcular tensões em qualquer plano em um elemento estrutural e não apenas naqueles planos que são paralelos ou perpendiculares às direções das forças.

Tensões, quer sejam diretas ou de cisalhamento em sua natureza, atuam em qualquer ponto. Para facilitar a compreensão, representaremos um ponto em um objeto sólido como um quadrado. Veja a Figura 32.6, em que as tensões diretas relacionadas a um eixo horizontal (σ_x) são representadas como setas horizontais a ângulos retos com as faces verticais do quadrado, e as tensões diretas relacionadas a um eixo vertical (σ_y) são setas normais em relação às faces horizontais do quadrado. As tensões de cisalhamento (τ_a) estão indicadas ao longo das faces do quadrado; como vimos no Capítulo 28, as tensões de cisalhamento em cada um dos quatro lados do quadrado são iguais em magnitude.

Convenção de sinais

A esta altura, é importante obedecer com rigor à convenção de sinais. As regras são as seguintes:

- Para tensões diretas, o valor de σ é positivo quando causa tração e negativo quando causa compressão.
- Para tensões de cisalhamento, o valor de τ é positivo quando a tensão é parte de um par que gera rotação em sentido horário e negativo quando é parte de um par que gera rotação em sentido anti-horário.

Observe a Figura 32.7 para ver exemplos. As tensões em cinza escuro são positivas, e aquelas em cinza claro são negativas.

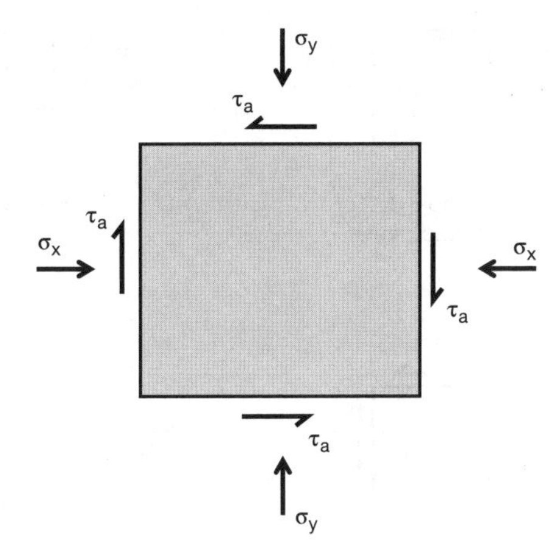

Figura 32.6 Quadrado genérico de tensões.

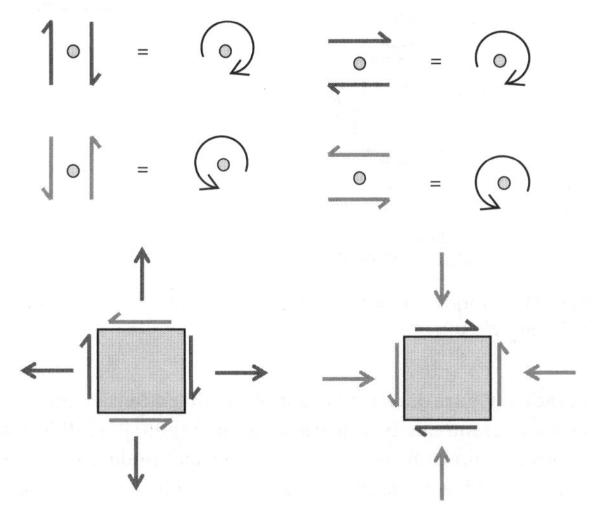

Figura 32.7 Quadrados de tensão: convenção de sinais.

Uso do quadrado de tensão

As tensões diretas e de cisalhamento calculadas nos Exemplos 32.1–32.5 podem ser expressas em um quadrado de tensão, conforme mostradas na Figura 32.8.

Cálculos de tensões em planos diferentes

Até aqui, examinamos as tensões apenas nos planos vertical e horizontal. No entanto, tais tensões podem não ser as máximas ou as mais cruciais. Sendo assim, temos de encontrar uma maneira de determinar as tensões em qualquer plano de um corpo.

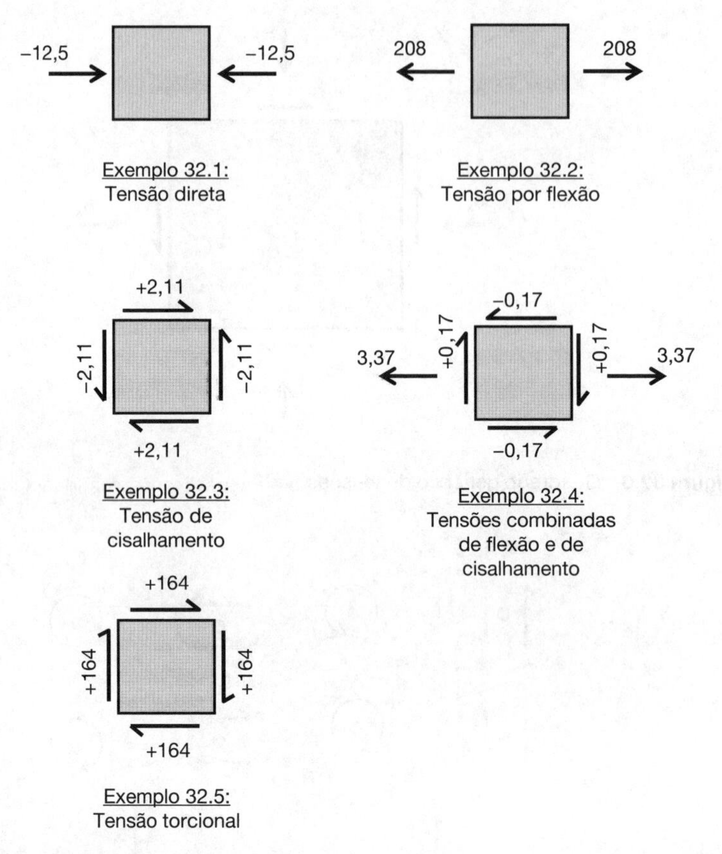

Figura 32.8 Quadrados de tensão mostrando resultados dos Exemplos 32.1–32.5. Todos os valores estão em N/mm².

Observando a Figura 32.9, o problema é calcular a tensão normal (σ) e a tensão de cisalhamento (τ) em um plano que está inclinado a um ângulo θ medido em sentido horário a partir do sentido positivo do eixo vertical (y). Tais tensões podem ser calculadas matematicamente usando-se uma combinação de geometria, trigonometria, equilíbrio e a equação *força* = *tensão* × *área*. As equações obtidas são as seguintes:

$$\sigma = \frac{(\sigma_x + \sigma_y)}{2} + \frac{(\sigma_x - \sigma_y)}{2} . \cos 2\theta + \tau_a . \operatorname{sen} 2\theta$$

$$\tau = -\frac{(\sigma_x - \sigma_y)}{2} . \operatorname{sen} 2\theta + \tau_a . \cos 2\theta$$

Círculo de Mohr

Contanto que as tensões σ_x, σ_y e τ_a sejam conhecidas, tanto a tensão de cisalhamento τ em um plano a qualquer ângulo θ quanto a tensão direta σ normal a esse plano podem ser calculadas a partir das equações anteriores.

O engenheiro alemão Otto Mohr estudou isso ao final do século XIX. Ele descobriu que se as equações anteriores fossem plotadas em um gráfico para valores fixos de σ_x, σ_y e τ_a, as plotagens eram circulares em natureza. Esse tipo de representação gráfica – na verdade, a técnica como um todo – é conhecida como Círculo de Mohr, em sua honra.

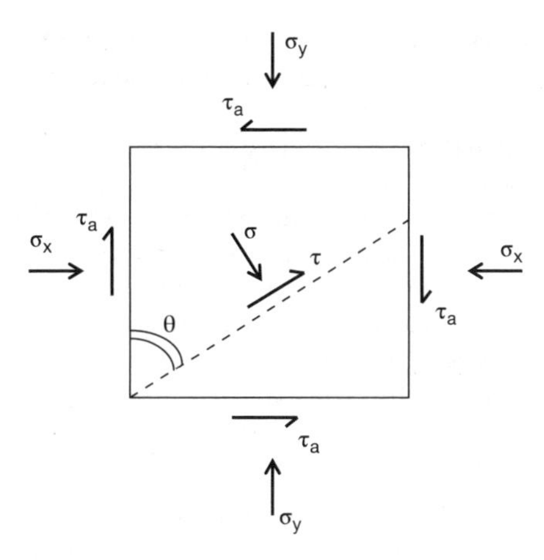

Figura 32.9 Quadrados de tensão: expressão geral para tensão em qualquer plano.

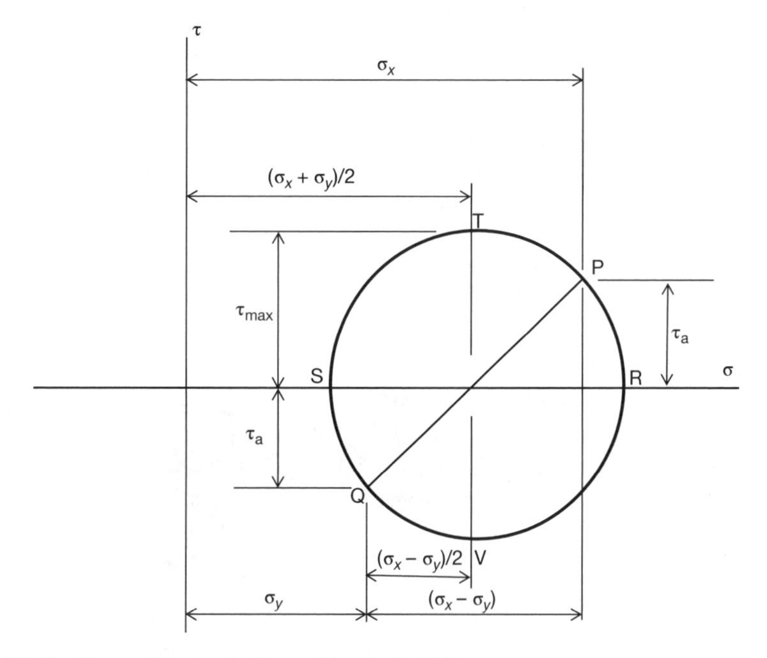

Figura 32.10 Dimensões gerais de um Círculo de Mohr.

Observe a Figura 32.10 para entender as dimensões gerais de um Círculo de Mohr, a partir do qual você perceberá os seguintes aspectos:

- A tensão direta σ é plotada sobre o eixo (horizontal) x, e a tensão de cisalhamento τ é plotada sobre o eixo (vertical) y.
- O centro do círculo jaz sobre o eixo x.
- Valores positivos de σ no Círculo de Mohr (isto é, aqueles à direita do eixo y) representam tensões de tração, enquanto valores negativos de σ representam tensões de compressão.
- Contanto que σ_x, σ_y e τ_a sejam conhecidos, o gráfico pode ser iniciado plotando-se as duas coordenadas (σ_x, τ_a) e $(\sigma_y, -\tau_a)$, que são conhecidas como pontos P e Q na Figura 32.10. Tais

coordenadas representam pontos na circunferência de um círculo em extremidades opostas de um diâmetro. A posição do centro do círculo pode ser plotada e, assim, o Círculo de Mohr pode ser traçado.

- O centro do círculo tem as coordenadas $((\sigma_x + \sigma_y)/2, 0)$.
- O raio do círculo é τ.
- As *tensões principais* máxima e mínima (como são conhecidas) são os pontos R e S, respectivamente. Seus valores podem ser calculados gráfica ou matematicamente.
- As tensões de cisalhamento máxima e mínima são os pontos T e V, respectivamente. Seus valores podem ser facilmente calculados assim que o raio do círculo é conhecido. Ambas têm os mesmos valores numéricos, mas uma é positiva e a outra é negativa.
- O ângulo θ do plano dentro do material é representado pelo ângulo 2θ no Círculo de Mohr. Ele é medido em sentido horário a partir de quaisquer dentre os dois pontos P e Q que represente as tensões direta e de cisalhamento no lado vertical esquerdo do quadrado de tensão.

Munidos dessas informações, podemos traçar o Círculo de Mohr para cada um dos quadrados de tensão mostrados na Figura 32.11. Esses Círculos de Mohr são mostrados na Figura 32.12.

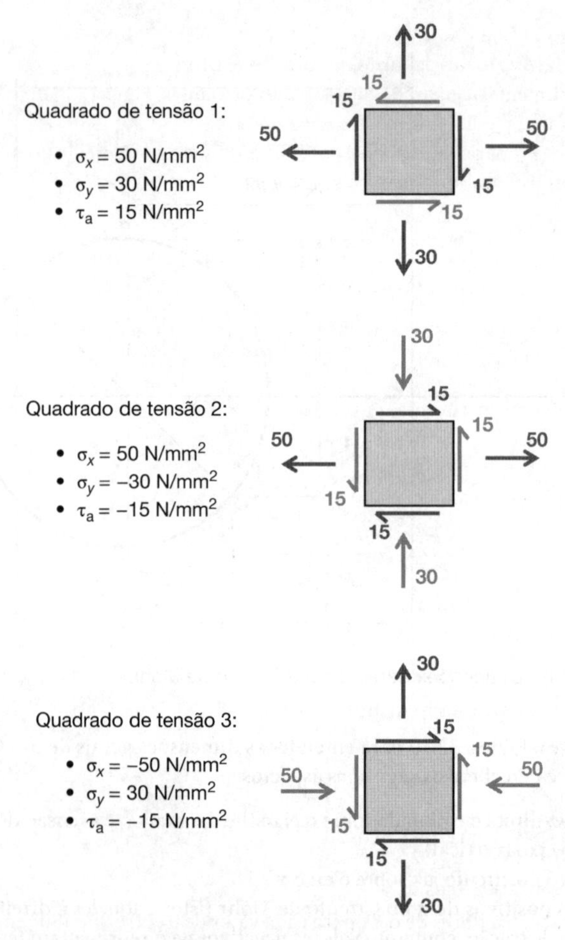

Figura 32.11 Exemplos de quadrados de tensão.

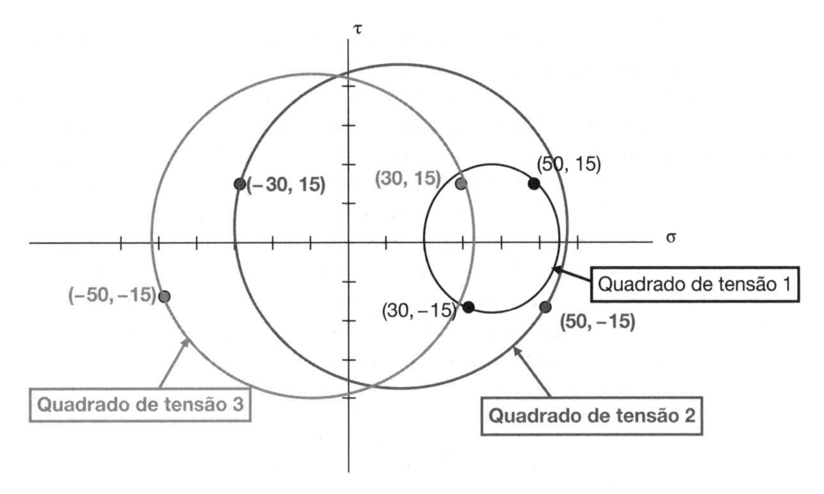

Figura 32.12 Círculos de Mohr para os quadrados de tensão mostrados na Figura 32.11 (N/mm²).

Exemplo 32.6: plotando um Círculo de Mohr

Observe novamente o quadrado de tensão 1 mostrado na Figura 32.11 para os dados $\sigma_x = 50$ N/mm², $\sigma_y = 30$ N/mm² e $\tau_a = 15$ N/mm².

Calcule σ e τ para valores de θ entre 0° e 180° em incrementos de 15°. Plote esses pontos em uma papel milimetrado. Calcule o seguinte:

a. O raio do círculo.
b. As coordenadas de máximo e mínimo para as tensões principais e de cisalhamento e o ângulo (θ) dos planos em que cada uma dessas tensões ocorre.

Ilustre os planos dessas tensões num diagrama de quadrado de tensão.

Solução

Primeiro, podemos customizar as equações gerais de tensão normal (σ) e tensão de cisalhamento (τ) apresentadas anteriormente para se adequarem aos valores específicos de σ_x, σ_y e τ_a de que dispomos neste exemplo.

Para a tensão normal:

$$\sigma = \frac{(\sigma_x + \sigma_y)}{2} + \frac{(\sigma_x - \sigma_y)}{2}.\cos 2\theta + \tau_a.\operatorname{sen} 2\theta$$

$$\sigma = \frac{(50 + 30)}{2} + \frac{(50 - 30)}{2}.\cos 2\theta + 15.\operatorname{sen} 2\theta$$

$$\sigma = 40 + 10\cos 2\theta + 15\operatorname{sen} 2\theta$$

Para a tensão de cisalhamento:

$$\tau = -\frac{(\sigma_x - \sigma_y)}{2}.\operatorname{sen} 2\theta + \tau_a.\cos 2\theta$$

$$\tau = -\frac{(50 - 30)}{2}.\operatorname{sen} 2\theta + 15.\cos 2\theta$$

$$\tau = -10\operatorname{sen} 2\theta + 15\cos 2\theta$$

Agora calcule valores de σ e τ para cada valor de θ entre 0° e 180° em incrementos de 15°. Isso é o mesmo que calcular valores de 2θ entre 0° e 360° em incrementos de 30°.

Os resultados desses cálculos estão expressos em formato tabular na Tabela 32.1.

A próxima tarefa é plotar esses resultados em papel milimetrado usando uma escala adequada, com a tensão normal (σ) no eixo horizontal e a tensão de cisalhamento (τ) no eixo vertical.

O que você deve perceber agora é que os pontos jazem sobre a circunferência de um círculo, conforme mostrado na Figura 32.13. Esse é o Círculo de Mohr. Ficará imediatamente óbvio para você se sua plotagem está formando um círculo ou não; caso não esteja, você cometeu um equívoco em algum lugar. Se todos os pontos estão formando um círculo exceto um, então você cometeu um engano apenas com esse discrepante. Confira seus cálculos para esse ponto.

O ângulo entre cada um dos 12 pontos (A – L) calculados é de 30°. Desenhe um círculo para ligar esses pontos, conforme mostrado na Figura 32.13.

Agora precisamos determinar as coordenadas (e ângulo 2θ) dos "pontos cardeais" norte, sul, leste e oeste, já que representam valores importantes.

Tabela 32.1 Círculo de Mohr da tensão: Exemplo 32.6

θ°	2θ°	cos 2θ	sen 2θ	σ	τ	Ponto de ref.
0	0	1	0	50	15	A
15	30	0,866	0,5	56,16	8	B
30	60	0,5	0,866	58	– 1,16	C
45	90	0	1	55	– 10	D
60	120	– 0,5	0,866	48	– 16,16	E
75	150	– 0,866	0,5	38,84	– 18	F
90	180	– 1	0	30	– 15	G
105	210	– 0,866	– 0,5	23,84	– 8	H
120	240	– 0,5	– 0,866	22	1,16	I
135	270	0	– 1	25	10	J
150	300	0,5	– 0,866	32	16,16	K
165	330	0,866	– 0,5	41,16	18	L
180	360	1	0	50	15	M

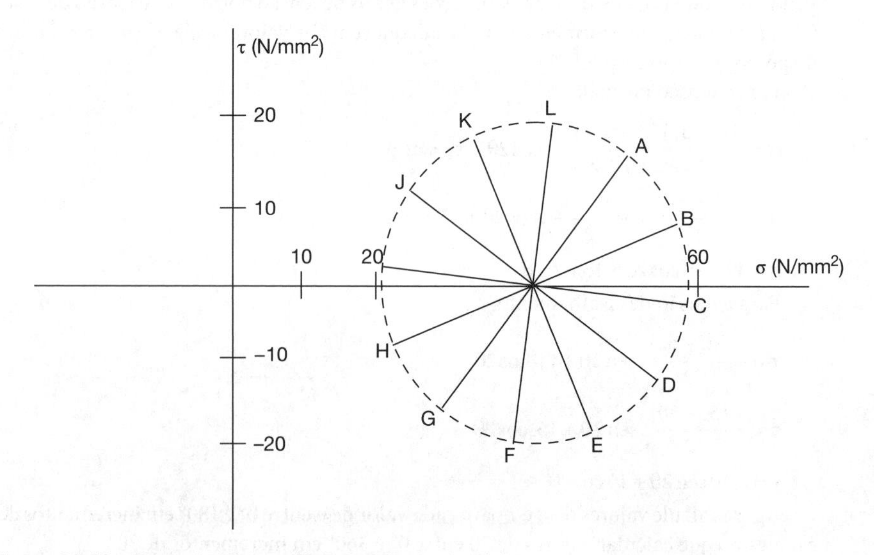

Figura 32.13 Exemplo 32.6: gráfico do Círculo de Mohr.

Primeiramente, o raio do círculo precisa ser calculado. Como os dois pontos A e G, com coordenadas (50, 15) e (30, –15), respectivamente, são dois pontos em lados opostos na circunferência do Círculo de Mohr, conclui-se que uma linha reta desenhada entre eles representa o diâmetro do círculo. A partir da geografia mostrada na Figura 32.14, o comprimento desse diâmetro, a partir do teorema de Pitágoras, é $\sqrt{(20^2 + 30^2)} = 36{,}05$. O raio do círculo, como sempre, é metade do diâmetro, ou seja, 36,05/2 = 18,03 N/mm^2. Pode-se perceber também que as coordenadas do centro do círculo são (40, 0).

Os pontos cardeais oeste e leste do círculo representam as ***tensões principais*** mínima e máxima, respectivamente, já que esses correspondem aos valores mínimo e máximo de σ. As coordenadas x desses pontos são (40 – 18,03) = 21,97 e (40 + 18,03) = 58,03. Como $\tau = 0$ nesses pontos, suas coordenadas são (21,97, 0) e (58,03, 0), respectivamente.

Os pontos cardeais norte e sul do círculo representam as ***tensões de cisalhamento*** máxima e mínima, respectivamente. Esses valores são o raio do círculo, 18,03 N/mm^2. Portanto, as coordenadas desses pontos são (40, 18,03) e (40, –18,03), respectivamente.

A tarefa final é identificar o ângulo θ dos planos em que cada uma dessas quatro tensões importantes ocorre. O ângulo 2θ é medido em sentido horário em torno do círculo a partir do ponto A.

As tensões principais mínima e máxima ocorrem quando $\tau = 0$. Ou seja:

$$\tau = -10\,\text{sen}\,2\theta + 15\cos 2\theta = 0$$

$$15\cos 2\theta = 10\,\text{sen}\,2\theta$$

$$15 = 10\frac{\text{sen}2\theta}{\cos 2\theta}$$

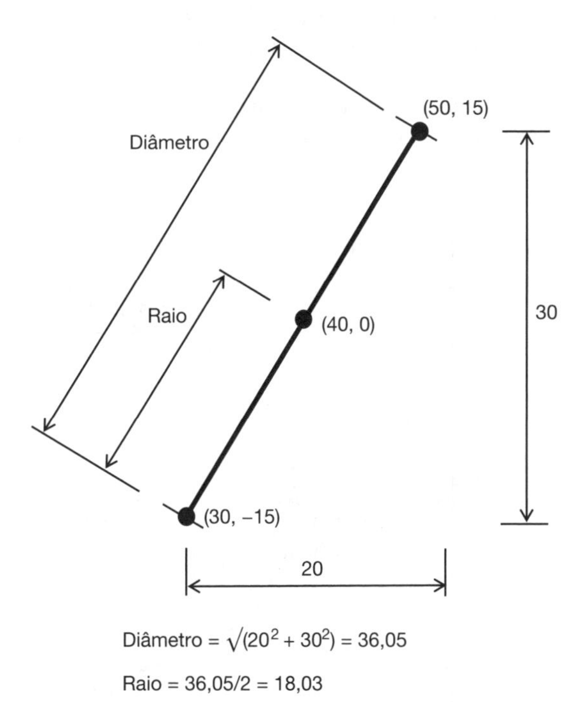

Figura 32.14 Cálculo do diâmetro, do raio e do ponto central de um círculo.

$$15 = 10 \tan 2\theta \left(\text{já que } \tan 2\theta = \frac{\text{sen}2\theta}{\cos 2\theta} \right)$$

$$\tan 2\theta = 1{,}5$$

$$2\theta = \tan^{-1} 1{,}5$$

Portanto, 2θ = 56,3° e 236,3°, o que corresponde a valores de θ de 28,15° e 118,15°, respectivamente. Se adicionarmos 90° a cada um desses valores de 2θ, obtemos 146,3° e 326,3, respectivamente, que são os valores dos pontos de tensão de cisalhamento máxima. Os valores de θ correspondentes a esses são 73,15° e 163,15°, respectivamente. (Como ficará óbvio para alguns leitores, dividimos pela metade os valores de 2θ para obtermos os valores correspondentes de θ.)

Veja a Figura 32.15 para um resumo do Círculo de Mohr para este exemplo. Os resultados-chave são os seguintes:

Tensão principal máxima σ_{max} = 58,03 N/mm^2 quando θ = 28,15°

Tensão principal mínima σ_{min} = 21,97 N/mm^2 quando θ = 118,15°

Tensão de cisalhamento máxima τ_{max} = 18,03 N/mm^2 quando θ = 163,15°

Tensão de cisalhamento mínima τ_{min} = – 18,03 N/mm^2 quando θ = 73,15°

A partir desses resultados, pode-se perceber que os planos das tensões principais máxima e mínima encontram-se a 90° (ângulo reto) um do outro. Isso sempre acontece. Os planos das tensões de cisalhamento máxima e mínima também encontram-se a ângulos retos entre si. Novamente, isso sempre acontece.

Essas informações estão expressas na Figura 32.16 na forma de ângulos de planos principais em um grande bloco de tensões. A Figura 32.17 expressa as mesmas informações em formato de quadrados de tensão.

Observe que o Círculo de Mohr pode ser desenhado em escala num papel milimetrado se as coordenadas de quaisquer dois pontos em sua circunferência opostos entre si forem conhecidos.

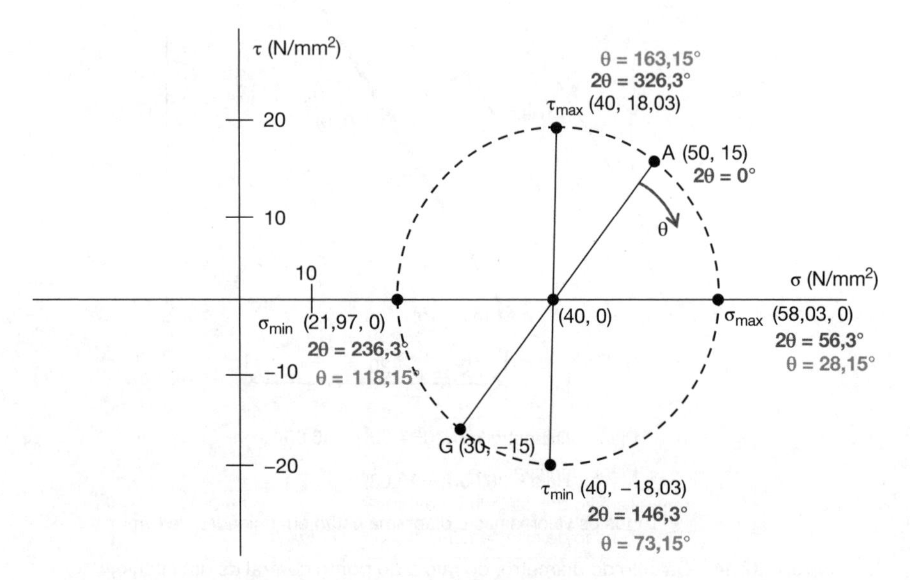

Figura 32.15 Exemplo 32.6: Resumo em Círculo de Mohr.

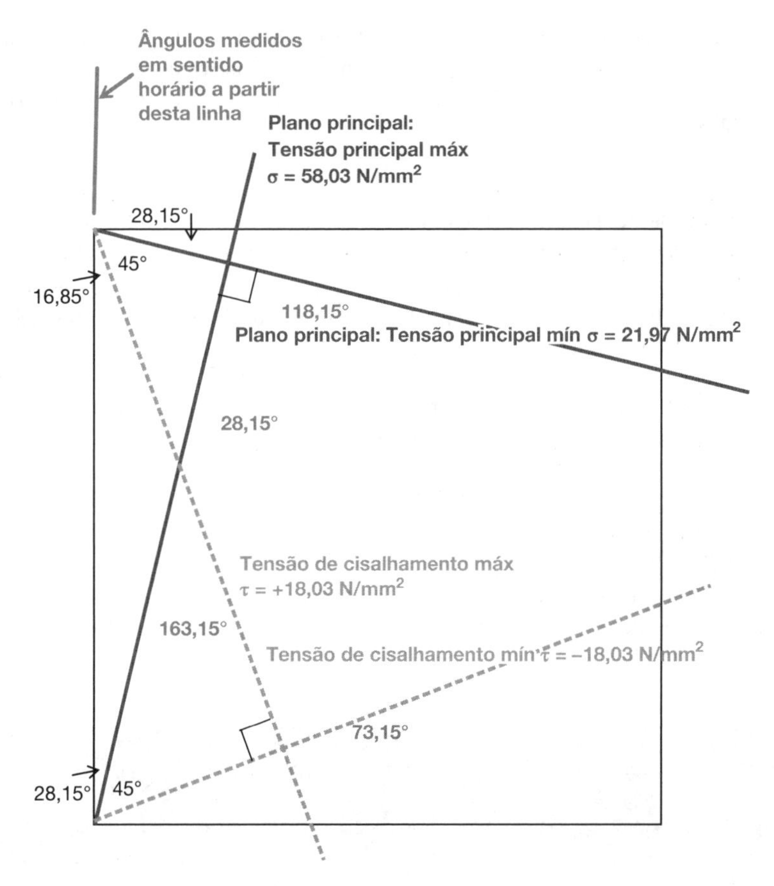

Figura 32.16 Resultados do Exemplo 32.6 no formato de um grande bloco de tensões.

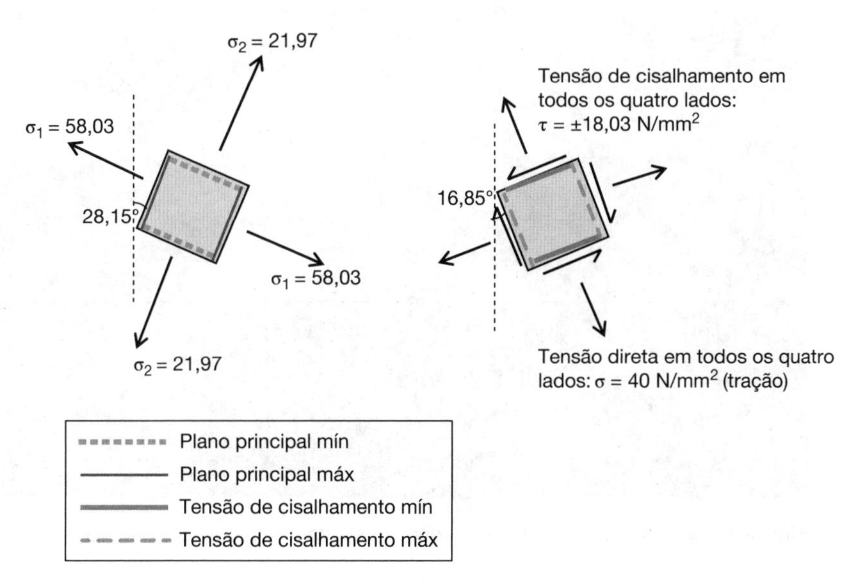

Figura 32.17 Resultados do Exemplo 32.6 no formato de quadrados de tensão.

O centro do círculo pode ser rapidamente localizado. O círculo pode ser desenhado usando-se um par de compassos, com os valores principais lidos a partir do desenho e os ângulos medidos usando-se um transferidor. Assim como para qualquer trabalho gráfico, a precisão pode ser um problema.

O que você deve recordar deste capítulo

- Diferentes tipos de tensão podem coexistir em um mesmo material. Quando há tensões diretas e de cisalhamento em combinação, a variação de seus efeitos combinados em planos de ângulos diferentes pode ser plotada, e a plotagem será circular, conhecida como Círculo de Mohr.
- Quando um Círculo de Mohr é traçado, os valores máximos e mínimos de tensões principais e de cisalhamento podem ser determinados, assim como os planos em que elas atuam, seja via cálculos ou por métodos gráficos.
- Os planos principais máximo e mínimo encontram-se a ângulos retos um do outro.
- Os planos de tensões de cisalhamento máxima e mínima também se encontram a ângulos retos um do outro.

Amplos saguões exigem telhados com estruturas complexas. A Figura 32.18 exibe parte da estrutura de casca em *diagrid* para o telhado do saguão oeste da estação King's Cross, em Londres, aberto em 2012.

Figura 32.18 Estrutura de telhado, saguão oeste da estação King's Cross, Londres.

Exercício

Repita o Exemplo 32.6 para os quadrados de tensão 2 e 3 mostrados na Figura 32.11.

Resposta

Quadrado de tensão 2: (coordenada leste) $\sigma_{máx} = 52{,}72$ N/mm^2 quando $2\theta = 339{,}44°$ e $\theta = 169{,}72°$
(coordenada oeste) $\sigma_{mín} = -32{,}72$ N/mm^2 quando $2\theta = 159{,}44°$ e $\theta = 79{,}72°$
(coordenada norte) $\tau_{máx} = 42{,}72$ N/mm^2 quando $2\theta = 249{,}44°$ e $\theta = 124{,}72°$
(coordenada sul) $\tau_{mín} = -42{,}72$ N/mm^2 quando $2\theta = 69{,}44°$ e $\theta = 34{,}72°$

Quadrado de tensão 3: (coordenada leste) $\sigma_{máx} = 32{,}72$ N/mm^2 quando $2\theta = 20{,}56°$ e $\theta = 10{,}28°$
(coordenada oeste) $\sigma_{mín} = -52{,}72$ N/mm^2 quando $2\theta = 200{,}56°$ e $\theta = 100{,}28°$
(coordenada norte) $\tau_{máx} = 42{,}72$ N/mm^2 quando $2\theta = 290{,}56°$ e $\theta = 145{,}28°$
(coordenada sul) $\tau_{mín} = -42{,}72$ N/mm^2 quando $2\theta = 110{,}56°$ e $\theta = 55{,}28°$

33

Treliças (sem números)

No Capítulo 13, discutimos a análise de reticulados de nós articulados. Como vimos, quando as cargas atuantes em um reticulado de nós articulados são conhecidas, as reações podem ser calculadas, e o esforço em cada elemento pode ser determinado, juntamente com o sentido (isto é, de tração, de compressão ou sem tensão) de cada.

Neste capítulo, iremos investigar como, em certos casos, reticulados de nós articulados podem ser analisados mesmo quando os valores numéricos das cargas não são conhecidos. Claramente, não poderíamos determinar a magnitude dos esforços nos elementos em tais casos, mas o sentido deles sobre os elementos podem ser deduzidos.

Antes que você avance neste capítulo, os seguintes aspectos lhe são recomendados:

- Tenha certeza de que compreende o conceito de equilíbrio (Capítulo 6) e que sabe dispor forças em componentes (Capítulo 7).
- Leia o Capítulo 13 novamente para ficar familiarizado com o método de resolução nos nós. Em especial, estude a Figura 13.14 e o texto referente a ela a respeito de casos padronizados.

Observe o nó mostrado na Figura 33.1a, no qual quatro elementos se encontram. Os esforços nos elementos são A, B, C e D, e os eixos dos elementos estão a ângulos de α, β, γ e δ, respectivamente, em relação à horizontal.

Cada uma dessas quatro forças pode ser distribuída em uma componente horizontal e uma componente vertical, conforme mostradas na Figura 33.1b.

A partir do equilíbrio horizontal:

Força total $\rightarrow$ = Força total $\leftarrow$

$$A\cos\alpha + C\cos\gamma = B\cos\beta + D\cos\delta$$

E a partir do equilíbrio vertical:

Força total $\uparrow$ = Força total $\downarrow$

$$A\text{sen}\alpha + B\text{sen}\beta = C\text{sen}\gamma + D\text{sen}\delta$$

O procedimento neste capítulo é parcialmente intuitivo, e os leitores com facilidade para jogos como palavras-cruzadas e Sudoku não terão dificuldades em segui-lo. Como os jogos dessa natureza, você deve avançar pelo problema passo a passo, aplicando as regras básicas já explicadas. Isso fica cada vez mais fácil com a prática!

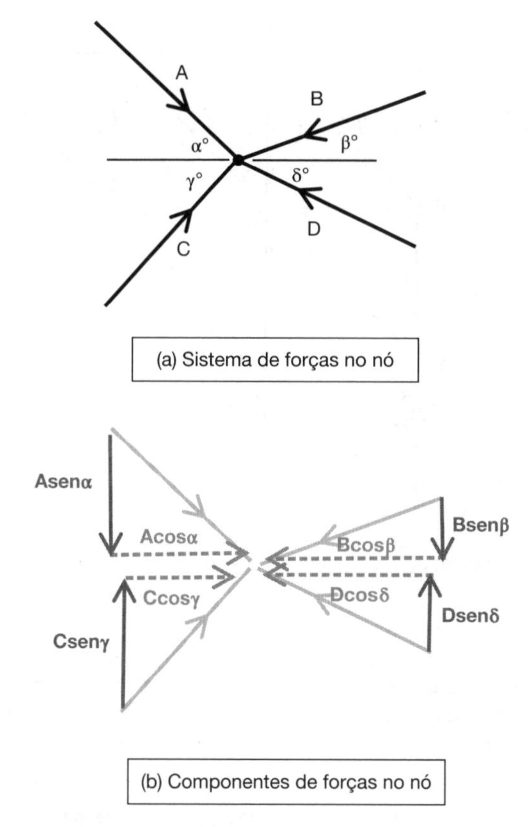

Figura 33.1 Decompondo forças em um nó.

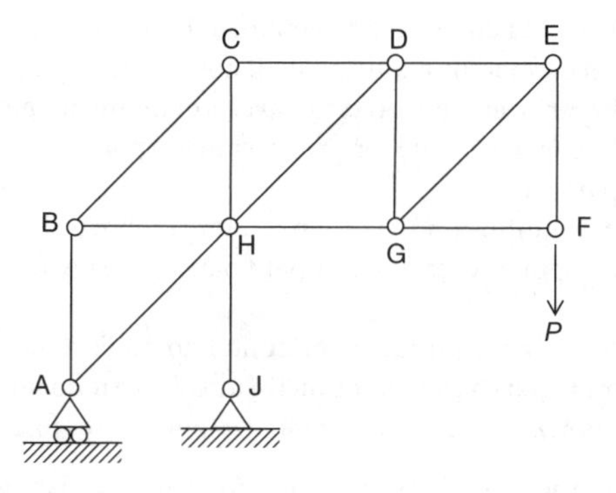

Figura 33.2 Reticulado do Exemplo 33.1.

Exemplo 33.1

Examine o reticulado de nós articulados mostrado na Figura 33.2. Avançaremos na análise desse reticulado, nó por nó e elemento por elemento, e determinaremos se cada elemento encontra-se sob tração, compressão ou sem tensão.

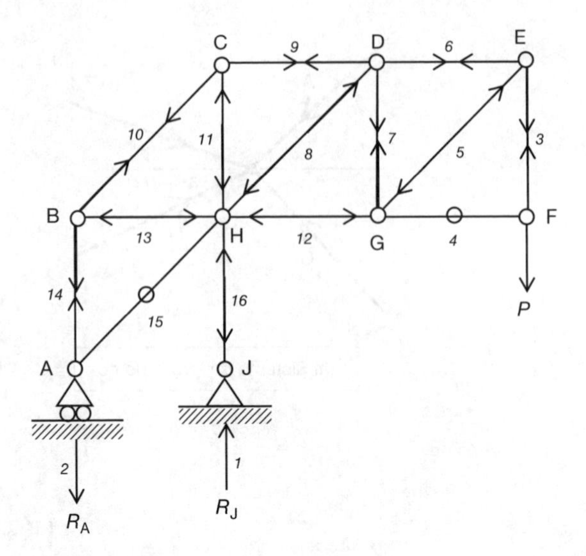

Figura 33.3 Exemplo 33.1: solução.

A primeira coisa a fazer é determinar os sentidos das reações, todas as quais devem ser verticais neste caso, já que não há forças horizontais externas sobre o reticulado. Precisamos determinar se as reações verticais nos apoios A e J, R_A e R_J, respectivamente, atuam para cima ou para baixo. Há apenas uma força externa sobre o reticulado, uma força atuando para baixo em P no nó F.

- Calculando os momentos em torno de A, a força externa P no nó F gera um momento em sentido horário. Para que haja equilíbrio, é preciso haver um momento em sentido anti-horário para contrabalançá-lo, e o momento em sentido anti-horário só pode ser proporcionado por uma reação para cima em J. Portanto, R_J deve ser para cima.
- Calculando os momentos em torno de J, novamente a força externa P produz um momento em sentido horário; então é preciso haver um momento em sentido anti-horário para contrabalançá-lo, o qual só pode ser proporcionado por uma reação para baixo em A. Portanto, R_A deve ser para baixo.
- Examinando o equilíbrio vertical em F, a força sobre o elemento EF deve atuar para cima no nó F, a fim de opor a força externa para baixo P neste nó. O elemento EF estará, portanto, sob tração.
- Examinemos agora o equilíbrio horizontal no nó F: como não há força externa alguma no nó F, nem tampouco há elementos inclinados a partir do nó F que possam proporcionar uma componente horizontal de força, então não pode haver força alguma no elemento FG.

Os parágrafos anteriores descrevem os quatro primeiros passos na análise deste problema. Podemos, a partir daí, seguir analisando o reticulado passo a passo, conforme mostrado na Figura 33.1. A análise completa está mostrada na Figura 33.3. Os números pequenos em itálico na Figura 33.3 correspondem ao número de cada passo na Tabela 33.1.

Exemplo 33.2

Examine o reticulado de nós articulados mostrado na Figura 33.4. Assim como no exemplo anterior, avançaremos por esse reticulado nó por nó, elemento por elemento, e determinaremos se cada elemento encontra-se sob tração, compressão ou sem tensão.

Tabela 33.1 Progresso da análise para a Figura 33.2

Passo nº 1	Nó	↑ ou →	Obs.	Resultado
1	A	Mom	Calculando momentos em torno de A, a reação vertical em J deve atuar para cima a fim de proporcionar um momento em sentido anti-horário, contrabalançando o momento em sentido horário gerado pela força para baixo em F.	R_J para cima
2	J	Mom	Calculando momentos em torno de J, a reação externa em A deve atuar para baixo a fim de proporcionar um momento em sentido anti-horário, contrabalançando o momento em sentido horário gerado pela força para baixo em F.	R_A para baixo
3	F	↑	Força para cima em F no elemento EF.	EF tração
4	F	→	Nenhuma força em FG.	FG sem tensão
5	E	↑	Força para cima/direita no elemento EG em G.	EG compressão
6	E	→	Força para a esquerda em ED em E.	ED tração
7	G	↑	Força para cima em DG em G.	DG tração
8	D	↑	Força para cima/direita em DH em D.	DH compressão
9	D	→	Força para a esquerda em CD em D.	CD tração
10	C	→	Força para baixo/esquerda em BC em C.	BC tração
11	C	↑	Força para cima em CH em C.	CH compressão
12	G	→	Força para a direita em GH em G.	GH compressão
13	B	→	Força para a direita em BH em H.	BH compressão
14	B	↑	Força para baixo em AB em B.	AB tração
15	A	→	Nenhuma força em AH.	AH sem tensão
16	J	↑	Força para baixo em HJ em J.	HJ compressão

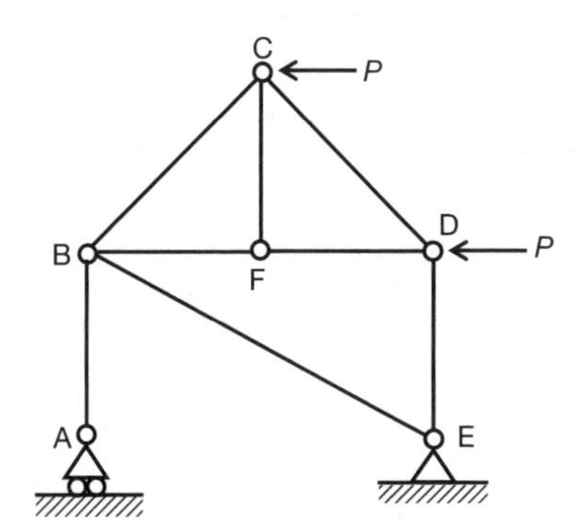

Figura 33.4 Reticulado do Exemplo 33.2.

A análise passo a passo está detalhada na Tabela 33.2, e a análise completa está mostrada na Figura 33.5.

Exemplo 33.3

Examine o reticulado de nós articulados mostrado na Figura 33.6. Mais uma vez, avançaremos por esse reticulado nó por nó, elemento por elemento, e determinaremos se cada elemento encontra-se sob tração, compressão ou sem tensão.

A análise passo a passo está detalhada na Tabela 33.3, e a análise completa está mostrada na Figura 33.7.

Tabela 33.2 Progresso da análise para a Figura 33.4

Passo nº 1	Nó	↑ ou →	Obs.	Resultado
1	A	Mom	Calculando momentos em torno de E, é preciso haver um momento em sentido horário para contrabalançar os momentos em sentido anti-horário gerados pelas forças horizontais C e D. Tal momento em sentido horário só pode vir de uma reação para cima em A.	V_A para cima
2	E	↑	Para haver equilíbrio vertical em geral, V_A atua para cima, então V_E deve atuar para baixo.	V_E para baixo
3	E	→	Para haver equilíbrio horizontal em geral, as forças externas em C e D atuam para a esquerda, então H_E deve atuar para a direita.	H_E para a direita
4	A	↑	Força para cima no elemento AB em A.	AB compressão
5	E	→	Força para cima/esquerda no elemento BE em E (para se opor a H_E, que atua para a direita).	BE tração
6	F	↑	Nenhuma força em CF.	CF sem tensão
7	C	↑ e →	As componentes verticais das forças nos elementos BC e CD devem atuar em sentidos opostos, e as componentes horizontais das forças nesses elementos devem, portanto, atuar na mesma direção. Como a força externa em C atua para a esquerda, as componentes horizontais das forças em BC e CD devem atuar ambas para a direita em C.	BC compressão
8	C	→	Força para baixo/direita em CD em C (ver acima).	CD tração
9	D	↑	Força para cima/esquerda em CD em D (para se opor à força para baixo em DE em D).	DE tração
10	D	→	Força para direita em DF em D (para se opor à reação externa para a esquerda e à força para cima/esquerda em CD em D).	DF compressão
11	F	→	Força para a direita em BF em F.	BF compressão

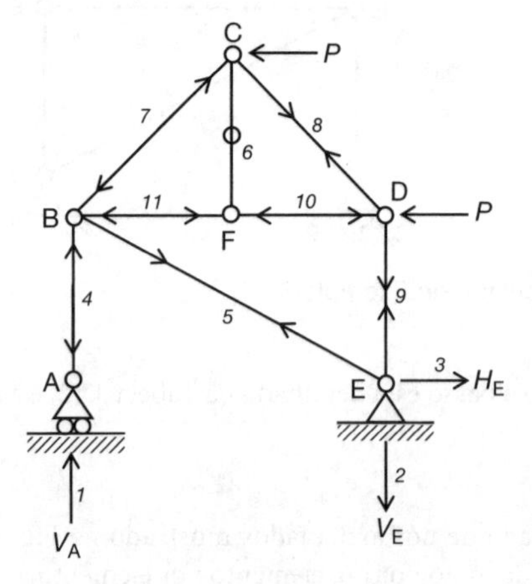

Figura 33.5 Exemplo 33.2: solução.

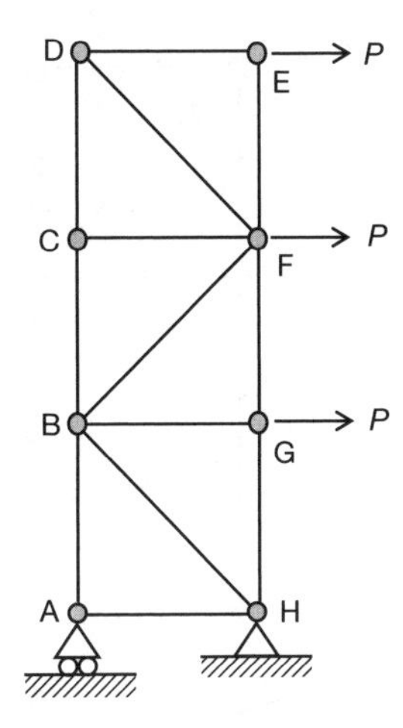

Figura 33.6 Reticulado do Exemplo 33.3.

Tabela 33.3 Progresso da análise para a Figura 33.6

Passo nº 1	Nó	↑ ou →	Obs.	Resultado
1	H	→	H_H para a esquerda a fim de contrabalançar três forças externas para a direita em E, F e G.	H_H para a esquerda
2	A	Mom	Calculando momentos em torno de H, é preciso haver um momento em sentido anti-horário para contrabalançar os momentos em sentido horário gerados pelas forças horizontais em E, F e G. Tal momento em sentido anti-horário só pode vir de uma reação para baixo em A.	V_A para baixo
3	H	↑	Para haver equilíbrio vertical em geral, V_A atua para baixo, então V_H deve atuar para cima.	V_H para cima
4	A	↑	Força para cima no elemento AB em A.	AB tração
5	A	→	Nenhuma força em AH.	AH sem tensão
6	E	↑	Nenhuma força em EF.	EF sem tensão
7	E	→	Força para a esquerda em DE em E.	DE tração
8	D	→	Força para cima/esquerda em DF em D.	DF compressão
9	D	↑	Força para baixo no elemento CD em D.	CD tração
10	C	↑	Força para cima em BC em C.	BC tração
11	C	→	Nenhuma força em CF.	CF sem tensão
12	F	→	Força para baixo/esquerda em BF em F para contrabalançar a força externa para a direita em F e a força para a direita em DF em F.	BF tração
13	F	↑	Força para cima em FG em F para contrabalançar as forças para baixo tanto em DF quanto em BF.	FG compressão
14	G	↑	Força para cima no elemento em GH em G.	GH compressão
15	G	→	Força para a esquerda em BG em G.	BG tração
16	H	→	Força para a direita em BH em H.	BH compressão

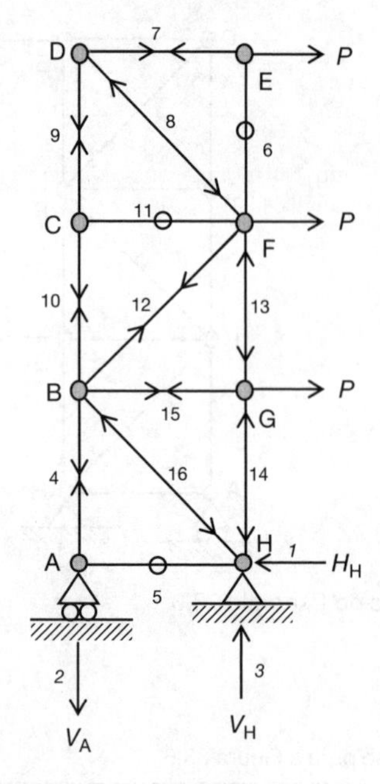

Figura 33.7 Exemplo 33.3: solução.

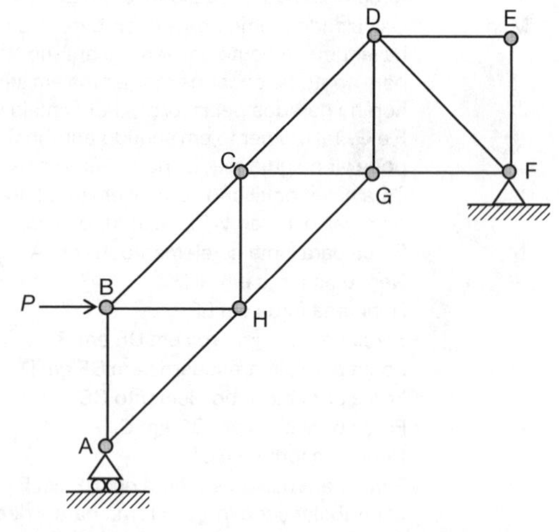

Figura 33.8 Reticulado do exemplo tutorial.

Exemplos

Determine as direções das reações no reticulado de nós articulados mostrado na Figura 33.8 e determine se cada elemento se encontra sob tração, compressão ou sem tensão (a solução é apresentada na Tabela 33.4).

A Figura 33.9 mostra o prédio One Trade Center, na cidade de Nova York, concluído em 2015.

Tabela 33.4 Progresso da análise para a Figura 33.8

Passo nº 1	Nó	↑ ou →	Obs.	Resultado
1	F	→	H_F deve atuar para a esquerda a fim de contrabalançar a força externa para a direita em B.	H_F para a esquerda
2	F	Mom	Calculando momentos em torno de B, V_F deve atuar para baixo.	V_F para baixo
3	A	↑	Para haver equilíbrio vertical em geral, V_F atua para baixo, então V_A deve atuar para cima.	V_A para cima
4	E	→	Nenhuma força no elemento DE.	DE sem tensão
5	E	↑	Nenhuma força no elemento EF.	EF sem tensão
6	F	↑	Força no elemento DF para cima em F.	DF tração
7	D	→	Força no elemento CD para a esquerda em D.	CD tração
8	D	↑	Força no elemento DG para cima em D.	DG compressão
9	G	↑	Força no elemento GH para cima em G.	GH compressão
10	F	→	Força no elemento FG para a direita em F.	FG compressão
11	A	→	Nenhuma reação horizontal no apoio A porque é deslizante, então nenhuma força no elemento AH.	AH sem tensão
12	A	↑	Força no elemento AB para baixo em A.	AB compressão
13	B	↑	Força no elemento BC para baixo em B.	BC compressão
14	C	→	Força no elemento CG para a esquerda em C.	CG compressão
15	C	↑	Força no elemento CH para baixo em C.	CH tração
16	H	→	Força no elemento BH para a direita em H.	BH compressão

Figura 33.9 One World Trade Center, na cidade de Nova York.

34

Análise plástica

Como você deve recordar do Capítulo 18 deste livro, a maioria dos materiais se comporta elasticamente até certo ponto, quando recebe a atuação de cargas. Na zona elástica, tensão e deformação – e, portanto, carga e extensão – são proporcionais, o que significa que se a carga for dobrada, a extensão será dobrada e, se a tensão for triplicada, a deformação também será triplicada; você já sabe como é. Além disso, na zona elástica, um material se comporta como um elástico ou uma tira de borracha: estende-se ou deforma-se quando uma carga é aplicada, mas retorna ao seu comprimento ou formato original assim que a carga é removida.

Após certo ponto ser alcançado – o ponto de escoamento ou limite elástico – o material deixa de se comportar elasticamente e começa a se comportar plasticamente. Na zona plástica, a tensão e a deformação deixam de ser proporcionais. Acima de tudo, o material começa a escoar, e ocorre deformação permanente. Conforme a carga vai aumentando, o mesmo se dá com o escoamento e a deformação, até que a certa altura o material acaba apresentando ruptura.

Ainda que possamos projetar componentes estruturais com base no comportamento elástico, isso não representaria o uso mais eficiente ou econômico de materiais, pois sabemos que, embora um material comece a apresentar escoamento na zona plástica, será necessário um considerável aumento de carga até que ele finalmente apresente ruptura. Por esse motivo, neste capítulo iremos estudar o comportamento de componentes estruturais na zona plástica.

Conforme a carga aumenta e o material ingressa na zona plástica, várias alterações acontecem. Inicialmente, as partes sob maior tensão no componente (no caso de uma viga em flexão, a face inferior ou superior) começarão a apresentar escoamento. Conforme a carga segue aumentando, a altura escoada da viga progressivamente aumenta até que a altura inteira apresente escoamento (veja a Figura 34.1). Nesse estágio, uma rótula plástica irá se formar. Isso por acaso significa que a estrutura apresentará ruína nesse estágio? Não necessariamente, mas, para lidar com esse problema mais a fundo, temos de investigar a estrutura como um todo e os possíveis modos de ruína. Antes de mais nada, analisaremos vigas de um único vão, depois vigas de múltiplos vãos e, por fim, pórtico rígidos.

Mas antes de fazermos tudo isso, examinaremos as propriedades de uma seção transversal. Veremos como se faz para calcular o módulo plástico (s_x), que é análogo ao módulo elástico (z_x), já visto antes. Veremos como calcular o momento plástico (M_p) que está associado à formação da rótula plástica e ao potencial colapso. Investigaremos também a importância do fator de forma (r).

Módulo plástico s_x

Observe a Figura 34.1, que representa o diagrama de tensão quando uma seção transversal alcança o estado plástico pleno – a seção transversal inteira chegou à tensão de escoamento, indicada por σ_y. No diagrama, C representa a força de compressão na seção e T representa a força de tração na seção. Para que haja equilíbrio, essas duas forças devem ser equivalentes e opostas, então $C = T$. Também no diagrama, z representa o braço de alavanca, que é a distância vertical entre as duas forças horizontais C e T. Essas forças representam um par, então o momento plástico $M_p = Cz = Tz$.

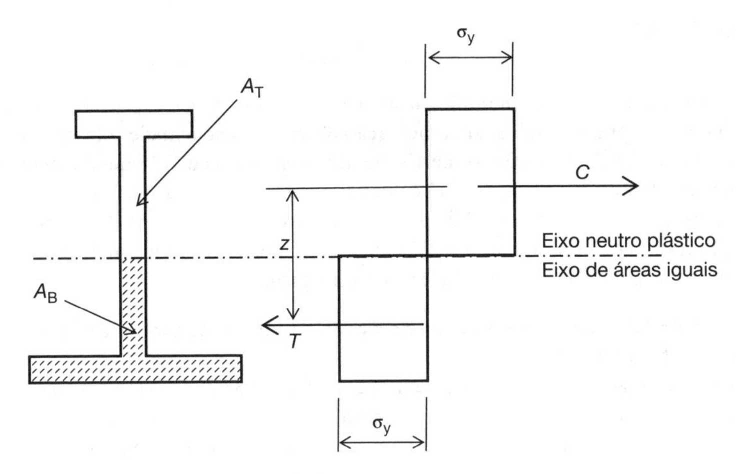

Figura 34.1 Distribuição de tensão plástica.

Se A_T representa a área na parte de cima da seção (a parte acima do eixo neutro) e A_B é a área da parte de baixo, então, usando a relação básica força = tensão × área:

$$C = A_T.\sigma_y$$
$$T = A_B.\sigma_y$$

Como $C = T$, então $A_T.\sigma_y = A_B.\sigma_y$. Sendo assim, $A_T = A_B$

Isso significa que a posição do eixo neutro para análise plástica é o Eixo de Áreas Iguais, cuja localização é tal que a área da seção sobre o eixo é igual à área da seção abaixo do eixo.

Observe que isso não é a mesma coisa que o eixo neutro usado na análise elástica, o qual passa através do centroide do perfil, cuja posição é calculada usando-se o método apresentado no Capítulo 19.

Assim que a posição do Eixo de Áreas Iguais é determinada, o módulo plástico s_x pode ser calculado computando-se o primeiro momento de área de cada parte da seção transversal separada pelo eixo de áreas iguais. O Exemplo 34.1 ilustra essa técnica.

Momento plástico M_p

Você deve recordar da expressão de momento fletor $\sigma = M/z$, vista anteriormente no livro (Capítulo 19) e que diz respeito ao comportamento elástico. Ela pode ser reorganizada como $M = \sigma.z$. A expressão equivalente para o comportamento plástico é:

$$M_p = \sigma_y.s_x,$$

onde

M_p = momento plástico (também conhecido como momento plástico resistente ou capacidade de momento plástico)
σ_y = tensão de escoamento, que é a tensão experimentada pela seção transversal inteira depois de alcançar o escoamento. Um valor típico para tensão de escoamento do aço é $\sigma_y = 275$ N/mm^2
s_x = módulo plástico

Assim, depois que o módulo plástico é conhecido, o momento plástico pode ser prontamente calculado a partir dessa equação.

Fator de forma *r*

Trata-se da razão entre o módulo plástico e o módulo elástico e, portanto, diz respeito à geometria da seção transversal. É uma indicação de quanta capacidade sobressalente está disponível além do limite elástico. Para os perfis metálicos em forma de I frequentemente usados em construções estruturais de aço, r = 1,15 é um valor típico, o que significa que o perfil conta com 15% de reserva adicional de capacidade de momento além do estado de limite elástico. Para uma seção transversal retangular, r = 1,5 (como será mostrado no Exemplo 34.2), e para uma seção transversal em forma de T, r = 1,8 é um valor típico.

Exemplo 34.1: posição do eixo de áreas iguais, módulos plástico e elástico e momento plástico

Para uma seção transversal em T mostrada na Figura 34.2, determine a posição do eixo de áreas iguais e, consequentemente, calcule o módulo plástico, s_x. Se a seção transversal é feita de aço com tensão de escoamento $\sigma_y = 275\ \text{N/mm}^2$, calcule o momento plástico M_p.

a. Usando o teorema do eixo paralelo (Capítulo 19), determine a posição do eixo centroidal e, assim, calcule o segundo momento de área em torno do eixo x, I_x. Em seguida, calcule os valores de módulo da seção (z) com relação às faces superior e inferior do perfil metálico.
b. Calcule o fator de forma r.

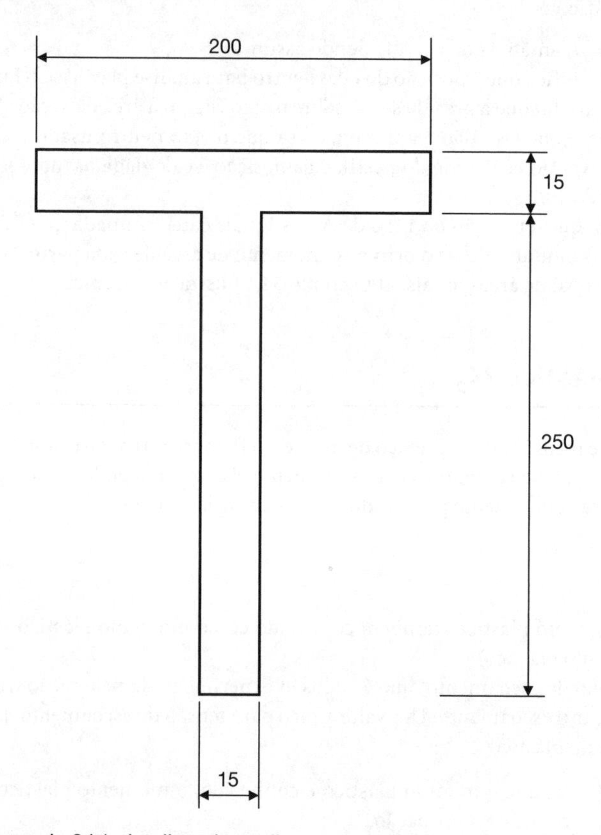

Figura 34.2 Exemplo 34.1: detalhes da seção transversal (dimensões em mm).

Parte (a)

Mediante inspeção da Figura 34.2, a área A do perfil é a soma da área de dois retângulos:

$A = (200 \times 15) + (250 \times 15) = 6.750$ mm^2.

Para localizar o eixo de áreas iguais, temos de calcular o valor de metade da área total.

Metade de $A = 6.750/2 = 3.375$ mm^2.

O eixo de áreas iguais deve estar situado de tal forma que uma área de 3.375 mm^2 fica acima dele, e outra área de 3.375 mm^2 fica abaixo dele.

Mediante inspeção da Figura 34.3, a área abaixo do eixo de áreas iguais será um retângulo.

Se a altura desse retângulo for y_1, a área do retângulo = $15y_1 = 3.375$

Assim, $y_1 = 3.375/15 = 225$ mm.

Portanto, o eixo de áreas iguais fica situado 225 mm acima da face inferior do perfil.

O módulo plástico é o primeiro momento de área em torno do eixo de áreas iguais. Para cada retângulo, calculamos a área do retângulo e multiplicamos pela distância entre o centro do retângulo até o eixo de áreas iguais, depois somamos os resultados entre si. Veja a Figura 34.3 para as dimensões relevantes.

$$\begin{aligned}\text{Módulo plástico } s_x &= (200 \times 15 \times 32{,}5) + (15 \times 25 \times 12{,}5) + (15 \times 225 \times 112{,}5)\\ &= 97.500 + 4.687{,}5 + 379.687{,}5\\ &= 481.875\,\text{mm}^3\\ &= 481{,}9\,\text{cm}^3\end{aligned}$$

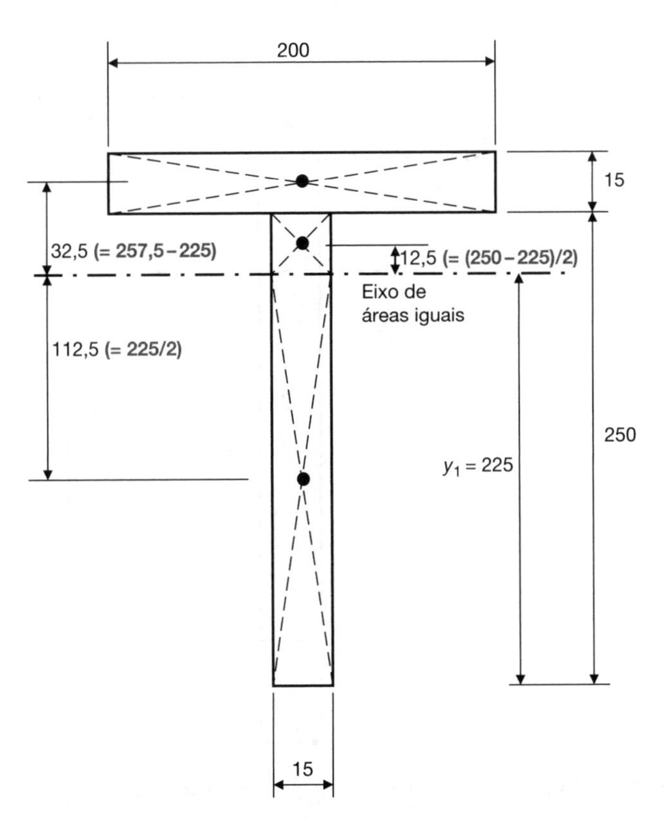

Figura 34.3 Exemplo 34.1: dimensões do perfil para análise plástica (em mm).

Momento plástico $M_p = \sigma_y . s_x = 275\ \text{N/mm}^2 \times 481.875\ \text{mm}^3 = 132,5 \times 10^6\ \text{N . mm}$
$M_p = 132,5\ \text{kN . m}$.

Parte (b)

Veja a Figura 34.4 para as dimensões relevantes.

$$\bar{y} = \frac{(200 \times 15 \times 257,5) + (15 \times 250 \times 125)}{(200 \times 15) + (15 \times 250)} = \frac{772.500 + 468.750}{3.000 + 3.750}$$

$$= 183,9\ \text{mm}$$

$$I_{xx} = \frac{200 \times 15^3}{12} + \left(200 \times 15 \times 73,6^2\right) + \frac{15 \times 250^3}{12} + \left(15 \times 250 \times 58,9^2\right)$$

$$= 56.250 + 16.250.880 + 19.531.250 + 13.009.538$$

$$= 48.847.918\ \text{mm}^4$$

$$= 48,9 \times 10^6\ \text{mm}^4.$$

$$z_{topo} = \frac{I}{y_{topo}} = \frac{48,9 \times 10^6}{81,1} = 0,603 \times 10^6\ \text{mm}^3 = 603\ \text{cm}^3$$

$$z_{base} = \frac{I}{y_{base}} = \frac{48,9 \times 10^6}{183,9} = 0,266 \times 10^6\ \text{mm}^3 = 266\ \text{cm}^3$$

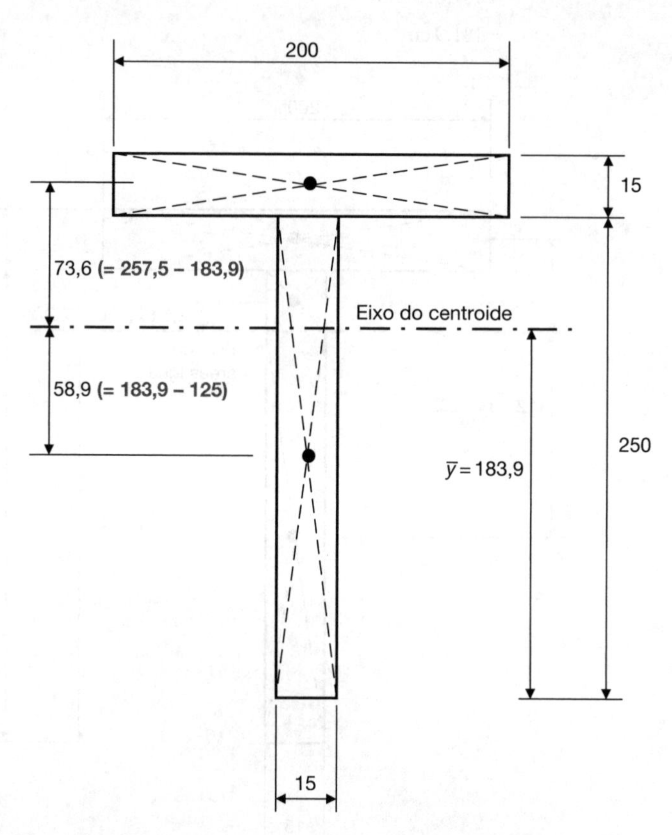

Figura 34.4 Exemplo 34.1: dimensões do perfil para análise elástica (em mm).

Parte (c)
Fator de forma $r = s_x/z_{\text{base}} = 481{,}9/266 = 1{,}81$

Exemplo 34.2: fator de forma para uma seção transversal retangular
Veja a Figura 34.5, que mostra uma seção transversal retangular geral de largura b e altura d.

Devido à simetria, tanto o centroide (eixo neutro elástico) quanto o eixo de áreas iguais (eixo neutro plástico) ficarão no mesmo nível, na metade da altura do perfil.

Análise elástica

$z = bd^2/6$ (ver Capítulo 19).

Análise plástica

A seção pode ser dividida em dois retângulos iguais: um acima do eixo de áreas iguais e outro abaixo dele, conforme mostrados na Figura 34.5.

Calculando o primeiro momento de áreas em torno do eixo de áreas iguais:

$$s_x = \left[\left(b \times \frac{d}{2}\right) \times \frac{d}{4}\right] + \left[\left(b \times \frac{d}{2}\right) \times \frac{d}{4}\right] = \frac{bd^2}{8} + \frac{bd^2}{8} = \frac{bd^2}{4}$$

$$\text{Fator de forma } r = \frac{s_x}{z} = \frac{bd^2/4}{bd^2/6} = 1{,}5$$

O tutorial ao final deste capítulo lhe dará a oportunidade de tentar calcular por conta própria o módulo plástico e o momento plástico.

Passaremos agora à análise das possíveis maneiras pelas quais vigas e pórticos podem entrar em colapso.

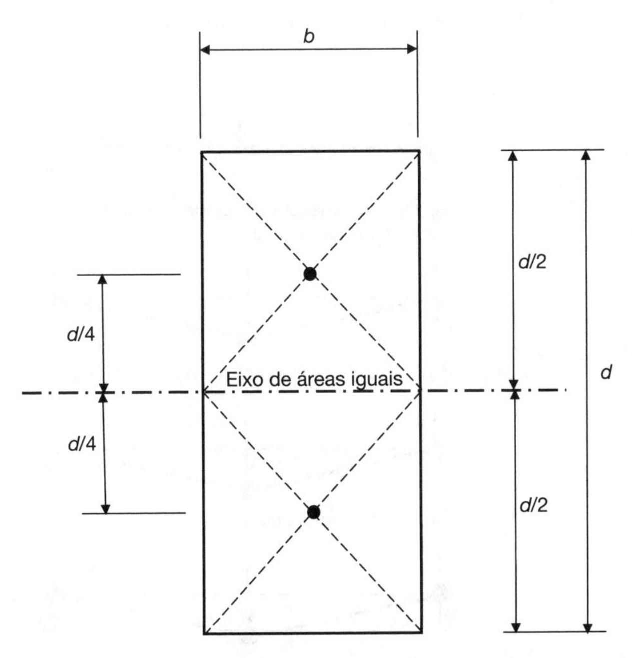

Figura 34.5 Exemplo 34.1: módulo plástico de uma seção transversal retangular.

Mecanismos de colapso

Conforme examinado anteriormente, quando momento plástico total é alcançado, uma rótula plástica acaba se formando. Uma rótula plástica pode ser encarada como uma "dobradiça enferrujada", já que o colapso só ocorrerá quando uma quantidade suficiente de rótulas plásticas se formarem na viga ou no pórtico.

Vigas de vão único

A Figura 34.6a mostra uma viga de vão único totalmente engastada nas extremidades sustentando uma carga pontual centralizada. O momento fletor máximo ocorrerá bem no meio do vão, e é neste ponto, portanto, que a primeira rótula plástica se formará - veja a Figura 34.6b. No entanto, isso não levará ao colapso da viga, já que ela continuará firmemente presa em cada extremidade. Os momentos máximos de alquebramento (arqueamento para cima) ocorrem junto às duas extremidades da viga. Em teoria, elas se tornariam rótulas plásticas ao mesmo tempo, mas na prática isso acaba ocorrendo antes com uma e depois com a outra - veja a Figura 34.6c. Contudo, é apenas quando três rótulas plásticas se formam, conforme mostrado na Figura 34.6d, que o colapso ocorre.

Vigas de múltiplos vãos

Observe a viga de dois vãos ABC mostrada na Figura 34.7a, na qual o vão AB sustenta uma carga uniformemente distribuída (CUD) e o vão BC sustenta duas cargas pontuais, de diferentes valores, situadas em cada terço do vão. Nesse caso, há três cenários possíveis de colapso, e o crítico será qualquer um que venha a ocorrer primeiro. Isso só pode ser determinado via cálculos, conforme veremos mais adiante neste capítulo.

A primeira possibilidade é que AB venha a apresentar colapso. Para que isso aconteça, três rótulas plásticas terão de se formar - uma em cada apoio e uma no meio de tal vão. Veja a Figura 34.7b.

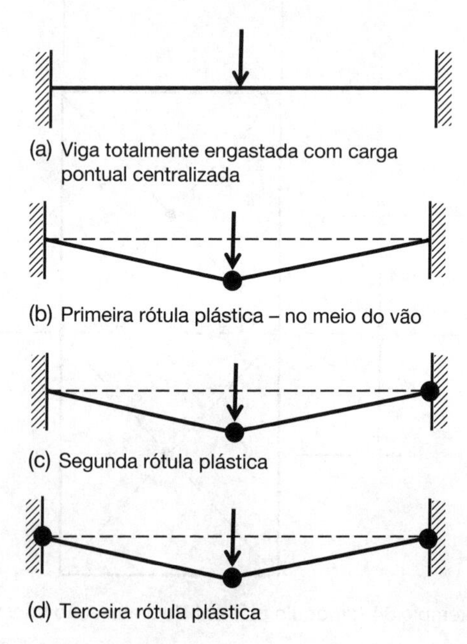

Figura 34.6 Viga totalmente engastada: locais de rótulas plásticas.

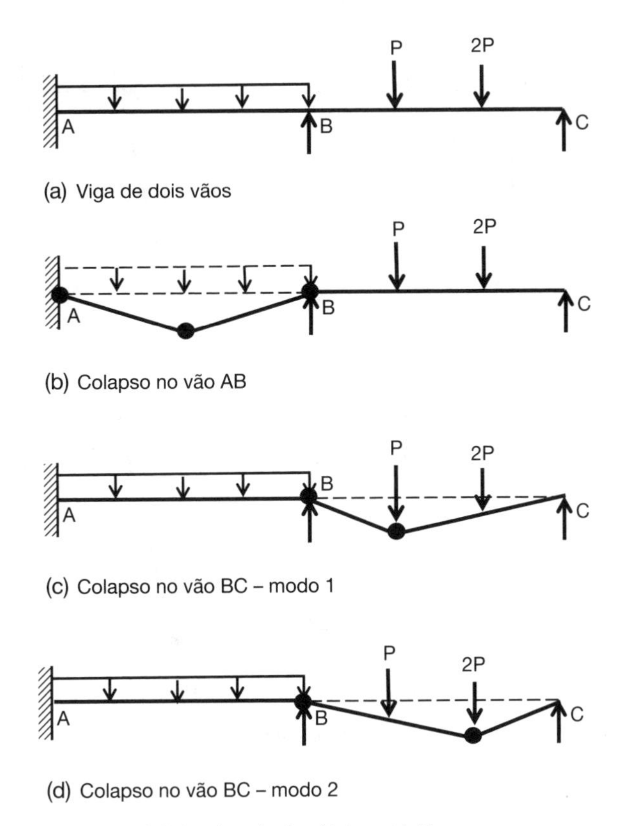

Figura 34.7 Viga de vãos múltiplos: locais de rótulas plásticas.

A segunda possibilidade é que o vão BC venha a apresentar colapso. Isso pode acontecer se duas rótulas plásticas se formarem, situadas em B e ou (a) abaixo da carga menor P (veja a Figura 34.7c) ou (b) embaixo da carga maior 2P (veja a Figura 34.7d). É tentador acreditar que a rótula plástica se formando abaixo da carga pontual maior seria crítica, mas isso não necessariamente é válido.

Pórticos

A Figura 34.8a mostra uma estrutura em pórtico ABCDE que experimenta duas cargas pontuais: uma horizontal na intersecção de viga/pilar (ponto B) e uma vertical bem no meio da viga (ponto C). Mais uma vez, são três os potenciais modos de colapso críticos neste caso, explicados a seguir.

A primeira possibilidade é que rótulas plásticas se formem em A, B, D e E, levando a uma deflexão horizontal no alto dos pilares AB e DE. Isso é conhecido como mecanismo lateral e está indicado na Figura 34.8b.

A segunda possibilidade é que rótulas plásticas se formem em B, C e D na viga BD, levando a uma deflexão vertical em C. Esse é o mecanismo de viga, mostrado na Figura 34.8c.

A terceira e última possibilidade é que ambos mecanismos ocorram simultaneamente, conforme mostrado na Figura 34.8d. Isso é conhecido como mecanismo combinado, em que rótulas plásticas se formam em A, C, D e E.

Agora que já investigamos os vários mecanismos potenciais de colapso, iremos calcular os modos críticos de ruptura. Para isso, primeiro precisamos revisar o princípio de trabalho virtual.

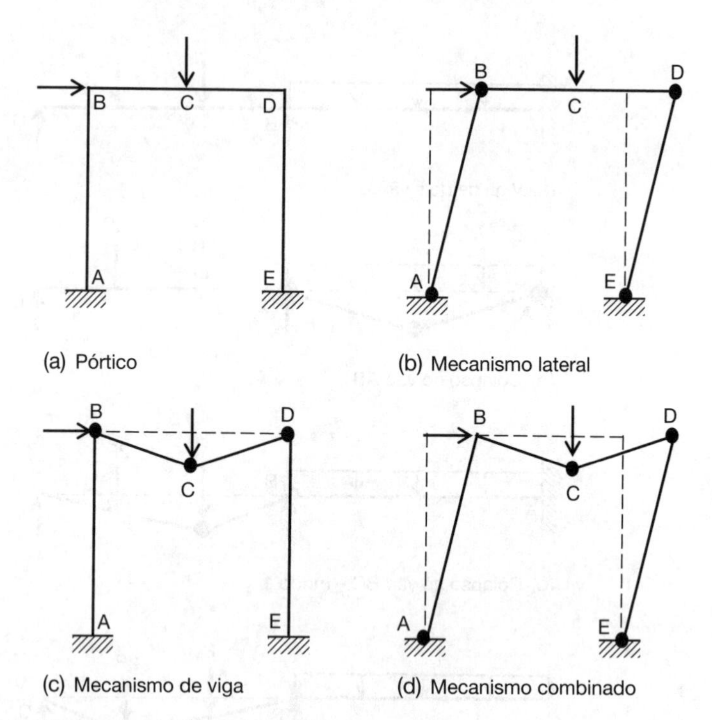

Figura 34.8 Pórtico: locais de rótulas plásticas.

Princípio de trabalho virtual

Encontramos este conceito no Capítulo 31. Em essência, o princípio do trabalho virtual nos diz que, se algum trabalho é realizado externamente em uma estrutura, então isso deve se refletir internamente em movimento na própria estrutura.

Uma carga P atuando sobre uma estrutura gera deslocamento (δ) no ponto onde a carga é aplicada. O trabalho virtual externo (TVE) é o produto dessa carga por seu deslocamento correspondente:

$$\text{TVE} = P.\delta$$

Em situações em que se forma uma rótula plástica, o momento na estrutura deve ter alcançado sua capacidade máxima de momento plástico M_p, e a rótula acabará rotacionando a um ângulo θ. O trabalho virtual interno (TVI) absorvido na rótula é o produto do momento plástico pela rotação associada:

$$\text{TVI} = M_p.\theta$$

Para que haja equilíbrio, os trabalhos virtuais externo e interno devem ser equivalentes:

$$\text{TVE} = \text{TVI}$$
$$P.\delta = M_p.\theta$$

Caso a estrutura esteja experimentando colapso plástico devido à formação de diversas rótulas plásticas, é necessário somar os efeitos das rótulas plásticas individuais:

$$\Sigma(P.\delta) = \Sigma(M_p.\theta)$$

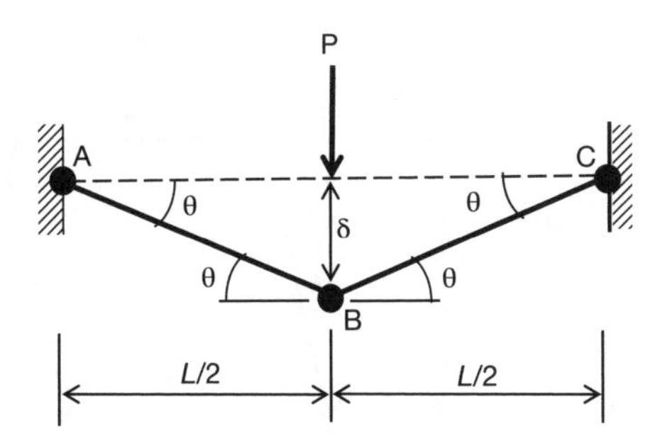

Figura 34.9 Exemplo 34.3: viga totalmente engastada de um único vão.

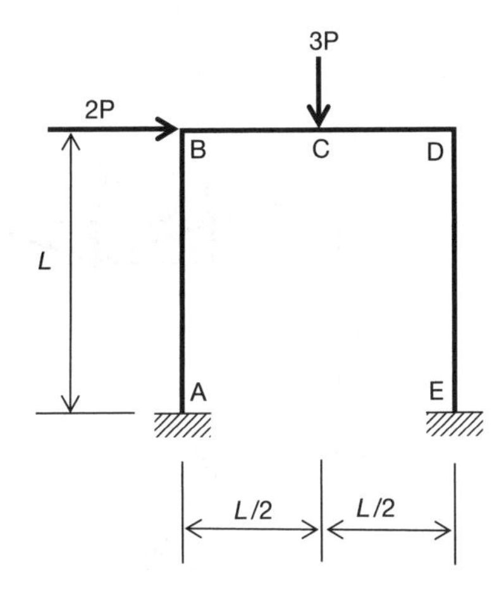

Figura 34.10 Exemplo 34.4: pórtico.

Exemplo 34.3: vão único com extremidades engastadas sustentando uma carga pontual centralizada

A viga de extremidades engastadas e vão único mostrada na Figura 34.9 sustenta uma carga pontual centralizada P. Supondo que tal carga foi exatamente suficiente para causar o colapso da estrutura, use o princípio do trabalho virtual para calcular P em termos da capacidade de momento plástico M_p.

A partir da geometria da viga, $\tan \theta = \delta/0{,}5L$, onde δ é a deflexão da viga e L é o vão.

Para pequenos ângulos, $\tan \theta = \theta$ (aproximadamente), então $\theta = \delta/0{,}5L$, ou $\delta = 0{,}5\theta L$.

$$\text{TVE} = P.\delta = 0{,}5P\theta L$$
$$\text{TVI} = M_p.\theta + 2M_p.\theta + M_p.\theta = 4M_p.\theta$$

Cada um dos quatro ângulos θ na Figura 34.9 indica trabalho interno sendo realizado. Igualando as equações de TVE e TVI:

$$\text{TVE} = \text{TVI}$$
$$0{,}5P\theta L = 4M_p.\theta$$

Sendo assim, $P = 8M_p/L$

Ou, reorganizando: $M_p = PL/8$

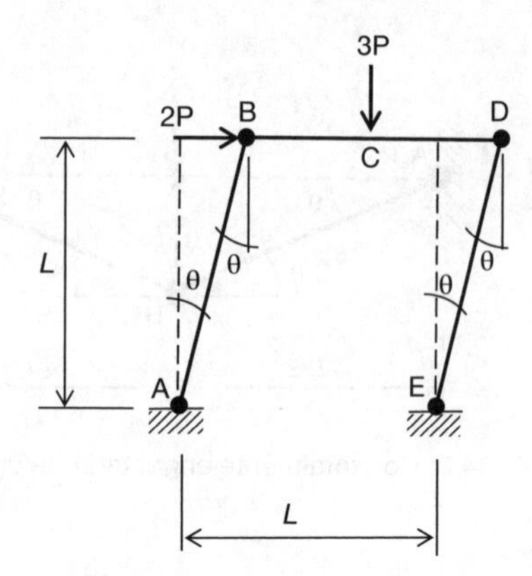

Figura 34.11 Exemplo 34.4: mecanismo lateral.

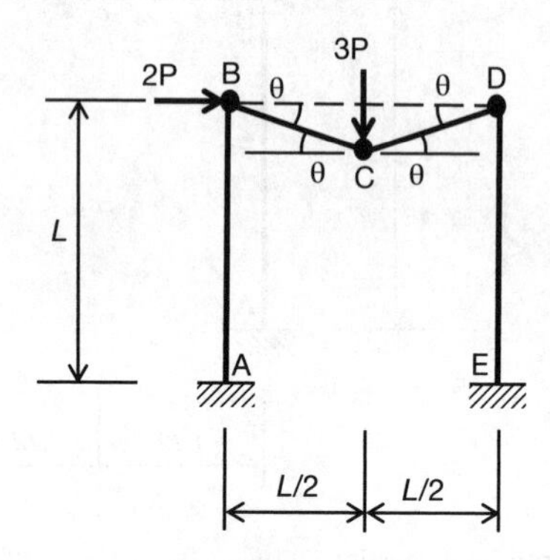

Figura 34.12 Exemplo 34.4: mecanismo de viga.

Exemplo 34.4: pórtico

O pórtico mostrado na Figura 34.10 sustenta duas cargas pontuais conforme indicadas. Examine cada um dos possíveis mecanismos de colapso mostrados na Figura 34.8 (lateral, de viga e combinado) e determine P em termos da capacidade de momento plástico M_p.

Mecanismo lateral (veja a Figura 34.11):

$\text{TVE} = P.\delta = 2PL\theta$
$\text{TVI} = M_p.\theta + M_p.\theta + M_p.\theta + M_p.\theta = 4M_p.\theta$
$\text{TVE} = \text{TVI}$
$2PL\theta = 4M_p.\theta$
$P = 2M_p/L$

Mecanismo de viga (veja a Figura 34.12):

$\text{TVE} = P.\delta = 3P\theta \times L/2$
$\text{IVW} = M_p.\theta + 2M_p.\theta + M_p.\theta = 4M_p.\theta$
$\text{TVE} = \text{TVI}$
$1{,}5PL\theta = 4M_p.\theta$
$P = 2{,}66M_p/L$

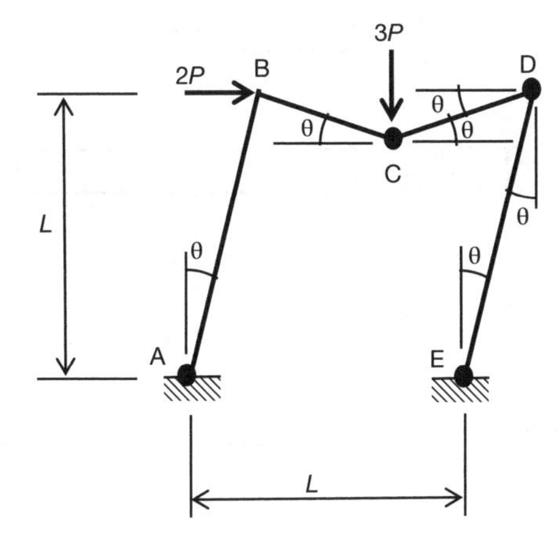

Figura 34.13 Exemplo 34.4: mecanismo combinado.

Mecanismo combinado (veja a Figura 34.13):

$TVE = P.\delta = 2PL\theta + 1{,}5PL\theta = 3{,}5PL\theta$

$TVI = M_p.\theta + 2M_p.\theta + 2M_p.\theta + M_p.\theta = 6M_p.\theta$

$TVE = TVI$

$3{,}5PL\theta = 6M_p.\theta$

$P = 1{,}71M_p/L$

Exemplo 34.5: cálculo da carga de colapso para uma viga de vão único com extremidades engastadas

Se o perfil T mostrado na Figura 34.2 for usado como a viga da Figura 34.9, calcule a carga de colapso P se (a) $L = 5$ m e (b) $L = 10$ m.

A partir do Exemplo 34.1, $M_p = 132{,}5$ kN . m.

A partir do Exemplo 34.3, a carga de colapso $P = 8M_p/L$

Se (a) $L = 5$ m, $P = 8 \times 132{,}5/5 = 212$ kN.

Se (b) $L = 10$ m, $P = 8 \times 132{,}5/10 = 106$ kN.

Exemplo 34.6: cálculo das cargas de colapso do pórtico

Se o perfil T mostrado na Figura 34.2 for usado como a viga da Figura 34.10, calcule o valor de P que causaria o colapso se $L = 4$ m.

Inspecionando-se os resultados do Exemplo 34.4, pode-se perceber que o mecanismo crítico de colapso é o mecanismo combinado, pois é o que gerou o menor valor de P como um múltiplo de M_p/L (1,71 em vez de 2 ou 2,66 dos outros dois casos).

Assim, $P = 1{,}71M_p/L = 1{,}71 \times 132{,}5/4 = 56{,}6$ kN.

Exercício

Para cada uma das seções transversais mostradas nas Figuras 34.14 e 34.15, determine as posições do eixo centroidal e do eixo de áreas iguais e, assim, calcule o módulo elástico z, o módulo plástico s_x, o momento plástico M_p e o fator de forma r.

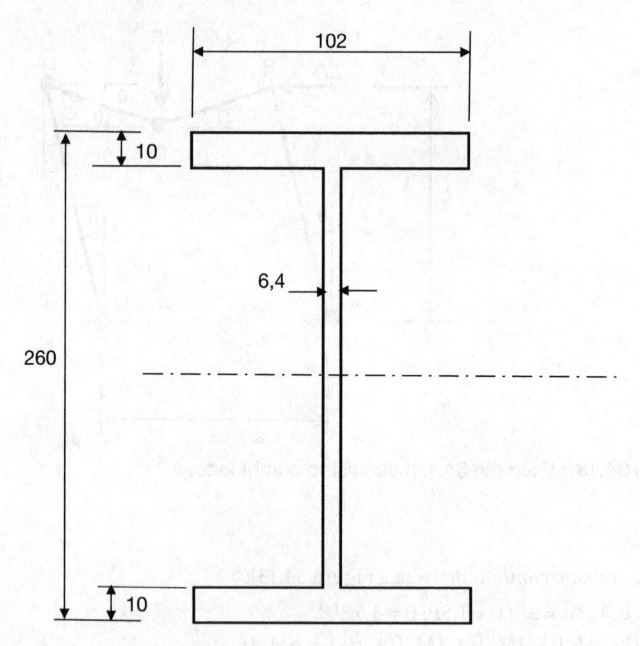

Figura 34.14 Exercício nº 1 (dimensões em mm).

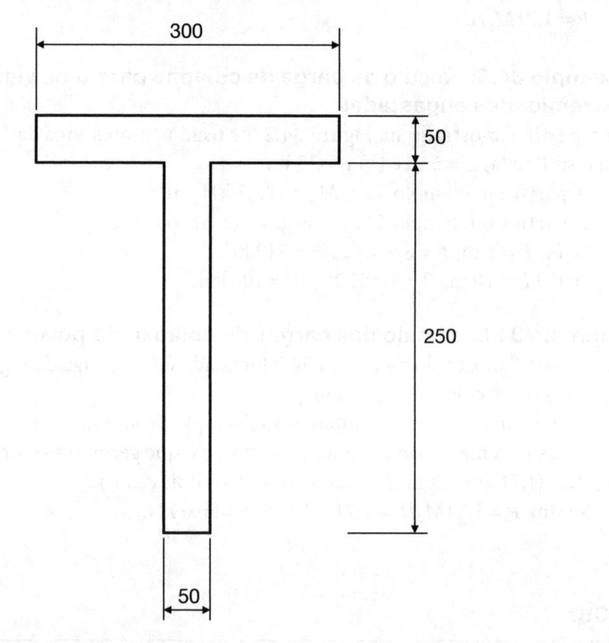

Figura 34.15 Exercício nº 2 (dimensões em mm).

Figura 34.16 Manhattan Bridge, cidade de Nova York.

A Figura 34.16 exibe a Manhattan Bridge, em Nova York, vista da Washington Street, no Brooklyn. Repare que o Empire State Building pode ser visto entre os dois apoios da ponte.

Respostas

Caso 1: $s_x = 347{,}2\ \text{cm}^3$
$M_p = 95{,}5\ \text{kN . m}$
$z = 302\ \text{cm}^3$
$r = 1{,}15$

Caso 2: $s_x = 1.932{,}3\ \text{cm}^3$
$M_p = 531{,}4\ \text{kN . m}$
$z_{topo} = 2.378\ \text{cm}^3$
$z_{base} = 1.072\ \text{cm}^3$
$r = 1{,}8$

Leituras complementares

A lista a seguir não tem a intensão de ser exaustiva; ela simplesmente sugere alguns títulos que o leitor interessado pode considerar útil para avançar em seus estudos (em várias direções) a partir deste livro.

Hulse R. & Cain J.: *Structural Mechanics* (Palgrave, Second Edition 2000). Este título aprofunda matérias lecionadas no Nível 2 (e em parte do Nível 3) em cursos universitários de engenharia civil.

Os cinco títulos a seguir dizem respeito ao comportamento estrutural como um conceito físico, deixando praticamente de lado os cálculos matemáticos. Os dois primeiros devem interessar em especial aos estudantes de arquitetura.

- Silver P & McLean W: *Introduction to Architectural Technology* (Laurence King, Second Edition 2013)
- Charleson A: *Structure as Architecture* (Elsevier, Second Edition 2014)
- Yeomans D: *How Structures Work* (Wiley-Blackwell 2009)
- Millais M: *Building Structures* (Spon, Second Edition 2005)
- Gordon J: *Structures* (Da Capo Press, Second Edition 2003)

Draycott T. & Bullman P.: *Structural Elements Design Manual* (Elsevier 2009). Na minha opinião, é o livro mais conciso e mais acessível a estudantes de engenharia de estruturas, tópico que costuma ser abordado no Nível 2 dos cursos universitários de engenharia civil e que foi estudado no Capítulo 25 deste livro.

Os dois títulos a seguir são provenientes dos Estados Unidos e, por isso, devem ser do interesse de leitores cujos cursos seguem o padrão norte-americano. Ainda que os conceitos subjacentes sejam universais, a abordagem, os símbolos, os padrões e as unidades de medida nos Estados Unidos são diferentes de outros países. O primeiro título trata de análise estrutural, o segundo cobre projeto estrutural.

- Schodek D: *Structures* (Pearson, Seventh Edition 2013)
- Ochshorn J: *Structural Elements for Architects and Builders* (Elsevier 2010)

Blockey D.: *Bridges* (Oxford University Press 2010) é um livro altamente descritivo de como as estruturas da família das pontes funcionam, com inúmeros exemplos.

Os dois livros a seguir são descritivos e baseados em exemplos, e explicam por que (ou talvez como) os edifícios param em pé e por que eles (muito ocasionalmente) desabam.

- Salvadori M: *Why Buildings Stand Up* (Norton 1991)
- Salvadori M: *Why Buildings Fall Down* (Norton 1994)

Apêndice 1

Pesos de materiais comuns de construção

Uma lista completa é apresentada no Padrão Britânico BS 648. Os materiais mais usados são discutidos no texto a seguir. (Observe que tais valores são apenas "típicos", já que a resistência de qualquer material varia de acordo com o tipo ou a gradação do material.)

Concreto armado

Peso unitário: 24 kN/m^3 (2.400 kg/m^3)

Portanto, uma parede de concreto com 100 mm de espessura pesa 2,4 kN/m^2 (240 kg/m^2).

Blocos de concreto

Peso unitário: 22 kN/m^3 (2.200 kg/m^3)

Portanto, uma parede de blocos de concreto com 100 mm de espessura pesa 2,2 kN/m^2 (220 kg/m^2).

Blocos leves podem pesar consideravelmente menos (6 kN/m^3).

Tijolos

Aproximadamente o mesmo peso que blocos de concreto (ver acima).

Aço

Peso unitário: 78,5 kN/m^3 (7.850 kg/m^3)

Uma viga de aço pesa entre 0,2 e 2,0 kN/m (20 - 200 kg/m), dependendo do tamanho.

Alumínio

Peso unitário: 27,7 kN/m^3 (2.771 kg/m^3)

Madeira

Peso unitário: coníferas (*softwood*): 5,9 kN/m^3 (590 kg/m^3); folhosas (*hardwood*): 12,5 kN/m^3 (1.250 kg/m^3)

Portanto, uma vigota de madeira de conífera com 50 mm × 200 mm ("dois por oito", em polegadas) pesa 0,06 kN/m (6 kg/m).

Vidro

Peso unitário: 25 kN/m^3 (2.500 kg/m^3)

Portanto, o peso do vidro é de 0,025 kN (2,5 kg) por milímetro de espessura.

Água

Peso unitário: 10 kN/m^3 (1.000 kg/m^3)

Cargas vivas

Para fins de cálculos, as cargas vivas (isto é, cargas não permanentes geradas por pessoas e móveis no recinto de um prédio, aqui denominadas de forma técnica como "sobrecarga de utilização") são consideradas como uniformemente distribuídas e são expressas em kN/m^2. Os valores da sobrecarga de utilização dependem do tipo de aproveitamento do prédio (ou parte do prédio). Uma listagem completa é apresentada nas Normas Britânicas BS 6399 Part I. Exemplos de alguns valores são:

- doméstico: 1,5 kN/m^2
- escritórios: 2,5 kN/m^2
- cafeterias/restaurantes: 2,0 kN/m^2
- salas de aula: 3,0 kN/m^2
- assembleias/assentos fixos: 4,0 kN/m^2
- corredores/escadarias de hotéis, etc.: 4,0 kN/m^2
- exposições: 4,0 kN/m^2
- academias de ginástica: 5,0 kN/m^2
- bares, salas de concertos, etc.: 5,0 kN/m^2
- palcos: 7,5 kN/m^2
- lojas: 4,0 kN/m^2
- estacionamentos (carros): 2,5 kN/m^2
- chão de fábrica: 7,5 kN/m^2

Apêndice 2

Conversões e relações entre unidades

Polegadas, pés e metros

1 pol. = 25,4 mm
1 pé = 304,8 mm = 0,3048 m
1 m = 3,281 pés
1 m^2 = 10,76 $pés^2$
1 $pé^2$ = 0,092 m^2

Jardas e metros

1 jarda = 3 pés = 36 polegadas = 0,9144 m
1 m = 1,094 jarda
1 $jarda^2$ = 0,836 m^2
1 m^2 = 1,196 $jarda^2$

Acres e hectares

1 acre = 4.840 $jardas^2$ = 4.047 m^2
1 hectare = 10.000 m^2 = 2,47 acres
1 acre = 0,405 hectare

Milhas e quilômetros

1 milha = 1.760 jarda = 1.609,3 m
1 km = 1.000 m
1 milha = 1,6093 km
1 km = 0,621 milha

Litros e metros cúbicos

1 m = 100 cm
1 m^3 = 10^6 cm^3
1 mL = 1 cm^3
1 L = 1.000 mL = 1.000 cm^3
1.000 L = 1 m^3

Libras e quilogramas

1 libra = 0,454 kg = 454 g
1 kg = 2,203 libras

Quilogramas, kN e toneladas

10 N = 1 kg
1.000 N = 1 kN
10 kN = 1 tonelada = 1.000 kg

Toneladas e toneladas imperiais

1 tonelada imperial = 2.240 libras = 1.016 kg
1 tonelada = 0,984 tonelada imperial
1 tonelada imperial = 1,016 tonelada

Apêndice 3

Matemática associada a triângulos retângulos

Teorema de Pitágoras

Enuncia que "o quadrado da hipotenusa de um triângulo retângulo é igual à soma dos quadrados dos outros dois lados". Em bom português, isso quer dizer que, quando os comprimentos de quaisquer dois lados de um triângulo retângulo são conhecidos, então o comprimento do terceiro lado pode ser determinado usando-se a relação mostrada na Figura A1.

Trigonometria básica

Tomando por base um triângulo retângulo, o seno, o cosseno e a tangente (normalmente abreviados como sen, cos e tan, respectivamente) estão definidos na Figura A2. Não há nada de "mágico" quanto a isso. Um seno, um cosseno ou uma tangente é simplesmente a razão entre os comprimentos de dois lados de um triângulo retângulo.

Vamos supor que estejamos interessados no ângulo formado entre dois lados de um triângulo. O ângulo é representado pela letra grega θ e é medido em graus. A "hipotenusa" representa o comprimento do lado mais comprido do triângulo retângulo – que é sempre o lado oposto ao ângulo reto. O "cateto oposto" representa o comprimento do lado oposto ao ângulo θ. Já o "cateto adjacente" representa o comprimento do lado adjacente ao ângulo θ.

Por exemplo: se o "cateto oposto" tem 2 m de comprimento e a "hipotenusa" tem 2,5 m de comprimento, então sen $\theta = 2{,}0/2{,}5 = 0{,}8$.

O leitor deve consultar um livro-texto de matemática básica se precisar de mais informações.

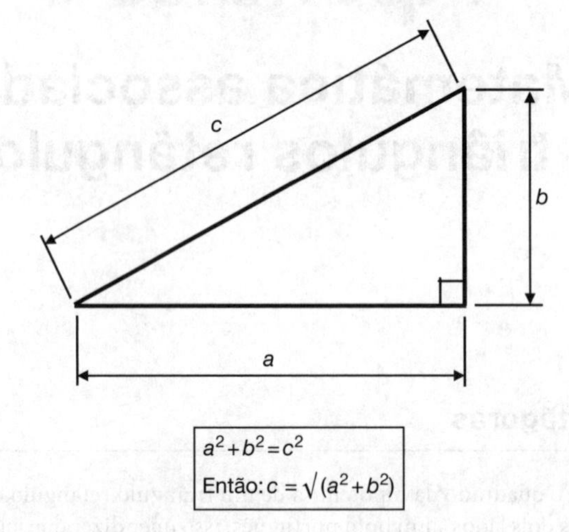

Figura A1 Teorema de Pitágoras.

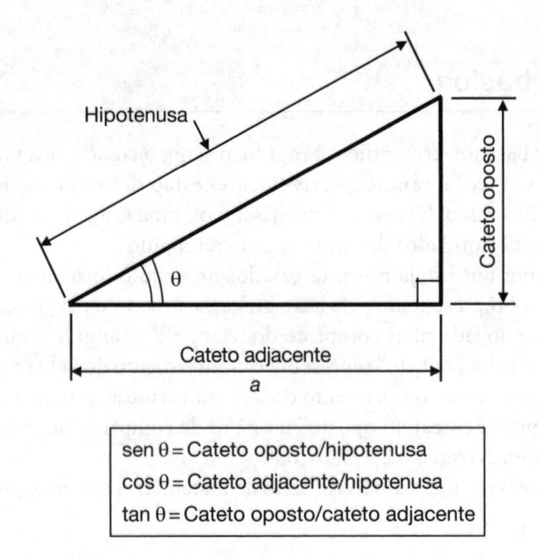

Figura A2 Senos, cossenos e tangentes.

Apêndice 4
Símbolos

As unidades normalmente usadas em mecanismos estruturais são apresentadas entre parênteses após cada definição.

A = área da seção transversal (mm^2)
E = módulo de Young ou módulo de elasticidade (kN/mm^2)
I = segundo momento de área (mm^4)
L = comprimento; vão da viga ou laje (milímetros ou metros)
M = momento ou momento fletor (kN.m)
P = força (kN)
R = reação (kN)
V = esforço de cisalhamento ou esforço cortante (kN)
w = carga uniformemente distribuída por metro (kN/m)
W = carga uniformemente distribuída total por metro (kN)
σ = tensão (direta ou por flexão) (N/mm^2)
τ = tensão de cisalhamento (N/mm^2)

Apêndice 5

Checklist para arquitetos

As dicas a seguir não se aplicam exclusivamente a arquitetos, é claro. O motivo para este título é que os estudantes de arquitetura tendem a se envolver em grandes projetos conceituais. A lista a seguir pode ser útil em qualquer projeto de trabalho que você esteja envolvido.

- A edificação possui uma *estrutura*? A estrutura pode ser exposta ou oculta, mas precisa existir, caso contrário a edificação não conseguirá parar em pé.
- A estrutura conta com um *esqueleto* e, nesse caso, tal esqueleto (ou pórtico) é feito de aço ou de concreto (ou de outro material)? Quais são motivos para sua escolha?
- O seu projeto inclui estruturas em *cantiléver* de comprimento significativo? Como elas são sustentadas? Elas são justificadas em termos de aproveitamento da edificação e economia?
- Seu projeto contém um átrio ou outros elementos que incluem áreas *envidraçadas* de grande porte? Como tais superfícies envidraçadas são sustentadas? Novamente, isso se justifica em termos de aproveitamento da edificação e economia?
- Qual tipo de *fundação* está sendo usado?
- Há *vãos amplos* (> 10 m) na sua edificação? Quais são os formatos das vigas ou lajes que vencem vãos tão longos e como elas, por sua vez, são sustentadas?
- Quais são as dimensões indicativas dos vários tipos de vigas, pilares, lajes e paredes na sua edificação?
- Qual é o formato do seu *telhado*? É plano ou inclinado? De que material o telhado é feito e como ele é sustentado?
- Quais *sistemas de piso* você está adotando?
- Indique os *caminhos de carga* em sua estrutura.
- Certifique-se de que todas as partes de sua estrutura estejam adequadamente *apoiadas*.
- Como a *estabilidade* da sua estrutura é garantida?

Apêndice 6

Aproveitando ainda mais da engenharia civil

O texto a seguir foi escrito visando ao aluno de engenharia civil, mas parte da discussão é aplicável a leitores que não são estudantes também.

Muitos alunos concentram-se integralmente em seu curso quando o assunto é engenharia civil. Com isso quero dizer que seu horizonte de planejamento é a próxima prova ou o próximo trabalho acadêmico a ser entregue – e ainda se perguntam se precisam mesmo comparecer a todas as aulas e palestras para serem aprovados nas disciplinas em que estão matriculados.

Se essa é sua abordagem, de certa forma consigo entender. Na minha época de estudante, eu era parecido com você. Contudo, você pode aproveitar muito mais da sua carreira em engenharia civil e engenharia de estruturas conscientizando-se de que o seu curso, ainda que vitalmente importante, é apenas uma parte de sua carreira na engenharia civil.

Então, o que mais um estudante deve fazer além de estudar?

Filie-se às entidades profissionais relevantes como um membro-estudante

No Reino Unido, tais entidades são a Institution of Civil Engineers (ICE) e a Institution of Structural Engineers (IStructE), respectivamente, e a filiação de estudantes em ambas essas instituições é gratuita quando da escrita deste texto. Tais instituições produzem revistas que são gratuitas para seus membros lerem *online*, contendo artigos sobre projetos em andamento e informações a respeito dos acontecimentos na sua área. Em outras partes do mundo, é improvável que você se encontre num país ou região onde não haja instituições profissionais de engenharia, mas caso não haja, por que não dar início a uma? Certamente deve haver outros engenheiros trabalhando ou estudando próximos a você.

Compareça a reuniões da sua sociedade de engenharia civil

Muitas universidades possuem uma sociedade de engenharia civil que é administrada por estudantes (geralmente do segundo ano). Se a sua universidade não possui uma, novamente, por que não dar início a uma? Tais sociedades costumam ser reunir semanalmente durante o ano letivo, muitas vezes no horário de almoço, e algum tipo de refeição em grupo pode ser parte do cronograma. Palestrantes externos costumam comparecer às reuniões, falando aos estudantes sobre projetos em andamento, e jogos de perguntas e respostas e coisas do tipo também são atividades comuns. (Caso você esteja envolvido na organização de tais atividades e no convite de palestrantes, não seja tímido. Em geral, engenheiros mostram-se bastante dispostos a conversar com grupos de estudantes a respeito de projetos, em parte porque sabem que as universidades são a fonte de seus futuros funcionários. Ofereça um almoço grátis a eles!)

Compareça a reuniões locais organizadas por sua instituição profissional

No Reino Unido, tanto a ICE quanto a IStructE organizam reuniões regionais regulares, muitas vezes organizadas dentro de universidades. Tipicamente, tais reuniões ocorrem em dia útil à noite, começando às 18h aproximadamente com sanduíches e bebidas quentes, passando a uma palestra sobre algum aspecto de interesse geral de engenheiros civis e de estruturas e sendo encerrada por uma sessão de perguntas ao final. Essa costuma ser uma oportunidade para conversar com alunos de outras universidades e com jovens (e não tão jovens) engenheiros já atuantes na área.

Visite canteiros de obras

Tais visitas podem ser organizadas por uma instituição profissional (veja o texto anterior) ou por sua própria universidade. Meu conselho é que você compareça ao maior número delas que puder e reserve sua vaga cedo, pois tais passeios invariavelmente lotam. Você aprenderá muito sobre as práticas da engenharia. (Um dos meus alunos mais empreendedores afirma que conseguiu visitar canteiros de obras por conta própria simplesmente indo ao local e pedindo com jeito. Questões de saúde e segurança tornam isso mais difícil hoje em dia, mas não custa tentar.)

Converse com estudantes que estão trabalhando em meio expediente

Se você é estudante em tempo integral, e se sua universidade também oferece cursos de engenharia civil para estudantes em meio período, converse com seus colegas que estão trabalhando em meio expediente, sobretudo com os mais maduros. Tais estudantes têm ampla experiência no ramo e você pode aprender bastante conversando com eles.

Fique de olho em obras na área de construção perto de você

O trabalho dos engenheiros civis nunca está muito distante de você, o que lhe proporciona a oportunidade de pelo menos observá-lo se não estiver participando ativamente dele. É um fato da vida que nada dura para sempre, incluindo edificações, que são destruídas em guerras e desastres naturais ou que são substituídas simplesmente porque saíram de moda. Por isso, em qualquer vilarejo ou cidade, a qualquer momento, atividades de construção devem estar ocorrendo. Fique de olho nelas!

Assista a programas de televisão relevantes

Programas de TV relacionados a projetos de engenharia civil são incomuns, mas os raros que aparecem costumam ser bem produzidos e interessantes. No Reino Unido, confira a programação da BBC e da ITV; canais a cabo ou via satélite como o National Geographic regularmente transmitem (e retransmitem) tais programas. Em julho de 2014, por exemplo, enquanto escrevia a terceira edição deste livro, a BBC apresentou uma série de programas excelentes sobre o projeto de £15 bilhões (cerca de R$ 65 bilhões) para a construção do Crossrail, em Londres. Quando você estiver lendo este livro, inevitavelmente haverá outros importantes projetos em andamento que talvez atraiam o interesse dos produtores de TV, e quem sabe você mesmo não possa estrelar em tal programa no papel de engenheiro!

Índice